普通高等院校 精品课程规划教材
优质精品资源共享教材

建筑工程定额计量与计价

（第二版）

主　编　任波远　王　月　郝加利
副主编　赵　真　王　蓉　李志波

中国建材工业出版社

图书在版编目(CIP)数据

建筑工程定额计量与计价/任波远，王月，郝加利主编. —2版. --北京：中国建材工业出版社，2018.8(2020.8重印)
ISBN 978-7-5160-2311-2

Ⅰ.①建… Ⅱ.①任… ②王… ③郝… Ⅲ.①建筑经济定额—高等职业教育—教材 ②建筑工程—工程造价—高等职业教育—教材 Ⅳ.①TU723.3

中国版本图书馆 CIP 数据核字（2018）第 162044 号

内 容 简 介

本书根据职业院校建筑工程施工、工程造价专业的教学要求，以《山东省建筑工程消耗量定额（SD 01-31-2016）》《山东省建设工程费用项目组成及计算规则（2016）》《山东省建筑工程价目表（2017）》《山东省人工、材料、机械台班价格表（2017）》、《山东省建筑工程消耗量定额交底培训资料》等为主要依据编写，以实用为准，理论与实践密切结合。全书共分二十一章，每章都有复习与测试供学生思考与练习，附录中有部分参考答案及山东省定额与价目表摘录。

本书可作为中职、高职建筑类专业工程造价课程教材，也可作为相关行业的岗位培训、成人教育的教材或自学用书。

建筑工程定额计量与计价（第二版）
任波远 王 月 郝加利 主编

出版发行：中国建材工业出版社
地 址：北京市海淀区三里河路1号
邮 编：100044
经 销：全国各地新华书店
印 刷：北京鑫正大印刷有限公司
开 本：787mm×1092mm 1/16
印 张：22
字 数：540千字
版 次：2018年8月第2版
印 次：2020年8月第3次
定 价：56.00元

本社网址：www.jccbs.com 微信公众号：zgjcgycbs
本书如出现印装质量问题，由我社市场营销部负责调换。联系电话：（010）88386906

第二版　前言

本书自2012年6月出版以来，在全国各地普遍受到好评。本次修订的原因有两点：第一，2016年11月，山东省住房和城乡建设厅先后颁布了《山东省建筑工程消耗量定额（SD 01-31-2016）》《山东省建设工程费用项目组成及计算规则（2016）》；2017年3月，山东省工程建设标准定额站颁布了《山东省建筑工程价目表（2017）》《山东省人工、材料、机械台班价格表（2017）》《山东省建筑工程消耗量定额交底培训资料》等一系列定额文件，使得第一版教材编制依据过时。第二，2016年8月5日，中华人民共和国住房和城乡建设部正式批准国家建筑设计标准图集16G101系列《混凝土结构结构施工图平面整体表示方法制图规则和构造详图》自2016年9月1号起实施，从而使得原书中的第四章钢筋工程部分编写依据（11G101）已经过时。基于以上两点，编者决定对原书进行修订，删除原书中已经过时的内容，增加定额中新内容，同时对第一版中存在的一些错误和疏漏，也借此修订机会一并更正和充实，以臻完善。

本书根据职业院校建筑工程施工、工程造价专业的教学要求，本着以实用为原则，以提高学生能力为本位，坚持以就业为导向，以企业需求为基本依据，适应行业技术发展的要求。编写时坚持内容浅显易懂、以够用为度，系统性与实用性相结合、以实用为准，理论与实践紧密结合、以实践为主的原则。本书最后一章编写了两个典型的砖混结构和框架结构的工程造价案例，方便学生对工程造价有全面的理解。每章后面都有复习与测试，供学生思考与练习，并且给出参考答案。因而本书具有基础性、实用性、科学性、实践性的特点。

本书的教学参考学时数为212学时，各章学时分配建议见下表（仅供参考）。

章次	学时数	章次	学时数	章次	学时数
绪论	15	第八章	8	第十六章	8
第一章	14	第九章	12	第十七章	10
第二章	6	第十章	12	第十八章	10
第三章	5	第十一章	10	第十九章	6
第四章	15	第十二章	8	第二十章	6
第五章	22	第十三章	10	第二十一章	14
第六章	5	第十四章	6		
第七章	5	第十五章	5		

本书由淄博建筑工程学校任波远、山东工业职业学院王月和齐河县职业中等专业学校（齐河县技工学校）郝加利担任主编，淄博建筑工程学校赵真、王蓉和山东工业职业学院李志波担任副主编。在此，编者对于在本书的修订过程中给予支持和帮助的同志一并表示感谢。由于编者水平有限，书中疏漏和不足在所难免，恳请读者提出宝贵意见。

编者

2018 年 7 月

第一版　前言

多年来，由于全国各地区的地方定额并不统一，所以职业院校的工程造价类教材选用一直困扰着授课老师。因工程造价受地区影响差别比较大，各职业院校选用教材也不统一，在目前使用的一些教材中，规则理论讲得多，应用实例偏少，学生在理解规则上难度较大。为顺应课程改革的需要，加快课程改革的步伐，提高学生的就业能力，特编写了本书。

本书根据职业院校建筑工程施工、工程造价专业的教学要求，本着以实用为原则，以提高学生能力为本位，坚持以就业为导向，以企业需求为基本依据，适应行业技术发展的要求。编写时坚持内容浅显易懂、以够用为度，系统性与实用性相结合、以实用为准，理论与实践紧密结合、以实践为主的原则。本书最后一章编写了两个典型的砖混结构和框架结构的工程造价案例，方便学生对工程造价有全面的理解。每章后面都有复习与测试，供学生思考与练习，并且给出参考答案。因而本书具有基础性、实用性、科学性、实践性的特点。

本书以山东省建筑工程消耗量定额、山东省建筑工程价目表、山东省建筑工程量计算规则、山东省建筑工程费用及计算规则、山东省建筑工程消耗量定额综合解释、山东省建筑工程费用项目构成及计算规则等为主要依据编写的。

本教材的教学时数为208学时，各章学时分配见下表（仅供参考）。

章次	学时数	章次	学时数
绪论	12	第七章	6
第一章	18	第八章	8
第二章	10	第九章	26
第三章	22	第十章	14
第四章	42	第十一章	6
第五章	10	第十二章	20
第六章	14		

本书由淄博建筑工程学校任波远和山东工业职业学院李志波、王月主编，由淄博职业学院院长王美芬主审。编者在编写过程中参考了一些有关建筑工程预算的教材、规范和预算资料，在此，编者对于在本书的编写过程中给予支持和帮助的同志一并表示感谢。由于编者水平有限，书中疏漏和不足在所难免，恳请读者提出宝贵意见。

编者

2012年6月

目　　录

绪　　论

第一节　建筑工程计量与计价的基本原理

一、基本建设

基本建设是国民经济各部门固定资产的再生产，即人们使用各种施工机具对各种建筑材料、机械设备等进行建造和安装，使之成为固定资产的全过程。其中包括生产性和非生产性固定资产的更新、扩建、改建和新建。

基本建设程序就是固定资产投资项目建设全过程各阶段和各步骤的先后顺序。对于生产性基本建设而言，基本建设程序也就是形成综合性生产能力过程的规律的反映；对于非生产建设而言，基本建设程序是顺利完成建设任务，获得最大社会经济效益的工程建设的科学方法。基本建设有着必须遵循的客观规律，基本建设程序则是这一客观规律的反映。基本建设程序的具体工作程序如下：

第一步：项目建议书

建设单位根据国民经济中长期发展计划和行业、地区的发展规划，提出做可行性研究的项目建议书，报上级主管部门。

第二步：可行性研究报告

根据主管部门批准的项目建议书，进行可行性研究、预选建设地址、编制可行性研究报告，报上级主管部门审批。

第三步：初步设计阶段

根据批准的可行性研究报告，选定建设地址，进行初步设计，编制工程总概算。

第四步：施工图设计阶段

按照初步设计文件，由设计单位绘制建筑工程施工图，编施工图预算。

第五步：项目招标投标

建设单位或委托招标委员会办理招标投标事宜。建设单位或招标委员会编制标底，投标单位分别编制投标书。

第六步：施工阶段

施工单位和建设单位签订施工合同，到城建部门办理施工许可证，施工单位编制施工预算。

第七步：进行生产或交付使用前的准备

工程施工完成后，要及时做好交付使用前的竣工验收准备工作。

第八步：竣工验收

工程完工后，建设单位组织规划、建管、设计、施工、监理、消防、环保等部门进行质量、消防等全面的竣工验收。

二、建筑产品的特点

由于建筑产品都是每个建设单位根据自身发展需要，经设计单位按照建设单位要求设计图纸，再由施工单位根据图纸在指定地点建造而成，建筑产品所用材料种类繁多，其平面与空间组合变化多样，这就构成了建筑产品的特殊性。

建筑产品也是商品，与其他工业与农业产品一样，其有商品的属性。但从其产品及生产的特点，却具有与一般商品不同的特点，具体表现在五个方面。

（一）建筑产品的固定性

工程项目都是根据需要和特定条件由建设单位选址建造的，施工单位在建设地点按设计的施工图纸建造建筑产品。当建筑产品全部完成后，施工单位将产品就地不动地移交给使用单位。产品的固定性决定了生产的流动性，劳动者不但要在施工工程各个部位移动工作，而且随着施工任务的完成又将转向另一个新的工程。产品的固定性，使工程建设地点的气象、工程地质、水文地质和技术经济条件，直接影响工程的设计、施工和成本。

（二）建筑产品的单件性

建筑产品的固定性，导致了建筑产品必须单件设计、单件施工、单独定价。建筑产品是根据它们各自的功能和建设单位的特定要求进行单独设计的。因而建筑产品形式多样、各具特色，每项工程都有不同的规模、结构、造型、等级和装饰，需要选用不同的材料和设备，即使同一类工程，各个单件也有差别。由于建造地点和设计的不同，必须采用不同的施工方法，单独组织施工。因此，每个工程项目的劳动力、材料、施工机械和动力燃料消耗各不相同，工程成本会有很大差异，必须单独定价。

（三）工程建设露天作业

由于建筑产品的固定性，加之体形庞大，其生产一般是露天进行，受自然条件、季节性影响较大。这会引起产品设计的某些内容和施工方法的变动，也会造成防雨、防寒等费用的增加，影响到工程的造价。

（四）建筑产品生产周期长

建筑产品生产过程要经过勘察、设计、施工、安装等很多环节，涉及面广，协作关系复杂，施工企业建造建筑产品时，要进行多工种综合作业，工序繁多，往往长期大量地投入人力、物力、财力，因而建筑产品生产周期长。由于建筑产品价格受时间的制约，周期长，价格因素变化大，如国家经济体制改革出现的一些新的费用项目、材料设备价格的调整等，都会直接影响到建筑产品的价格。

（五）建筑产品施工的流动性

建筑产品固定性，是产生建筑产品施工流动性的根本原因。流动性是指施工企业必须分别在不同的建设地点组织施工。每个建设地点由于建设资源的不同、运输条件的不同、地区经济发展水平不同，都会直接影响到建筑产品的价格。

总之，上述特点决定了建筑产品不宜简单地规定统一价格，而必须借助编制工程概预算和招标标底、投标报价等特殊的计价程序给每个建筑产品单独定价，以确定它的合理价格。

三、建设项目的划分

为了计算建筑产品的价格，设想将整个建设项目根据其组成进行科学的分解，划分为若干个单项工程、单位工程、分部工程、分项工程、子项工程。

1. 建设项目

建设项目是指在一个总体设计范围内，由一个或几个单项工程组成，经济上实行独立核算的项目。一般是指在一个场地或几个场地上，按照一个设计意图，在一个总体设计或初步设计范围内，进行施工的各个项目的综合。比如在工业建筑中，建设一个工厂或一个工业园就是一个建设项目；在民用建筑中，一般以一个学校、一所医院、一个住宅小区等为一个建设项目。

建筑产品在其初步设计阶段以建设项目为对象编制总概算，竣工验收后编制竣工决算。

2. 单项工程

单项工程是指在一个建设项目中，具有独立的设计文件，竣工后可以独立发挥生产能力或效益的工程，它是建设项目的组成部分。如工业建筑中的各个生产车间、辅助车间、仓库等；民用建筑中如学校的教学楼、图书楼、实验楼、食堂等分别都是一个单项工程。

3. 单位工程

单位工程竣工后一般不能发挥生产能力或效益，但具有独立的设计，可以独立组织施工的工程，它是单项工程的组成部分。例如，一个生产车间的土建工程、电气照明工程、机械设备安装工程、给水排水工程，都是生产车间的这个单项工程的组成部分；住宅建筑中的土建、给排水、电气照明等工程分别都是一个单位工程。

建筑工程一般以单位工程为对象编制施工图预算、竣工结算和进行工程成本核算。

4. 分部工程

分部工程是单位工程的组成部分，分部工程一般按工种来划分，例如，土石方工程、砌筑工程、混凝土及钢筋混凝土工程、门窗及木结构工程、金属结构工程、装饰工程等。

5. 分项工程

分项工程是分部工程的组成部分，按照不同的施工方法、不同材料、不同内容，可将一个分部工程分解成若干个分项工程。如门窗工程（分部工程），可分为木门窗、铝合金门窗等分项工程。

6. 子项工程

子项工程（子目）是分项工程的组成部分，是工程中最小单元体。如砖墙分项工程可分为240砖墙、365砖墙等。子项工程是计算工、料、机械及资金消耗的最基本的构造要素。单位估计表中的单价大多是以子项工程为对象计算的。

建设项目划分示意如图0-1所示。

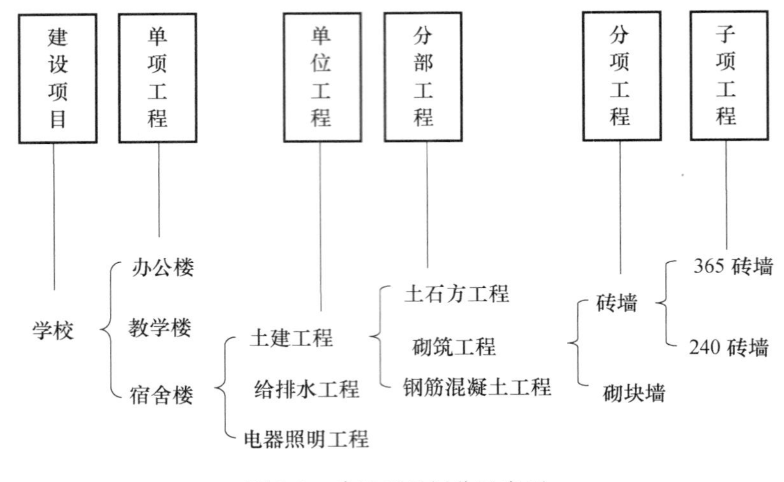

图 0-1　建设项目划分示意图

四、建筑工程预算的基本理论

1. 确定建筑工程造价的两个前提

要计算建筑工程的造价，必须将一个构造复杂的建筑物层层分解为建筑物最小、最基本的构造要素——分项（子项）工程，以及确定分项（子项）工程的人工、材料、机械台班消耗量及费用的定额，这两个前提缺一不可。

（1）将建筑工程分解为分项（子项）工程

将体积庞大、构造复杂的建筑工程按照化整为零的方法，对建筑工程进行合理的层层分解，一直分解到分项（子项）工程为止。

比如：办公楼——土建工程——屋面工程——防水工程——PVC 橡胶卷材。

（2）编制建筑工程预算定额

将最基本的分项（子项）工程作为假定产品，以完成单位合格的分项（子项）工程产品所需的人工、材料、机械台班消耗量为标准编制出预算定额。

2. 编制工程预算的基本理论

（1）将建筑工程合理的分解为分项（子项）工程，依据预算定额计算出各分项（子项）工程的成本，然后汇总成分部分项工程费。

（2）在工程的分部分项工程费中人工费的基础上，再计算出企业管理费和利润等，就可以最终计算出整个建筑工程的造价。

第二节　建筑工程费用项目构成和计算方法

建设工程费按照费用构成要素划分，由人工费、材料费（设备费）、施工机具使用费、企业管理费、利润、规费和税金组成，如图 0-2 所示。

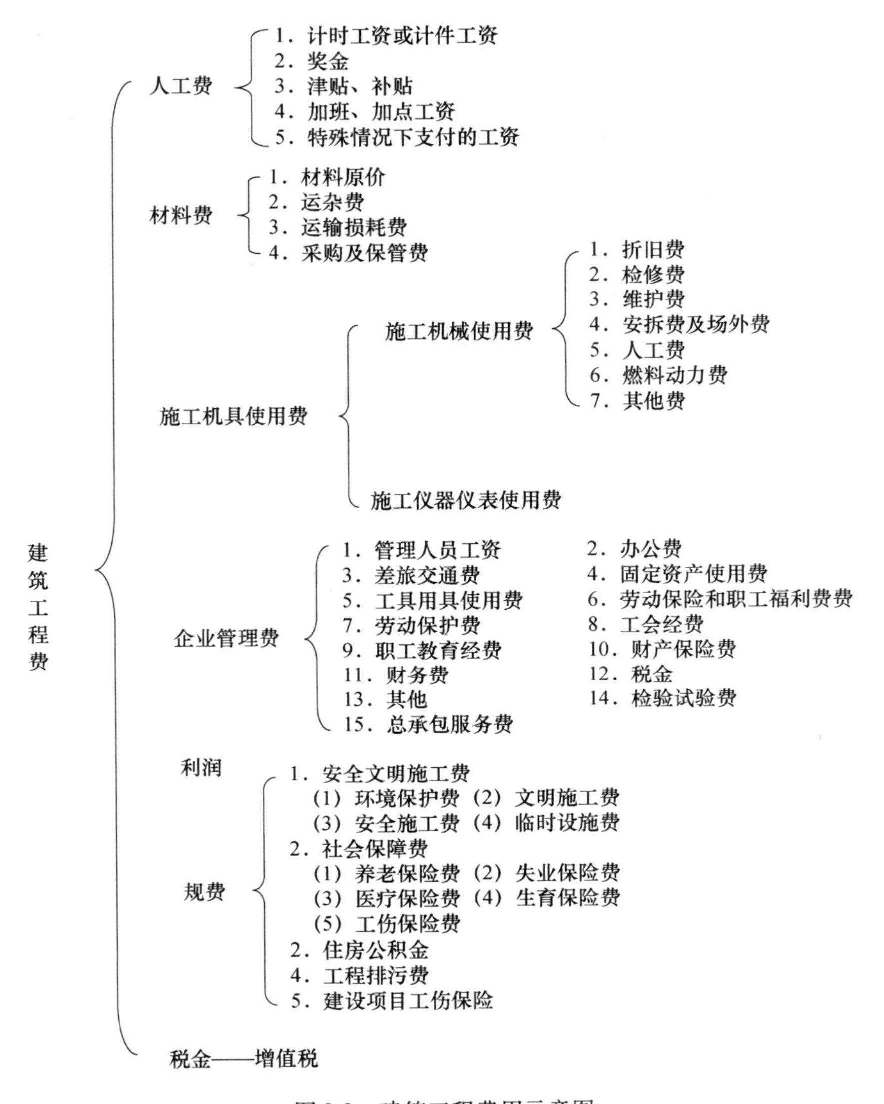

图 0-2 建筑工程费用示意图

一、人工费

人工费是指按工资总额构成规定，支付给从事建筑安装工程施工的生产工人和附属生产单位工人的各项费用。其内容包括：

（1）计时工资或计件工资：是指按计时工资标准和工作时间或对已做工作按计件单价支付给个人的劳动报酬。

（2）奖金：是指对超额劳动和增收节支支付给个人的劳动报酬。如节约奖、劳动竞赛奖等。

（3）津贴补贴：是指为了补偿职工特殊或额外的劳动消耗和因其他特殊原因支付给个人的津贴，以及为了保证职工工资水平不受物价影响支付给个人的物价补贴。如流动施工津贴、特殊地区施工津贴、高温（寒）作业临时津贴、高空津贴等。

（4）加班加点工资：是指按规定支付的在法定节假日工作的加班工资和在法定日工作时间外延时工作的加点工资。

（5）特殊情况下支付的工资：是指根据国家法律、法规和政策规定，因病、工伤、产假、计划生育假、婚丧假、事假、探亲假、定期休假、停工学习、执行国家或社会义务等原因按计时工资标准或计时工资标准的一定比例支付的工资。

二、材料费

材料费是指施工过程中耗费的原材料、辅助材料、构配件、零件、半成品或成品的费用。

设备费是指构成或计划构成永久工程一部分的机电设备、金属结构设备、仪器装置及其他类似的设备和装置的费用。

1. 材料费（设备费）的内容

（1）材料（设备）原价：是指材料、设备的出厂价格或商家供应价格。

（2）运杂费：是指材料、设备自来源地运至工地仓库或指定堆放地点所发生的全部费用。

（3）材料运输损耗费：是指材料在运输装卸过程中不可避免的损耗费用。

（4）采购及保管费：是指采购、供应和保管材料、设备过程中所需要的各项费用。包括采购费、仓储费、工地保管费、仓储损耗。

2. 材料（设备）的单价计算

材料(设备)单价 = [(材料(设备)原价 + 运杂费) × (1 + 材料运输损耗率)] × (1 + 采购保管费率)

三、施工机具使用费

施工机具使用费是指施工作业所发生的施工机械、施工仪器仪表的使用费或其租赁费。

1. 施工机械台班单价由七项费用组成

（1）折旧费：指施工机械在规定的耐用总台班内，陆续回收其原值的费用。

（2）检修费：指施工机械在规定的耐用总台班内，按规定的检修间隔进行必要的检修，以恢复其正常功能所需的费用。

（3）维修费：指施工机械在规定的耐用总台班内，按规定的维修间隔进行各级维护和临时故障排除所需的费用。

维修费包括：保障机械正常运转所需替换设备与随机配备工具附具的摊销费用、机械运转及日常维护所需润滑与擦拭的材料费用及机械停滞期间的维护费用等。

（4）安拆费及场外运费：

安拆费是指施工机械在现场进行安装与拆卸所需的人工、材料、机械和试运转费用以及机械辅助设施的折旧、搭设、拆除等费用。

场外运费是指施工机械整体或分体自停放地点运至施工现场，或由一个施工地点运至另一个施工地点的运输、装卸、辅助材料等费用。

（5）人工费：指机上司机（司炉）和其他操作人员的人工费。

（6）燃料动力费：指施工机械在运转作业中所耗用的燃料及水、电等费用。

（7）其他费：指施工机械按照国家规定应缴纳的车船税、保险费及检测费等。

2. 施工仪器仪表台班单价由四项费用组成

（1）折旧费：指施工仪器仪表在耐用总台班内，陆续收回其原值的费用。

（2）维护费：指施工仪器仪表各级维护、临时故障排除所需的费用及保证仪器仪表正常使用所需备件（备品）的维护费用。

（3）校验费：指按国家与地方政府规定的标定与检验的费用。

（4）动力费：指施工仪器仪表在使用过程中所耗用的电费。

四、企业管理费

企业管理费是指施工企业组织施工生产和经营管理所需的费用。其内容包括：

（1）管理人员工资：是指按规定支付给管理人员的计时工资、奖金、津贴补贴、加班加点工资及特殊情况下支付的工资等。

（2）办公费：是指企业管理办公用的文具、纸张、账表、印刷、邮电、书报、办公软件、现场监控、会议、水电、烧水和集体取暖降温（包括现场临时宿舍取暖降温）等费用。

（3）差旅交通费：是指职工因公出差、调动工作的差旅费、住勤补助费，市内交通费和误餐补助费，职工探亲路费，劳动力招募费，职工退休、退职一次性路费，工伤人员就医路费，工地转移费以及管理部门使用的交通工具的油料、燃料等费用。

（4）固定资产使用费：是指管理和试验部门及附属生产单位使用的属于固定资产的房屋、设备、仪器等的折旧、大修、维修或租赁费。

（5）工具用具使用费：是指企业施工生产和管理使用的不属于固定资产的工具、器具、家具、交通工具和检验、试验、测绘、消防用具等的购置、维修和摊销费。

（6）劳动保险和职工福利费：是指由企业支付的职工退职金、按规定支付给离休干部的经费、集体福利费、夏季防暑降温、冬季取暖补贴、上下班交通补贴等。

（7）劳动保护费：是企业按规定发放的劳动保护用品的支出。如工作服、手套、防暑降温饮料以及在有碍身体健康的环境中施工的保健费用等。

（8）工会经费：是指企业按《中华人民共和国工会法》规定的全部职工工资总额比例计提的工会经费。

（9）职工教育经费：是指按职工工资总额的规定比例计提，企业为职工进行专业技术和职业技能培训，专业技术人员继续教育、职工职业技能鉴定、职业资格认定以及根据需要对职工进行各类文化教育所发生的费用。

（10）财产保险费：是指施工管理用财产、车辆等的保险费用。

（11）财务费：是指企业为施工生产筹集资金或提供预付款担保、履约担保、职工工资支付担保等所发生的各种费用。

（12）税金：是指企业按规定缴纳的房产税、车船使用税、土地使用税、印花税、城市维护建设税、教育费附加及地方教育附加、水利建设基金等。

（13）其他：包括技术转让费、技术开发费、投标费、业务招待费、绿化费、广告费、公证费、法律顾问费、审计费、咨询费、保险费等。

（14）检验试验费：是指施工企业按照有关标准规定，对建筑以及材料、构件和建筑安装物进行一般鉴定、检查所发生的费用，包括自设试验室进行试验所耗用的材料等费用。

一般鉴定、检查，是指按相应规范所规定的材料品种、材料规格、取样批量、取样数量、取样方法和检测项目等内容所进行的鉴定、检查。例如，砌筑砂浆配合比设计、砌筑砂浆抗压试块、混凝土配合比设计、混凝土抗压试块等施工单位自制或自行加工材料按规范规定的内容所进行的鉴定、检查。

（15）总承包服务费：是指总承包人为配合、协调发包人根据国家有关规定进行专业工程发包、自行采购材料、设备等进行现场接收、管理（非指保管）以及施工现场管理、竣工资料汇总整理等服务所需的费用。

五、利润

利润是指施工企业完成所承包工程获得的盈利。

六、规费

规费是指按国家法律、法规规定，由省级政府和省级有关权力部门规定必须缴纳或计取的费用，包括：

1. 安全文明施工费

（1）环境保护费：是指施工现场为达到环保部门要求所需要的各项费用。

（2）文明施工费：是指施工现场文明施工所需要的各项费用。

（3）安全施工费：是指施工现场安全施工所需要的各项费用。

（4）临时设施费：是指施工企业为进行建设工程施工所必需搭设的生活和生产用的临时建筑物、构筑物和其他临时设施费用。

临时设施包括：办公室、加工厂（棚）、仓库、堆放场地、宿舍、卫生间、食堂、文化卫生用房与构筑物，以及规定范围内的道路、水、店、管线等临时设施和小型临时设施。

临时设施费包括临时设施的搭设、维修、拆除、清理费或摊销费等。

2. 社会保障费

（1）养老保险费：是指企业按照规定标准为职工缴纳的基本养老保险费。

（2）失业保险费：是指企业按照规定标准为职工缴纳的失业保险费。

（3）医疗保险费：是指企业按照规定标准为职工缴纳的基本医疗保险费。

（4）生育保险费：是指企业按照规定标准为职工缴纳的生育保险费。

（5）工伤保险费：是指企业按照规定标准为职工缴纳的工伤保险费。

3. 住房公积金

住房公积金是指企业按规定标准为职工缴纳的住房公积金。

4. 工程排污费

工程排污费是指按规定缴纳的施工现场的工程排污费。

5. 建设项目工伤保险

按鲁人社发［2015］15号《关于转发人社部门（2014）103号文件明确建筑业参加工伤保险有关问题的通知》，在工程开工前向社会保险经办机构交纳，应在建设项目所在地参保。

按建设项目参加工伤保险的，建设项目确定中标企业后，建设单位在项目开工前将工伤保险费一次性拨付给总承包单位，由总承包单位为该建设项目使用的所有职工统一办理工伤保险参保登记和缴费手续。

按建设项目参加工伤保险的房屋建筑和市政基础设施工程，建设单位在办理施工许可手续时，应当提交建设项目工伤保险参保证明，作为保证工程安全施工的具体措施之一。安全施工措施未落实的项目，住房和城乡建设主管部门不予核发施工许可证。

七、税金

税金是指国家税法规定应计入建筑安装工程造价内的增值税。其中甲供材料、甲供设备不作为增值税计税基础。

第三节　工程类别划分标准及费率

一、建筑工程类别划分标准与划分说明

工程类别划分标准，是根据不同的单位工程，按其施工难易程度，结合山东省建筑市场的实际情况确定的。工程类别划分标准是确定工程施工难易程度、计取有关费用的依据；同时也是企业编制投标报价的参考。

（一）建筑工程类别划分标准

建筑工程类别划分标准表如表0-1所示。

表0-1　建筑工程类别划分标准表

工程特征				单位	工程类别		
					Ⅰ	Ⅱ	Ⅲ
工业厂房工程	钢结构		跨度 建筑面积	m m^2	>30 >25000	>18 >12000	≤18 ≤12000
	其他结构	单层	跨度 建筑面积	m m^2	>24 >15000	>18 >10000	≤18 ≤10000
		多层	檐高 建筑面积	m m^2	>60 >20000	>30 >12000	≤30 ≤12000

续表

工程特征			单位	工程类别		
				Ⅰ	Ⅱ	Ⅲ
民用建筑工程	钢结构	檐高	m	>60	>30	≤30
		建筑面积	m^2	>30000	>12000	≤12000
	混凝土结构	檐高	m	>60	>30	≤30
		建筑面积	m^2	>20000	>10000	≤10000
	其他结构	层数	层	—	>10	≤10
		建筑面积	m^2	—	>12000	≤12000
	别墅工程（≤3层）	栋数	栋	≤5	≤10	>10
		建筑面积	m^2	≤500	≤700	>700
构筑物工程	烟囱	混凝土结构高度	m	>100	>60	≤60
		砖结构高度	m	>60	>40	≤40
	水塔	高度	m	>60	>40	≤40
		容积	m^3	>100	>60	≤60
	筒仓	高度	m	>35	>20	≤20
		容积（单体）	m^3	>2500	>1500	≤1500
	贮池	容积（单体）	m^3	>3000	>1500	≤1500
桩基础工程		桩长	m	>30	>12	≤12
单独土石方工程		土石方	m^3	>30000	>12000	5000<体积≤12000

（二）建筑工程类别划分说明

建筑工程确定类别时，应首先确定工程类型。建筑工程的工程类型按工业厂房工程、民用建筑工程、构筑物工程、桩基础工程、单独土石方工程等五个类型分列。

（1）工业厂房工程，指直接从事物质生产的生产厂房或生产车间。

工业建筑中，为物质生产配套和服务的实验室、化验室、食堂、宿舍、医疗、卫生及管理用房等独立建筑物，按民用建筑工程确定工程类别。

（2）民用建筑工程，指直接用于满足人们物质和文化生活需要的非生产性建筑物。

（3）构筑物工程，指与工业或民用建筑配套、并独立于工业与民用建筑之外，如：烟囱、水塔、贮仓、水池等工程。

（4）桩基础工程，是浅基础不能满足建筑物的稳定性要求而采用的一种深基础工艺，主要包括：各种现浇和预制混凝土桩以及其他材质的桩基础。桩基础工程适用于建设单位直接发包的桩基础工程。

（5）单独土石方工程：指建筑物、构筑物、市政设施等基础土石方以外的，挖方或填方工程量>5000m^3，且需要单独编制概预算的土石方工程，包括土石方的挖、运、填等。

（6）同一建筑物工程类别不同时，按建筑面积大的工程类型确定其工程类别。

（7）工业厂房的设备基础，单体混凝土体积 $>1000m^3$，按建筑物工程Ⅰ类；单体混凝土体积 $>600m^3$，按构筑物Ⅱ类；单体混凝土体积 $\leqslant 600m^3$ 且 $>50m^3$，按构筑物Ⅲ类；单体混凝土体积 $\leqslant 50m^3$，按相应建筑物或构筑物的工程类别确定工程类别。

（8）强夯工程，按单独土石方工程Ⅱ类确定工程类别。

（9）与建筑物配套的零星项目，如水井表、消防水泵接、合器井、热力入户井、排水检查井、雨水沉砂池等，按相应建筑物的类别确定工程类别。

（10）其他附属项目，如场区大门、围墙、挡土墙、庭院甬路、室外管道支架等，按建筑工程Ⅲ类确定工程类别。

（三）房屋建筑工程的结构形式

（1）钢结构，是指柱、梁（屋架）、板等承重构件用钢材制作的建筑物。

（2）混凝土结构，是指柱、梁（屋架）、板等承重构件用现浇或预制的钢筋混凝土制作的建筑物。

（3）同一建筑物结构形式不同时，按建筑面积大的结构形式确定其工程类别。

（四）工程特征

（1）建筑物檐高，指设计室外地坪至檐口滴水（或屋面板板顶）的高度。突出建筑物主体屋面楼梯间、电梯间、水箱间部分高度不计入檐口高度。

（2）建筑物的跨度，指设计图示轴线间的宽度。

（3）建筑物的建筑面积，按建筑面积计算规范的规定计算。

（4）构筑物高度，指设计室外地坪至构筑物主体结构顶坪的高度。

（5）构筑物的容积，指设计净容积。

（6）桩长，指设计桩长（包括桩尖长度）。

二、装饰工程类别划分标准与划分说明

（一）装饰工程类别划分标准

装饰工程类别划分标准表如表 0-2 所示。

表 0-2　装饰工程类别划分标准表

工程特征	工程类别		
	Ⅰ	Ⅱ	Ⅲ
工业与民用建筑	特殊公共建筑，包括：观演展览建筑、交通建筑、体育场馆、高级会堂等	一般公共建筑，包括：办公建筑、文教卫生建筑、科研建筑、商业建筑等	居住建筑工业厂房工程
	四星级以上的宾馆	三星级宾馆	二星级以下宾馆
单独外墙装饰（包括幕墙、各种外墙干挂工程）	幕墙高度 $>50m$	幕墙高度 $>30m$	幕墙高度 $\leqslant 30m$

续表

工程特征	工程类别		
	Ⅰ	Ⅱ	Ⅲ
单独招牌、灯箱、美术字等工程	—	—	单独招牌灯箱美术字等工程

（二）装饰工程类别划分说明

（1）装饰工程，指建筑物主体结构完成后，在主体结构表面及相关部位进行抹灰、镶贴和铺装面层等施工，以达到建筑设计效果的施工内容。

1）作为地面各层次的承载体，在原始地基或回填土上铺筑的垫层，属于建筑工程。附着于垫层或者主体结构的找平层仍属于建筑工程。

2）为主体结构及其施工服务的边坡支护工程，属于建筑工程。

3）门窗（不含门窗零星装饰），作为建筑物围护结构的重要组成部分，属于建筑工程。工艺门扇以及门窗的包框、镶嵌和零星装饰，属于装饰工程。

4）位于墙柱结构外表面以外、楼板（含屋面板）以下的各种龙骨（骨架）、各种找平层、面层，属于装饰工程。

5）具有特殊工程的防水层、保温层，属于建筑工程；防水层、保温层以外的面层，属于装饰工程。

6）为整体工程或主体结构工程服务的脚手架、垂直运输、水平运输、大型机械进出场，属于建筑工程；单纯为装饰工程服务的，属于装饰工程。

7）建筑工程的施工增加（第二十章），属于建筑工程；装饰工程的施工增加，属于装饰工程。

（2）特殊公共建筑，包括：观演展览建筑（如影剧院、影视制作播放建筑、城市级图书馆、博物馆、展览馆、纪念馆等）、交通建筑（如汽车、火车、飞机、轮船的站房建筑等）、体育场馆（如体育训练、比赛场馆）、高级会堂等。

（3）一般公共建筑，包括：办公建筑、文教卫生建筑（如教学楼、实验楼、学校图书馆、门诊楼、病房楼、检验化验楼等）、科研建筑、商业建筑等。

（4）宾馆、饭店的星级，按《旅游涉外饭店星级标准》确定。

三、建设工程费用费率

（1）一般计税下建筑与装饰措施费率表如表 0-3 所示，简易计税下建筑与装饰措施费表如表 0-4 所示。

表 0-3　一般计税下建筑与装饰措施费率表

单位:%

费用名称 专业名称	夜间施工费	二次搬运费	冬雨季施工增加费	已完成工程及设备保护费
建筑工程	2.55	2.18	2.91	0.15
装饰工程	3.64	3.28	4.10	0.15

表 0-4　简易计税下建筑与装饰措施费率表

单位:%

费用名称 专业名称	夜间施工费	二次搬运费	冬雨季施工增加费	已完成工程及设备保护费
建筑工程	2.80	2.40	3.20	0.15
装饰工程	4.0	3.6	4.5	0.15

注：建筑、装饰工程中已完工程及设备保护费的计费基础为省价人才机之和。

（2）措施费中的人工费含量表如表 0-5 所示。

表 0-5　措施费中的人工含量表

单位:%

费用名称 专业名称	夜间施工费	二次搬运费	冬雨季施工增加费	已完工程及设备保护费
建筑工程、装饰工程	25			10

（3）一般计税下企业管理费、利润率表如表 0-6 所示，简易计税下企业管理费、利润率表如表 0-7 所示。

表 0-6　一般计税下企业管理费、利润率表

单位:%

专业名称 费用名称		企业管理费			利润		
		Ⅰ	Ⅱ	Ⅲ	Ⅰ	Ⅱ	Ⅲ
建筑工程	建筑工程	43.4	34.7	25.6	35.8	20.3	15.0
	构筑物工程	34.7	31.3	20.8	30.0	24.2	11.6
	单独土石方工程	28.9	20.8	13.1	22.3	16.0	6.8
	桩基础工程	23.2	17.9	13.1	16.9	13.1	4.8
装饰工程		66.2	52.7	32.2	36.7	23.8	17.3

注：企业管理费费率中，不包括总承包服务费费率。

表 0-7　简易计税下企业管理费、利润率表

单位:%

专业名称 费用名称		企业管理费			利润		
		Ⅰ	Ⅱ	Ⅲ	Ⅰ	Ⅱ	Ⅲ
建筑工程	建筑工程	43.2	34.5	25.4	35.8	20.3	15.0
	构筑物工程	34.5	31.2	20.7	30.0	24.2	11.6
	单独土石方工程	28.8	20.7	13.0	22.3	16.0	6.8
	桩基础工程	23.1	17.8	13.0	16.9	13.1	4.8
装饰工程		65.9	52.4	32.0	36.7	23.8	17.3

注：企业管理费费率中，不包括总承包服务费费率。

（4）总承包服务费、采购保管费费率表如表0-8所示。

表0-8　总承包服务费、采购保管费费率表

费用名称	费率	
总承包服务费	3	
采购保管费	材料	2.5
	设备	1

（5）一般计税下建筑、装饰规费费率表如表0-9所示，简易计税下建筑、装饰工程规费费率表如表0-10所示。

表0-9　一般计税下建筑、装饰费费率表

专业名称 费用名称	建筑工程	装饰工程
安全文明施工费	3.70	4.15
其中：1. 安全施工费	2.34	2.34
2. 环境保护费	0.11	0.12
3. 文明施工费	0.54	0.10
4. 临时设施费	0.71	1.59
社会保险费	1.52	
住房公积金	按工程所在地设区市相关规定计算	
工程排污费		
建筑项目工伤保险		

表0-10　简易计税下建筑、装饰费费率表

专业名称 费用名称	建筑工程	装饰工程
安全文明施工费	3.52	3.97
其中：1. 安全施工费	2.16	2.16
2. 环境保护费	0.11	0.12
3. 文明施工费	0.54	0.10
4. 临时设施费	0.71	1.59
社会保险费	1.40	
住房公积金	按工程所在地设区市相关规定计算	
工程排污费		
建筑项目工伤保险		

（6）税金税率表如表 0-11 所示。

表 0-11　税金税率表

费用名称	税率
增值税	11
增值税（简易计税）	3

注：甲供材料、甲供设备不作为计税基础。

第四节　建设工程费用计算程序

一、计费基础说明

建筑工程、装饰工程定额计价计费基础是以省价人工费为基础计算的，其中 JD1 和 JD2 的计算方法如表 0-12 所示。

表 0-12　建筑、装饰工程计费基础计算表

<table>
<tr><th colspan="2">计费基础</th><th>计算方法</th></tr>
<tr><td rowspan="4">定额计价
（人工费）</td><td rowspan="2">JD1</td><td>分部分项工程的省价人工费之和</td></tr>
<tr><td>Σ[分部分项工程定额Σ(工日消耗量×省人工单价)×分部分项工程量]</td></tr>
<tr><td rowspan="2">JD2</td><td>单价措施项目的省价人工费之和＋总价措施费中的省价人工费之和</td></tr>
<tr><td>Σ[单价措施项目定额Σ(工日消耗量×省人工单价)×单价措施项目工程量]＋Σ(JD1×省发措施费费率×H)</td></tr>
</table>

二、建设工程定额计价计算程序

定额计价计算程序表如表 0-13 所示。

表 0-13　定额计价计算程序表

<table>
<tr><th>序号</th><th>费用名称</th><th>计算方法</th></tr>
<tr><td rowspan="2">一</td><td>分部分项工程费</td><td>Σ{[定额Σ(工日消耗量×人工单价)＋Σ(材料消耗量×材料单价)＋Σ(机械台班消耗量×台班单价)]×分部分项工程量}</td></tr>
<tr><td>计费基础 JD1</td><td>详三、计费基础说明</td></tr>
<tr><td rowspan="4">二</td><td>措施项目费</td><td>2.1＋2.2</td></tr>
<tr><td>2.1 单价措施费</td><td>Σ{[定额Σ(工日消耗量×人工单价)＋Σ(材料消耗量×材料单价)＋Σ(机械台班消耗量×台班单价)]×单价措施项目工程量}</td></tr>
<tr><td>2.2 总价措施费</td><td>JD1×相应费率</td></tr>
<tr><td>计费基础 JD2</td><td>详见计费基础说明表</td></tr>
</table>

续表

序号	费用名称	计算方法
三	其他项目费	3.1+3.3+……+3.8
	3.1 暂列金额	按相应规定计算
	3.2 专业工程暂估价	
	3.3 特殊项目暂估价	
	3.4 计日工	
	3.5 采购保管费	
	3.6 其他检验试验费	
	3.7 总承包服务费	
	3.8 其他	
四	企业管理费	(JD1+JD2)×管理费费率
五	利润	(JD1+JD2)×利润率
六	规费	4.1+4.2+4.3+4.4+4.5
	4.1 安全文明施工费	(一+二+三+四+五)×费率
	4.2 社会保险费	(一+二+三+四+五)×费率
	4.3 住房公积金	按工程所在地设区市相关规费计算
	4.4 工程排污费	按工程所在地设区市相关规费计算
	4.5 建设项目工伤保险	按工程所在地设区市相关规费计算
七	设备费	Σ(设备单价×设备工程量)
八	税金	(一+二+三+四+五+六+七)×税率
九	工程费用合计	一+二+三+四+五+六+七+八

三、一般计税下建筑、装饰工程费用计算程序案例

[例0-1] 济南市区内某小区中一幢住宅楼，框架剪力墙结构，21层，檐口高度62.75m，建筑面积21380.72m²。按省定额价计算的分部分项工程费合计为11390014.84元，其中人工费（计费基础JD1）为2278002.97元。按山东省定额价计取的单价措施费为2608324.85元（其中人工费为708580.70元），其他项目费合计为267820.68元，工程排污费率为0.27%，住房公积金费率为0.21%，建设项目工伤保险费率为0.24%。设备费合计为397260.88元（其中甲设备105862.44元）。不需取费的项目合计为368752.98元。按照建筑工程承包合同约定，该工程采用一般计税方式计价。计算该高层住宅楼的建筑工程费用。

解：（1）由建筑工程类别划分标准表0-1得知，该高层住宅工程属于混凝土结构工程，檐高62.75m>60m，建筑面积21380.72m²>20000m²，为Ⅰ类工程。

（2）该高层住宅楼的费用计算如表0-14所示。

表 0-14 建筑工程费用表（一般计税）

序号	费用名称	费率（%）	计算方法	费用金额
一	分部分项工程费		Σ{[定额Σ(工日消耗量×人工单价)+Σ(材料消耗量×材料单价)+Σ(机械台班消耗量×台班单价)]×分部分项工程量}	11390014.84
	计费基础 JD1		Σ(工程量×省人工费)	2278002.97
二	措施项目费		2.1+2.2	2799449.30
	2.1 单价措施费		Σ{[定额Σ(工日消耗量×人工单价)+Σ(材料消耗量×材料单价)+Σ(机械台班消耗量×台班单价)]×单价措施项目工程量}	2608324.85
	2.2 总价措施费		(1)+(2)+(3)+(4)	191124.45
	(1) 夜间施工费	2.55	计费基础 JD1×费率	58089.08
	(2) 二次搬运费	2.18	计费基础 JD1×费率	49660.46
	(3) 冬雨季施工增加费	2.91	计费基础 JD1×费率	66289.89
	(4) 已完工程及设备保护费	0.15	省价人材机之和×费率	17085.02
	计费基础 JD2		Σ措施费中 2.1、2.2 中省价人工费	753799.06
三	其他项目费			267820.68
四	企业管理费	43.40	(JD1+JD2)×管理费费率	1315802.08
五	利润	35.80	(JD1+JD2)×利润率	1085385.13
六	规费		4.1+4.2+4.3+4.4+4.5	1001393.24
	4.1 安全文明施工费		(1)+(2)+(3)+(4)	623763.46
	(1) 安全施工费	2.34	(一+二+三+四+五)×费率	394488.25
	(2) 环境保护费	0.11	(一+二+三+四+五)×费率	18544.32
	(3) 文明施工费	0.54	(一+二+三+四+五)×费率	91035.75
	(4) 临时设施费	0.71	(一+二+三+四+五)×费率	119695.15
	4.2 社会保险费	1.52	(一+二+三+四+五)×费率	256248.77
	4.3 住房公积金	0.21	(一+二+三+四+五)×费率	35402.79
	4.4 工程排污费	0.27	(一+二+三+四+五)×费率	45517.87
	4.5 建设项目工伤保险	0.24	(一+二+三+四+五)×费率	40460.33
七	设备费		Σ(设备单价×设备工程量)	397260.88
八	税金	11	(一+二+三+四+五+六+七−甲供材料、设备款)×税率	1996639.01
九	不取费项目合计			368752.98
十	工程费用合计		一+二+三+四+五+六+七+八+九	20622518.13

注：已完工程及设备保护费=分部分项工程费×0.15%

计费基础 JD2=单价措施费中的人工费+（夜间施工费+二次搬运费+冬雨季施工增加费）×25%+已完工程及设备保护费×10%

［例0-2］ 济南市历城区内某宿舍楼共5层，混合结构，计划重新装修，按省定额价计算的分部分项工程费合计为666059.44元，其中人工费（计费基础JD1）为226086.36元。按山东省定额价计取的单价措施费为107652.47元（其中人工费为37678.36元），工程排污费率为0.27%，住房公积金费率为0.21%，建设项目工伤保险费率为0.24%。无甲供材料、设备，无不取费项目，无其他项目费和设备费等。按照建筑工程承包合同约定，采用一般计税方式计价。计算该宿舍楼的装饰工程费用。

解：（1）查表0-2可知，该装饰工程为居住类建筑属于Ⅲ类工程。

（2）宿舍楼的装饰工程费用计算如表0-15所示。

表0-15 装饰工程费用表（一般计税）

序号	费用名称	费率（%）	计算方法	费用金额
一	分部分项工程费		Σ{[定额Σ(工日消耗量×人工单价)+Σ(材料消耗量×材料单价)+Σ(机械台班消耗量×台班单价)]×分部分项工程量}	666059.44
	计费基础JD1		Σ（工程量×省人工费）	226086.36
二	措施项目费		2.1+2.2	133566.28
	2.1 单价措施费		Σ{[定额Σ(工日消耗量×人工单价)+Σ(材料消耗量×材料单价)+Σ(机械台班消耗量×台班单价)]×单价措施项目工程量}	107652.47
	2.2 总价措施费		(1)+(2)+(3)+(4)	25913.81
	（1）夜间施工费	3.64	计费基础JD1×费率	8229.54
	（2）二次搬运费	3.28	计费基础JD1×费率	7415.63
	（3）冬雨季施工增加费	4.10	计费基础JD1×费率	9269.54
	（4）已完工程及设备保护费	0.15	省价人材机之和×费率	999.09
	计费基础JD2		Σ措施费中2.1、2.2中省价人工费	44006.95
三	其他项目费			0.00
四	企业管理费	32.20	(JD1+JD2)×管理费费率	68603.70
五	利润	17.30	(JD1+JD2)×利润率	40514.00
六	规费		4.1+4.2+4.3+4.4+4.5	58068.70
	4.1 安全文明施工费	4.15	(一+二+三+四+五)×费率	37712.85
	4.2 社会保险费	1.52	(一+二+三+四+五)×费率	13812.90
	4.3 住房公积金	0.21	(一+二+三+四+五)×费率	1908.36
	4.4 工程排污费	0.27	(一+二+三+四+五)×费率	2453.61
	4.5 建设项目工伤保险	0.24	(一+二+三+四+五)×费率	2180.98
七	设备费		Σ(设备单价×设备工程量)	0.00
八	税金	11	(一+二+三+四+五+六+七-甲供材料、设备款)×税率	106349.33
九	不取费项目合计			0.00
十	工程费用合计		一+二+三+四+五+六+七+八+九	966812.23

四、简易计税下建筑工程费用计算程序案例

［例 0-3］ 某小办公楼位于济南郊区，砖混结构，3 层，檐口高度 9.68m，建筑面积 1356.23m^2。分部分项工程费合计为 6136365.75 元，其中人工费（计费基础 JD1）为 1235684.56 元。按山东省定额价计取的单价措施费为 765842.53 元（其中人工费 245069.61 元），工程排污费率为 0.24%，住房公积金费率为 0.19%，建设项目工伤保险费率为 0.22%。无甲供材料、设备，无不取费项目，无其他项目费和设备费等。按照建筑工程承包合同约定，采用简易计税方式计价。计算该办公楼的建筑工程费用。

解：（1）由建筑工程类别划分标准表 0-1 得知，该办公楼属于其他结构工程，为Ⅲ类工程。

（2）该办公楼的建筑工程费用计算如表 0-16 所示。

表 0-16 建筑工程费用表（简易计税）

序号	费用名称	费率（%）	计算方法	费用金额
一	分部分项工程费		Σ{[定额Σ(工日消耗量×人工单价)+Σ(材料消耗量×材料单价)+Σ(机械台班消耗量×台班单价)]×分部分项工程量}	6136365.75
	计费基础 JD1		Σ(工程量×省人工费)	1235684.56
二	措施项目费		2.1+2.2	878844.58
	2.1 单价措施费		Σ{[定额Σ(工日消耗量×人工单价)+Σ(材料消耗量×材料单价)+Σ(机械台班消耗量×台班单价)]×单价措施项目工程量}	765842.53
	2.2 总价措施费		(1)+(2)+(3)+(4)	113002.05
	（1）夜间施工费	2.80	计费基础 JD1×费率	34599.17
	（2）二次搬运费	2.40	计费基础 JD1×费率	29656.43
	（3）冬雨季施工增加费	3.20	计费基础 JD1×费率	39541.91
	（4）已完工程及设备保护费	0.15	省价人材机之和×费率	9204.55
	计费基础 JD2		Σ措施费中 2.1、2.2 中省价人工费	271939.44
三	企业管理费	25.4	(JD1+JD2)×管理费费率	382936.50
四	利润	15.0	(JD1+JD2)×利润率	226143.60
五	规费		4.1+4.2+4.3+4.4+4.5	424672.98
	4.1 安全文明施工费	3.52	(一+二+三+四+五)×费率	268375.02
	4.2 社会保险费	1.40	(一+二+三+四+五)×费率	106740.07
	4.3 住房公积金	0.19	(一+二+三+四+五)×费率	14486.15
	4.4 工程排污费	0.24	(一+二+三+四+五)×费率	18298.30
	4.5 建设项目工伤保险	0.22	(一+二+三+四+五)×费率	16773.44
六	税金	3	(一+二+三+四+五)×税率=(F4+F6+F14+F23+F24+F25+F35)×D33	241468.90
七	工程费用合计		一+二+三+四+五+六	8290432.31

第五节　建筑面积及基数的计算

一、建筑面积的概念

建筑面积亦称建筑展开面积，它是指建筑物（包括墙体）所形成的楼地面面积，即外墙结构外围水平面积之和。建筑面积包括附属于建筑物的室外阳台、雨篷、檐廊、室外走廊、室外楼梯等。建筑面积是确定建筑规模的重要指标，是确定各项技术经济指标的基础。

建筑面积包括使用面积、辅助面积和结构面积三部分。

1. 使用面积

使用面积指建筑物各层平面中直接为生产或生活使用的净面积的总和，在居住建筑中的使用面积称为“居住面积”。例如，客厅、办公室、卧室等。

2. 辅助面积

辅助面积指建筑物各层平面中为辅助生产或生活所占净面积的总和。例如，楼梯、走道、厕所、厨房等。

使用面积和辅助面积的总和称为“有效面积”。

3. 结构面积

结构面积指建筑物各层平面中的墙、柱等结构所占面积的总和。

二、建筑面积的作用

1. 建筑面积是基本建设投资、建设项目可行性研究、建设项目评估、建设项目勘察设计、建筑工程施工、竣工验收和建筑工程造价管理等一系列工作的重要指标。

2. 确定各项技术经济指标的基础

有了建筑面积，才能确定每平方米建筑面积的工程造价。

$$\text{单位面积工程造价}=\frac{\text{工程造价}}{\text{建筑面积}}$$

还有很多其他的技术经济指标（如每平方米建筑面积的工料用量），也需要建筑面积这一数据，如：

$$\text{单位建筑面积的材料消耗指标}=\frac{\text{工程材料消耗量}}{\text{建筑面积}}$$

$$\text{单位建筑面积的人工用量}=\frac{\text{工程人工工日耗用量}}{\text{建筑面积}}$$

3. 计算有关分项工程量的依据

应用统筹计算方法，根据底层建筑面积，就可以很方便地推算出室内回填土体积、地（楼）面面积和天棚面积等。另外，建筑面积也是脚手架、垂直运输机械费用的计算依据。

4. 选择概算指标和编制概算的主要依据

概算指标通常是以建筑面积为计量单位。用概算指标概算时，要以建筑面积为计算基础。

总之，建筑面积是一项重要的技术经济指标，对全面控制建设工程造价具有重要意义，并在整个基本建设工作中起着重要的作用。

三、计算建筑面积应遵循的原则

计算工业与民用建筑的建筑面积的总原则是：凡在结构上、使用上形成一定使用功能的建筑物和构筑物，并能单独计算出其水平面积及相应消耗的人工、材料和机械用量的，应计算建筑面积；反之，不应计算建筑面积。

（1）计算建筑面积的建筑物，必须具备保证人们正常活动的永久性（密实）顶盖。

具备永久性顶盖的建筑物，在满足其他两项原则的前提下，或计算全面积，或计算 1/2 面积；但不具备永久性顶盖的建筑物，如无永久性顶盖的阳台、无永久性顶盖的室外楼梯的最上层楼梯等，均不能计算面积。

（2）计算建筑面积的建筑物，应具备挡风遮雨的围护结构。

在满足其他两项原则的前提下，具备围护结构的建筑物，一般计算全面积；不具备围护结构的建筑物，一般应计算 1/2 面积。

（3）计算建筑面积的建筑物，应具备保证人们正常活动的空间高度；结构层高 2. 2m，或坡屋顶结构净高 2. 10m。

在满足其他两项原则的前提下，达到上述空间高度的建筑物，一般计算全面积；不能达到上述空间高度的建筑物，一般应计算 1/2 面积。

四、建筑面积计算规则

（1）建筑物的建筑面积应按自然层外墙结构外围水平面积之和计算。结构层高在 2. 20m 及以上的，应计算全面积；结构层高在 2. 20m 以下的，应计算 1/2 面积。当外墙结构本身在一个层高范围内不等厚时，以楼地面结构标高处的外围水平面积计算。

注：①自然层是指按楼地面结构分层的楼层。

②结构层高是指楼面或地面结构层上表面至上部结构层上表面之间的垂直距离。

[例 0-4]　某单层建筑物檐高 3. 60m，如图 0-3 所示，计算其建筑面积。

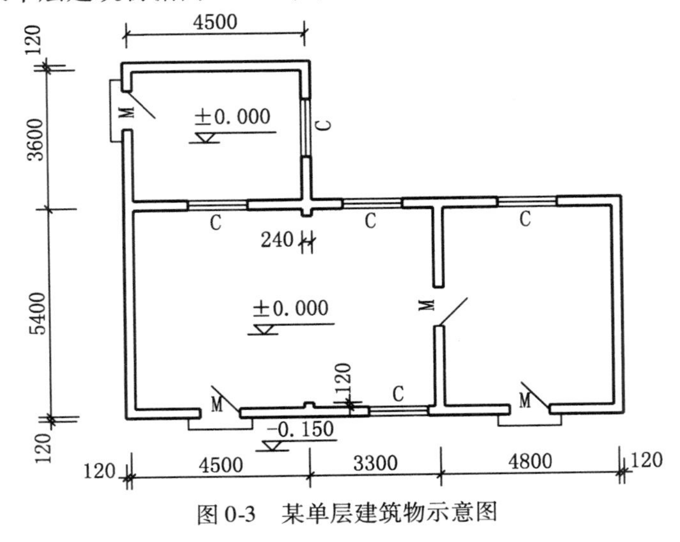

图 0-3　某单层建筑物示意图

解：$S_{建}=(4.5m+3.3m+4.8m+0.24m)\times(5.4m+0.24m)+(4.5m+0.24m)\times3.6m=89.48m^2$

［**例 0-5**］　某建筑物结构层高如图 0-4 所示，试计算：

（1）当 $H=3.0m$ 时，建筑物的建筑面积。

（2）当 $H=2.0m$ 时，建筑物的建筑面积。

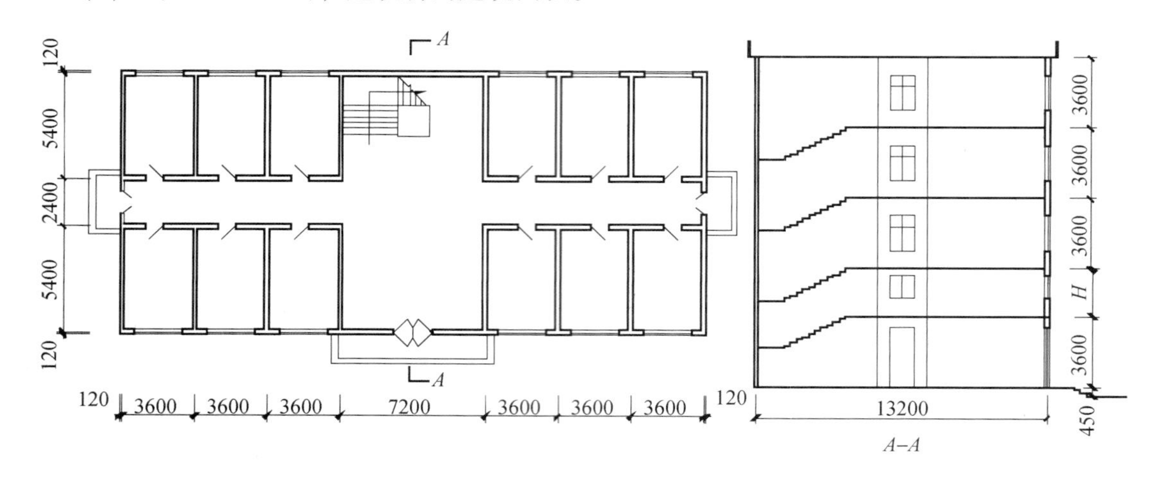

图 0-4　建筑物示意图

分析：对于多层建筑物，当结构层高在 2.20m 及以上者应计算全面积；层高不足 2.20m 者应计算 1/2 面积。

解：（1）$H=3.0m$ 时

$$S_{建}=(3.6m\times6+7.2m+0.24m)\times(5.4m\times2+2.4m+0.24m)\times5=1951.49m^2$$

（2）$H=2.0m$ 时

$$S_{建}=(3.6m\times6+7.2m+0.24m)\times(5.4m\times2+2.4m+0.24m)\times(4.0+0.5)=1756.34m^2$$

（2）建筑物内设有局部楼层如图 0-5 所示。对于局部楼层的二层及以上楼层，有围护结构的应按其围护结构外围水平面积计算，无围护结构的应按其结构底板水平面积计算。结构层高在 2.20m 及以上的，应计算全面积，结构层高在 2.20m 以下的，应计算 1/2 面积。

注：围护结构是指围合建筑空间的墙体、门、窗。

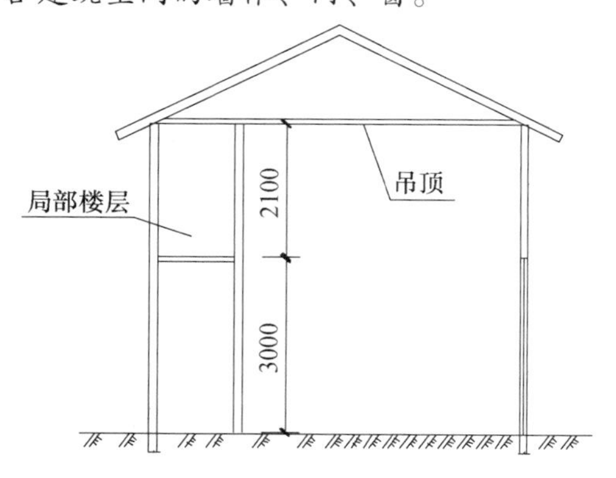

图 0-5　单层建筑物内设有局部楼层示意图

［例 0-6］ 某建筑物局部为二层，如图 0-6 所示，计算其建筑面积。

分析：该建筑物局部为二层，故二层部分的建筑面积按其外围结构水平面积计算。

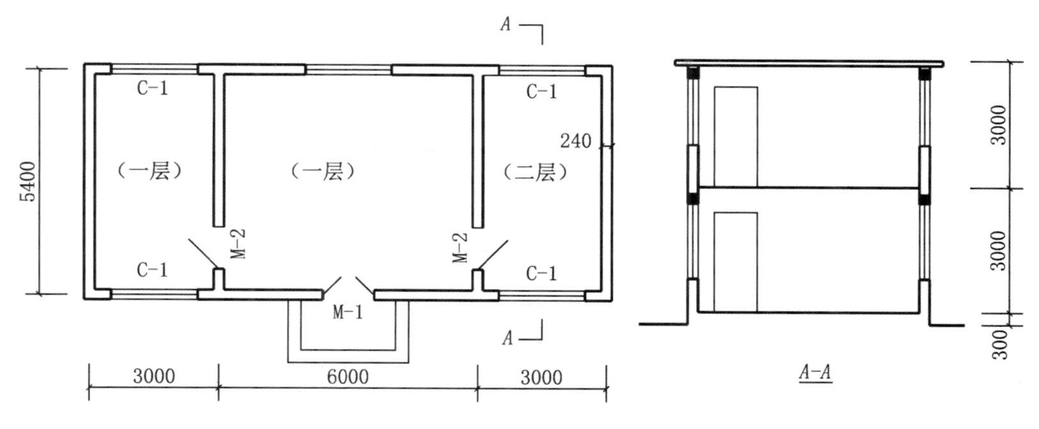

图 0-6 某建筑物局部示意图

解：$S_{建} = (3.0m \times 2 + 6.0m + 0.24m) \times (5.4m + 0.24m) + (3.0m + 0.24m) \times (5.4m + 0.24m) = 87.31m^2$

（3）形成建筑空间的坡屋顶，结构净高在 2.10m 及以上的部位应计算全面积；结构净高在 1.20m 及以上至 2.10m 以下的部位应计算 1/2 面积；结构净高在 1.20m 以下的部位不应计算建筑面积。

注：①建筑空间：以建筑界面限定的、供人们生活和活动的场所。具备可出入、可利用条件（设计中可能标明了使用用途，也可能没有标明使用用途或使用用途不明确）的围合空间，均属于建筑空间。

②结构净高：楼面或地面结构层上表面至上部结构层下表面之间的垂直距离。

［例 0-7］ 某住宅楼共五层，其上部设计为坡屋顶并加以利用，如图 0-7 所示，试计算阁楼的建筑面积。

分析：该建筑物阁楼（坡屋顶）结构净高超过 2.10m 的部位计算全面积；净高在 1.20m 至 2.10m 的部位应计算 1/2 面积，计算时关键是找出结构净高 1.20m 与 2.10m 的分界线。

解：阁楼房间内部净高为 2.1m 处距轴线的距离为：

$$(2.1m - 1.6m) \times 2/1 + 0.12m = 1.12m$$

$$S_{建} = [(2.7m + 4.2m) \times 4 + 0.24m] \times (1.12m + 0.12m) \times 1/2 + [(2.7m + 4.2m) \times 4 + 0.24m] \times (6.6m + 2.4m + 3.6m - 1.12m + 0.12m) = 340.20m^2$$

（4）对于场馆看台下的建筑空间，结构净高在 2.10m 及以上的部位应计算全面积；结构净高在 1.20m 及以上至 2.10m 以下的部位应计算 1/2 面积；结构净高在 1.20m 以下的部位不应计算建筑面积。室内单独设置的有围护设施的悬挑看台，应按看台结构底板水平投影面积计算建筑面积。有顶盖无围护结构的场馆（如：体育场、足球场、网球场、带看台的风雨操场等）看台应按其顶盖水平投影面积的 1/2 计算面积。

注：围护设施是指为保障安全而设置的栏杆、栏板等围挡。

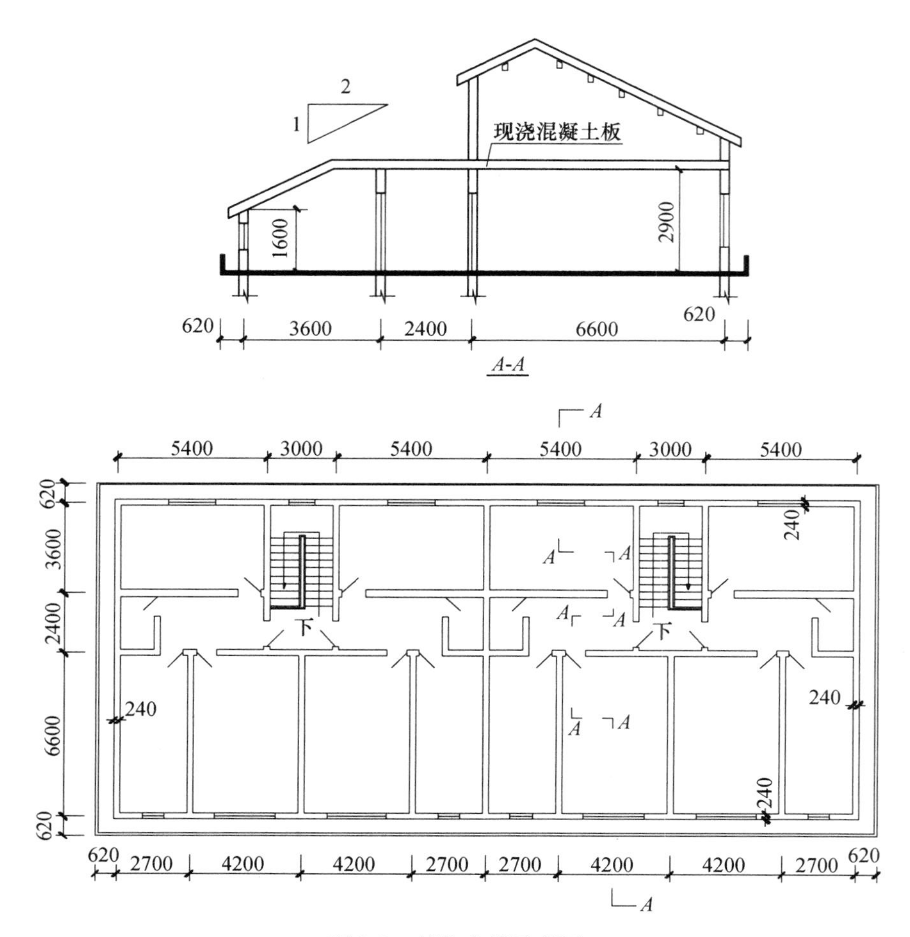

图 0-7 某住宅楼示意图

［**例 0-8**］ 计算体育馆看台的建筑面积，如图 0-8 所示。

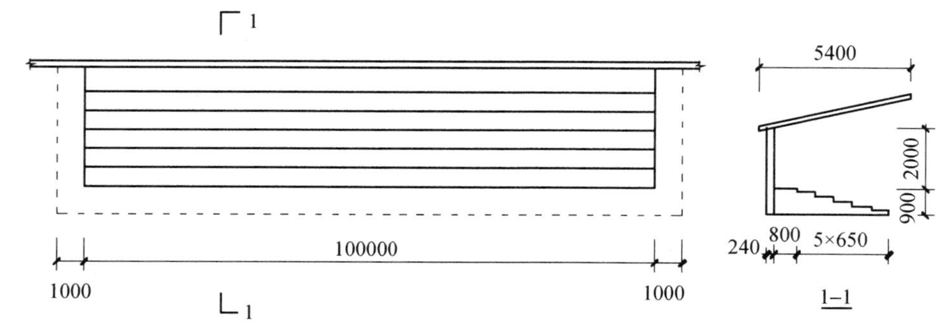

图 0-8 某体育馆看台示意图

解：5.400m ×（100.00m +1.0m ×2）×1/2 =275.40m^2

（5）地下室、半地下室应按其结构外围水平面积计算。结构层高在 2.20m 及以上的，应计算全面积；结构层高在 2.20m 以下的，应计算 1/2 面积。计算建筑面积的范围不包括采光井、外墙防潮层及其保护墙，如图 0-9 所示。

注：①地下室是指室内地平面低于室外地平面的高度超过室内净高的 1/2 的房间。

②半地下室是指室内地平面低于室外地平面的高度超过室内净高的1/3，且不超过1/2的房间。

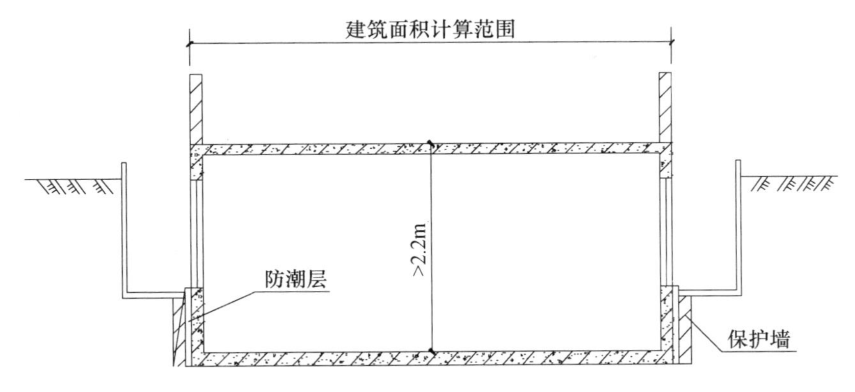

图0-9　地下室建筑面积计算范围示意图

［**例0-9**］　某建筑物的仓库为全地下室，其平面图如图0-10所示，出入口处有永久性的顶盖，计算全地下室的建筑面积。

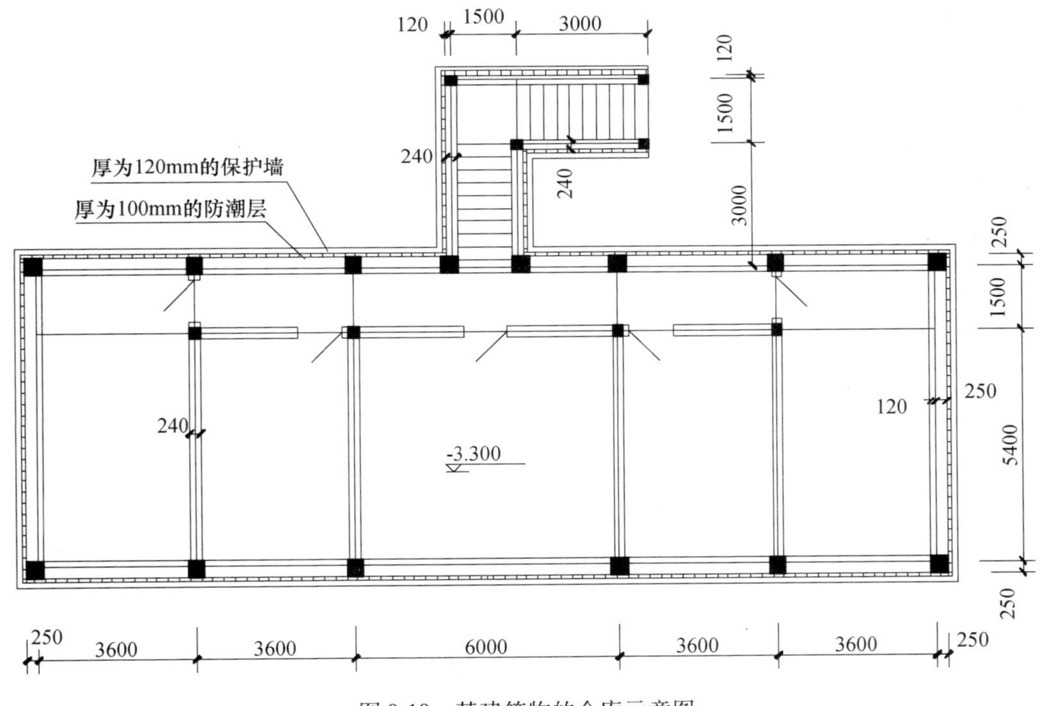

图0-10　某建筑物的仓库示意图

解：（1）地下室主体部分

$$(3.6\text{m}\times4+6.0\text{m}+0.25\text{m}\times2)\times(5.4\text{m}+1.5\text{m}+0.25\text{m}\times2)=154.66\text{m}^2$$

（2）地下室出入口部分

$$(1.5\text{m}+0.12\text{m}\times2)\times(3.0\text{m}-0.25\text{m}+1.5\text{m}+0.12\text{m})+(3.0\text{m}-0.12\text{m})\times(1.5\text{m}+0.12\text{m}\times2)=12.62\text{m}^2$$

（3）地下室建筑面积

$$154.66m^2 + 12.62m^2 = 167.28m^2$$

（6）建筑物出入口外墙外侧坡道有顶盖的部位，应按其外墙结构外围水平面积的1/2计算面积。

（7）建筑物架空层及坡地建筑物吊脚架空层，应按其顶板水平投影计算建筑面积。结构层高在2.20m及以上的，应计算全面积；结构层高在2.20m以下的，应计算1/2面积。

注：①架空层是指仅有结构支撑而无外围护结构的开敞空间层。

②本条既适用于建筑物吊脚架空层、深基础架空层建筑面积的计算，也适用于目前部分住宅、学校教学楼等工程在底层架空或在二楼或以上某个甚至多个楼层架空，作为公共活动、停车、绿化等空间的建筑面积的计算。架空层中有围护结构的建筑空间按相关规定计算。建筑物吊脚架空层如图0-11所示。

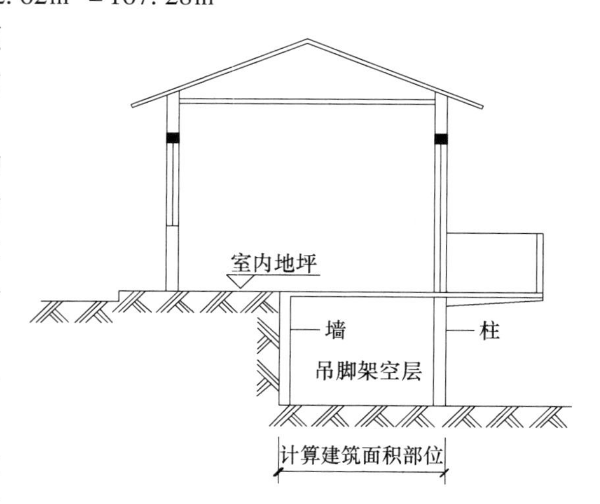

图0-11　建筑物吊脚架空层示意图

［**例0-10**］　某建筑物座落在坡地上，设计为深基础，如图0-12所示，部分加以利用，计算其建筑面积。

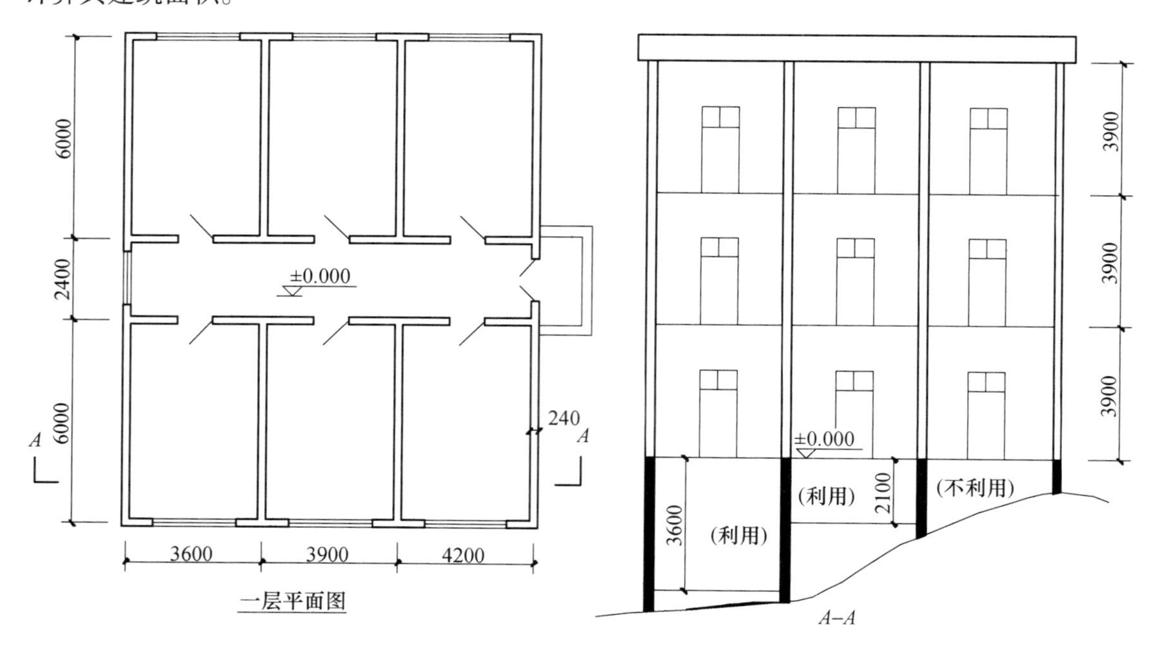

图0-12　某坡地建筑物示意图

分析：坡地建筑物深基础的架空层，设计加以利用并有围护结构的，结构层高在2.20m及以上的部位应计算全面积，结构层高不足2.20m的部位应计算1/2面积。

解：（1）一至三层建筑面积

$$(4.2\text{m}+3.9\text{m}+3.6\text{m}+0.24\text{m})\times(6.0\text{m}\times2+2.4\text{m}+0.24\text{m})\times3=524.40\text{m}^2$$

（2）地下室建筑面积

$$(4.2\text{m}+0.24\text{m})\times(6.0\text{m}\times2+2.4\text{m}+0.24\text{m})+3.9\text{m}\times(6.0\text{m}\times2+2.4\text{m}+0.24\text{m})\times1/2$$
$$=93.55\text{m}^2$$

（3）建筑物总建筑面积

$$524.40\text{m}^2+93.55\text{m}^2=617.95\text{m}^2$$

（8）建筑物的门厅、大厅应按一层计算建筑面积，门厅、大厅内设置的走廊应按走廊结构底板水平投影面积计算建筑面积。结构层高在 2.20m 及以上的，应计算全面积；结构层高在 2.20m 以下的，应计算 1/2 面积。

注：走廊是指建筑物中的水平交通空间。

［例 0-11］ 计算如图 0-13 所示建筑物的建筑面积。

分析：建筑物的门厅按一层计算建筑面积，建筑物内的变形缝应按其自然层合并在建筑物面积内计算。

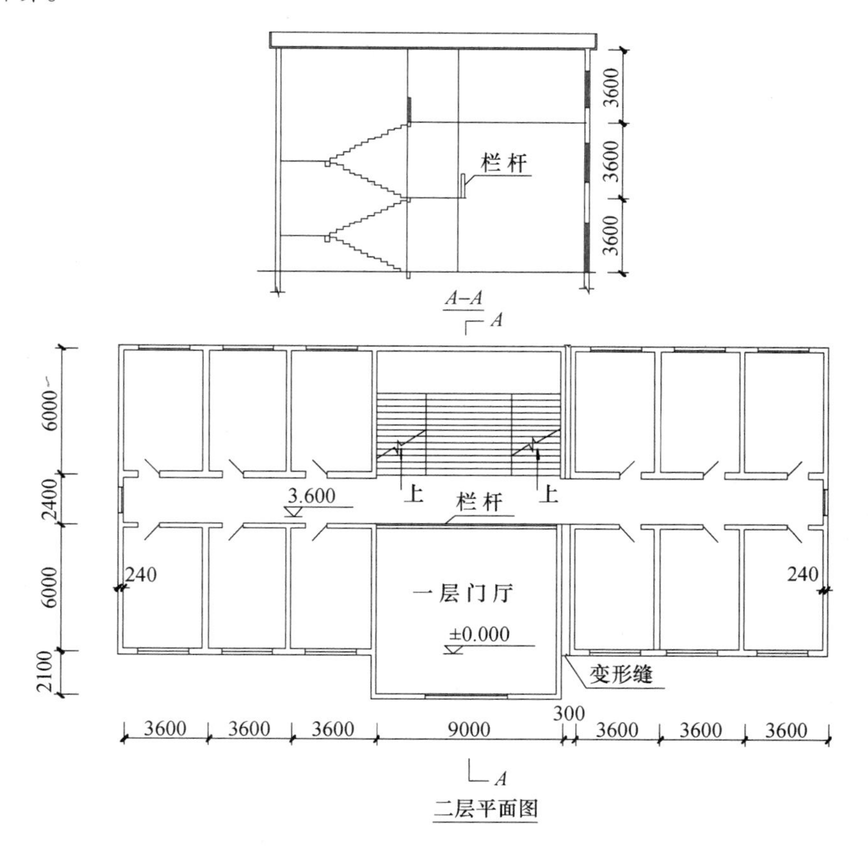

图 0-13　某建筑物示意图

解：$S_{建}=(3.6\text{m}\times6+9.0\text{m}+0.3\text{m}+0.24\text{m})\times(6.0\text{m}\times2+2.4\text{m}+0.24\text{m})\times3+(9.0\text{m}+0.24\text{m})\times2.1\text{m}\times2-(9.0\text{m}-0.24\text{m})\times6.0\text{m}=1353.92\text{m}^2$

（9）对于建筑物间的架空走廊，有顶盖和围护结构的，应按其围护结构外围水平面积计算全面积；无围护结构、有围护设施的，应按其结构底板水平投影面积计算1/2面积。

注：架空走廊是指专门设置在建筑物的二层或二层以上，作为不同建筑物之间水平交通的空间。

［例0-12］ 架空走廊一层为通道，三层无顶盖，计算该架空走廊（如图0-14所示）的建筑面积。

分析：由图0-14知：该建筑物的架空走廊，二层有顶盖但无围护结构（只有维护设施栏杆），故应按其结构底板水平面积的1/2计算；一层为建筑物通道，三层无顶盖，故不计算建筑面积。

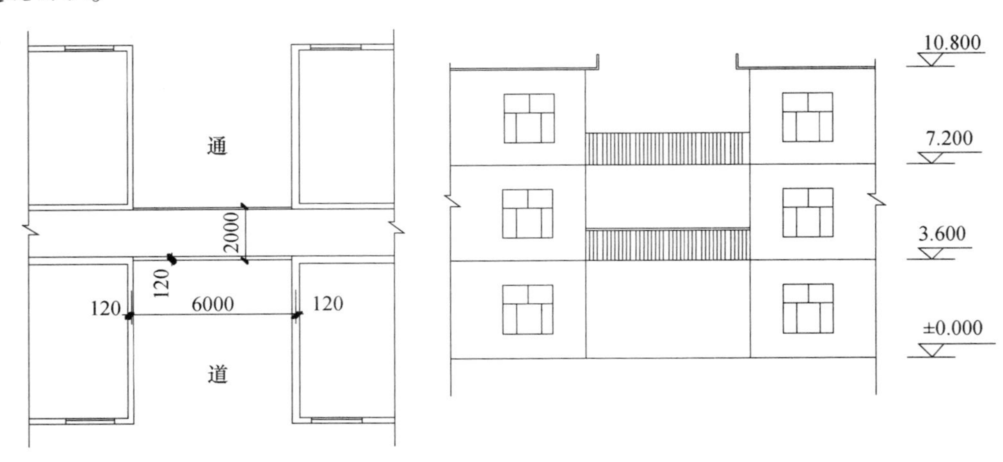

图0-14 某架空走廊示意图

解： $(6.0\text{m}-0.24\text{m})\times2.0\text{m}\times1/2=5.76\text{m}^2$

（10）对于立体书库、立体仓库、立体车库，有围护结构的，应按其围护结构外围水平面积计算建筑面积；无围护结构、有围护设施的，应按其结构底板水平投影面积计算建筑面积。无结构层的应按一层计算，有结构层的应按其结构层面积分别计算。结构层高在2.20m及以上的，应计算全面积；结构层高在2.20m以下的，应计算1/2面积。

注：①结构层是指整体结构体系中承重的楼板层。

②本条主要规定了图书馆中的立体书库、仓储中心的立体仓库、大型停车场的立体车库等建筑的建筑面积计算。起局部分隔、存储等作用的书架层、货架层或可升降的立体钢结构停车层均不属于结构层，故该部分分层不计算建筑面积。

［例0-13］ 求某图书馆的建筑面积，如图0-15所示。

分析：该图书馆共分三层，每层又增加了一个结构层，层高在2.2m以上者计算全面积，层高不足2.2m的应计算1/2面积。

解： $S_{建}=(30.0\text{m}+0.24\text{m})\times(15.0\text{m}+0.24\text{m})\times3+(6.0\text{m}+0.24\text{m})\times(30.0\text{m}+0.24\text{m})\times4+(6.0\text{m}+0.24\text{m})\times(30.0\text{m}+0.24\text{m})\times2\times1/2=2326.06\text{m}^2$

（11）有围护结构的舞台灯光控制室，应按其围护结构外围水平面积计算。结构层高在2.20m及以上的，应计算全面积；结构层高在2.20m以下的，应计算1/2面积。

（12）附属在建筑物外墙的落地橱窗，应按其围护结构外围水平面积计算。结构层高在2.20m及以上的，应计算全面积；结构层高在2.20m以下的，应计算1/2面积。

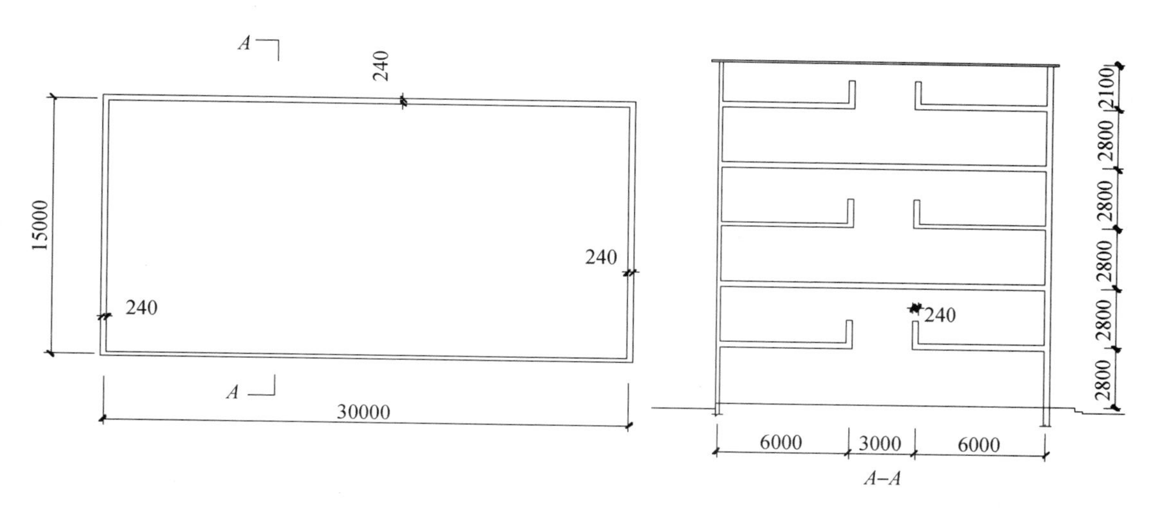

图 0-15　某图书馆示意图

注：落地橱窗是指突出外墙面且根基落地的橱窗，指在商业建筑临街面设置的下槛落地，既可落在室外地坪，也可落在室内首层地板，用来展览各种样品的玻璃窗。

（13）窗台与室内楼地面高差在 0.45m 以下且结构净高在 2.10m 及以上的凸（飘）窗，应按其围护结构外围水平面积计算 1/2 面积。

注：凸窗（飘窗）是指凸出建筑物外墙面的窗户。凸窗（飘窗）既作为窗，就有别于楼（地）板的延伸，也就是不能把楼（地）板延伸出去的窗称为凸窗（飘窗）。凸窗（飘窗）的窗台应只是墙面的一部分且距（楼）地面应有一定的高度。

（14）有围护设施的室外走廊（挑廊），应按其结构底板水平投影面积计算 1/2 面积；有围护设施（或柱）的檐廊，应按其围护设施（或柱）外围水平面积计算 1/2 面积。

注：①檐廊是指建筑物挑檐下的水平交通空间。檐廊是附属于建筑物底层外墙，有屋檐作为顶盖，其下部一般有柱或栏杆、栏板等的水平交通空间。

②挑廊是指挑出建筑物外墙的水平交通空间。

（15）门斗应按其围护结构外围水平面积计算建筑面积，且结构层高在 2.20m 及以上的，应计算全面积；结构层高在 2.20m 以下的，应计算 1/2 面积。

注：门斗是指建筑物入口处两道门之间的空间。

[例 0-14]　计算如图 0-16 所示建筑物门斗的建筑面积。

解：$(3.6\text{m}+0.24\text{m})\times 4.0\text{m}=15.36\text{m}^2$

（16）门廊应按其顶板的水平投影面积的 1/2 计算建筑面积；有柱雨篷应按其结构板水平投影面积的 1/2 计算建筑面积；无柱雨篷的结构外边线至外墙结构外边线的宽度在 2.10m 及以上的，应按雨篷结构板的水平投影面积的 1/2 计算建筑面积。

注：①门廊是指建筑物入口前有顶棚的半围合空间。门廊是在建筑物出入口，无门、三面或两面有墙，上部有板（或借用上部楼板）围护的部位。

② 雨篷是指建筑出入口上方为遮挡雨水而设置的部件。雨篷是指建筑物出入口上方、凸出墙面、为遮挡雨水而单独设立的建筑部件。雨篷划分为有柱雨篷（包括独立柱雨篷、多柱雨篷、柱墙混合支撑雨篷、墙支撑雨篷）和无柱雨篷（悬挑雨篷）。如凸出建筑物，且

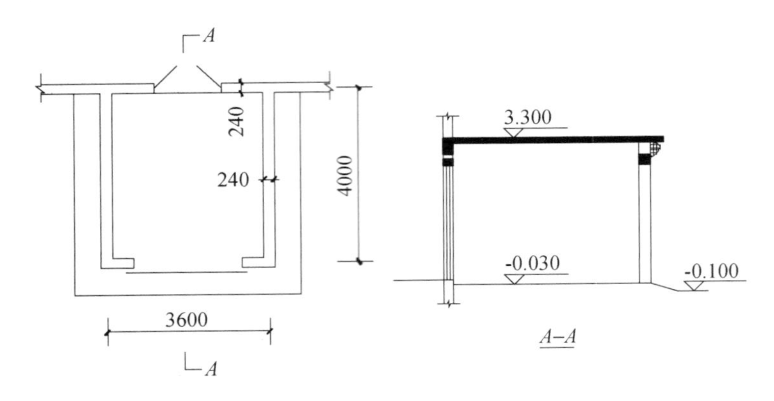

图 0-16　某建筑物门斗示意图

不单独设立顶盖，利用上层结构板（如楼板、阳台底板）进行遮挡，则不视为雨篷，不计算建筑面积。对于无柱雨篷，如顶盖高度达到或超过两个楼层时，也不视为雨篷，不计算建筑面积。

③ 有柱雨篷，没有出挑宽度的限制，也不受跨越层数的限制，均计算建筑面积。无柱雨篷，其结构板不能跨层，并受出挑宽度的限制，设计出挑宽度大于或等于 2.10m 时才计算建筑面积。出挑宽度是指雨篷结构外边线至外墙结构外边线的宽度，弧形或异形时，取最大宽度。

［例 0-15］　计算如图 0-17 所示某建筑物入口处雨篷的建筑面积。

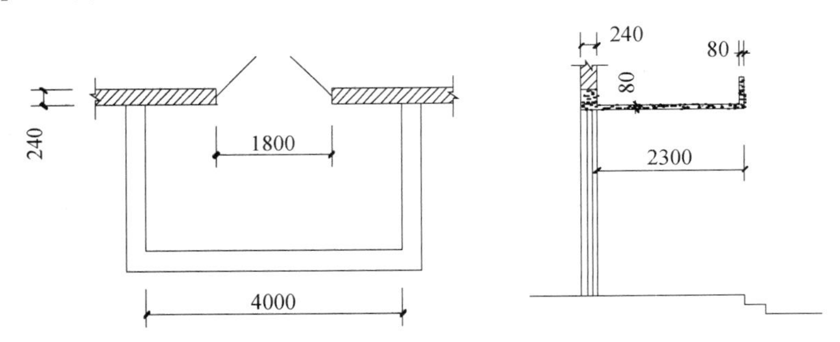

图 0-17　某建筑物入口处雨篷示意图

解：$S_{建} = 2.3\text{m} \times 4.0\text{m} \times 1/2 = 4.6\text{m}^2$

（17）设在建筑物顶部的、有围护结构的楼梯间、水箱间、电梯机房等，结构层高在 2.20m 及以上的应计算全面积；结构层高在 2.20m 以下的，应计算 1/2 面积。

（18）围护结构不垂直于水平面的楼层，应按其底板面的外墙外围水平面积计算。结构净高在 2.10m 及以上的部位，应计算全面积；结构净高在 1.20m 及以上至 2.10m 以下的部位，应计算 1/2 面积；结构净高在 1.20m 以下的部位，不应计算建筑面积。

（19）建筑物的室内楼梯、电梯井、提物井、管道井、通风排气竖井、烟道，应并入建筑物的自然层计算建筑面积。有顶盖的采光井应按一层计算面积，且结构净高在 2.10m 及以上的，应计算全面积；结构净高在 2.10m 以下的，应计算 1/2 面积。

注：建筑物的楼梯间层数按建筑物的层数计算。有顶盖的采光井包括建筑物中的采光井

和地下室采光井。地下室采光井如图 0-18 所示。

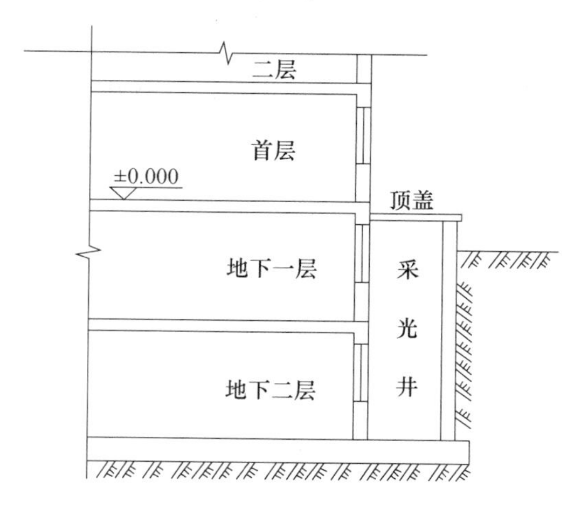

图 0-18　某建筑物入口处雨篷示意图

（20）室外楼梯应并入所依附建筑物自然层，并应按其水平投影面积的 1/2 计算建筑面积。层数为室外楼梯所依附的楼层数，即梯段部分投影到建筑物范围的层数。利用室外楼梯下部的建筑空间不得重复计算建筑面积；利用地势砌筑的为室外踏步，不计算建筑面积。

注：楼梯是指由连续行走的梯级、休息平台和维护安全的栏杆（或栏板）、扶手以及相应的支托结构组成的作为楼层之间垂直交通使用的建筑部件。

［例 0-16］　计算如图 0-19 所示建筑物的建筑面积。

分析：（1）建筑物顶部电梯机房层高不足 2.20m，应计算 1/2 面积。

（2）该建筑物雨篷宽度结构的外边线至外墙结构外边线的宽度小于 2.10m，故不计算建筑面积。

解： $(3.9m \times 6 + 6.0m + 0.24m) \times (6.0m \times 2 + 2.4m + 0.24m) \times 3 + (2.7m + 0.20m) \times (2.7m + 0.20m) \times 1/2 = 1305.99m^2$

（21）在主体结构内的阳台，应按其结构外围水平面积计算全面积；在主体结构外的阳台，应按其结构底板水平投影面积计算 1/2 面积。建筑物的阳台，不论其形式如何，均以建筑物主体结构为界分别计算建筑面积。

注：①主体结构是指接受、承担和传递建设工程所有上部荷载，维持上部结构整体性、稳定性和安全性的有机联系的构造。

②阳台是指附设于建筑物外墙，设有栏杆或栏板，可供人活动的室外空间。

［例 0-17］　某住宅楼阳台布置如图 0-20 所示。工程主体结构为砖混结构，计算阳台的建筑面积。

解： $S_{建} = (3.3m - 0.24m) \times 1.5m + 1.2m \times (3.6m + 0.24m) \times 1/2 = 6.89m^2$

（22）有顶盖无围护结构的车棚、货棚、站台、加油站、收费站等，应按其顶盖水平投影面积的 1/2 计算建筑面积。

注：车棚、货棚、站台、加油站、收费站等，不能按柱子的范围来确定建筑面积计算范围，而应以其顶盖的水平投影面积来计算。当在车棚、货棚、站台、加油站、收费站内设有维护结构的管理室、休息室时，这些房屋应按单层或多层建筑物的相关规定来计算建筑面积。

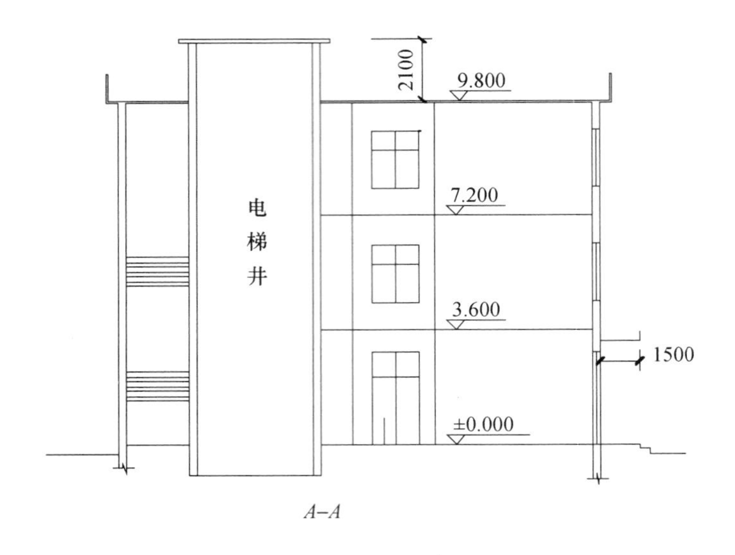

A–A

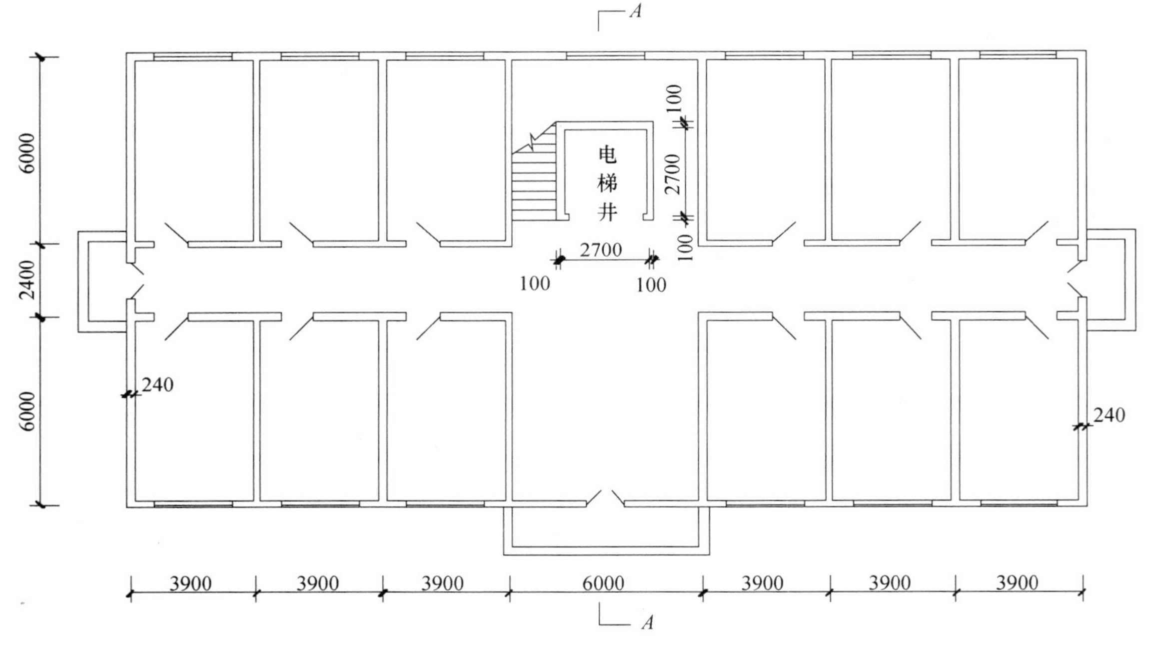

图 0-19　某建筑物示意图

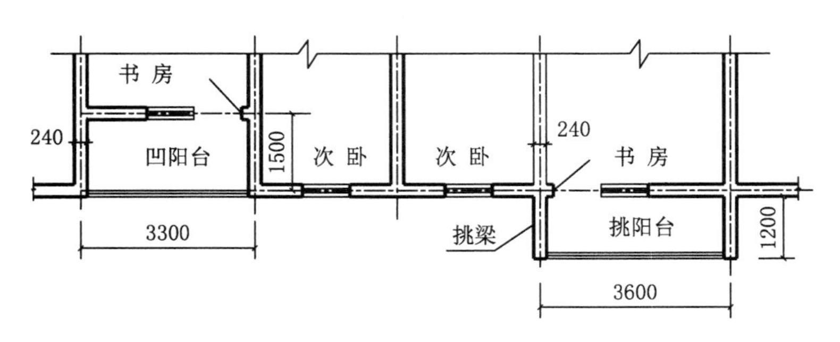

图 0-20　某住宅楼阳台布置示意图

［例 0-18］ 计算某货棚（无围护结构）的建筑面积，如图 0-21 所示。

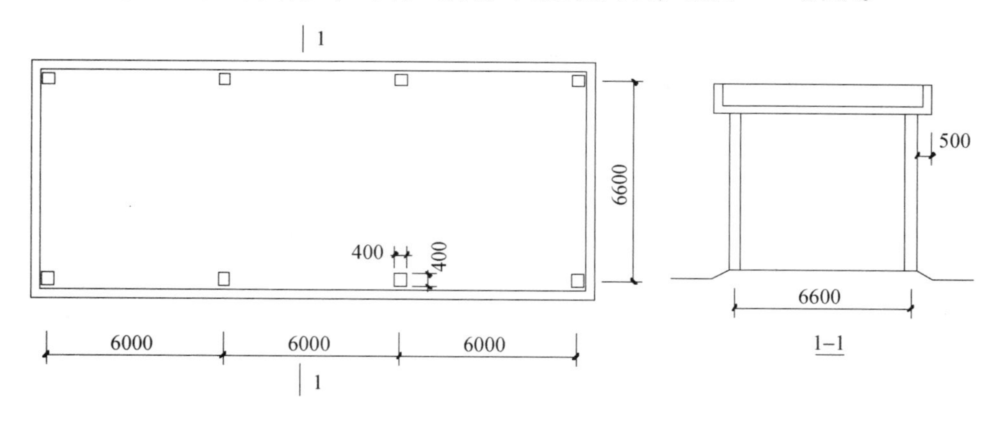

图 0-21 某货棚示意图

解： $(6.0\text{m}\times3+0.4\text{m}+0.5\text{m}\times2)\times(6.6\text{m}+0.4\text{m}+0.5\text{m}\times2)\times1/2=77.60\text{m}^2$

［例 0-19］ 计算如图 0-22 所示车棚的建筑面积。

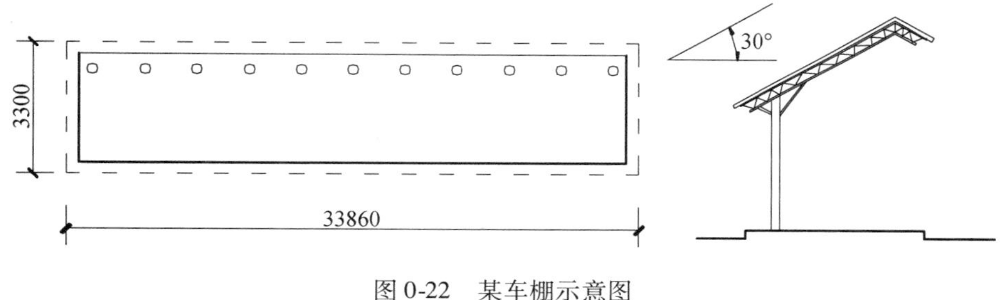

图 0-22 某车棚示意图

解： $33.86\text{m}\times3.3\text{m}\times1/2=55.87\text{m}^2$

（23）以幕墙作为围护结构的建筑物，应按幕墙外边线计算建筑面积。

注：幕墙以其在建筑物中所起的作用和功能来区分，直接作为外墙起围护作用的幕墙，按其外边线计算建筑面积；设置在建筑物墙体外起装饰作用的幕墙，不计算建筑面积。

（24）建筑物的外墙外保温层，应按其保温材料的水平截面积计算，并计入自然层建筑面积。

建筑物外墙外侧有保温隔热层的，保温隔热层以保温材料的净厚度乘以外墙结构外边线长度按建筑物的自然层计算建筑面积，其外墙外边线长度不扣除门窗和建筑物外已计算建筑面积构件（如阳台、室外走廊、门斗、落地橱窗等部件）所占长度。当建筑物外已计算建筑面积的构件（如阳台、室外走廊、门斗、落地橱窗等部件）有保温隔热层时，其保温隔热层也不再计算建筑面积。外墙是斜面者按楼面楼板处的外墙外边线长度乘以保温材料的净厚度计算。外墙外保温以沿高度方向满铺为准，某层外墙外保温铺设高度未达到全部高度时（不包括阳台、室外走廊、门斗、落地橱窗、雨篷、飘窗等），不计算建筑面积。保温隔热层的建筑面积是以保温隔热材料的厚度来计算的，不包含抹灰层、防潮层、保护层（墙）的厚度。建筑外墙外保温如图 0-23 所示。

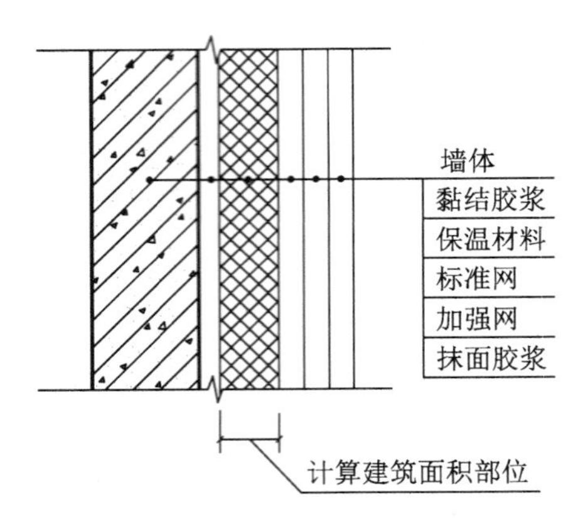

图 0-23　建筑外墙保温示意图

（25）与室内相通的变形缝，应按其自然层合并在建筑物建筑面积内计算。对于高低联跨的建筑物，当高低跨内部连通时，其变形缝应计算在低跨面积内。

注：变形缝是指防止建筑物在某些因素作用下引起开裂甚至破坏而预留的构造缝。变形缝是指在建筑物因温差、不均匀沉降以及地震而可能引起结构破坏变形的敏感部位或其他必要的部位，预先设缝将建筑物断开，令断开后建筑物的各部分成为独立的单元，或者是划分为简单、规则的段，并令各段之间的缝达到一定的宽度，以能够适应变形的需要。根据外界破坏因素的不同，变形缝一般分为伸缩缝、沉降缝、抗震缝三种。这里所指的是与室内相通的变形缝，是指暴露在建筑物内，在建筑物内可以看得见的变形缝。

建筑物为单层时，高低跨建筑面积计算范围如图 0-24 所示。

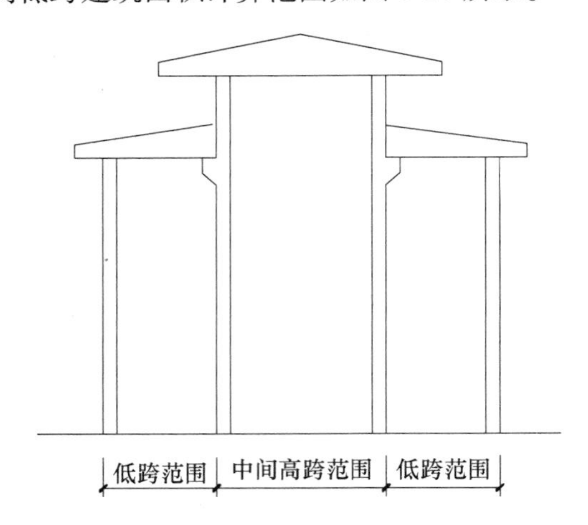

图 0-24　单层建筑物高低联跨建筑面积计算范围示意图

（26）对于建筑物内的设备层、管道层、避难层等有结构层的楼层，结构层高在 2.20m 及以上的，应计算全面积；结构层高在 2.20m 以下的，应计算 1/2 面积。

注：虽然设备层、管道层的具体功能与普通楼层不同，但在结构上及施工消耗上并无本质区别，且本规范定义自然层为“按楼地面结构分层的楼层”，因此设备、管道楼层归为自然层，其计算规则与普通楼层相同。在吊顶空间内设置管道的，则吊顶空间部分不能被视为设备层、管道层。

［例 0-20］　试分别计算高低联跨的高层建筑物的建筑面积，如图 0-25 所示。

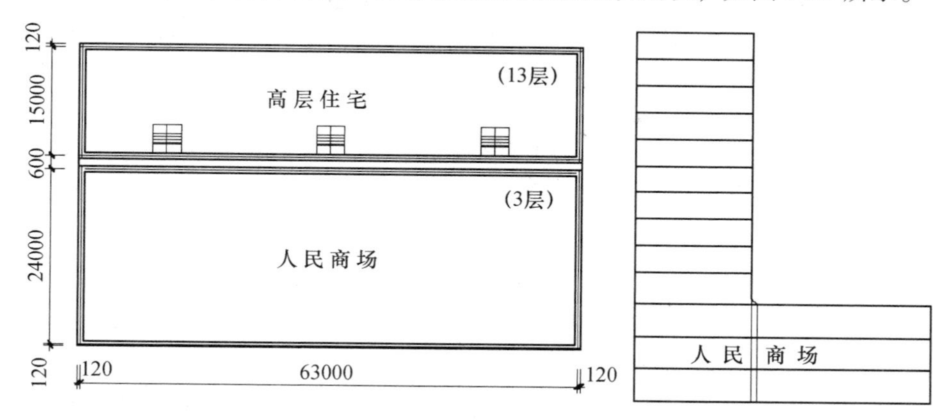

图 0-25　某高层建筑物示意图

解： 高跨：(63.0m + 0.24m) × (15.0m + 0.24m) × 13 = 12529.11m^2

低跨：(24.0m + 0.6m) × (63.0m + 0.24m) × 3 = 4667.11m^2

小计：12529.11m^2 + 4667.11m^2 = 17196.22m^2

(27) 下列项目不应计算建筑面积。

1) 与建筑物内不相连通的建筑部件，这里指的是依附于建筑物外墙外不与户室开门连通，起装饰作用的敞开式挑台（廊）、平台，以及不与阳台相通的空调室外机搁板（箱）等设备平台部件。

2) 骑楼、过街楼底层的开放公共空间和建筑物通道。

注：①骑楼是指建筑底层沿街面后退且留出公共人行空间的建筑物，是指沿街二层以上用承重柱支撑骑跨在公共人行空间之上，其底层沿街面后退的建筑物。

②过街楼是指跨越道路上空并与两边建筑相连接的建筑物，是指当有道路在建筑群穿过时，为保证建筑物之间的功能联系，设置跨越道路上空使两边建筑相连接的建筑物。

③建筑物通道是指为穿过建筑物而设置的空间。

3) 舞台及后台悬挂幕布和布景的天桥、挑台等，这里指的是影剧院的舞台及为舞台服务的可供上人维修、悬挂幕布、布置灯光及布景等搭设的天桥和挑台等构件设施。

4) 露台、露天游泳池、花架、屋顶的水箱及装饰性结构构件。

注：露台是指设置在屋面、首层地面或雨篷上的供人室外活动的有围护设施的平台。露台应满足四个条件：一是位置，设置在屋面、地面或雨篷顶；二是可出入；三是有围护设施；四是无盖。这四个条件须同时满足。如果设置在首层并有围护设施的平台，且其上层为同体量阳台，则该平台应视为阳台，按阳台的规则计算建筑面积。

5) 建筑物内的操作平台、上料平台、安装箱和罐体的平台，建筑物内不构成结构层的操作平台、上料平台（包括：工业厂房、搅拌站和料仓等建筑中的设备操作控制平台、上料平台等），其主要作用为室内构筑物或设备服务的独立上人设施，不计算建筑面积。

6) 勒脚、附墙柱（非结构性装饰柱）、垛、台阶、墙面抹灰、装饰面、镶贴块料面层、装饰性幕墙，主体结构外的空调室外机搁板（箱）、构件、配件，挑出宽度在 2.10m 以下的无柱雨篷和顶盖高度达到或超过两个楼层的无柱雨篷。

注：①勒脚是指在房屋外墙接近地面部位设置的饰面保护构造。

②台阶是指联系室内外地坪或同楼层不同标高而设置的阶梯形踏步。台阶是指建筑物出入口不同标高地面或同楼层不同标高处设置的供人行走的阶梯式连接构件。室外台阶还包括与建筑物出入口连接处的平台。

7）窗台与室内地面高差在 0.45m 以下且结构净高在 2.10m 以下的凸（飘）窗，窗台与室内地面高差在 0.45m 及以上的凸（飘）窗。

8）室外爬梯、室外专用消防钢楼梯。室外钢楼梯需要区分具体用途，如专用于消防楼梯，则不计算建筑面积；如果是建筑物唯一通道，兼用于消防，应并入所依附建筑物自然层，并应按其水平投影面积的 1/2 计算建筑面积。

9）无围护结构的观光电梯。

10）建筑物以外的地下人防通道，独立的烟囱、烟道、地沟、油（水）罐、气柜、水塔、贮油（水）池、贮仓、栈桥等构筑物。

五、基数的计算

在工程量计算过程中，有些数据要反复使用多次，我们把这些数据称为基数。如外墙中心线（$L_{中}$），在计算基础、墙体、圈梁等部位工程量时要用多次；又如房心净面积（$S_{房}$），在计算楼地面工程量和顶棚工程量时要用多次。基数计算准确与否直接关系到编制预算的质量和速度，因此，计算基数时要尽量通过多种方法计算，以保证基数的准确性。

（一）基数的含义

$L_{中}$——建筑平面图中设计外墙中心线的总长度。

$L_{外}$——建筑平面图中设计外墙外边线的总长度。

$L_{内}$——建筑平面图中设计内墙净长线长度。

$L_{净}$——建筑基础平面图中内墙混凝土基础或垫层净长度。

$S_{底}$——建筑物底层建筑面积。

$S_{房}$——建筑平面图中的房心净面积。

（二）一般线、面基数的计算

[例 0-21]　单层建筑物平面图如图 0-26 所示，计算它的各种基数。

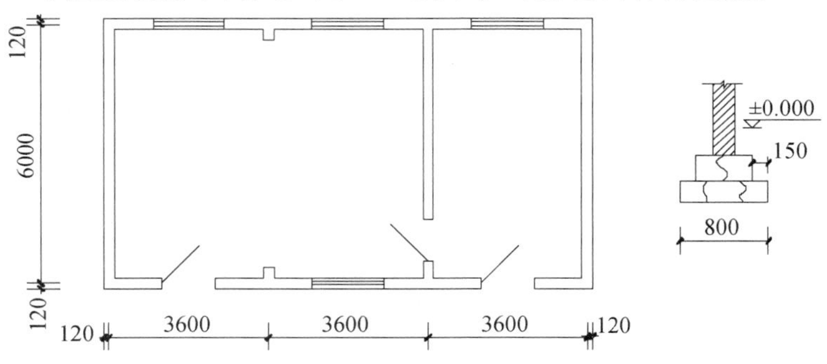

图 0-26　某单层建筑物平面示意图

解：$L_{外} = (3.6m \times 3 + 0.24m + 6.0m + 0.24m) \times 2 = 34.56m$

$$L_{中} = (3.6m \times 3 + 6.0m) \times 2 = 33.60m$$

或 $$L_{中} = L_{外} - 4 \times 墙厚 = 34.56m - 4 \times 0.24m = 33.60m$$

$$L_{内} = 6.0m - 0.24m = 5.76m$$

$$L_{净} = 6.0m - 0.80m = 5.20m$$

$$S_{底} = (3.6m \times 3 + 0.24m) \times (6.0m + 0.24m) = 68.89m^2$$

$$S_{房} = (3.6m \times 3 - 0.24m \times 2) \times (6.0m - 0.24m) = 59.44m^2$$

或 $S_{房} = S_{底} - (L_{中} + L_{内}) \times 墙厚 = 68.89m^2 - (33.60m + 5.76m) \times 0.24m = 59.44m^2$

[**例 0-22**] 某工程为二层别墅，内、外墙厚度为 240mm 阳台（混凝土栏板厚 90mm）位于主体结构外侧，如图 0-27 所示，计算建筑面积和首层的基数 $L_{中}$、$L_{外}$、$L_{内}$等基数。

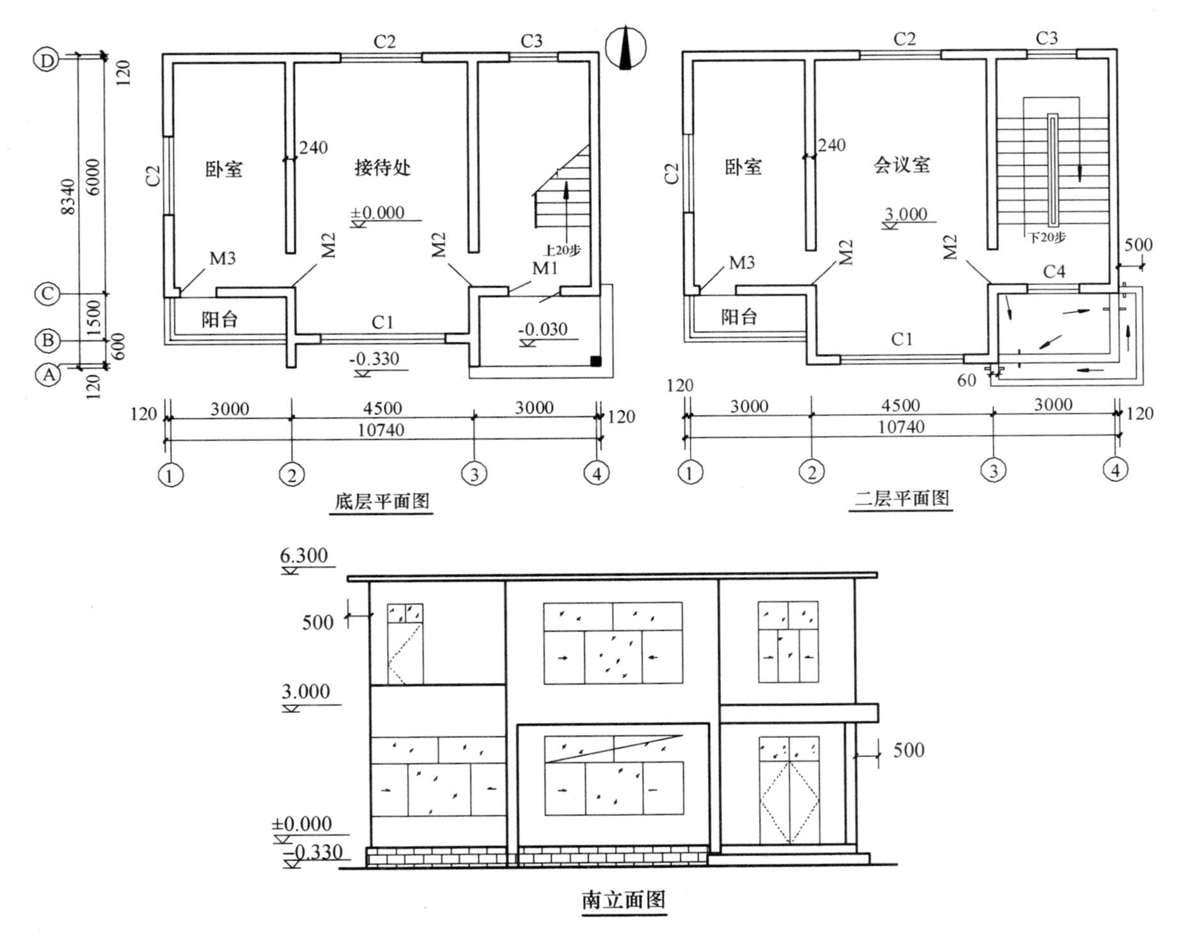

图 0-27 某别墅示意图

解：（1）计算建筑面积

底层建筑面积：$(6.0m + 0.24m) \times 10.74m + (4.5m + 0.24m) \times 1.5m + 3.0m \times 1.5m \times 1/2 = 76.38m^2$

二层建筑面积：$(6.0m + 0.24m) \times 10.74m + (4.5m + 0.24m) \times (1.5m + 0.6m) + 3.0m \times 1.5m \times 1/2 = 79.22m^2$

雨篷建筑面积：$(3.0m+0.5m)\times(1.5m+0.6m+0.5m)\times1/2+(0.5m\times0.06m)\times2\times1/2=5.11m^2$

二层别墅建筑面积合计：$76.38m^2+79.22m^2+5.11m^2=160.71m^2$

（2）计算基数

$$L_{中}=(3.0m+4.5m+3.0m+0.6m+1.5m+6.0m)\times2=37.20m$$

$$L_{外}=(10.74m+8.34m)\times2=38.16m$$

或 $$L_{外}=L_{中}+4\times墙厚=37.20m+4\times0.24m=38.16m$$

$$L_{内}=(6.0m-0.24m)\times2=11.52m$$

（三）扩展基数的计算

建筑物的某些部分的工程量不能直接利用基数计算，但它与基数之间存在着必然联系，可以利用扩展基数计算。

[例 0-23] 单层建筑物如图 0-28 所示，计算：

（1）一般线面基数（$L_{中}$、$L_{外}$、$L_{内}$、$S_{底}$、$S_{房}$）。

（2）先计算扩展基数女儿墙中心线长度（可利用 $L_{外}$），然后计算女儿墙工程量。

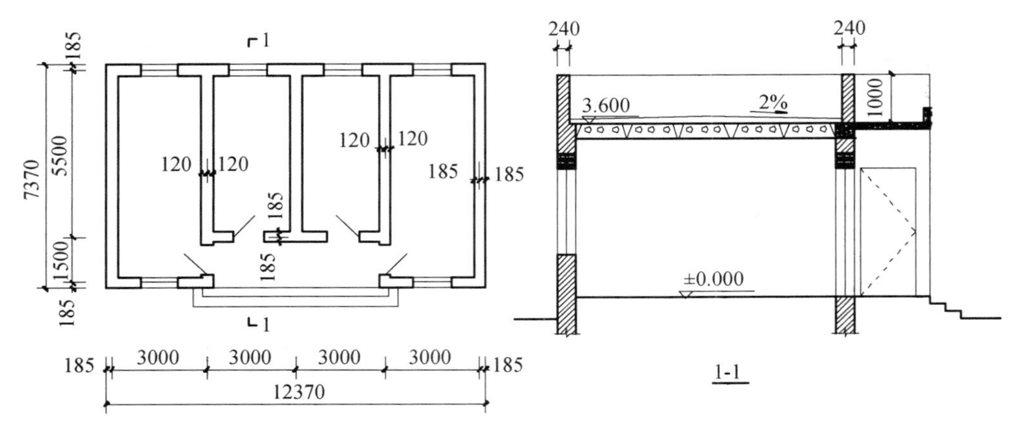

图 0-28 某单层建筑物示意图

解：（1）一般线面基数

$$L_{外}=(12.37m+7.37m+1.5m)\times2=42.48m$$

$$L_{中}=(1.5m+5.5m+3.0m\times4+1.5m)\times2=41.00m$$

或 $$L_{中}=L_{外}-4\times墙厚=42.48m-4\times0.37m=41.00m$$

$$L_{内}=(5.5m-0.37m)\times3=15.39m$$

$$S_{房}=[(3.0m-0.185m-0.12m)\times(7.37m-0.37m\times2)+(5.5m-0.37m)\times(3.0m-0.24m)]\times2=64.05m^2$$

$$S_{底}=12.37m\times7.37m-(3.0m\times2-0.24m)\times1.5m\times1/2=86.85m^2$$

说明：建筑面积计算规定，有永久性顶盖无围护结构的檐廊，应按其结构底部水平面积的一半计算建筑面积。

（2）扩展基数

女儿墙中心线长度 $=L_{外}-4\times墙厚=42.48m-4\times0.24m=41.52m$

女儿墙的工程量：41. 52m ×0. 24m ×1. 0m =9. 96m^3

说明：砌筑工程计算规则规定，女儿墙砌筑工程量按图示尺寸以立方米计算。

复习与测试

1. 建筑工程费用由哪几部分组成？如何计算？
2. 计算建筑面积时应遵循哪些原则？
3. 想一想，如图 0-29 所示，哪些项目不计算建筑面积？

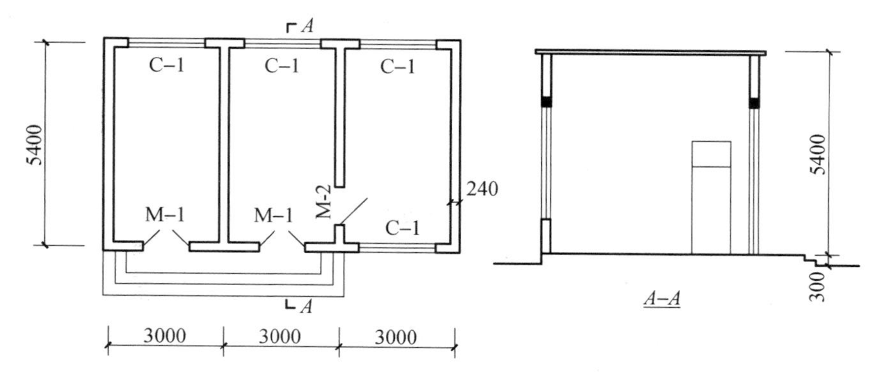

图 0-29　某单层建筑物示意图

4. 计算如图 0-30 所示火车站单排柱站台的建筑面积。

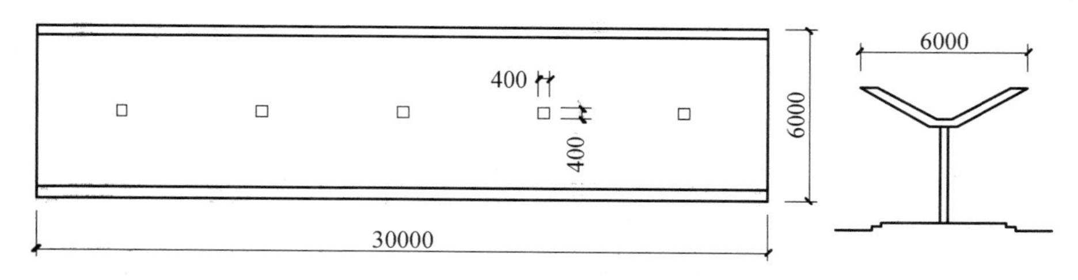

图 0-30　火车站单排柱站台示意图

第一章　土石方工程

第一节　定额说明

（1）本章定额包括单独土石方、基础土方、基础石方、平整场地及其他四节。

（2）干土、湿土、淤泥的划分：

1）干土、湿土的划分，以地质勘测资料的地下常水位为准。地下常水位以上为干土，以下为湿土。地表水排出后，土壤含水率≥25%时为湿土。

2）淤泥，含水率超过液限，土和水的混合物呈现流动状态。

3）冻土，温度在0℃及以下，并夹含有冰的土壤为冻土。本定额中的冻土指短时冻土和季节冻土。

4）土方子目按干土编制。人工挖、运湿土时，相应子目人工乘以系数1.18；机械挖、运湿土时，相应子目人工、机械乘以系数1.15。采取降水措施后，人工挖、运土相应子目人工乘以系数1.09，机械挖、运土不再乘以系数。

（3）单独土石方、基础土石方的划分：

本章第一节单独土石方子目，适合于自然地坪与设计室外地坪之间、挖方或填方工程量>5000m^3的土石方工程；且同时适用于建筑、安装、市政、园林绿化、修缮等工程中的单独土石方工程。

本章除第一节外，均为基础土石方子目，适用于设计室外地坪以下的基础土石方工程，以及自然地坪与设计室外地坪之间、挖方或填方工程量≤5000m^3的土石方工程。

单独土石方子目不能满足施工需要时，可以借用基础土石方子目，但应乘以系数0.90。

（4）沟槽、地坑、一般土石方的划分：

1）底宽（设计图示垫层或基础的底宽，下同）≤3m，且底长>3倍底宽为沟槽。

2）坑底面积≤20m^2，且底长≤3倍底宽为地坑。

3）超出上述范围，又非平整场地的，为一般土石方。

（5）小型挖掘机，系指斗容量≤0.30m^3的挖掘机，适用于基础（含垫层）底宽≤1.20m的沟槽土方工程或底面积≤8m^2的地坑土方工程。

（6）下列土石方工程，执行相应子目时乘以系数。

1）人工挖一般土方、沟槽土方、基坑土方，6m<深度≤7m时，按深度≤6m相应子目人工乘以系数1.25；7m<深度≤8m时，按深度≤6m相应子目人工乘以系数1.25^2；以此类推。

2）挡土板下人工挖槽坑时，相应子目人工乘以系数1.43。

3）桩间挖土不扣除桩体和空孔所占体积，相应子目人工、机械乘以系数1.50。

4）在强夯后的地基上挖土方和基底钎探，相应子目人工、机械乘以系数1.15。

5）满堂基础垫层底以下局部加深的槽坑，按槽坑相应规则计算工程量，相应子目人工、机械乘以系数1.25。

6）人工清理修整，系指机械挖土后，对于基底和边坡遗留厚度≤0.30m的土方，由人工进行的基底清理与边坡修整。机械挖土以及机械挖土后的人工清理修整，按机械挖土相应规则一并计算挖方总量。其中，机械挖土按挖方总量执行相应子目，乘以修整系数（表1-1）；人工清理修整按挖方总量乘以修整系数（表1-1）执行规定的定额子目。

表1-1 机械挖土及人工清理修整系数表

基础类型	机械挖土		人工清理修整	
	执行子目	系数	执行子目	系数
一般土方	相应子目	0.95	1-2-3	0.063
沟槽土方		0.90	1-2-8	0.125
地坑土方		0.85	1-2-13	0.188

注：人工挖土方，不计算人工清底修边。

7）推土机推运土（不含平整场地）、装载机装运土土层平均厚度≤0.30m时，相应子目人工、机械乘以系数1.25。

8）挖掘机挖筑、维护、挖掘施工坡道（施工坡道斜面以下）土方，相应子目人工、机械乘以系数1.50。

9）挖掘机在垫板上作业时，相应子目人工、机械乘以系数1.25。挖掘机下铺设垫板、汽车运输道路上铺设材料时，其人工、材料、机械按实另计。

10）场区（含地下室顶板以上）回填，相应子目人工、机械乘以系数0.90。

（7）土石方运输：

1）本章土石方运输，按施工现场范围内运输编制。在施工现场范围之外的市政道路上运输，不适用本定额。弃土外运以及弃土处理等其他费用，按各地市有关规定执行。

2）土石方运输的运距上限，是根据合理的施工组织设计设置的。超出运距上限的土石方运输，不适用本定额。自卸汽车、拖拉机运输土石方子目，定额虽未设定运距上限，但仅限于施工现场范围内增加运距。

3）土石方运距，按挖土区重心至填方区（或堆放区）重心间的最短运输距离计算。

4）人工、人力车、汽车的负载上坡（坡度≤15%）降效因素已综合在相应运输子目中，不另计算。

推土机、装载机、铲运机负载上坡时，其降效因素按坡道斜长乘以降效系数，负载上坡降效系数如表1-2所示。

表 1-2　负载上坡降效系数表

坡度（%）	≤10	≤15	≤20	≤25
系数	1.75	2.00	2.25	2.50

（8）平整场地，系指建筑物（构筑物）所在现场厚度在±30cm以内的就地挖、填及平整。挖填土方厚度超过30cm时，全部厚度按一般土方相应规定另行计算，但仍应计算平整场地。

（9）竣工清理，系指建筑物（构筑物）内、外围四周2m范围内建筑垃圾的清理、场内运输和场内指定地点的集中堆放，建筑物（构筑物）竣工验收前的清理、清洁等工作内容。

（10）定额中的砂，为符合规范要求的过筛净砂，包括配制各种砂浆、混凝土时的操作耗损。毛砂过筛，系指来自砂场的毛砂进入施工现场后的过筛。

砌筑砂浆、抹灰砂浆等各种砂浆以外的混凝土及其他用砂，不计算过筛用工。

（11）基础（地下室）周边回填材料时，按本定额“第二章地基处理与边坡支护工程”相应子目，人工、机械乘以系数0.90。

（12）本章不包括施工现场障碍物清除、边坡支护、地表水排除以及地下常水位以下施工降水等内容，实际发生时，另按第二章相应规定计算。

（13）土壤、岩石类别的划分：

本章土壤及岩石按普通土、坚土、松石、坚石分类，土壤分类具体如表1-3所示，岩石分类具体如表1-4所示。

表 1-3　土壤分类表

定额分类	《房屋建筑与装饰工程工程量计算规范》GB 50854—2013 分类		
	土壤分类	土壤名称	开挖方法
普通土	一、二类土	粉土、砂土（粉砂、细砂、中砂、粗砂、砾砂）、粉质黏土、弱中盐渍土、软土（淤泥质土、泥炭、泥炭质土）、软塑红黏土、冲填土	用锹、少许用镐、条锄开挖。 机械能全部直接铲挖满载者
坚土	三类土	黏土、碎石土（圆砾、角砾）、混合土、可塑红黏土、硬塑红黏土、强盐渍土、素填土、压实填土	主要用镐、条锄，少许用锹开挖。 机械需部分刨松方能铲挖满载者，或可直接铲挖但不能满载者
	四类土	碎石土（卵石、碎石、漂石、块石）、坚硬红黏土、超盐渍土、杂填土	全部用镐、条锄挖掘，少许用撬棍挖掘。 机械须普遍刨松方能铲挖满载者

表 1-4　岩石分类表

<table>
<tr><td rowspan="2">定额分类</td><td colspan="4">《房屋建筑与装饰工程工程量计算规范》GB 50854—2013 分类</td></tr>
<tr><td colspan="2">岩石分类</td><td>代表岩石</td><td>开挖方法</td></tr>
<tr><td rowspan="2">松石</td><td colspan="2">极软岩</td><td>1. 全风化的各种岩石
2. 各种半成岩</td><td>部分用手凿工具、部分用爆破法开挖</td></tr>
<tr><td rowspan="2">软质岩</td><td>软岩</td><td>1. 强风化的坚硬岩或较硬岩
2. 中等风化～强风化的较软岩
3. 未风化～微风化的页岩、泥岩、泥质砂岩等</td><td>用风镐和爆破法开挖</td></tr>
<tr><td rowspan="3">坚石</td><td>较软岩</td><td>1. 中等风化～强风化的坚硬岩或较硬岩
2. 未风化～微风化的凝灰岩、千枚岩、泥灰岩、砂质泥岩等</td><td>用爆破法开挖</td></tr>
<tr><td rowspan="2">硬质岩</td><td>较硬岩</td><td>1. 中风化的坚硬岩
2. 未风化～微风化的大理岩、板岩、石灰岩、白云岩、钙质砂岩等</td><td>用爆破法开挖</td></tr>
<tr><td>坚硬岩</td><td>未风化～微风化的花岗岩、闪长岩、辉绿岩、玄武岩、安山岩、片麻岩、石英岩、石英砂岩、硅质砾岩、硅质石灰岩等</td><td>用爆破法开挖</td></tr>
</table>

第二节　工程量计算规则

（1）土石方开挖、运输，均按开挖前的天然密实体积计算。土方回填，按回填后的竣工体积计算。不同状态的土方体积按表 1-5 换算。

表 1-5　土石方体积换算系数表

名称	虚方	松填	天然密实	夯填
土方	1.00	0.83	0.77	0.67
	1.20	1.00	0.92	0.80
	1.30	1.08	1.00	0.87
	1.50	1.25	1.15	1.00
石方	1.00	0.85	0.65	—
	1.18	1.00	0.76	—
	1.54	1.31	1.00	—
块石	1.75	1.43	1.00	（码方）1.67
砂夹石	1.07	0.94	1.00	—

（2）自然地坪与设计室外地坪之间的单独土石方，依据设计土方竖向布置图，以体积计算。

（3）基础土石方的开挖深度，按基础（含垫层）底标高至设计室外地坪之间的高度计算，如图 1-1 中 H 所示。交付施工场地标高与设计室外地坪不同时，应按交付施工场地标高计算。岩石爆破时，基础石方的开挖深度还应包括岩石爆破的允许超挖深度。

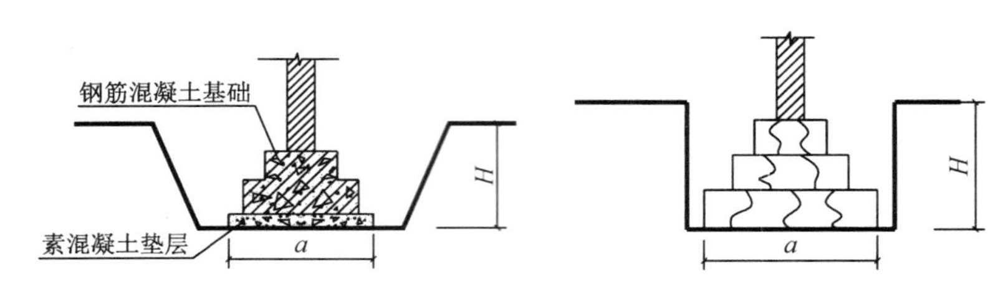

图 1-1　土石方开挖深度示意图

（4）基础施工的工作面：

1）工作面宽度的含义

构成基础的各个台阶（各种材料）均应满足其各自工作面宽度的要求，各个台阶的单边工作面宽度均指在台阶底坪高程上台阶外边线至土方边坡之间的水平宽度，如图 1-2（a）中 c_1、c_2、c_3所示。

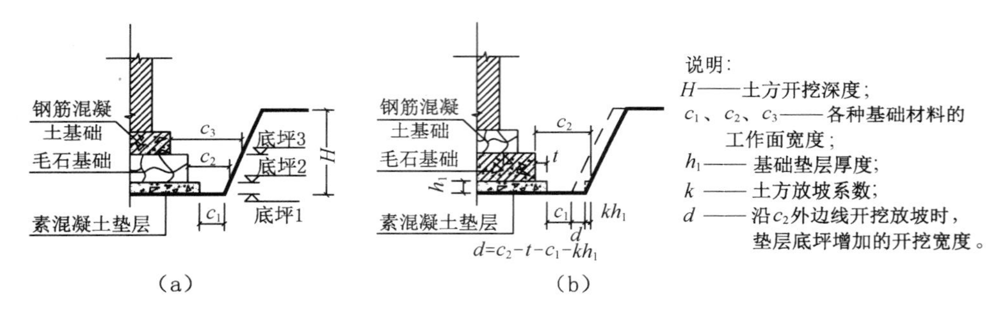

图 1-2　基础工作面宽度示意图

基础工作面宽度，是指基础的各个台阶（各种材料）要求的工作面宽度的最大者，也就是开挖边线（图 1-2 中的粗实线）满足各个台阶工作面的要求。比如图 1-2（b）中的虚线虽然满足了垫层工作面 c_1 的要求，但是不满足（按规定放坡）基础工作面 c_2 的要求，所以不能沿虚线开挖放坡，应该沿 c_2 的外边线放坡，其中 d 为沿 c_2 外边线开挖放坡时，垫层底坪增加的开挖宽度。

在考查基础上一个台阶的工作面时，要考虑由于下一个台阶的厚度所带来的土方放坡宽度，如图 1-2（b）中 kh_1 所示。

土方的每一边坡（含直坡）均应为连续坡，边坡上不能出现错台，如图 1-3 所示。

2）基础工作面宽度规定

① 基础施工的工作面宽度按设计规定计算；设计无规定时，按批准的施工组织设计规定计算；设计、施工组织设计均无规定时，自基础（含垫层）外沿向外计算，基础材料不同或做法不同时，其工作面宽度按表 1-6 计算。

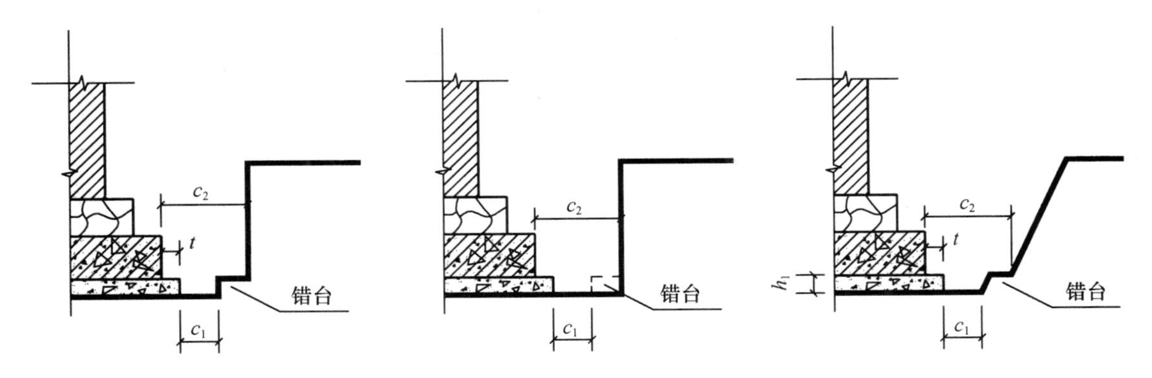

图 1-3　基础挖土错台示意图

表 1-6　基础施工单面工作面宽度计算表

基础材料	单面工作面宽度（mm）
砖基础	200
毛石、方整石基础	250
混凝土基础（支模板）	400
混凝土基础垫层（支模板）	150
基础垂直面做砂浆防潮层	400（自防潮层外表面）
基础垂直面做防水层或防腐层	1000（自防水、防腐层外表面）
支挡土板	100（自上述宽度外另加）

② 基础施工需要搭设脚手架时，其工作面宽度，条形基础按 1.50m 计算（只计算一面）；独立基础按 0.45m 计算（四面均计算）。

③ 基坑土方大开挖需做边坡支护时，其工作面宽度均按 2.00m 计算。

④ 基坑内施工各种桩时，其工作面宽度均按 2.00m 计算。

⑤ 管道施工的工作面宽度按表 1-7 计算。

表 1-7　管道施工单位工作面宽度计算表

管道材质	管道基础宽度（无基础时指管道外径）（mm）			
	≤500	≤1000	≤2500	>2500
混凝土管、水泥管	400	500	600	700
其他管道	300	400	500	600

（5）基础土方放坡：

1）土方放坡的起点深度和放坡坡度，设计、施工组织无规定时，按表 1-8 计算。

表 1-8　土方放坡起点深度和放坡坡度表

土壤类别	起点深度（>m）	放坡坡度			
		人工挖土	机械挖土		
			基坑内作业	基坑上作业	槽坑上作业
普通土	1.20	1：0.50	1：0.33	1：0.75	1：0.50
坚土	1.70	1：0.30	1：0.20	1：0.50	1：0.30

2）基础土方放坡，自基础（含垫层）底标高算起。如图 1-1、1－2 中开挖粗实线的下部转角处。

3）混合土质的基础土方的放坡起点深度和放坡系数，按不同土类厚度加权平均计算，如图 1-4 所示。

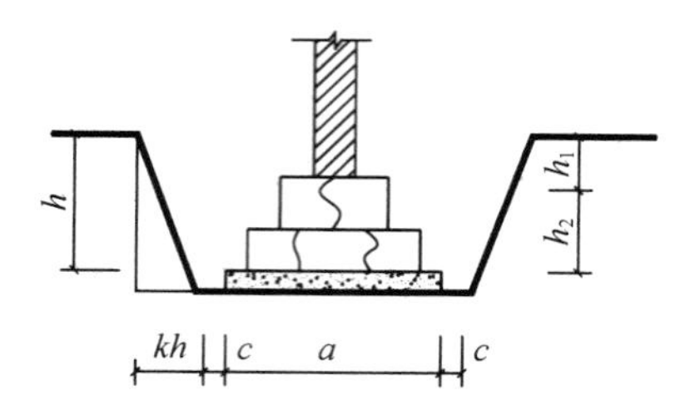

图 1-4　混合土放坡开挖示意图

混合土放坡起点深度计算公式：$h_0=(1.2\times h_1+1.7\times h_2)\div h$

经计算，如果放坡起点深度(h_0)<挖土总深度(h)，那么需要放坡开挖，则计算综合放坡系数 k，否则不必计算 k。

综合放坡系数计算公式：

$$k=(k_1\times h_1+k_2\times h_2)\div h$$

式中　h_0——混合土放坡起点深度；
k——综合放坡系数；
k_1——普通土放坡系数；
k_2——坚土放坡系数；
h_1——普通土厚度；
h_2——坚土厚度；
h——挖土总深度。

4）计算基础土方放坡时，不扣除放坡交叉处的重复工程量。

5）基础土方支挡土板时，土方放坡不另计算。

6）土方开挖实际未放坡或实际放坡小于本章相应规定时，仍应按规定的放坡系数计算土方工程量。

（6）基础石方爆破时，槽坑四周及底部的允许超挖量，设计、施工组织设计无规定时，按松石 0.20m、坚石 0.15m 计算。

（7）沟槽土石方，按设计图示沟槽长度乘以沟槽断面面积，以体积计算。

沟槽土方工程量＝沟槽断面面积 $S_{断}\times$长度 L

1）L：外墙条形基础沟槽，按外墙中心线长度（$L_{中}$）计算；内墙条形基础沟槽，按内墙条形基础的垫层（基础底坪）净长度（$L_{净}$）计算；框架间墙条形基础沟槽，按框架间墙条形基础的垫层（基础底坪）净长度（$L_{净}$）计算；突出墙面的墙垛的沟槽，按墙垛突出墙面的中心线长度，并入相应工程量内计算。

2）$S_{断}$：沟槽断面面积，包括工作面、土方放坡或石方允许超挖量的面积。

① 沟槽不放坡，直立开挖断面如图 1-5 所示。

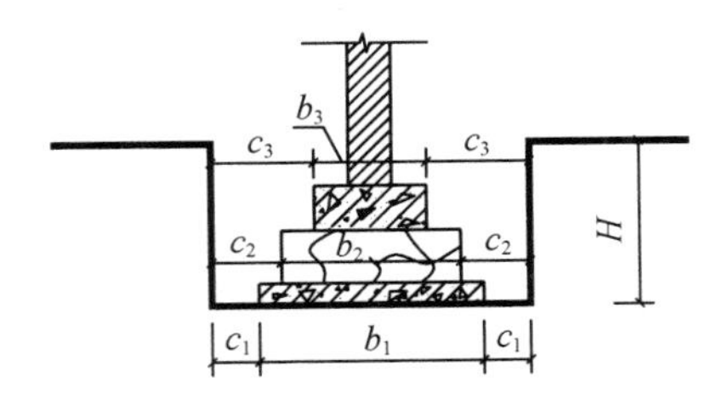

图 1-5　沟槽直立开挖示意图

$$S_{断} = B \times H$$

式中　$S_{断}$——沟槽断面面积；

B——沟槽开挖宽度 $\max(b_1 + 2c_1; b_2 + 2c_2; b_3 + 2c_3)$；

H——挖土总深度。

② 沟槽放坡开挖，$(t + c_1 + k \times h_1) \geqslant c_2$ 时，$S_{断} = (b_1 + 2c_1 + k \times h) \times h$，如图 1-6(a)所示。

③ 沟槽放坡开挖，$(t + c_1 + k \times h_1) < c_2$ 时，$S_{断} = (b_1 + 2c_1 + 2d + k \times h) \times h$，其中 $d = c_2 - t - c_1 - k \times h_1$，如图 1-6(b)所示。

式中　$S_{断}$——沟槽断面面积；

b_1——基础垫层（最下面一步大放脚）宽度；

c_1——基础垫层（最下面一步大放脚）的工作面；

k——放坡系数；

h——挖土总深度；

d——沿 c_2 外边线开挖放坡时，垫层底坪增加的开挖宽度；

c_2——基础垫层（最下面一步大放脚）的上面一步大放脚的工作面；

t——基础最下面一步台阶的宽度；

h_1——基础垫层（最下面一步大放脚）的高度。

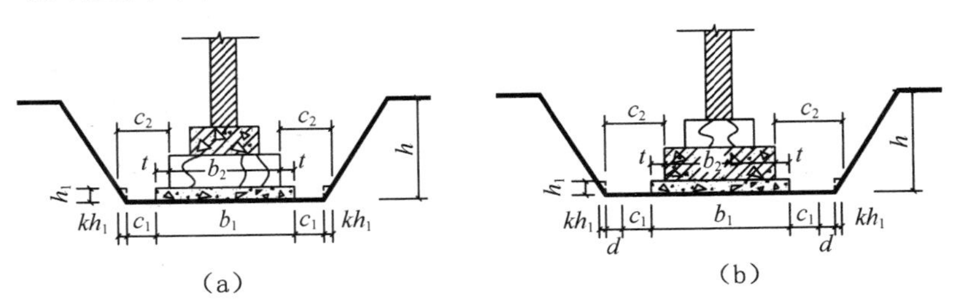

图 1-6　沟槽放坡开挖示意图

3）管道的沟槽长度，按设计规定计算；设计无规定时，以设计图示管道垫层（无垫层时，按管道）中心线长度（不扣除下口直径或边长≤1.5m 的井池）计算。下口直径或边长＞1.5m 的井池的土石方，另按地坑的相应规定计算。

（8）地坑土石方，按设计图示基础（含垫层）尺寸，另加工作面宽度、土方放坡宽度或石方允许超挖量乘以开挖深度，以体积计算。

① 不放坡，地坑直立开挖的断面图和立体图，如图 1-7 所示。

$$V = A \times B \times H$$

式中 V——地坑挖土体积；

A——$\max(a_1 + 2c_1; a_2 + 2c_2; a_3 + 2c_3)$；

B——$\max(b_1 + 2c_1; b_2 + 2c_2; b_3 + 2c_3)$；

H——挖土总深度。

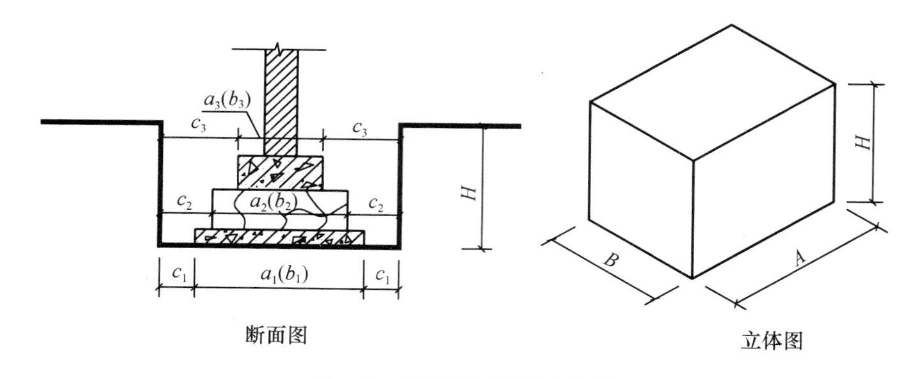

图 1-7 地坑直立开挖示意图

② 地坑放坡开挖，$(t + c_1 + k \times h_1) \geqslant c_2$时，$V = (A + kH) \times (B + kH) \times H + 1/3 \times k^2 H^3$，如图 1-8 所示，其中 $A = a_1 + 2c_1$，$B = b_1 + 2c_1$。

③ 地坑放坡开挖，$(t + c_1 + k \times h_1) < c_2$时，$V = (A + kH) \times (B + kH) \times H + 1/3 \times k^2 H^3$，如图 1-8 所示，其中 $A = a_1 + 2c_1 + 2d$，$B = b_1 + 2c_1 + 2d$，$d = c_2 - t - c_1 - k \times h_1$，如图 1-8 所示。

式中 V——地坑挖土体积；

a_1——基础垫层（最下面一步大放脚）长度；

b_1——基础垫层（最下面一步大放脚）宽度；

c_1——基础垫层（最下面一步大放脚）的工作面；

k——放坡系数；

h——挖土总深度；

d——沿 c_2外边线开挖放坡时，垫层底坪增加的开挖宽度；

c_2——基础垫层（最下面一步大放脚）的上面一步大放脚的工作面；

t——基础最下面一步台阶的宽度；

h_1——基础垫层（最下面一步大放脚）的高度。

（9）一般土石方，按设计图示基础（含垫层）尺寸，另加工作面宽度、土方放坡宽度或石方允许超挖量乘以开挖深度，以体积计算。机械施工坡道的土石方工程量，并入相应工程量内计算。一般土石方的计算方法同地坑土石方。

（10）桩孔土石方，按桩（含桩壁）设计断面面积乘以桩孔中心线深度，以体积计算。

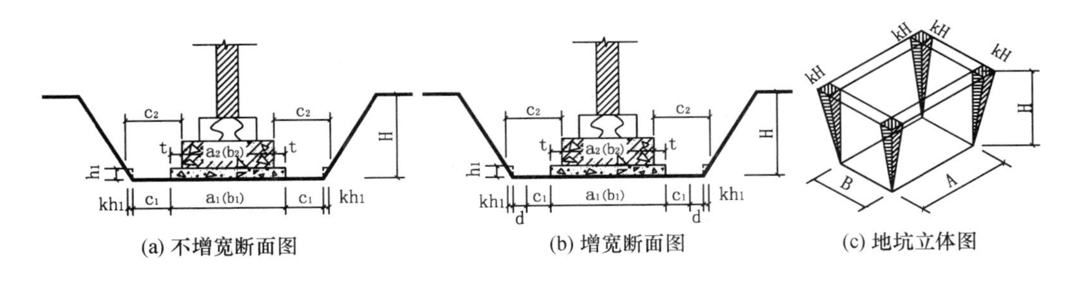

图 1-8　地坑放坡开挖示意图

（11）淤泥流砂，按设计或施工组织设计规定的位置、界限，以实际挖方体积计算。

（12）岩石爆破后人工检底修边，按岩石爆破的规定尺寸（含工作面宽度和允许超挖量），以槽坑底面积计算。

（13）建筑垃圾，以实际堆积体积计算。

（14）平整场地，按设计图示尺寸，以建筑物首层建筑面积（或构筑物首层结构外围内包面积）计算。建筑物（构筑物）地下室结构外边线突出首层结构外边线时，其突出部分的建筑面积（结构外围内包面积）合并计算。

建筑物首层外围，若计算 1/2 面积，或不计算建筑面积的构造需要配置基础，且需要与主体结构同时施工时，计算了 1/2 面积的（如：主体结构外的阳台、有柱混凝土雨篷等）应补齐全面积；不计算建筑面积的（如：装饰性阳台等），应按其基准面积合并于首层建筑面积内，一并计算平整场地。

基准面积：是指同类构件计算建筑面积（含 1/2 面积）时所依据的面积。如，主体结构外阳台的建筑面积，以其结构底板水平投影面积为准，计算 1/2 面积，那么，配置基础的装饰性阳台也按其结构底板水平投影面积计算场地平整等。

（15）竣工清理，按设计图示尺寸，以建筑物（构筑物）结构外围（四周结构外围及屋面板顶坪）内包的空间体积计算。具体地说，建筑物内、外，凡产生建筑垃圾的空间，均应按其全部空间体积计算竣工清理。

1）建筑物按全面积计算建筑面积的建筑空间，如：建筑物的自然层等。

$$\text{竣工清理}1 = \sum(\text{建筑面积} \times \text{相应结构层高})$$

2）建筑物按 1/2 面积计算建筑面积的建筑空间，如：有顶盖的出入口坡道等。

$$\text{竣工清理}2 = \sum(\text{建筑面积} \times 2 \times \text{相应结构层高})$$

3）建筑物不计算建筑面积的建筑空间，如：挑出宽度在 2.10m 以下的无柱雨篷，窗台与室内地面高差≥0.45m 的飘窗等。

$$\text{竣工清理}3 = \sum(\text{基准面积} \times \text{相应结构层高})$$

4）不能形成建筑空间的室外地坪以上的花坛、水池、围墙、屋面顶坪以上的装饰性花架、水箱、风机和冷却塔配套基础、信号收发柱塔（以上仅计算主体结构工程量）、道路、停车场、厂区铺装（以上仅计算面层工程量）等应按其主要工程量乘以系数 2.5，计算竣工清理。

$$\text{竣工清理}4 = \sum(\text{主要工程量} \times 2.5)$$

5）构筑物，如：独立式烟囱、水塔、贮水（油）池、贮仓、筒仓等，应按建筑物竣工清理的计算原则，计算竣工清理。

6）建筑物（构筑物）设计室内、外地坪以下不能计算建筑面积的工程内容，计算竣工清理。

（16）基底钎探，按垫层（或基础）底面积计算。

（17）毛砂过筛，按砌筑砂浆、抹灰砂浆等各种砂浆用砂的定额消耗量之和计算。

（18）原土夯实与碾压，按设计或施工组织设计规定的尺寸，以面积计算。

（19）回填，按下列规定，以体积计算：

1）槽坑回填，按挖方体积减去设计室外地坪以下建筑物（构筑物）、基础（含垫层）的体积计算。

2）管道沟槽回填，按挖方体积减去管道基础和表1-9管道折合回填体积计算。

表1-9　管道折合回填体积表　　单位：m^3/m

管道	公称直径（mm以内）					
	500	600	800	1000	1200	1500
混凝土、钢筋混凝土管道	—	0.33	0.60	0.92	1.15	1.45
其他材质管道	—	0.22	0.46	0.74	—	—

3）房心（含地下室内）回填，按主墙间净面积（扣除连续底面积$>2m^2$的设备基础等面积）乘以平均回填厚度计算。

4）场区（含地下室顶板以上）回填，按回填面积乘以平均回填厚度计算。

（20）土方运输，按挖土总体积减去回填土（折合天然密实）总体积，以体积计算。

（21）钻孔桩泥浆运输，按桩设计断面尺寸乘以桩孔中心线深度，以体积计算。

（22）计算工程量时，其准确度取值：立方米、平方米、米取小数点后两位；吨取小数点后三位；千克、件取整数。

第三节　工程量计算及定额应用

一、单独土石方

［例1-1］　现有一废弃的池塘，平均深度为2.83m，如图1-9所示。某学校准备将其填平后，在上面建造学生操场，全部采用外购黄土回填，机械回填碾压两遍，试求该工程回填土的费用（不计购土费用）及购土数量。

分析：本工程土方回填，位于于自然地坪与设计室外地坪之间，且填方工程量大于$5000m^3$，故适用于单独土石方工程。购买黄土按虚方计算。

解：（1）回填土工程量

工程量：$[234.50m\times75.48m+36.87m\times(234.50m-70.80m)]\times2.83m=67171.97m^3$

机械回填碾压（两遍）　套1-1-18　单价$=83.47$元$/10m^3$

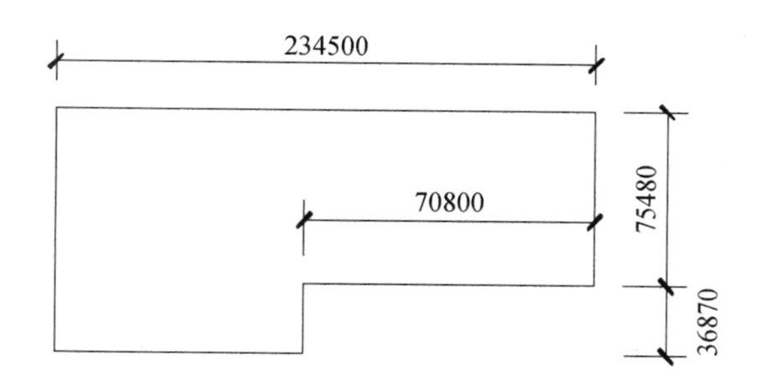

图 1-9　废弃池塘平面示意图

费用：$67171.97m^3 \div 10 \times 83.47$ 元/$10m^3 = 560684.43$ 元

（2）购土数量

查表 1-1 得：夯填与虚方的换算系数为 1.50。

$$67171.97m^3 \times 1.50 = 100757.96m^3$$

说明：本书所套价目表均采用 2017 年《山东省建筑工程价目表》增值税（一般税）费用。

［例 1-2］　某拟建小区座落于丘陵地带，在宿舍楼正式动工前进行土石方施工，反铲挖掘机挖坚土 $6845.72m^3$，自卸汽车运土，运距为 1800m，部分土方填入一废弃的水库内，其体积为 $5569.65m^3$，机械碾压两遍。计算挖土及回填的费用。

分析：本工程土方机械碾压回填体积小于 $5000m^3$，不符合单独土石方工程的条件，所以定额应执行其他机械碾压回填子目。

解：（1）反铲挖掘机挖坚土工程量：$6845.72m^3$。

挖掘机挖装土方自卸汽车运土方运距≤1km　坚土　套 1-1-15　单价 = 102.93 元/$10m^3$

费用：$6845.72m^3 \div 10 \times 102.93$ 元/$10m^3 = 70463.00$ 元

自卸汽车运土方每增运 1km　套 1-1-16　单价 = 11.38 元/$10m^3$

费用：$6845.72m^3 \div 10 \times 11.38$ 元/$10m^3 = 7790.43$ 元

（2）水库的机械碾压填土（两遍）　套 1-1-18　单价（换）83.47 元/$10m^3$

费用：$5569.65m^3 \div 10 \times 83.47$ 元/$10m^3 = 46489.87$ 元

二、人工土石方

［例 1-3］　某工程基础平面图及详图如图 1-10 所示。毛石基础为 M5.0 水泥砂浆砌筑，素混凝土垫层；独立基础为 C25 混凝土，C15 混凝土垫层，土质为普通土。试计算人工挖沟槽、地坑工程量及费用。

解：（1）计算基数

$$L_{中} = (4.20m + 3.30m + 0.25m \times 2) \times 2 + (3.60m + 2.70m + 0.25m \times 2) \times 2 - 4 \times 0.37m = 28.12m$$

$$L_{净} = 3.6m - 0.52m \times 2 = 2.56m$$

（2）条基挖土

查表 1-6 得：毛石基础工作面 250mm，混凝土基础（支模板）工作面 400mm，混凝土

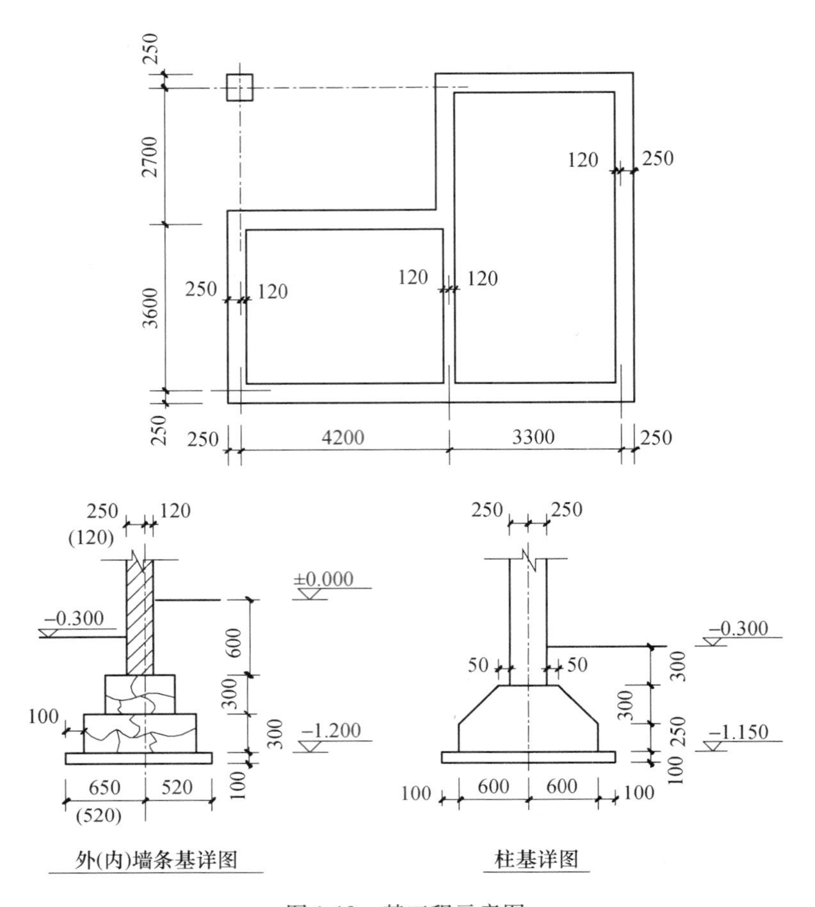

图 1-10　某工程示意图

基础垫层（支模板）工作面 150mm。查表 1-6 得：人工挖普通土起点深度 1. 20m。

挖土深度$H=1.20\mathrm{m}+0.10\mathrm{m}-0.30\mathrm{m}=1.0\mathrm{m}<1.20\mathrm{m}$　不放坡

$$V_{外条}=28.12\mathrm{m}\times(0.52\mathrm{m}+0.65\mathrm{m}+0.15\mathrm{m}\times2)\times1.0\mathrm{m}=41.34\mathrm{m}^3$$

$$V_{内条}=2.56\mathrm{m}\times(0.52\mathrm{m}+0.15\mathrm{m})\times2\times1.0\mathrm{m}=3.43\mathrm{m}^3$$

$$V_{条}=41.34\mathrm{m}^3+3.43\mathrm{m}^3=44.77\mathrm{m}^3$$

人工挖沟槽土方槽深≤2m　普通土　套 1-2-6　单价 $=334.40$ 元/$10\mathrm{m}^3$

费用：$44.77\mathrm{m}^3\div10\times334.40$ 元/$10\mathrm{m}^3=1497.11$ 元

（3）柱基挖土

挖土深度 $H=1.15\mathrm{m}+0.10\mathrm{m}-0.30\mathrm{m}=0.95\mathrm{m}<1.20\mathrm{m}$ 不放坡

分析：查表 1-6 得，混凝土垫层的工作面为 150mm，混凝土的工作面为 400mm，（100mm + 150mm）= 250mm < 400mm。定额规定：基础开挖边线上不允许出现错台，故地坑开挖边线为自混凝土基础外边线向外 400mm，如图 1-11 右边粗实线所示。

$$V_{柱}=(0.60\mathrm{m}\times2+0.40\mathrm{m}\times2)\times(0.60\mathrm{m}\times2+0.40\mathrm{m}\times2)\times0.95=3.80\mathrm{m}^3$$

人工挖地坑土方坑深≤2m　普通土　套 1-2-11　单价 $=354.35$ 元/$10\mathrm{m}^3$

费用：$3.80\mathrm{m}^3\div10\times354.35$ 元/$10\mathrm{m}^3=134.65$ 元

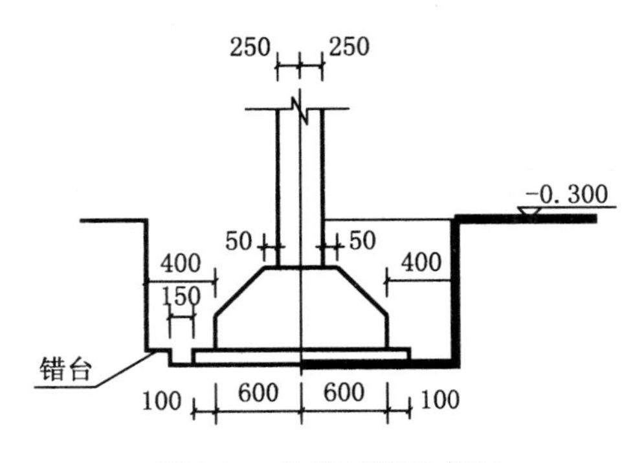

图 1-11　地坑开挖示意图

［**例 1-4**］　某工程基础平面图及详图如图 1-12 所示，计算人工挖沟槽的工程量及费用。

（1）土质为普通土；

（2）土质为坚土。

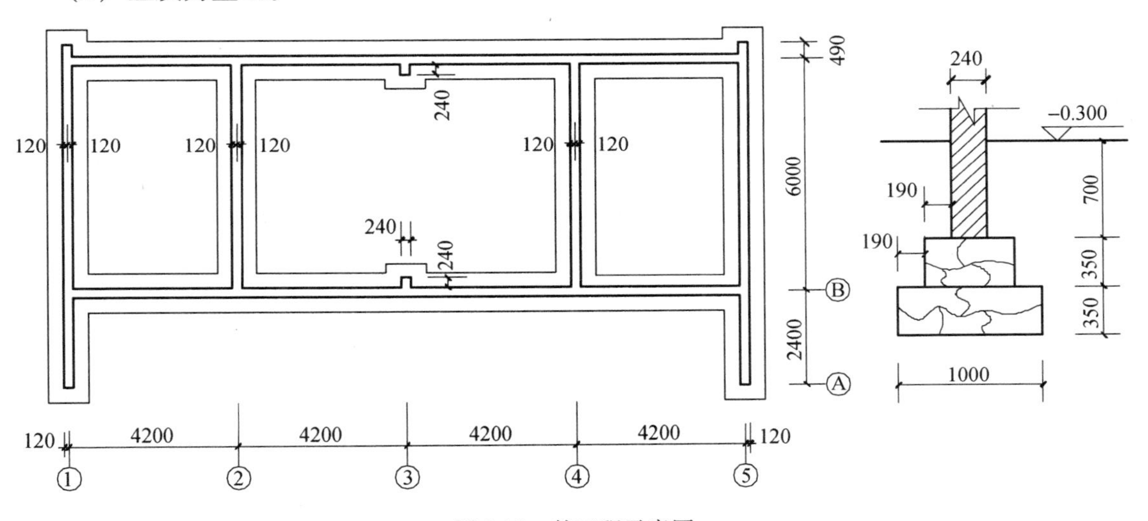

图 1-12　某工程示意图

解：（1）土质为普通土

挖土深度 $H = 0.35\text{m} \times 2 + 0.70\text{m} = 1.4\text{m} > 1.2\text{m}$　放坡

查表 1-8 得：放坡系数 k 取 0.5。查表 1-6 得：毛石基础工作面取 0.25m。

基数 $L_{中} = (4.2\text{m} \times 4 - 0.24\text{m}) \times 2 + (2.4\text{m} + 6.0\text{m} + 0.49\text{m}) \times 2 = 50.90\text{m}$

$$L_{净} = (6.0\text{m} - 1.0\text{m}) \times 2 = 10.00\text{m}$$

挖土工程量 $V = (50.90\text{m} + 10.0\text{m} + 0.24\text{m} \times 2) \times (1.0\text{m} + 0.25\text{m} \times 2 + 1.4\text{m} \times 0.5) \times 1.4\text{m} = 189.05\text{m}^3$

人工挖沟槽土方槽深≤2m　普通土　套 1-2-6　单价 = 334.40 元/10m³

费用：$189.05\text{m}^3 \div 10 \times 334.40$ 元/$10\text{m}^3 = 6321.83$ 元

（2）土质为坚土

挖土深度 $H = 1.4\text{m} < 1.7\text{m}$　不放坡

挖土工程量 $V = (50.90\text{m} + 10.0\text{m} + 0.24\text{m} \times 2) \times (1.0\text{m} + 0.25\text{m} \times 2) \times 1.4\text{m} = 128.90\text{m}^3$

人工挖沟槽土方槽深≤2m　坚土　套 1-2-8　单价 =672.60 元/10m^3

费用：128.90m^3 ÷10×672.60 元/10m^3 =8669.81 元

［**例 1-5**］　某工程基础平面图及详图如图 1-13 所示。采用人工开挖，土质为普通土，采用挖掘机施工，计算挖沟槽、地坑工程量，确定定额项目。

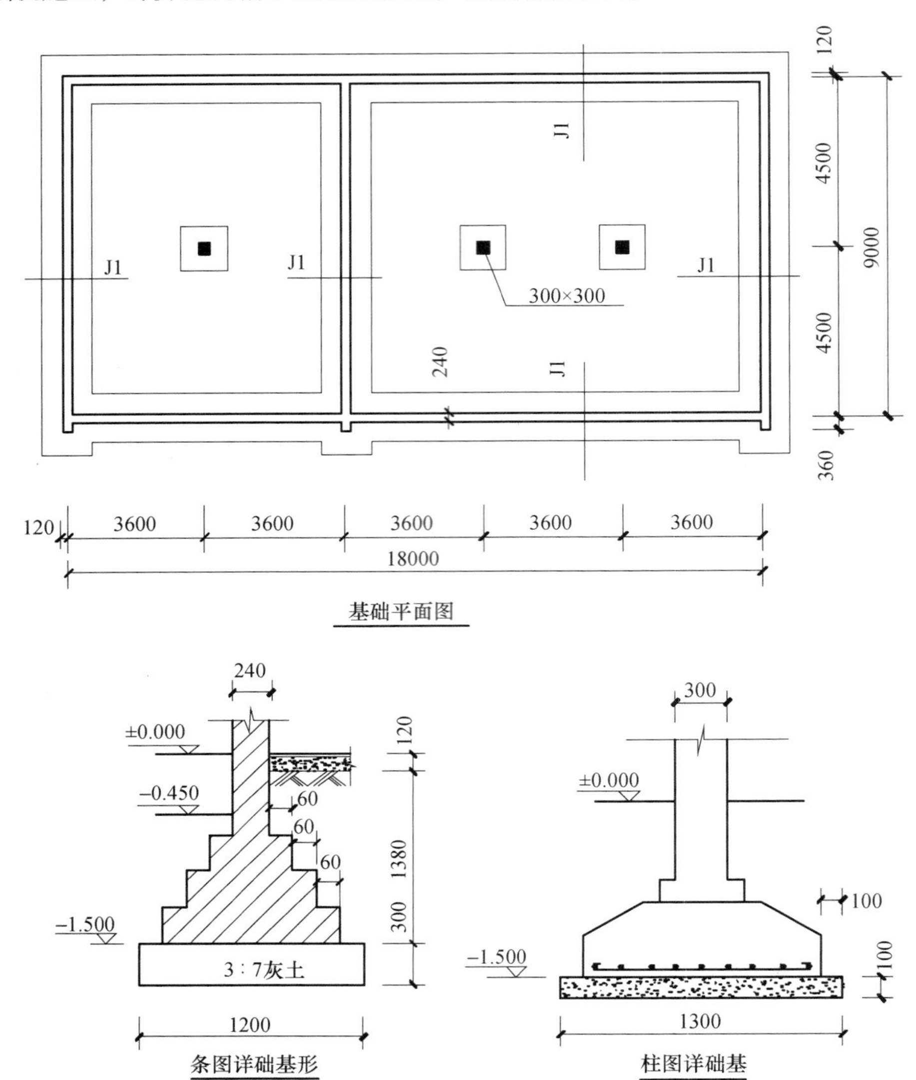

图 1-13　某工程基础示意图

解：（1）基数

$$L_{中} = (18.0\text{m} + 9.0\text{m}) \times 2 = 54.00\text{m}$$

$$L_{净} = 9.0\text{m} - 1.20\text{m} = 7.80\text{m}$$

（2）条形基础

挖土深度 $H = 1.50\text{m} - 0.45\text{m} + 0.30\text{m} = 1.35\text{m} > 1.2\text{m}$　放坡

查表 1-6 得：砖基工作面为 200mm。查表 1-8 得：放坡系数 k 取 0.5。

砖基工作面：（1.20m－0.24m－0.06m×6）÷2＝0.3m＞0.2m 满足要求

$$S_{断}=(1.20\text{m}+1.35\text{m}\times0.5)\times1.35\text{m}=2.53\text{m}^2$$

$$V_{条基}=2.53\text{m}^2\times(54.0\text{m}+0.24\text{m}\times3+7.80\text{m})=158.18\text{m}^3$$

人工挖沟槽土方槽深≤2m　普通土　套1-2-6　单价＝334.40元/10m^3

（3）柱基础

挖土深度 $H=1.50\text{m}-0.45\text{m}+0.10\text{m}=1.15\text{m}<1.2\text{m}$　不放坡

分析：查表1-6得，混凝土垫层的工作面为150mm，混凝土的工作面为400mm，（100mm＋150mm）＝250mm＜400mm。定额规定：基础开挖边线上不允许出现错台，故基础开挖边线为自混凝土基础外边线向外400mm，垂直开挖。

$$V_{柱}=(1.30\text{m}-0.10\text{m}\times2+0.40\text{m}\times2)\times(1.30\text{m}-0.10\text{m}\times2+0.40\text{m}\times2)\times1.15\text{m}\times3=12.45\text{m}^3$$

人工挖地坑土方坑深≤2m　普通土　套1-2-11　单价＝354.35元/10m^3

三、机械土石方

［例1-6］　某工程如图1-14所示。挖掘机挖沟槽普通土，将土弃于槽边，经基槽边和房心回填完成后再外运，挖掘机坑上挖土。试计算挖土工程量及费用。

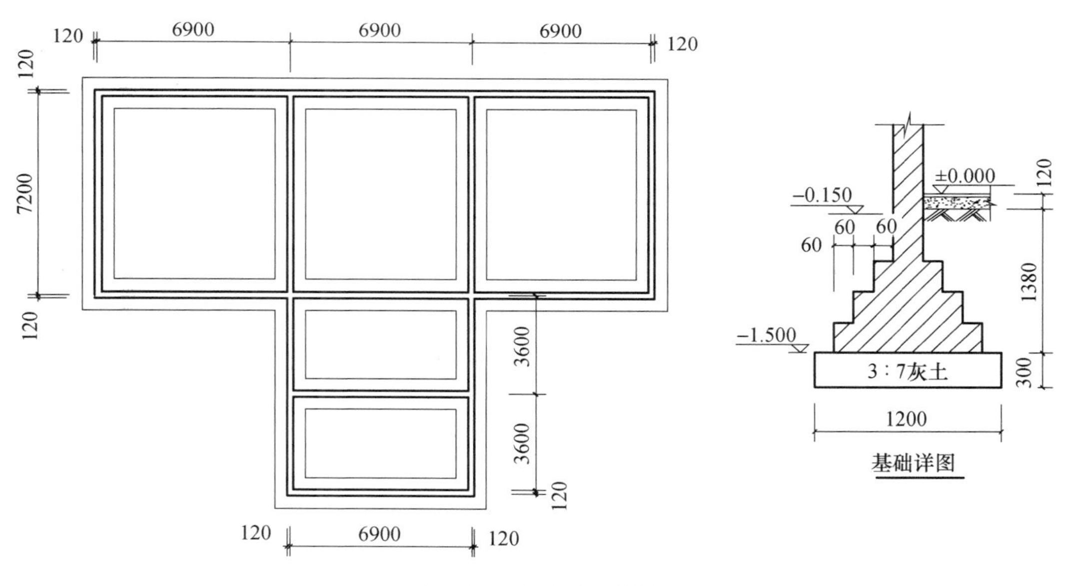

图1-14　某工程示意图

解：（1）挖土深度 $H=1.50\text{m}-0.15\text{m}+0.30\text{m}=1.65\text{m}>1.2\text{m}$，应放坡，查表1-8取 $k=0.50$。

（2）砖基工作面

（1.20m－0.24m－0.06m×6）/2＝0.30m＞0.2m，满足砖基工作面的要求。

（3）基数

$$L_{中}=(6.90\text{m}\times3+7.20\text{m}+3.60\text{m}\times2)\times2=70.20\text{m}$$

$$L_{净}=(6.90\text{m}-1.20\text{m})\times2+(7.20\text{m}-1.20\text{m})\times2=23.40\text{m}$$

（4）挖土工程量

$$(1.2m + 1.65m \times 0.50) \times 1.65m \times (70.20m + 23.40m) = 312.74m^3$$

查表 1-1 得：沟槽土方机械挖土修整系数为 0.90，人工清理修整系数为 0.125，执行子目 1-2-8。

（5）其中机械挖土工程量

$$312.74m^3 \times 0.90 = 281.47m^3$$

本工程垫层底宽为 1.20m，套用小型挖掘机子目。

小型挖掘机挖沟槽地坑土方普通土　套 1-2-47　定额单价 = 25.46 元/10m^3

费用：281.47m^3 ÷ 10 × 25.46 元/10m^3 = 716.62 元

（6）其中人工挖沟槽工程量

$$312.74m^3 \times 0.125 = 39.09m^3$$

人工挖沟槽土方槽深≤2m　坚土　套 1-2-8　定额单价 = 672.60 元/10m^3

费用：39.09m^3 ÷ 10 × 672.60 元/10m^3 = 2629.19 元

[例 1-7]　某工程基础如图 1-15 所示。施工组织设计中明确规定采用挖掘机大体积开挖坚土，将土弃于槽边，试计算大开挖工程量及费用。

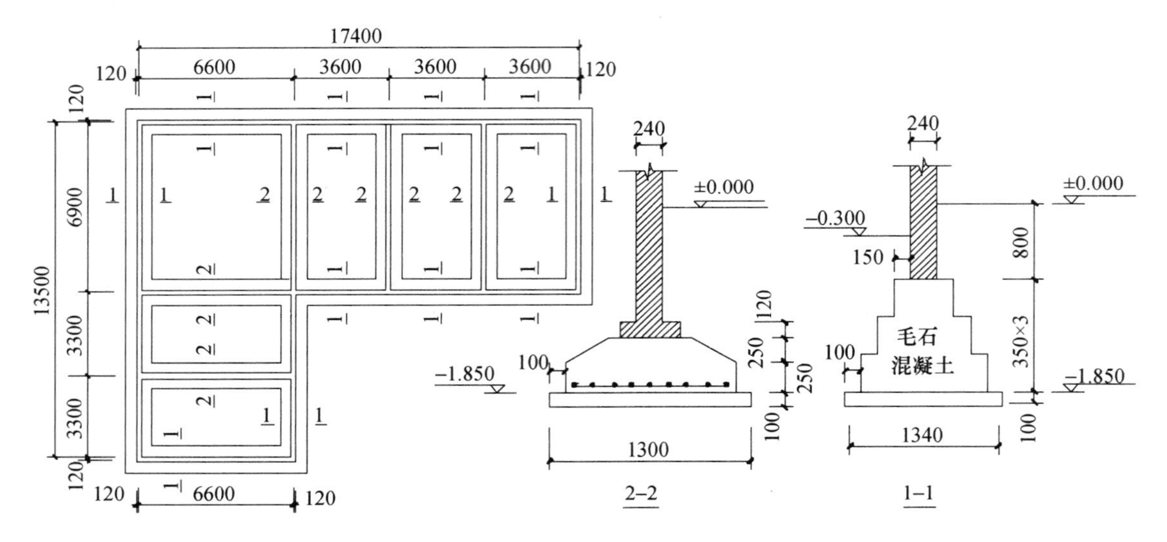

图 1-15　某工程示意图

解：（1）挖土深度

H = 1.85m + 0.10m − 0.30m = 1.65m < 1.7m 不放坡，直立开挖。

（2）挖土工程量

分析：查表 1-6 得，混凝土垫层的工作面为 150mm，混凝土的工作面为 400mm，(100mm + 150mm) = 250mm < 400mm。定额规定：基础开挖边线上不允许出现错台，故基础开挖边线为自混凝土基础外边线向外 400mm，垂直开挖。

V = [(17.40m + 1.34m − 0.10m × 2 + 0.4m × 2) × (13.50m + 1.34m − 0.10m × 2 + 0.4m × 2) − (17.4m − 6.6m) × (13.50m − 6.9m)] × 1.65m = 375.09m^3

查表 1-1 得：一般土方机械挖土修整系数为 0.95，人工清理修整系数为 0.063，执行子目 1-2－3。

（3）其中机械挖土工程量

$$375.09\text{m}^3 \times 0.95 = 356.34\text{m}^3$$

挖掘机挖一般土方　坚土　套 1-2-40　定额单价 = 29.38 元/10m³

费用：356.34m³ ÷ 10 × 29.38 元/10m³ = 1046.93 元

（4）其中人工挖坚土工程量

$$375.09\text{m}^3 \times 0.063 = 23.63\text{m}^3$$

人工挖一般土方基深≤2m　坚土　套 1-2-3　定额单价 = 449.35 元/10m³

费用：23.63m³ ÷ 10 × 449.35 元/10m³ = 1061.81 元

［例 1-8］　某土石方工程采用挖掘机大开挖，基础平面图及详图如图 1-16 所示。土质为普通土，计划自卸汽车运土 2km，人工装车，挖掘机坑上作业。试计算挖运土工程量及费用。

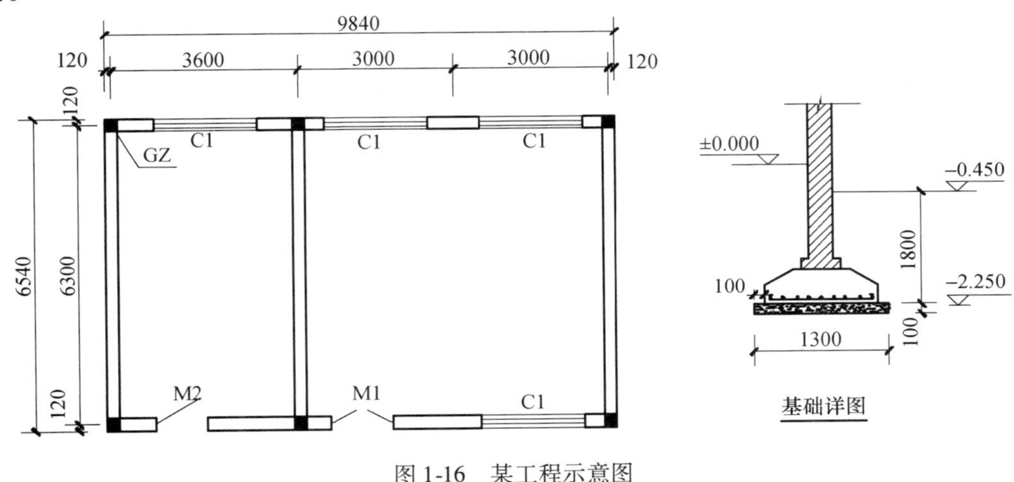

图 1-16　某工程示意图

解： 查表 1-8 得：普通土放坡起点深度为 1.20m，机械放坡系数 k 取 0.75。

（1）挖土深度 $H = 2.25\text{m} - 0.45\text{m} + 0.10\text{m} = 1.9\text{m} > 1.2\text{m}$ 放坡。

（2）挖土工程量

分析：查表 1-6 得，混凝土垫层的工作面为 150mm，混凝土基础的工作面为 400mm，（100mm + 150mm）= 250mm < 400mm。定额规定：基础开挖边线上不允许出现错台，故基础开挖边线为自混凝土基础外边线向外 400mm，放坡起点为垫层底部。

沿混凝土基础外边线向外 400mm 开挖放坡时，垫层底坪增加的开挖宽度。

$d = c_2 - t - c_1 - kh_1 = 0.40\text{m} - 0.10\text{m} - 0.15\text{m} - 0.75 \times 0.10\text{m} = 0.075\text{m}$，$d$ 含义如图 1-2 所示。

$V = (9.84\text{m} - 0.24\text{m} + 1.30\text{m} + 0.15\text{m} \times 2 + 0.075\text{m} \times 2 + 0.75 \times 1.9\text{m}) \times (6.30\text{m} + 1.3\text{m} + 0.15\text{m} \times 2 + 0.075\text{m} \times 2 + 0.75 \times 1.9\text{m}) \times 1.90\text{m} + 1/3 \times 0.75^2 \times (1.9\text{m})^3 = 231.27\text{m}^3$

查表 1-1 得：一般土方机械挖土修整系数为 0.95，人工清理修整系数为 0.063，执行子目 1-2-3。

（3）其中机械挖土工程量

$$231.27\text{m}^3 \times 0.95 = 219.71\text{m}^3$$

挖掘机挖装一般土方　普通土　套 1－2－41　定额单价 = 49.37 元/$10m^3$

费用：$219.71m^3 \div 10 \times 49.37$ 元/$10m^3$ = 1084.71 元

（4）其中人工挖土工程量

$$231.27m^3 \times 0.063 = 14.57m^3$$

人工挖一般土方基深≤2m　坚土　套 1-2-3　定额单价 = 449.35 元/$10m^3$

费用：$14.57m^3 \div 10 \times 449.35$ 元/$10m^3$ = 654.70 元

（5）人工装车工程量为 $14.57m^3$

人工装车土方　套 1-2-25　单价 = 135.85 元/$10m^3$

费用：$14.57m^3 \div 10 \times 135.85$ 元/$10m^3$ = 197.93 元

（6）自卸汽车运土方 2km，工程量为 $231.27m^3$

自卸汽车运土方运距≤1km　套 1-2-58　单价 = 56.69 元/$10m^3$

自卸汽车运土方每赠运 1km　套 1-2-59　单价 = 12.26 元/$10m^3$

费用：$231.27m^3 \div 10 \times (56.69 + 12.26)$ 元/$10m^3$ = 1594.61 元

四、其他

[例 1-9]　某工程平面图和基础详图如图 1-17 所示，试计算：

（1）人工平整场地工程量及费用。

（2）计算基底钎探（含灌砂）工程量及费用。

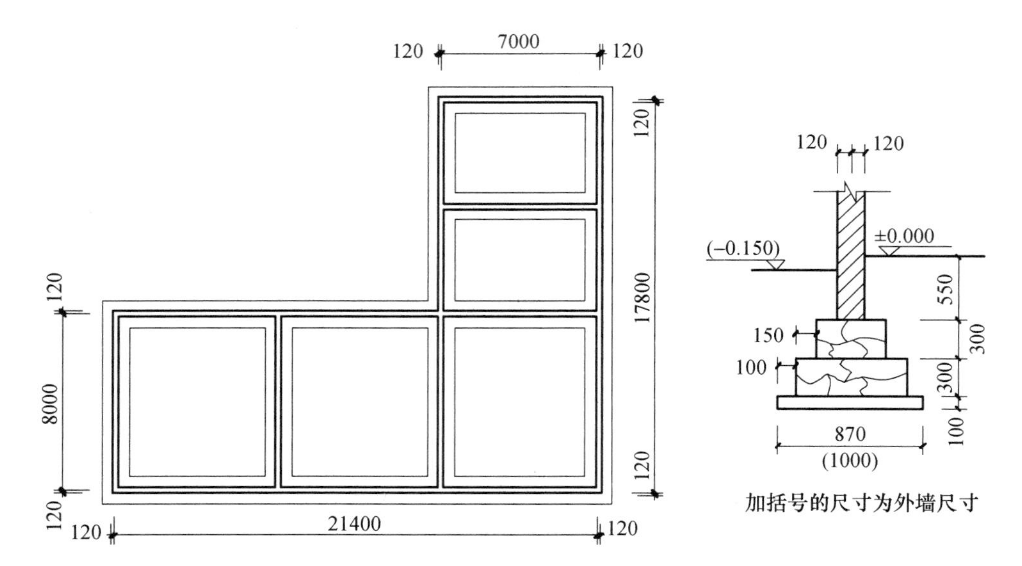

图 1-17　某工程平面图

解：（1）人工场地平整

$(21.40m + 0.24m) \times (17.80m + 0.24m) - (21.40m - 7.0m) \times (17.80m - 8.0m) = 249.27m^2$

平整场地人工　套 1-4-1　单价 = 39.90 元/$10m^2$

费用：$249.27m^2 \div 10 \times 39.90$ 元/$10m^2$ = 994.59 元

（2）钎探

$$L_{中}=(21.40\text{m}+17.80\text{m})\times2=78.40\text{m}$$

$$L_{净}=(8.0\text{m}-1.0\text{m})\times2+(7.0\text{m}-1.0\text{m})\times2=26.00\text{m}$$

钎探工程量：$78.40\text{m}\times1.0\text{m}+26.00\text{m}\times0.87\text{m}=101.02\text{m}^2$

基底钎探　套 1-4-4　单价 =60.97 元/10m^2

费用：$101.02\text{m}^2\div10\times60.97$ 元/10m^2 =615.92 元

［例 1-10］　计算如图 1-18 所示建筑物的机械场地平整工程量及费用。

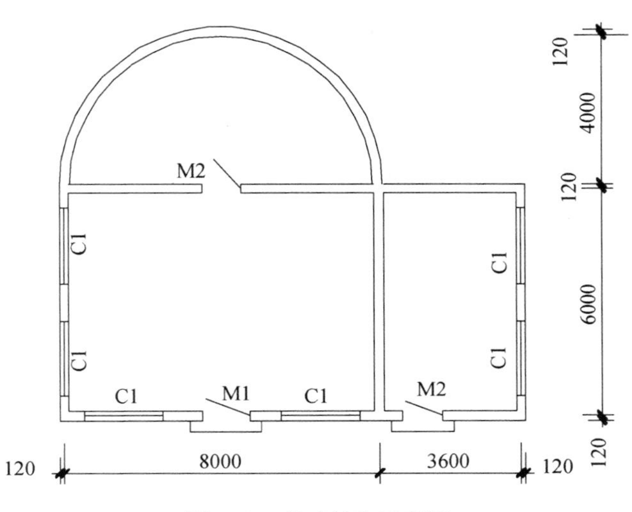

图 1-18　某建筑物示意图

解：场地平整工程量

$(8.0\text{m}+3.6\text{m}+0.24\text{m})\times(6.0\text{m}+0.24\text{m})+1/2\times\pi\times(4.0\text{m}+0.12\text{m})^2=100.54\text{m}^2$

平整场地机械　套 1-4-2　单价 =12.82 元/10m^2

费用：$100.54\text{m}^2\div10\times12.82$ 元/10m^2 =128.89 元

［例 1-11］　某平房坡屋顶平面图及立面图如图 1-19 所示。室内地面做法：素土夯实；50mm 厚 C20 混凝土垫层；20mm 厚 1∶2 水泥砂浆。试计算竣工清理和人工房心回填的工程量及费用。

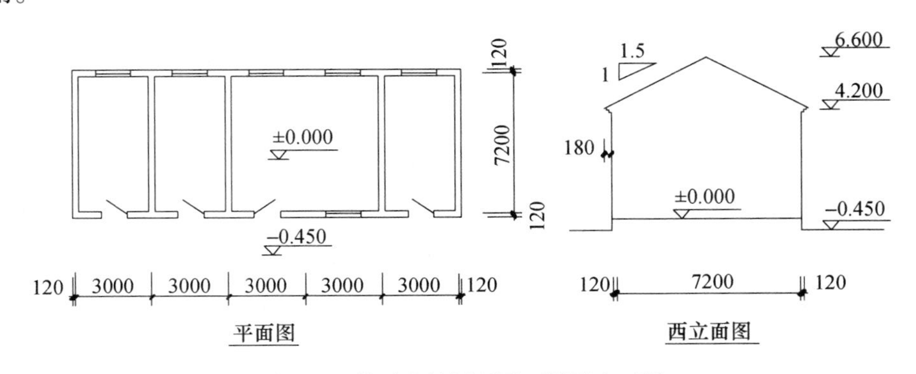

图 1-19　某平房坡屋顶平面图及立面图

解：（1）竣工清理

$(3.0m \times 5 + 0.24m) \times (7.20m + 0.24m) \times [4.20m + (6.6m - 4.2m)/2] = 612.28m^3$

竣工清理　套 1-4-3　单价 = 20.90 元/$10m^3$

费用：$612.28m^3 \div 10 \times 20.90$ 元/$10m^3$ = 1279.67 元

（2）房心回填

$(7.20m - 0.24m) \times (3.0m \times 5 - 0.24m \times 4) \times (0.45m - 0.05m - 0.02m) = 37.13m^3$

夯填土人工地坪　套 1-4-10　单价 = 146.01 元/$10m^3$

费用：$37.13m^3 \div 10 \times 146.01$ 元/$10m^3$ = 542.14 元

[例 1-12]　某工程的平面图及剖面图如图 1-20 所示，试计算机械平整场地和竣工清理的工程量及费用。

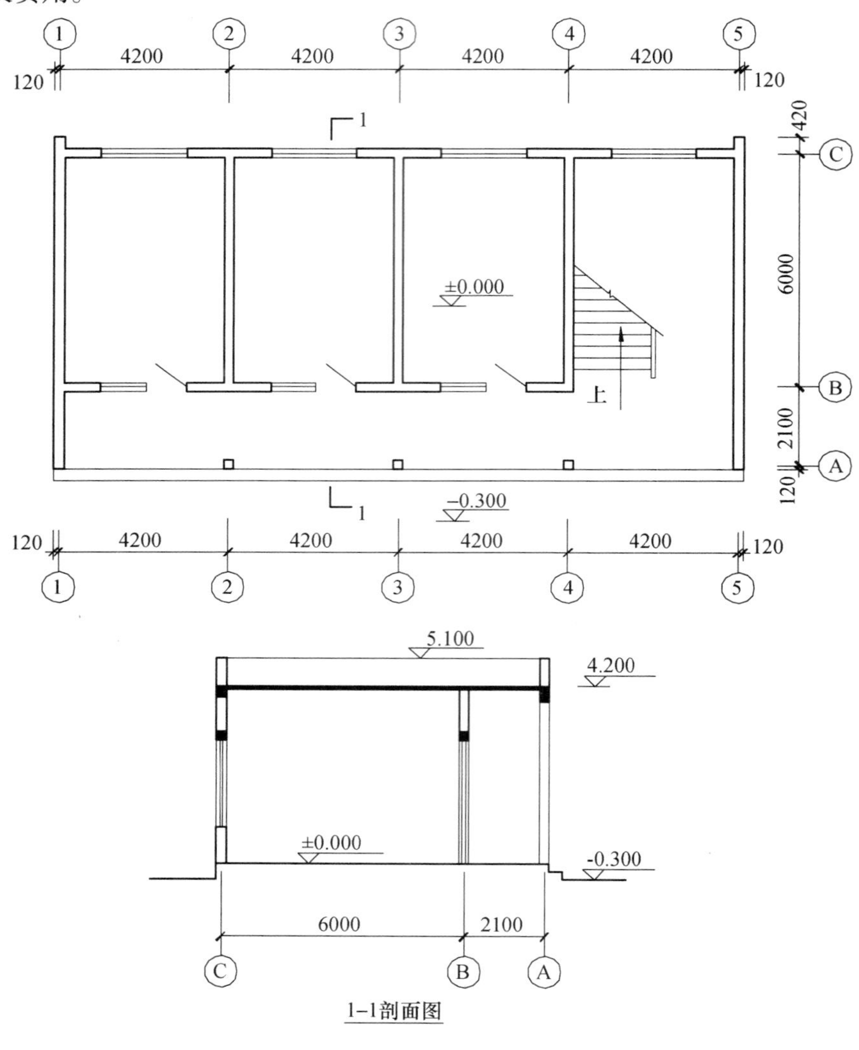

图 1-20　某工程的平面图及剖面图

解：（1）平整场地

工程量：$(4.20m \times 4 + 0.12m \times 2) \times (6.0m + 2.1m + 0.12m \times 2) = 142.11m^2$

平整场地机械　套 1-4-2　单价 $=12.82$ 元/$10m^2$

费用：$142.11m^2 \div 10 \times 12.82$ 元/$10m^2 = 182.19$ 元

（2）竣工清理

工程量：$(4.20m \times 4 + 0.12m \times 2) \times (6.0m + 2.1m + 0.12m \times 2) \times 4.20m = 596.88m^3$

竣工清理　套 1-4-3　单价 $=20.90$ 元/$10m^3$

费用：$596.88m^3 \div 10 \times 20.90$ 元/$10m^3 = 1247.48$ 元

复习与测试

1. 计算基础挖土时土石方、沟槽、地坑是如何划分的？
2. 关于垫层的放坡有何规定？
3. 场地平整如何来计算？有哪几种方法？
4. 竣工清理的内容有哪些？计算时有何规定？
5. 计算基槽、坑回填土时需要扣除哪些项目？
6. 某基础工程如图 1-21 所示。采用挖掘机挖沟槽，普通土，将土弃于槽边，挖掘机坑上挖土。试计算挖土工程量及费用。

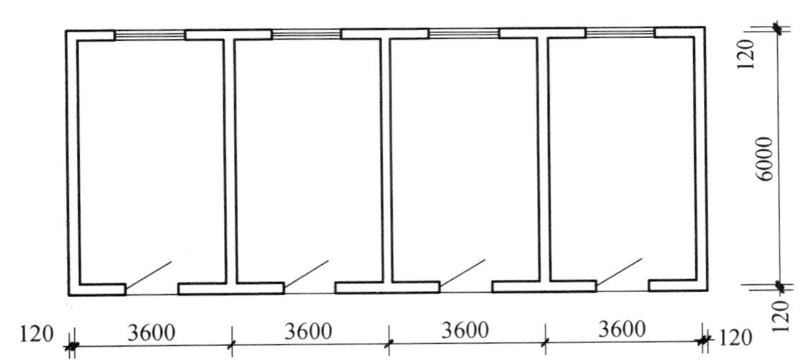

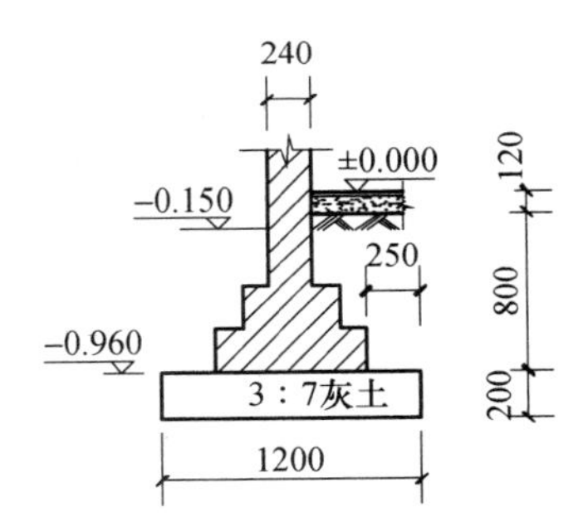

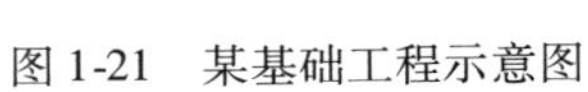
图 1-21　某基础工程示意图

第二章　地基处理与边坡支护工程

第一节　定额说明

本章定额包括地基处理、基坑与边坡支护、排水与降水三节。

一、地基处理

（1）垫层：

1）机械碾压垫层定额适用于厂区道路垫层采用压路机械的情况。

2）垫层定额按地面垫层编制。若为基础垫层，人工、机械分别乘以下列系数：条形基础1.05，独立基础1.10，满堂基础1.00。若为场区道路垫层，人工乘以系数0.9。

3）在原土上打夯（碾压）者另按本定额“第一章土石方工程”相应项目执行。垫层材料配合比与定额不同时，可以调整。

4）灰土垫层及填料加固夯填灰土就地取土时，应扣除灰土配比中的黏土。

5）褥垫层套用本节相应项目。

（2）填料加固定额用于软弱地基挖土后的换填材料加固工程。

（3）土工合成材料定额用于软弱地基加固工程。

（4）强夯：

1）强夯定额中每单位面积夯点数，指设计文件规定单位面积内的夯点数量，若设计文件中夯点数与定额不同时，采用内插法计算消耗量。

2）强夯的夯击击数系指强夯机械就位后，夯锤在同一夯点上下起落的次数（落锤高度应满足设计夯击能量的要求，否则按低锤满拍计算）。

3）强夯工程量应区别不同夯击能量和夯点密度，按设计图示夯击范围及夯击遍数分别计算。

（5）注浆地基：

1）注浆地基所用的浆体材料用量与定额不同时可以调整。

2）注浆定额中注浆管消耗量为摊销量，若为一次性使用，可按实际用量进行调整。废泥浆处理及外运套用本定额“第一章土石方工程”相应项目。

（6）支护桩：

1）桩基施工前场地平整、压实地表、地下障碍物处理等，定额均未考虑，发生时另行计算。

2）探桩位已综合考虑在各类桩基定额内，不另行计算。

3）支护桩已包括桩体充盈部分的消耗量。其中灌注砂、石桩还包括级配密实的消耗量。

4）深层水泥搅拌桩定额已综合了正常施工工艺需要的重复喷浆（粉）和搅拌。空搅部分按相应定额的人工及搅拌桩机台班乘以系数0.5计算。

5）水泥搅拌桩定额按不掺添加剂（如石膏粉、木质素硫酸钙、硅酸钠等）编制，如设计有要求，定额应按设计要求增加添加剂材料费，其余不变。

6）深层水泥搅拌桩定额按1喷2搅施工编制，实际施工为2喷4搅时，定额的人工机械乘以系数1.43；2喷2搅、4喷4搅分别按1喷2搅、2喷4搅计算。

7）三轴水泥搅拌桩的水泥掺入量按加固土重（$1800kg/m^3$）的18%考虑，如设计不同时，按深层水泥搅拌桩每增减1%定额计算；三轴水泥搅拌桩定额按二搅二喷施工工艺考虑，设计不同时，每增（减）一搅一喷按相应定额人工和机械费增（减）40%计算。空搅部分按相应定额的人工及搅拌桩机台班乘以系数0.5计算。

8）三轴水泥搅拌桩设计要求全断面套打时，相应定额的人工及机械乘以系数1.5，其余不变。

9）高压旋喷桩定额已综合接头处的复喷工料；高压旋喷桩中设计水泥用量与定额不同时可以调整。

10）打、拔钢板桩，定额仅考虑打、拔施工费用，未包含钢工具桩制作、除锈和刷油，实际发生时另行计算。打、拔槽钢或钢轨，其机械用量乘以系数0.77。

11）钢工具桩在桩位半径≤15m内移动、起吊和就位，已包括在打桩子目中。桩位半径>15m时的场内运输按构件运输≤1km子目的相应规定计算。

12）单位（群体）工程打桩工程量少于表2-1者，相应定额的打桩人工及机械乘以系数1.25。

表2-1　打桩工程量表

桩类	工程量
碎石桩、砂石桩	$60m^3$
钢板桩	50t
水泥搅拌桩	$100m^3$
高压旋喷桩	$100m^3$

13）打桩工程按陆地打垂直桩编制。设计要求打斜桩时，斜度≤1：6时，相应定额人工、机械乘以系数1.25；斜度>1：6时，相应定额人工、机械乘以系数1.43。

14）桩间补桩或在地槽（坑）中及强夯后的地基上打桩时，相应定额人工、机械乘以系数1.15。

15）单独打试桩、锚桩，按相应定额的打桩人工及机械乘以系数1.5。

16）试验桩按相应定额人工、机械乘以系数2.0。

二、基坑与边坡支护

（1）挡土板定额分为疏板和密板。疏板是指间隔支挡土板，且板间净空≤150cm的情况；密板是指满堂支挡土板或板间净空≤30cm的情况。

（2）钢支撑仅适用于基坑开挖的大型支撑安装、拆除。

（3）土钉与锚喷联合支护的工作平台套用本定额“第十七章脚手架工程”相应项目。锚杆的制作与安装套用本定额“第五章钢筋及混凝土工程”相应项目。

（4）地下连续墙适用于黏土、砂土及冲填土等软土层；导墙土方的运输、回填，套用本定额“第一章土石方工程”相应项目；废泥浆处理及外运套用本定额“第一章土石方工程”相应项目；本章钢筋加工套用本定额“第五章钢筋及混凝土工程”相应项目。

三、排水与降水

（1）抽水机集水井排水定额，以每台抽水机工作24h为一台日。

（2）井点降水分为轻型井点、喷射井点、大口径井点、水平井点、电渗井点和射流泵井点。井管间距应根据地质条件和施工降水要求，依据设计文件或施工组织设计确定。设计无规定时，可按轻型井点管距0.8～1.6m，喷射井点管距2～3m确定。井点设备使用套的组成如下：轻型井点50根/套、喷射井点30根/套、大口径井点45根/套、水平井点10根/套、电渗井点30根/套，累计不足一套者按一套计算。井点设备使用，以每昼夜24h为一天。

（3）水泵类型、管径与定额不一致时，可以调整。

第二节　工程量计算规则

一、地基处理

（1）地面垫层按室内主墙间净面积乘以设计厚度，以体积计算。计算时应扣除凸出地面的构筑物、设备基础、室内铁道、地沟及单个面积>0.3m^{2}的孔洞、独立柱等所占体积；不扣除间壁墙、附墙烟囱、墙垛以及单个面积≤0.3m^{2}的孔洞等所占体积，门洞、空圈、暖气壁龛等开口部分也不增加。

$$地面垫层工程量=[S_{房}-孔洞、独立柱面积(大于0.3m^2)-\sum(构筑物设备基础、地沟等面积)]\times垫层厚$$

$$S_{房}=S_{底}-\sum L_{中}\times外墙厚-\sum L_{内}\times内墙厚$$

（2）基础垫层按下列规定，以体积计算。

1）条形基础垫层，外墙按外墙中心线长度、内墙按其设计净长度乘以垫层平均断面面积，以体积计算。柱间条形基础垫层，按柱基础（含垫层）之间的设计净长度乘以垫层平均断面面积，以体积计算。

$$条形基础垫层工程量=(\sum L_{中}+\sum L_{净})\times垫层断面积$$

2）独立基础垫层和满堂基础垫层，按设计图示尺寸乘以平均厚度，以体积计算。

（3）场区道路垫层按其设计长度乘以宽度乘以厚度，以体积计算。

(4) 爆破岩石增加垫层的工作量，按现场实测结果以体积计算。

(5) 填料加固按设计图示尺寸以体积计算。

(6) 土工合成材料，按设计图示尺寸以面积计算，平铺以坡度≤15%为准。

(7) 强夯，按设计图示强夯处理范围以面积计算。设计无规定时，按建筑物基础外围轴线每边各加4m，以面积计算。

(8) 注浆地基，分层注浆钻孔按设计图示钻孔深度以长度计算，注浆按设计图纸注明的加固土体以体积计算。

(9) 注浆地基，压密注浆钻孔按设计图示深度以长度计算。注浆按下列规定以体积计算。

1) 设计图纸明确加固土体体积的，按设计图纸标明的体积计算。

2) 设计图纸以布点形式图示土体加固范围的，则按两孔间距的一半作为扩散半径，以布点边线各加扩散半径，形成计算平面，计算注浆体积。

3) 如果设计图纸注浆点在钻孔灌注桩之间，按两注浆孔的一半作为每孔的扩散半径，依此圆柱体积计算注浆体积。

二、支护桩

(1) 填料桩、深层水泥搅拌桩按设计桩长（有桩尖时包括桩尖）乘以设计桩外径截面积，以体积计算。填料桩、深层水泥搅拌桩截面有重叠时，不扣除重叠面积。

(2) 预钻孔道高压旋喷（摆喷）水泥桩工程量，成（钻）孔按自然地坪标高至设计桩底的长度计算，喷浆按设计加固桩截面面积乘以设计桩长，以体积计算。

(3) 三轴水泥搅拌桩按设计桩长（有桩尖时包括桩尖）乘以设计桩外径截面积，以体积计算。

(4) 三轴水泥搅拌桩设计要求全断面套打时，相应定额的人工及机械乘以系数1.5，其余不变。

(5) 凿桩头适用于深层搅拌水泥桩、三轴水泥搅拌桩、高压旋喷水泥桩定额子目，按凿桩长度乘以桩断面，以体积计算。

(6) 打、拔钢板桩工程量按设计图示桩的尺寸以质量计算，安、拆导向夹具按设计图示尺寸以长度计算。

三、基坑与边坡支护

(1) 挡土板按设计文件（或施工组织设计）规定的支挡范围，以面积计算。袋土围堰按设计文件（或施工组织设计）规定的支挡范围，以体积计算。

(2) 钢支撑按设计图示尺寸以质量计算。不扣除孔眼质量，焊条、铆钉、螺栓等不另增加质量。

(3) 砂浆土钉的钻孔灌浆，按设计文件（或施工组织设计）规定的钻孔深度，以长度计算。土层锚杆机械钻孔、注浆，按设计孔径尺寸，以长度计算。喷射混凝土护坡区分土层与岩层，按设计文件（或施工组织设计）规定的尺寸，以面积计算。锚头制作、安装、张拉、锁定按设计图示以数量计算。

（4）现浇导墙混凝土按设计图示，以体积计算。现浇导墙混凝土模板按混凝土与模板接触面的面积，以面积计算。成槽工程量按设计长度乘以墙厚及成槽深度（设计室外地坪至连续墙底），以体积计算。锁口管以“段”为单位（段指槽壁单元槽段），锁口管吊拔按连续墙段数计算，定额中已包括锁口管的摊销费用。清底置换以“段”为单位（段指槽壁单元槽段）。连续墙混凝土浇筑工程量按设计长度乘以墙厚及墙身加0.5m，以体积计算。凿地下连续墙超灌混凝土，设计无规定时，其工程量按墙体断面面积乘以0.5m，以体积计算。

四、排水与降水

（1）抽水机基底排水分不同排水深度，按设计基底以面积计算。

（2）集水井按不同成井方式。分别以设计文件（或施工组织设计）规定的数量，以“座”或以长度计算。抽水机集水井排水按设计文件（或施工组织设计）规定的抽水机台数和工作天数，以“台日”计算。

（3）井点降水区分不同的井管深度，其井管安拆，按设计文件或施工组织设计规定的井管数量，以数量计算；设备使用按设计文件（或施工组织设计）规定的使用时间，以“每套天”计算。

（4）大口径深井降水打井按设计文件（或施工组织设计）规定的井深，以长度计算。降水抽水按设计文件或施工组织设计规定的时间，以“台日”计算。

第三节　工程量计算及定额应用

一、垫层

[例2-1]　建筑物基础如图2-1所示。若房心垫层采用碎砖灌浆厚为220mm，C20素混凝土垫层厚50mm，1∶2水泥砂浆抹面厚30mm。计算条形基础垫层和房心垫层的费用。

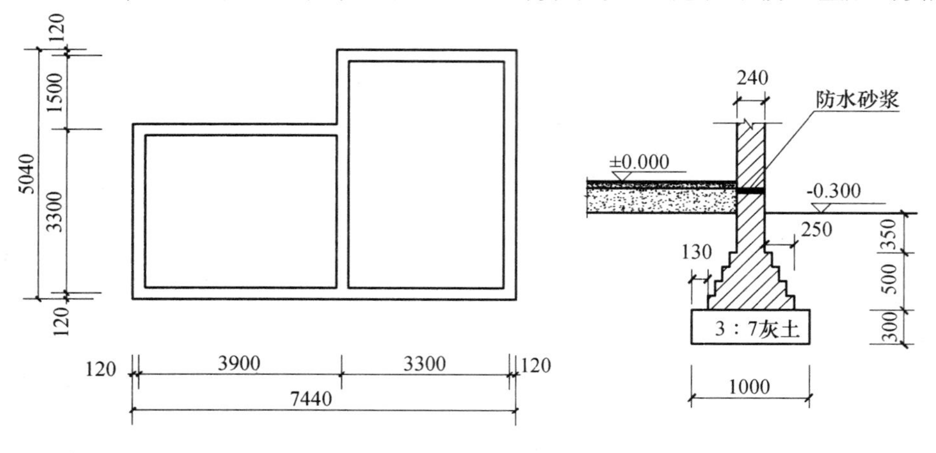

图2-1　某工程基础示意图

解：（1）基数计算

$$L_{中} = (3.90m + 3.30m \times 2 + 1.50m) \times 2 = 24.00m$$

$$L_{净} = 3.30m - 1.0m = 2.30m$$

$$S_{房} = (3.90m - 0.24m) \times (3.3m - 0.24m) + (3.3m - 0.24m) \times (5.04m - 0.24m \times 2) = 25.15m^2$$

（2）条基垫层

工程量：$1.0m \times 0.3m \times (24.0m + 2.30m) = 7.89m^3$

3∶7 灰土垫层（条基）机械振动　套 2-1-1　单价（换）

1788.06 元$/10m^3 + (653.60$ 元$/10m^3 + 12.77$ 元$/10m^3) \times 0.05 = 1821.38$ 元$/10m^3$

费用：$7.89m^3 \div 10 \times 1821.38$ 元$/10m^3 = 1437.07$ 元

（3）房心垫层

碎砖灌浆工程量：$25.15m^2 \times 0.22m = 5.53m^3$

碎砖灌浆　套 2-1-17　单价 $= 2032.75$ 元$/10m^3$

费用：$5.53m^3 \div 10 \times 2032.75$ 元$/10m^3 = 1124.11$ 元

C20 素混凝土垫层工程量：$25.15m^2 \times 0.05m = 1.26m^3$

C20 现浇无筋混凝土垫层　套 2-1-28　单价（换）

3850.59 元$/10m^3 - 10.1 \times (300.97 - 320.39)$ 元$/10m^3 = 4046.73$ 元$/10m^3$

查消耗量定额 2-1-28 中得：C15 现浇混凝土碎石 <40mm 含量为 $10.10m^3$；查山东省人工、材料、机械台班单价表得：序号 5511（编码 80210003）C15 现浇混凝土碎石 <40mm 单价（除税）300.97 元$/m^3$；序号 5515（编码 80210011）C20 现浇混凝土碎石 <40mm 单价（除税）320.39 元$/m^3$。

费用：$1.26m^3 \div 10 \times 4046.73$ 元$/10m^3 = 509.89$ 元。

［**例 2-2**］　某工程基础平面图及详图如图 2-2 所示。所有墙厚均为 240mm，房心垫层采用 3∶7 灰土厚度为 300mm，试计算：

（1）基础垫层（C15）工程量及费用。

（2）房心垫层工程量及费用分为非就地取土和就地取土两种情况。

解：（1）基数

J1：$L_{中} = (6.90m + 7.20m \times 2 + 4.80m \times 2 + 7.90m) \times 2 = 77.60m$

J2：$L_{内} = (6.90m - 0.24m) \times 2 + (7.90m - 0.24m) \times 2 = 28.64m$

$L_{净} = (6.90m - 1.10m) \times 2 + (7.90m - 1.1m) \times 2 = 25.20m$

（2）基础垫层

工程量：$1.1m \times 0.1m \times 77.60m + 1.30m \times 0.1m \times 25.20m = 11.81m^3$

C15 现浇无筋混凝土垫层（条基）　套 2-1-28　单价（换）

3850.59 元$/10m^3$ +（788.50 元$/10m^3 + 6.28$ 元$/10m^3$）$\times 0.05 = 3890.33$ 元$/10m^3$

费用：$11.81m^3 \div 10 \times 3890.33$ 元$/10m^3 = 4594.48$ 元

（3）房心 3∶7 灰土垫层

工程量：$(6.90m - 0.24m) \times (4.80m - 0.24m) \times 0.30m \times 2 + (7.90m - 0.24m) \times (7.20m - 0.24m) \times 0.30m \times 2 + (6.9m - 0.24m) \times (7.9m - 0.24m) \times 0.30m = 65.51m^3$

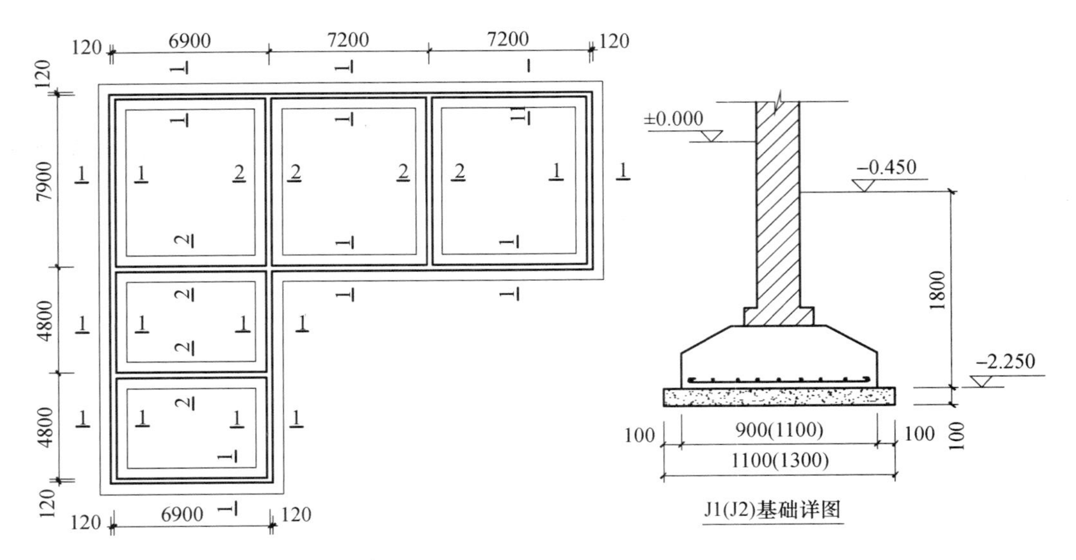

图 2-2　某工程基础示意图

① 非就地取土

3∶7 灰土垫层机械振动　套 2-1-1　单价 = 1788.06 元/$10m^3$

费用：$65.51m^3 \div 10 \times 1788.06$ 元/$10m^3$ = 11713.58 元

② 就地取土

扣除灰土中的黏土费用。

查消耗量定额 2-1-1 中得：3∶7 灰土含量为 $10.20m^3$；查定额交底资料附表得：每立方米 3∶7 灰土中含 $1.15m^3$ 黏土；查山东省人工、材料、机械台班单价表得：序号 1921（编码 04090047）黏土价格 27.18 元/m^3。

3∶7 灰土垫层　套 2-1-1　单价（换）

$$1788.06\text{ 元}/10m^3 - (10.2 \times 1.15 \times 27.18)\text{ 元}/10m^3 = 1469.24\text{ 元}/10m^3$$

费用：$65.51m^3 \div 10 \times 1469.24$ 元/$10m^3$ = 9624.99 元

［例 2-3］　建筑物基础平面图及详图如图 2-3 所示。若地面铺设 150mm 厚的素混凝土（C20）垫层。

（1）计算基数 $L_{中}$、$L_{净}$、$L_{内}$、$S_{建}$、$S_{房}$。

（2）计算基础垫层的工程量及费用。

（3）计算地面垫层的工程量及费用。

解：（1）基数

$$L_{中} = (7.20m + 13.20m + 5.40m + 13.70m) \times 2 = 79.00m$$

$$L_{净} = 9.60m - 1.54m + 9.60m + 2.10m - 1.54m = 18.22m$$

$$L_{内} = 9.60m \times 2 + 2.10m - 0.24m \times 2 = 20.82m$$

$$S_{建} = (13.70m + 0.24m) \times (7.2m + 13.2m + 5.40m + 0.24m) - 2.10m \times 7.2m - 2.0m \times (7.2m + 13.2m) = 307.08m^2$$

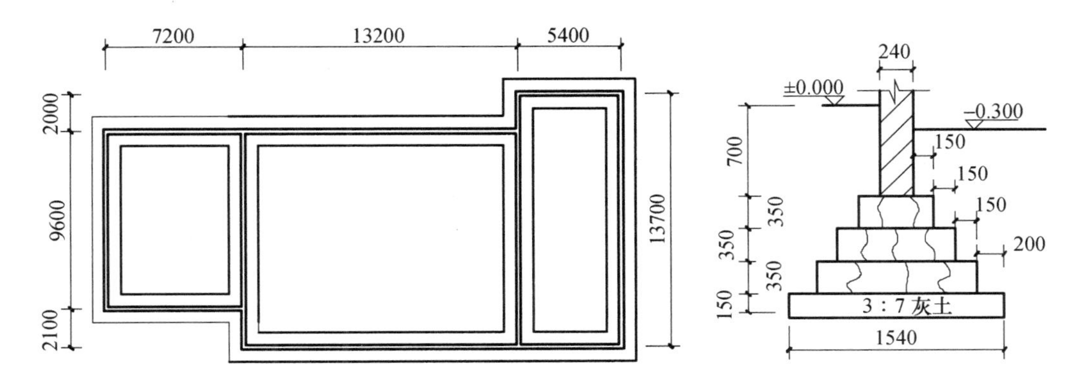

图 2-3　某建筑物基础示意图

$$S_{房} = 307.08\text{m}^2 - (79.00\text{m} + 20.82\text{m}) \times 0.24 = 283.12\text{m}^2$$

（2）条基垫层

工程量：$(79.00\text{m} + 18.22\text{m}) \times 1.54\text{m} \times 0.15\text{m} = 22.46\text{m}^3$

3 : 7 灰土垫层（条基）机械振动　套 2-1-1　单价（换）

1788.06 元/10m^3 +（653.60 元/10m^3 + 12.77 元/10m^3）× 0.05 = 1821.38 元/10m^3

费用：22.46m^3 ÷ 10 × 1821.38 元/10m^3 = 4090.82 元

（3）房心 C20 素混凝土垫层

工程量：$283.12\text{m}^2 \times 0.15\text{m} = 42.47\text{m}^3$

或$[(7.20\text{m} - 0.24\text{m}) \times (9.6\text{m} - 0.24\text{m}) + (13.2\text{m} - 0.24\text{m}) \times (9.6\text{m} + 2.1\text{m} - 0.24\text{m}) + (5.4\text{m} - 0.24\text{m}) \times (13.7\text{m} - 0.24\text{m})] \times 0.15\text{m} = 42.47\text{m}^3$

C20 现浇无筋混凝土垫层　套 2-1-28　单价（换）

3850.59 元/10m^3 − 10.1 ×（300.97 − 320.39）元/10m^3 = 4046.73 元/10m^3

费用：42.47m^3 ÷ 10 × 4046.73 元/10m^3 = 17186.46 元

[例 2-4]　某工程基础平面图及详图如图 2-4 所示。

（1）地面做法：20mm 厚 1 : 2.5 水泥砂浆；

100mm 厚 C15 素混凝土；

素土夯实。

（2）基础为 M5.0 水泥砂浆砌筑标准黏土砖。

（3）施工方法：反铲挖掘机挖坚土，挖土弃于槽边或坑边 1m 以外，待回填土施工完毕后再考虑运土，自卸汽车运土，运距为 2km。

（4）计算：

① 基槽坑挖土工程量及费用。

② 条形基础垫层、独立基础垫层和地面垫层工程量及费用。

③ 假设设计室外地坪以下埋设的条形基础和独立基础的总体积（垫层除外）为 32.19m^3，计算槽坑边回填土及房心回填土工程量（机械夯实）及费用。

④ 确定外取土（或内运土），计算装载机装车和自卸汽车运土的工程量及费用。

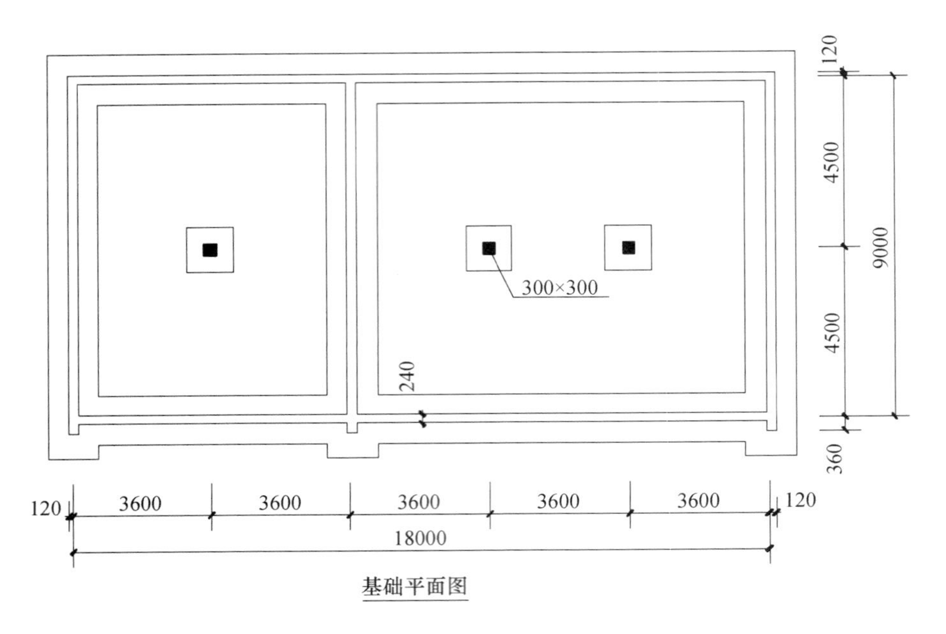

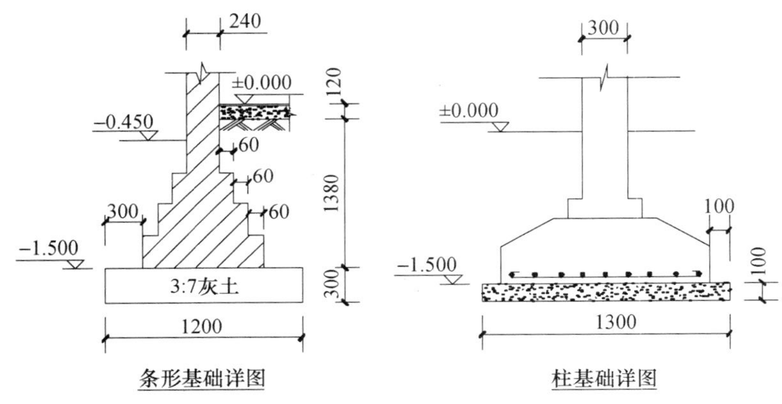

图 2-4　某工程基础示意图

解： 基数计算

$$L_{中} = (18.0\text{m} + 9.0\text{m}) \times 2 = 54.00\text{m}$$

$$L_{净} = 9.0\text{m} - 1.2\text{m} = 7.8\text{m}$$

$$S_{房} = (18.0\text{m} - 0.24\text{m} \times 2) \times (9.0\text{m} - 0.24\text{m}) = 153.48\text{m}^2$$

（1）基槽坑挖土

挖土深度 $H = 1.5\text{m} - 0.45\text{m} + 0.3\text{m} = 1.35\text{m} < 1.7\text{m}$　不放坡

由图可知：灰土垫层宽出砖基础 0.30m 大于砖基础的工作面 0.20m。

$$V_{挖槽} = 1.20\text{m} \times 1.35\text{m} \times (54.0\text{m} + 0.24\text{m} \times 3 + 7.8\text{m}) = 101.28\text{m}^3$$

$$V_{挖坑} = (1.30\text{m} - 0.10\text{m} \times 2 + 0.40\text{m} \times 2)^2 \times (1.5\text{m} + 0.1\text{m} - 0.45\text{m}) \times 3 = 12.45\text{m}^3$$

$$V_{挖总} = 101.28\text{m}^3 + 12.45\text{m}^3 = 113.73\text{m}^3$$

条基垫层底宽 1.2m，地坑底面积 $1.3\text{m} \times 1.3\text{m} = 1.69\ \text{m}^2 < 8\text{m}^2$，所以套用小型挖掘机

子目。

查表1-1得：沟槽土方机械挖土修整系数为0.90，人工清理修整系数为0.125，执行子目1-2-8；地坑土方机械挖土修整系数为0.85，人工清理修整系数为0.188，执行子目1-2-13。

机械挖土工程量：101.28m^3 ×0.90 +12.45m^3 ×0.85 =101.73m^3

小型挖掘机挖沟槽地坑土方　坚土　套1-2-48　定额单价 =30.18元/10m^3

费用：101.73m^3 ÷10 ×30.18元/10m^3 =307.02元

人工挖沟槽工程量：101.28m^3 ×0.125 =12.66m^3

人工挖沟槽土方槽深≤2m　坚土　套1-2-8　单价 =672.60元/10m^3

费用：12.66m^3 ÷10 ×672.60元/10m^3 =851.51元

人工挖基坑工程量12.45m^3 ×0.188 =2.34m^3

人工挖地坑土方坑深≤2m　坚土　套1-2-13　单价 =714.40元/10m^3

费用：2.34m^3 ÷10 ×714.40元/10m^3 =167.17元

（2）垫层

条基垫层工程量：1.2m ×0.3m ×（54.0m +7.80m +0.24m ×3）=22.51m^3

3∶7灰土垫层（条基）机械振动　套2-1-1　单价（换）

1788.06元/10m^3 +（653.60元/10m^3 +12.77元/10m^3）×0.05 =1821.38元/10m^3

费用：22.51m^3 ÷10 ×1821.38元/10m^3 =4099.93元

独立基础垫层工程量1.3m ×1.3m ×0.1m ×3 =0.51m^3

C15现浇无筋混凝土垫层（柱基）　套2-1-28　单价（换）

3850.59元/10m^3 +（788.50元/10m^3 +6.28元/10m^3）×0.10 =3930.07元/10m^3

费用：0.51m^3 ÷10 ×3930.07元/10m^3 =200.43元

地面垫层工程量 $S_{房}$ ×厚度 =153.48m^2 ×0.10m =15.35m^3

C15现浇无筋混凝土垫层　套2-1-28　单价3850.59元/10m^3

费用：15.35m^3 ÷10 ×3850.59元/10m^3 =5910.66元

（3）回填

槽边回填工程量：113.73m^3 -（22.51m^3 +0.51m^3 +32.19m^3）=58.52m^3

夯填土机械槽坑　套1-4-13　单价 =121.52元/10m^3

费用：58.52m^3 ÷10 ×121.52元/10m^3 =711.14元

房心回填工程量：153.48m^2 ×（0.45m -0.02m -0.10m）=50.65m^3

夯填土机械地坪　套1-4-12　单价 =93.42元/10m^3

费用：50.65m^3 ÷10 ×93.42元/10m^3 =473.17元

（4）取（运）土

取（运）土工程量：113.73m^3 -（58.52m^3 +50.65 m^3）×1.15 = -11.82m^3（取土内运）

装载机装车土方　套1-2-52　单价 =22.02元/10m^3

费用：11.82m^3 ÷10 ×22.02元/10m^3 =26.03元

自卸汽车运土工程量：11.82m^3

自卸汽车运土 2km　套 1-2-58 和套 1-2-59　单价（换）

56.69 元/$10m^3$ + 12.26 元/$10m^3$ × 1 = 68.95 元/$10m^3$

费用：$11.82m^3 \div 10 \times 68.95$ 元/$10m^3$ = 81.50 元

二、填料加固

[例 2-5]　某工程位于压缩性高的软弱土层上，地基大开挖后需填料加固，设计决定从建筑物外侧轴线每边各加 3.6m，在基础垫层下换填 2.30m 的天然砂石，推土机填砂碾压，工程平面图及详图如图 2-5 所示，试计算填料加固的费用。

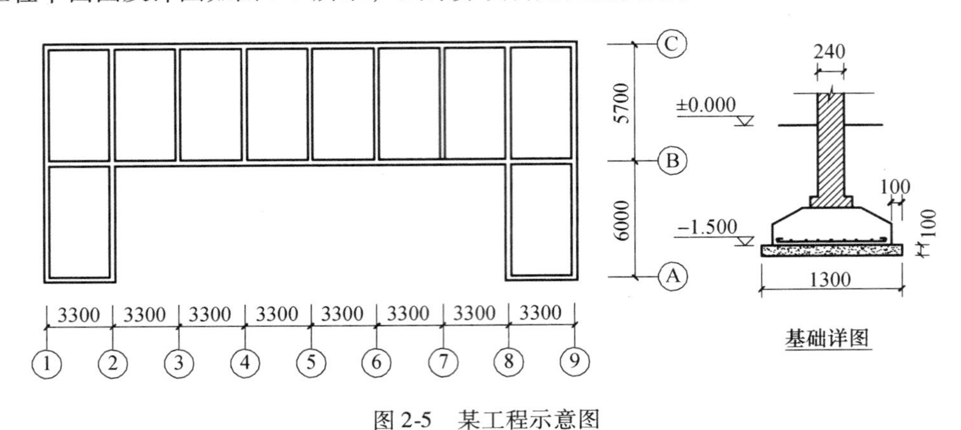

图 2-5　某工程示意图

解： 填料加固工程量

$$[(3.30m \times 8 + 3.60m \times 2) \times (6.0m + 5.70m + 3.60m \times 2) - (3.30m \times 6 - 3.60m \times 2) \times 6.0m] \times 2.30m = 1286.71m^3$$

推土机填砂石机械碾压　套 2-1-33　单价 = 1053.43 元/$10m^3$

费用：$1286.71m^3 \div 10 \times 1053.43$ 元/$10m^3$ = 135545.89 元

三、强夯

强夯法又称动力固结法，是用起重机械将大吨位重锤（一般为 10 ~ 40t）起吊到 6 ~ 40m 高度后自由下落，给地基土以强大的冲击能量的夯击，使土中出现很大的冲击力，土体产生瞬间变形，迫使土层孔隙压缩，土体局部液化，在夯击点周围产生裂缝，形成良好的排水通道，孔隙水和气体逸出，使土粒重新排列，经时效压密达到固结，从而提高地基承载力，降低其压缩性的一种有效的地基加固方法。它是一种深层处理土壤的方法，影响深度一般在 6 ~ 7m 以上，强夯法适用于砂土黏性土、杂填土、埋陷性黄土等软土地基。

[例 2-6]　某框架结构建筑物共 5 层，柱子分布如图 2-6 所示。地基为湿陷性黄土，厚度为 6 ~ 7m，经研究决定用强夯处理效果最好，具体处理方法如下：

第一遍围绕每个桩基处设计 5 个夯点，每个夯点 6 击，夯击能 4000kN · m 以内。

第二遍间隔夯击，间隔夯点不大于 2.8m，夯击能 3000kN · m，设计击数 5 击。

第三遍夯击能 2000kN · m 以内，低锤满拍。

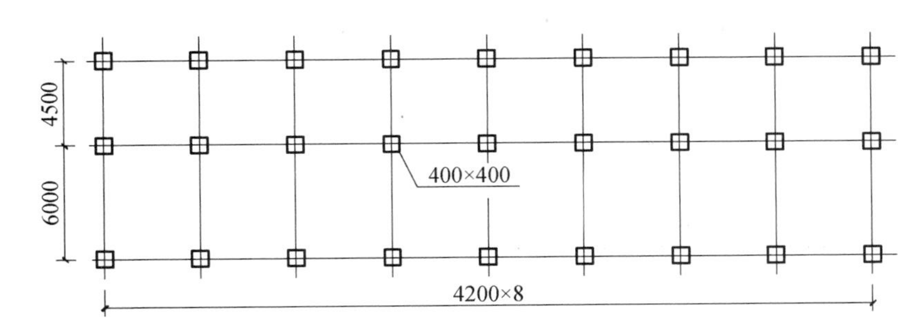

图 2-6　某框架结构建筑物

试计算强夯工程量及费用。

解： 夯击工程量

$(4.20m\times8+2\times4.0m)\times(6.0m+4.5m+2\times4.0m)=769.60m^2$

第一遍：夯击密度 $=(3\times9\times5\div769.60\times10)$ 夯点/m^2 $=2(1.75)$ 夯点/$10m^2$（收尾）

夯击能≤4000kN·m≤4 夯点 6 击

套 2-1-61 和套 2-1-62　单价（换）

123.43 元/$100m^2$ $+23.67$ 元/$10m^2$ $\times2=170.77$ 元/$10m^2$

费用：$769.60m^2\div10\times170.77$ 元/$10m^2$ $=13142.46$ 元

第二遍：夯击密度 $=\{[(4.20\times8+2\times4.0)\div2.8]\times[(6.0+4.5+2\times4.0)\div2.8]\div769.6\times10\}$ 夯点/$10m^2$

$=\{14.9\times6.6\div769.6\times10\}$ 夯点/$10m^2$ $=\{15\times7\div769.6\times10\}$ 夯点/$10m^2$

$=2(1.36)$ 夯点/$100m^2$

夯击能≤3000kN·m≤4 夯点 5 击

套 2-1-56 和套 2-1-57　单价（换）

66.07 元/$100m^2$ $+11.09$ 元/$10m^2$ $=77.16$ 元/$10m^2$

费用：$769.60m^2\div10\times77.16$ 元/$10m^2$ $=5938.23$ 元

第三遍：低锤满拍夯击能≤2000kN·m　套 2-1-53　单价 $=150.55$ 元/$10m^2$

费用：$769.60m^2\div10\times150.55$ 元/$10m^2$ $=11586.33$ 元

四、防护

［例 2-7］　某高层建筑物采用梁板式满堂基础，因为施工场地狭窄，土方边坡无法正常放坡，所以采用混凝土锚杆支护以防边坡塌方，锚杆机钻孔灌浆（C25 混凝土），钻孔直径为 90mm，每平方米 3 个，入土深度为 2.50m，C25 混凝土喷射厚度为 90mm，大开挖后的基础平面图及边坡支护如图 2-7 所示，计算锚杆钻孔灌浆和混凝土护坡工程量及费用。

解：（1）混凝土护坡

$(27.0m+24.0m+12.0m\times2+15.0m+4\times1.0m)\times2\times\sqrt{(1.0m\times1.0m)^2+(7.8m-0.6m)^2}$
$=1366.59m^2$

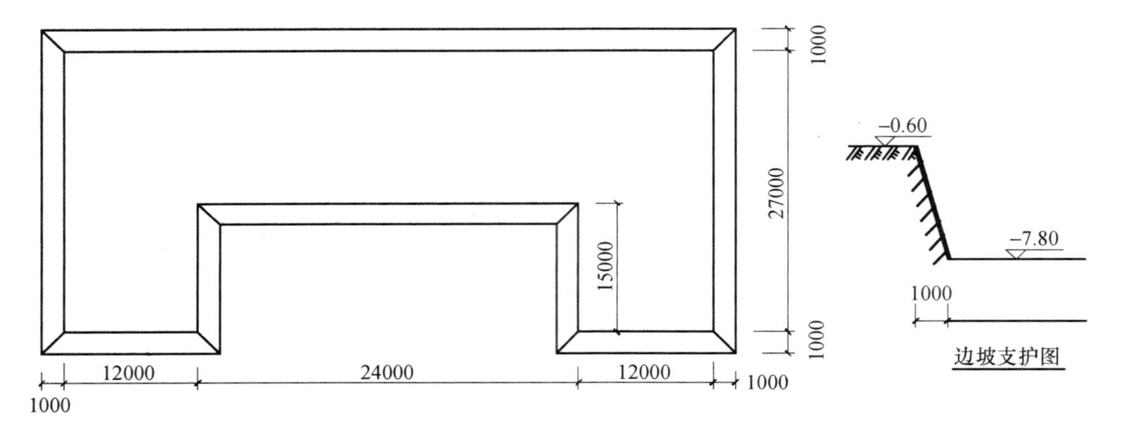

图 2-7 某建筑物基础开挖支护示意图

喷射混凝土护坡初喷厚 50mm 土层 套 2-2-23 单价 = 355.09 元/$10m^2$

费用：$1366.59m^2 \div 10 \times 355.09$ 元/$10m^3$ = 48526.24 元

喷射混凝土护坡每增加 10mm 套 2-2-25 单价（换）

68.36 元/$10m^2$ × 4 = 273.44 元/$10m^2$

费用：$1366.59m^2 \div 10 \times 273.44$ 元/$10m^2$ = 37368.04 元

（2）钻孔灌浆

工程量 $1366.59m^2 \div 3$ 个/ $m^2 \times 2.50m$/个 = 456 个 × 2.50m/个 = 1140m（收尾）

土层锚杆机械钻孔孔径≤100mm 套 2-2-16 单价 = 329.81 元/10m

费用：1140m ÷ 10 × 329.81 元/$10m^3$ = 37598.34 元

土层锚杆锚孔注浆孔径≤100mm 套 2-2-20 单价 = 146.28 元/10m

费用：1140m ÷ 10 × 146.28 元/$10m^3$ = 16675.92 元

[例 2-8] 某工程如图 2-8 所示。开挖基槽深为 2.85m，采用钢筋混凝土基础，垫层宽度为 2100mm，因受场地限制无法放坡，故基槽开挖采用木挡土板（密板）木支撑防护。计算挡土板工程量及费用。

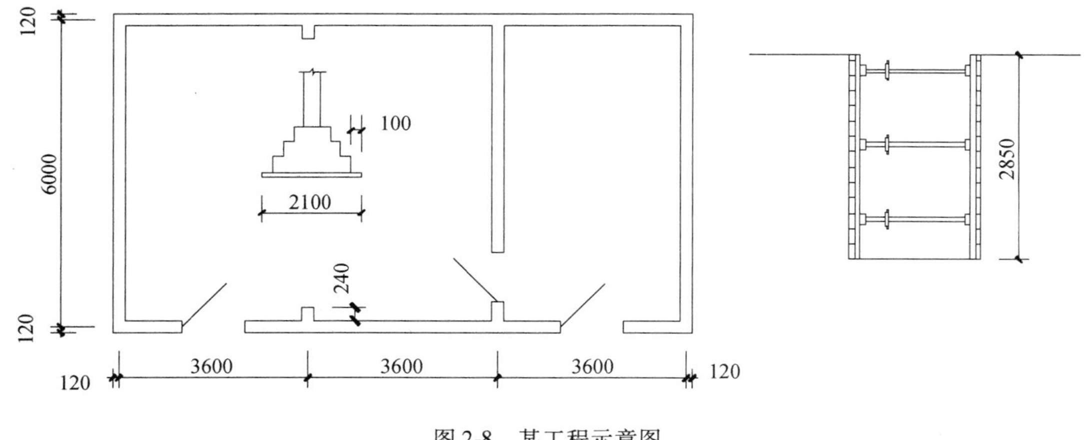

图 2-8 某工程示意图

解：$L_中$ = （3.6m×3+6.0m）×2=33.60m

查表1-6可得：混凝土垫层的工作面为150mm，混凝土基础工作面为400mm，支挡土板工作面为100mm。（100mm+150mm）=250mm<400mm。定额规定：基础开挖边线上不允许出现错台，故地坑开挖边线为自混凝土基础外边线向外（400mm+100mm）=500mm。

基槽开挖宽度：2.10m－0.1mm×2+0.50m×2=2.90m

工程量：S =（33.60m+6.0m－2.90m+0.24m×2）×2.85m×2－2.90m×2.85m×2

=195.40m^2

木档土板　密板木撑　套2-2-4　单价=403.46元/10m^2

费用：195.40m^2÷10×403.46元/10m^2=7883.61元

五、排水与降水

［**例2-9**］　某工程如图2-9所示。采用轻型井点降水，降水深度为5.0m，井点管距墙轴线4.0m，管距不大于1.2m，降水24d。计算该工程降水费用。

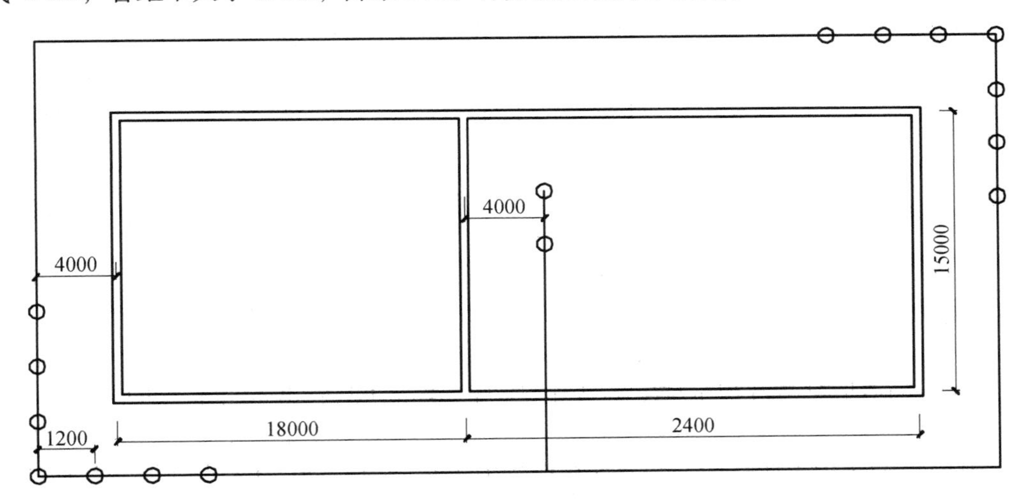

图2-9　某工程降水示意图

解：（1）井点管安装拆除工程量

［（18.0m+24.0m+4.0m×2）+（15.0m+4.0m×2）］×2÷1.2m/根+［（15.0m－4.0m×2）÷1.2m/根　+1根］=122根+7根=129根

轻型井点（深7m）降水井管安装、拆除　套2-3-12　单价=2496.23元/10根

费用：2496.23元/10根×129根÷10=32201.37元

（2）设备使用套数

129÷50=3套

设备使用工程量3套×24d=72套·d

轻型井点（深7m）降水设备使用　套2-3-13　单价=725.02元/套·d

费用：72套·d×725.02元/（套·d）=52201.44元

复习与测试

1. 垫层和填料加固有何区别？
2. 3∶7 灰土就地取土和非就地取土怎样换算？
3. 某建筑物平面图及基础详图如图 2-10 所示。地面铺设 150mm 厚的素混凝土（C15）垫层。
（1）计算地面垫层的工程量及费用。
（2）计算基础垫层的工程量及费用。

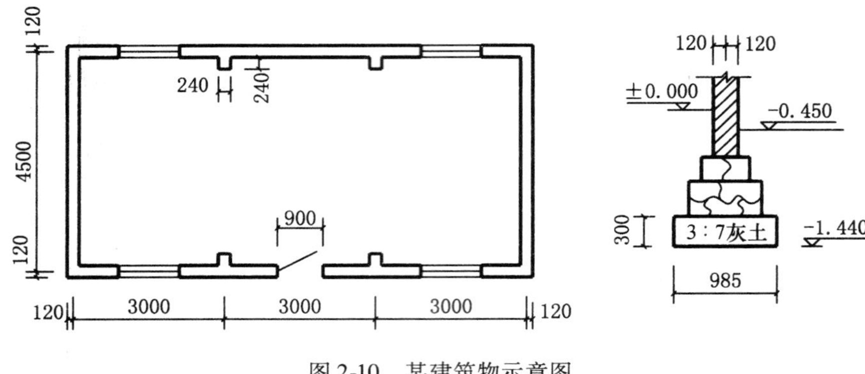

图 2-10 某建筑物示意图

第三章　桩基础工程

第一节　定额说明

（1）本章定额包括打桩、灌注桩两节。

（2）本章定额适用于陆地上桩基工程，所列打桩机械的规格、型号是按常规施工工艺和方法综合取定。本章定额已综合考虑了各类土层、岩石层的分类因素，对施工场地的土质、岩石级别进行了综合取定。

（3）桩基施工前场地平整、压实地表、地下障碍处理等，定额均未考虑，发生时另行计算。

（4）探桩位已综合考虑在各类桩基定额内，不另行计算。

（5）单位（群体）工程的桩基工程量少于表3-1中对应数量时，相应定额人工、机械乘以系数1.25。灌注桩单位（群体）工程的桩基工程量指灌注混凝土量。

表3-1　单位工程的桩基工程表量表

项目	单位工程的工程量	项目	单位工程的工程量
预制钢筋混凝土方桩	$200m^3$	钻孔、旋挖成孔灌注桩	$150m^3$
预应力钢筋混凝土管桩	1000m	沉管、冲击灌注桩	$100m^3$
预制钢筋混凝土板桩	$100m^3$	钢管桩	50t

（6）打桩。

1）单独打试桩、锚桩，按相应定额的打桩人工及机械乘以系数1.5。

2）打桩工程按陆地打垂直桩编制。设计要求打斜桩，斜度≤1∶6时，相应定额人工、机械乘以系数1.25；斜度>1∶6时，相应定额人工、机械乘以系数1.43。

3）打桩工程以平地（坡度≤15°）打桩为准，坡度>15°打桩时，按相应定额人工、机械乘以系数1.15。如在基坑内（基坑深度>1.5m，基坑面积≤$500m^2$）打桩或在地坪上打坑槽内（坑槽深度>1m）桩时，按相应定额人工、机械乘以系数1.11。

4）在桩间补桩或在强夯后的地基上打桩时，相应定额人工、机械乘以系数1.15。

5）打桩工程，如遇送桩时，可按打桩相应定额人工、机械乘以表3-2中的系数。

表 3-2 送桩深度系数表

送桩深度	系数
≤2m	1.25
≤4m	1.43
>4m	1.67

6）打、压预制钢筋混凝土桩、预应力钢筋混凝土管桩，定额按购入成品构件考虑，已包含桩位半径≤15m 内的移动、起吊、就位。桩位半径>15m 时的构件场内运输，按本定额“第十九章施工运输工程”中的预制构件水平运输 1km 以内的相应项目执行。

7）本章定额内未包括预应力钢筋混凝土管桩钢桩尖制安项目，实际发生时按本定额“第五章钢筋及混凝土工程”中的预埋铁件定额执行。

8）预应力钢筋混凝土管桩桩头灌芯部分按人工挖孔桩灌桩芯定额执行。

（7）灌注桩。

1）钻孔、旋挖成孔等灌注桩设计要求进入岩石层时执行入岩子目，入岩指钻入中风化的坚硬岩。

2）旋挖成孔灌注桩定额按湿作业成孔考虑，如采用干作业成孔工艺时，则扣除相应定额中的黏土、水和机械中的泥浆泵。

3）定额各种灌注桩的材料用量中，均已包括了充盈系数和材料损耗，如表 3-3 所示。

表 3-3 灌注桩充盈系数和材料损耗率表

项目名称	充盈系数	损耗率（%）
旋挖、冲击钻机成孔灌注混凝土桩	1.25	1
回旋、螺旋钻机钻孔灌注混凝土桩	1.20	1
沉管桩机成孔灌注混凝土桩	1.15	1

4）桩孔空钻部分回填应根据施工组织设计的要求套用相应定额，填土者按本定额“第一章土石方工程”松填土方定额计算，填碎石者按本定额“第二章地基处理与边坡支护工程”碎石垫层定额乘以 0.7 计算。

5）旋挖桩、螺旋桩、人工挖孔桩等采用干作业成孔工艺的桩的土石方场内、场外运输，执行本定额“第一章土石方工程”相应项目及规定。

6）本章定额内未包括泥浆池制作，实际发生时按本定额“第四章砌筑工程”的相应项目执行。

7）本章定额内未包括废泥浆场内（外）运输，实际发生时按本定额“第一章土石方工程”相关项目及规定执行。

8）本章定额内未包括桩钢筋笼、铁件制安项目，实际发生时按本定额“第五章钢筋及混凝土工程”的相应项目执行。

9）本章定额内未包括沉管灌注桩的预制桩尖制安项目，实际发生时按本定额“第五章钢筋及混凝土工程”中的小型构件定额执行。

10）灌注桩后压浆注浆管、声测管埋设，注浆管、声测管如遇材质、规格不同时，可以换算，其余不变。

11）注浆管埋设定额按桩底注浆考虑，如设计采用侧向注浆，则相应定额人工、机械乘以系数1.2。

第二节　工程量计算规则

一、打桩

（1）预制钢筋混凝土桩。

打、压预制钢筋混凝土桩按设计桩长（包括桩尖）乘以桩截面面积，以体积计算。

（2）预应力钢筋混凝土管桩。

1）打、压预应力钢筋混凝土管桩按设计桩长（不包括桩尖），以长度计算。

2）预应力钢筋混凝土管桩钢桩尖按设计图示尺寸，以质量计算。

3）预应力钢筋混凝土管桩，如设计要求加注填充材料时，填充部分另按本章钢管桩填芯相应项目执行。

4）桩头灌芯按设计尺寸以灌注体积计算。

（3）钢管桩。

1）钢管桩按设计要求的桩体质量计算。

2）钢管桩内切割、精割盖帽按设计要求的数量计算。

3）钢管桩管内钻孔取土、填芯，按设计桩长（包括桩尖）乘以填芯截面积，以体积计算。

（4）打桩工程的送桩按设计桩顶标高至打桩前的自然地坪标高另加0.5m计算相应项目的送桩工程量。

（5）预制混凝土桩、钢管桩电焊接桩，按设计要求接桩头的数量计算。

（6）预制混凝土桩截桩按设计要求截桩的数量计算。截桩长度≤1m时，不扣减相应桩的打桩工程量；截面长度>1m时，其超过部分按实扣减打桩工程量，但桩体的价格和预制桩场内运输的工程量不扣除。

（7）预制混凝土桩凿桩头按设计图示桩截面积乘以凿桩头长度，以体积计算。凿桩头长度设计无规定时，桩头长度按桩体高40d（d为桩体主筋直径，主筋直径不同时取大者）计算；灌注混凝土桩凿桩头按设计超灌高度（设计有规定按设计要求，设计无规定按0.5m）乘以桩截面积，以体积计算。

（8）桩头钢筋整理，按所整理的桩的数量计算。

二、灌注桩

（1）钻孔桩、旋挖桩成孔工程量按打桩前自然地坪标高至设计桩底标高的成孔长度乘以设计桩径截面积，以体积计算。入岩增加工程量按实际入岩深度乘以设计桩径截面积，以体积计算。

（2）钻孔桩、旋挖桩灌注混凝土工程量按设计桩径截面积乘以设计桩长（包括桩尖）另加加灌长度，以体积计算。加灌长度设计有规定者，按设计要求计算；无规定者，按0.5m计算。

$$灌注桩混凝土工程量 = \frac{\pi}{4}D^2 \times (L + 0.5\text{m})$$

式中 L——桩长（含桩尖）；

D——桩外直径。

（3）沉管成孔工程量按打桩前自然地坪标高至设计桩底标高（不包括预制桩尖）的成孔长度乘以钢管外径截面积，以体积计算。

（4）沉管桩灌注混凝土工程量按钢管外径截面积乘以设计桩长（不包括预制桩尖）另加加灌长度，以体积计算。加灌长度设计有规定者，按设计要求计算；无规定者，按0.5m计算。

（5）人工挖孔灌注混凝土桩护壁和桩芯工程量，分别按设计图示截面积乘以设计桩长另加加灌长度，以体积计算。加灌长度设计有规定者，按设计要求计算；无规定者，按0.25m计算。

（6）钻孔灌注桩、人工挖孔桩设计要求扩底时，其扩底工程量按设计尺寸以体积计算，并入相应桩的工程量内。

（7）桩孔回填工程量按桩加灌长度顶面至打桩前自然地坪标高的长度乘以桩孔截面积，以体积计算。

（8）钻孔压浆桩工程量按设计桩顶标高至设计桩底标高的长度另加0.5m，以长度计算。

（9）注浆管、声测管埋设工程量按打桩前的自然地坪标高至设计桩底标高的长度另加0.5m，以长度计算。

（10）桩底（侧）后压浆工程量按设计注入水泥用量，以质量计算。

第三节　工程量计算及定额应用

一、打桩

［例3-1］　某基础工程采用打桩机打预应力管桩，58根，如图3-1所示，计算打管桩工程量及费用。

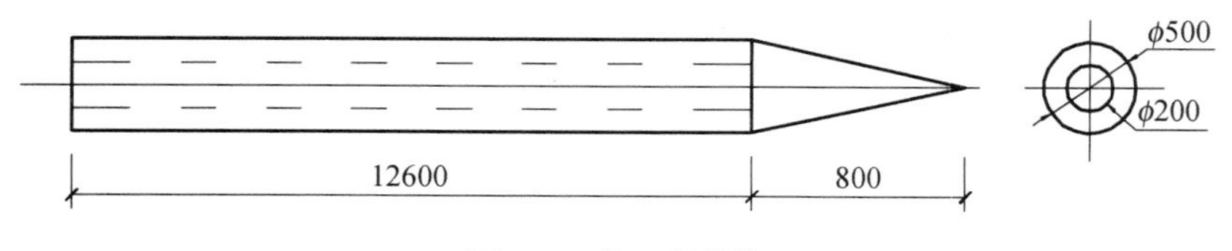

图3-1　某工程管桩

解：管桩工程量：$(12.60m + 0.8m) \times 58 = 777.20m$

查表 3-1，预应力钢筋混凝土管桩 $1000m > 777.20m$，属于小型桩基工程。

打预预应力钢筋混凝土管桩桩长≤500mm　套 3-1-10　单价（换）

$$328.28\text{元}/10m + 0.25 \times (78.85 + 234.16)\text{元}/10m = 406.53\text{元}/10m$$

费用：$777.20m \div 10 \times 406.53\text{元}/10m = 31595.51\text{元}$

[例 3-2]　某沿海工程紧靠原有的大型商场，桩基础施工时采用 900kN 的静力压桩机将预制钢筋混凝土方桩将土压入土中，已知桩长 10.80m，断面尺寸 500mm×500mm，135 根，试计算混凝土预制桩压桩的工程量及费用。

解：混凝土的工程量：

$0.50m \times 0.50m \times 10.80m \times 135 = 364.50m^3 > 200\ m^3$，该工程不是小型桩基工程

压预制钢筋混凝土方桩桩长≤12m　套 3-1-5　单价 $= 1364.10\text{元}/10m^3$

费用：$364.50m^3 \div 10 \times 1364.10\text{元}/10m^3 = 49721.45\text{元}$

[例 3-3]　某工程基础需打桩 86 根，如图 3-2 所示，其中 2 根为试验桩，有 3 根因遇到坚硬土层还有 2m 未打入就已满足设计要求需截桩。

试计算：打桩、截桩、凿桩头、钢筋整理及桩身混凝土（C30）的费用。

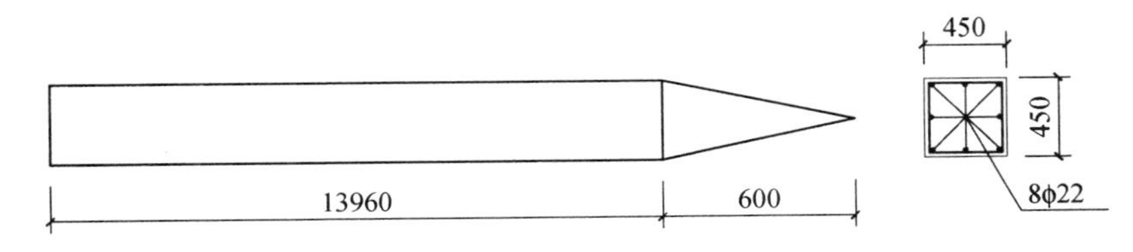

图 3-2　某工程方桩示意图

解：（1）打桩

单根桩工程量：$(13.96m + 0.60m) \times 0.45m \times 0.45m = 2.95m^3$

$2.95m^3 \times 86 = 253.70m^3 > 200m^3$，不是小型工程

1）试验桩工程量：$2.95m^3 \times 2 = 5.90m^3$

打预制混凝土方桩（实验桩）桩长≤25m　套 3-1-2　单价（换）

$$2078.98\text{元}/10m^3 + (628.90\text{元}/m^3 + 1356.29\text{元}/m^3) \times 0.5 = 3071.58\text{元}/10m^3$$

费用：$5.90m^3 \div 10 \times 3071.58\text{元}/10m^3 = 1812.23\text{元}$

2）截桩工程量：$(13.96m + 0.60m - 1.0m) \times 0.45m \times 0.45m \times 3 = 8.24m^3$

普通桩工程量：$2.95m^3 \times (86 - 3 - 2) = 238.95m^3$

合计：$8.24m^3 + 238.95m^3 = 247.19m^3$

打预制混凝土方桩桩长≤25m　套 3-1-2　单价 $= 2078.98\text{元}/10m^3$

费用：$247.19m^3 \div 10 \times 2078.98\text{元}/10m^3 = 51390.31\text{元}$

（2）截桩

工程量：3 根

预制钢筋混凝土桩截桩方桩　套 3-1-42　单价 = 1338.98 元/10 根

费用：1338.98 元/10 根 × 3 根 ÷ 10 = 401.69 元

（3）凿桩头

工程量：$40d \times S_{断} \times$ 根数 $= 40 \times 0.022\text{m} \times 0.45\text{m} \times 0.45\text{m} \times 86 = 15.33\text{m}^3$

凿桩头预制钢筋混凝土桩　套 3-1-44　单价 = 2914.23 元/10m³

费用：$15.33\text{m}^3 \div 10 \times 2914.23$ 元/10m³ = 4467.51 元

（4）钢筋整理

工程量：86 根

桩头钢筋整理　套 3-1-46　单价 = 75.05 元/10 根

费用：75.05 元/10 根 × 86 根 ÷ 10 = 645.43 元

二、灌注桩

[例 3-4]　某桩基础工程采用灌注混凝土桩共 58 根，回旋钻机成孔，孔深 18.80m，直径 800mm，采用 C30 混凝土浇筑。试计算工程量及费用。

解： 桩工程量：$\pi/4 \times 0.80\text{m} \times 0.80\text{m} \times (18.80\text{m} + 0.50\text{m}) \times 58 = 562.67\text{m}^3 > 150\text{m}^3$

回旋钻机钻孔桩径≤800mm　套 3-2-1　单价 = 3372.39 元/10m³

钻孔费用：$562.67\text{m}^3 \div 10 \times 3372.39$ 元/10m³ = 189754.27 元

回旋钻孔灌注混凝土　套 3-2-26　单价 = 5634.57 元/10m³

费用：$562.67\text{m}^3 \div 10 \times 5634.57$ 元/10m³ = 317040.35 元

[例 3-5]　某工程灌注混凝土桩共 22 根，钻孔采用螺旋钻机（600mm）成孔，桩长 12.80m，直径 600mm，采用 C25 混凝土浇筑。试计算工程量及费用。

解： 桩工程量：$\pi/4 \times 0.60\text{m} \times 0.60\text{m} \times (12.80\text{m} + 0.50\text{m}) \times 22 = 82.73\text{m}^3 > 150\text{m}^3$，属于小型工程

螺旋钻机钻孔桩长 > 12m　套 2-3-25　单价（换）

2494.97 元/10m³ + 0.25 × (1463.00 元/10m³ + 1015.37 元/10m³) = 3114.56 元/10m³

费用：$82.73\text{m}^3 \div 10 \times 3114.56$ 元/10m³ = 25766.75 元

螺旋钻孔灌注混凝土　套 3-2-30　单价（换）

4689.06 元/10m³ − 12.12m³/10m³ × (359.22 − 339.81) 元/m³ = 4453.81 元/10m³

查山东省人工、材料、机械台班单价表得：序号 5518（编码 80210017）C25 现浇混凝土碎石 < 31.5 单价（除税）339.81 元/m³；序号 5521（编码 80210023）C30 现浇混凝土碎石 < 31.5 单价（除税）359.22 元/m³。

费用：$82.73\text{m}^3 \div 10 \times 4453.81$ 元/10m³ = 36846.37 元

复习与测试

1. 定额按打垂直桩编制，打斜桩时如何调整？
2. 预制钢筋混凝土桩打桩工程量如何计算？
3. 钻孔桩、旋挖桩灌注混凝土工程量如何计算？

第四章　砌筑工程

第一节　定额说明

本章定额包括砖砌体、砌块砌体、石砌体和轻质板墙四节。

一、砖砌体、砌块砌体、石砌体

（1）本章定额中砖、砌块和石料按标准或常用规格编制，设计材料规格与定额不同时允许换算。

（2）砌筑砂浆按现场搅拌编制，定额所列砌筑砂浆的强度等级和种类，设计与定额不同时允许换算。

（3）定额中各类砖、砌块、石砌体的砌筑均按直形砌筑编制。如为圆弧形砌筑时，按相应定额人工量乘以系数1.1，材料用量乘以系数1.03。

（4）标准砖砌体计算厚度，按表4-1计算。

表4-1　标准砖砌体计算厚度

墙厚（砖数）	1/4	1/2	3/4	1	1.5	2	2.5
计算厚度（mm）	53	115	180	240	365	490	615

（5）本章砌筑材料选用规格（单位为mm×mm×mm）。

实心砖：240×115×53；多孔砖：M型190×90×90，190×190×90，P型240×115×90；空心砖：240×115×115，240×180×115；加气混凝土砌块：600×200×240；空心砌块：390×190×190，290×190×190；装饰混凝土砌块：390×90×190；毛料石：1000×300×300；方整石墙：400×220×200；方整石柱：450×220×200；零星方整石：400×200×100。

（6）定额中的墙体砌筑层高是按3.6m编制的，如超过3.6m时，其超过部分工程量的定额人工乘以系数1.3。

（7）砖砌体均包括原浆勾缝用工，加浆勾缝时，按本定额“第十二章墙、柱面装饰与隔断、幕墙工程”的规定另行计算。

（8）零星砌体系指台阶、台阶挡墙、阳台栏板、施工过人洞、梯带、蹲台、池槽、池槽腿、花台、隔热板下砖墩、炉灶、锅台，以及石墙和轻质墙中的墙角、窗台、门窗洞口立边、梁垫、楼板或梁下的零星砌砖等。

（9）砖砌挡土墙，墙厚>2砖执行砖基础相应项目，墙厚≤2砖执行砖墙相应项目。

（10）砖柱和零星砌体等子目按实心砖列项，如用多孔砖砌筑时，按相应子目乘以系数1.15。

（11）砌块砌体中已综合考虑了墙底小青砖所需工料，使用时不得调整。墙顶部与楼板或梁的连接依据《蒸压加气混凝土砌块构造详图（山东省）》L10J125按铁件连接考虑，铁件制作和安装按本定额“第五章钢筋及混凝土工程”的规定另行计算。

（12）装饰砌块夹芯保温复合墙体是由外叶墙（非承重）、保温层、内叶墙（承重）三部分组成的集装饰、保温、承重于一体的复合墙体。

（13）砌块零星砌体执行砖零星砌体子目，人工含量不变。

（14）砌块墙中用于固定门窗或吊柜、窗帘盒、暖气片等配件所需的灌注混凝土或预埋构件，按本定额“第五章钢筋及混凝土工程”的规定另行计算。

（15）定额中石材按其材料加工程度，分为毛石、毛料石、方整石，使用时应根据石料名称、规格分别执行。

（16）毛石护坡高度>4m时，定额人工乘以系数1.15。

（17）方整石零星砌体子目，适用于窗台、门窗洞口立边、压顶、台阶、栏杆、墙面点缀石等定额未列项目的方整石的砌筑。

（18）石砌体子目中均不包括勾缝用工，勾缝按本定额“第十二章墙、柱面装饰与隔断、幕墙工程”的规定另行计算。

（19）设计用于各种砌体中的砌体加固筋，按本定额“第五章钢筋及混凝土工程”的规定另行计算。

（20）本章定额中用砂为符合规范要求的过筛净砂，不包括施工现场的筛砂用工，现场筛砂用工按本定额“第一章土石方工程”的规定另行计算。

二、轻质板墙

（1）轻质板墙：适用于框架、框剪结构中的内外墙或隔墙。定额按不同材质和板型编制，设计与定额不同时，可以换算。

（2）轻质板墙，不论空心板或实心板，均按厂家提供板墙半成品（包括板内预埋件，配套吊挂件、U形卡、S形钢檩条、螺栓、铆钉等），现场安装编制。

（3）轻质板墙中与门窗连接的钢筋码和钢板（预埋件），定额已综合考虑。

第二节　工程量计算规则

一、砌筑界线划分

（1）基础与墙体：以设计室内地坪为界，有地下室者，以地下室设计室内地坪为界，以下为基础，以上为墙体，如图4-1所示。

（2）室内柱以设计室内地坪为界；室外柱以设计室外地坪为界，以下为柱基础，以上为柱。

（3）围墙以设计室外地坪为界，以下为基础，以上为墙体。

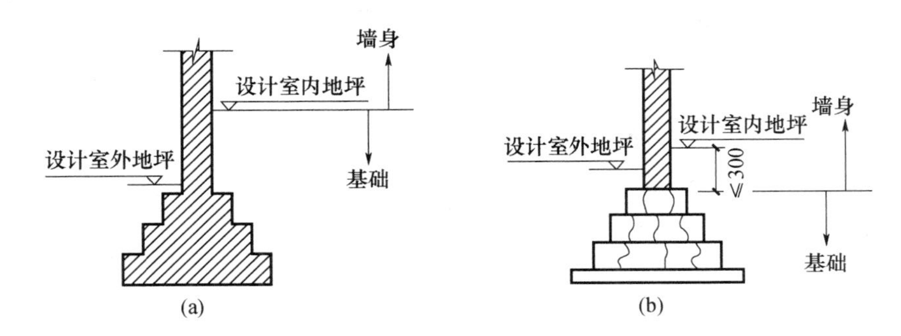

图 4-1　基础与墙身分界线示意图

（4）挡土墙以设计地坪标高低的一侧为界，以下为基础，以上为墙体。

上述砌筑界线的划分，系指基础与墙（柱）为同一种材料（或同一种砌筑工艺）的情况；若基础与墙（柱）使用不同材料，且（不同材料的）分界线位于设计室内地坪≤300mm 时，300mm 以内部分并入相应墙（柱）工程量内计算。

二、砌筑工程量计算

1. 基础工程量计算

（1）条形基础：按墙体长度乘以设计断面面积，以体积计算。

（2）条形基础包括附墙垛基础宽出部分体积，扣除地梁（圈梁）、构造柱所占体积，不扣除基础大放脚 T 形接头处的重叠部分，以及嵌入基础的钢筋、铁件、管道、基础防潮层和单个面积≤0. 3m^2 的孔洞所占体积，但靠墙暖气沟的外挑檐亦不增加。

（3）条形基础长度：外墙按外墙中心线，内墙按内墙净长线计算。

（4）柱间条形基础，按柱间墙体的设计净长度乘以设计断面面积，以体积计算。

（5）独立基础：按设计图示尺寸以体积计算。

2. 墙体工程量计算

墙体体积：按设计图示尺寸以体积计算。计算墙体工程量时，应扣除门窗、洞口、嵌入墙内的钢筋混凝土柱、梁、圈梁、挑梁、过梁及凹进墙内的壁龛、管槽、暖气槽、消火栓箱所占体积。不扣除梁头、外墙板头、檩头、垫木、木楞头、沿椽木、木砖、门窗走头、墙内的加固钢筋、木筋、铁件、钢管及每个面积≤0. 3m^2 孔洞等所占体积。凸出墙面的窗台虎头砖、压顶线、山墙泛水、烟囱根、门窗套及三皮砖以内的腰线和挑檐等体积亦不增加。凸出墙面的砖垛、三皮砖以上的腰线和挑檐等体积，并入所附墙体体积内计算。

（1）墙长度：外墙按中心线、内墙按净长计算。

（2）外墙高度：斜（坡）屋面无檐口天棚者算至屋面板底，如图 4-2（a）所示；有屋架且室内外均有天棚者算至屋架下弦底另加 200mm，如图 4-2（b）所示。

外墙高度：无天棚者算至屋架下弦底另加 300mm，出檐宽度超过 600mm 时按实砌高度计算，如图 4-3 所示。

外墙高度：有钢筋混凝土楼板隔层者算至板顶。平屋顶算至钢筋混凝土板顶，如图 4-4 所示。

（3）内墙高度：位于屋架下弦者，算至屋架下弦底；无屋架者算至天棚底另加 100mm，如图 4-5（a）所示；有钢筋混凝土楼板隔层者算至楼板底，如图 4-5（b）所示；有框架梁

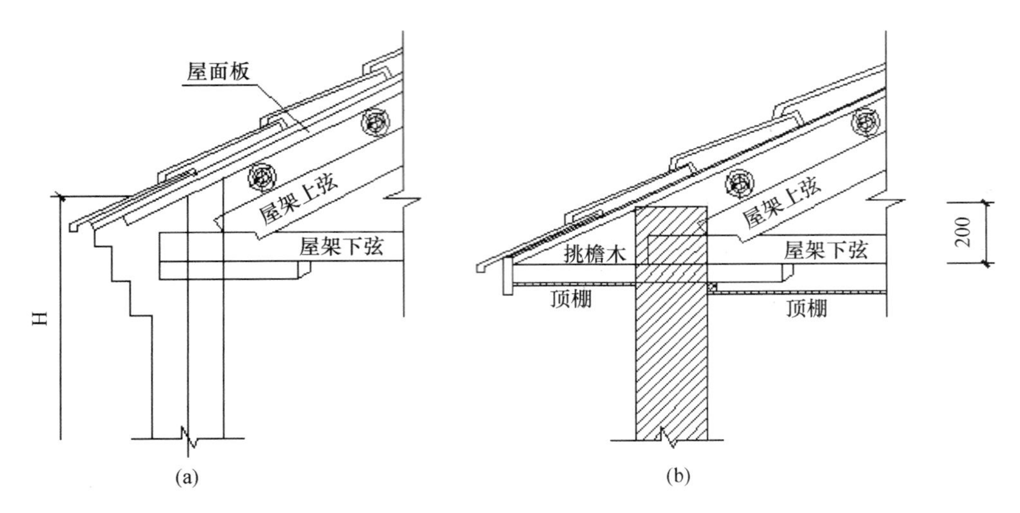

图 4-2 斜（坡）屋面示意图

（a）无檐口天棚；（b）室内外均有天棚

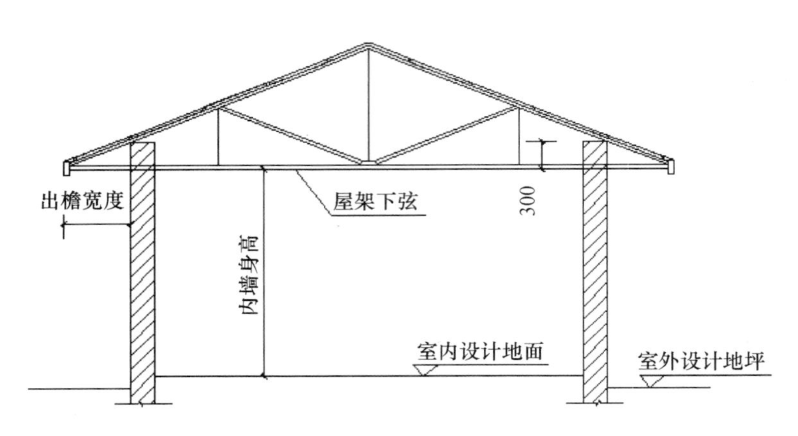

图 4-3 无顶棚示意图

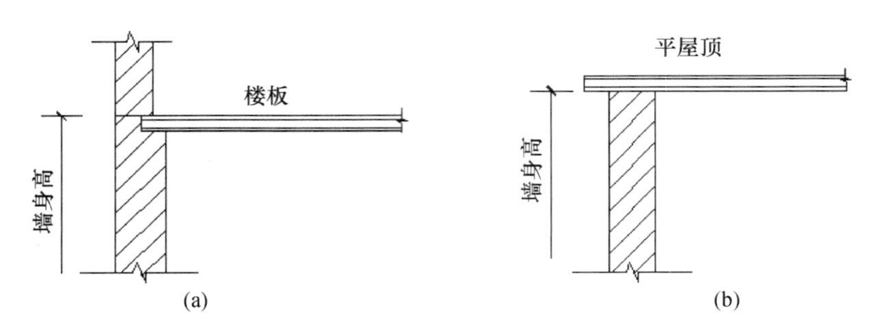

图 4-4 平屋顶示意图

（a）楼板隔层；（b）平屋顶

时算至梁底，如图 4-5（c）所示。

（4）女儿墙高度：从层面板上表面算至女儿墙顶面（如有混凝土压顶时算至压顶下表面），如图 4-6 所示。

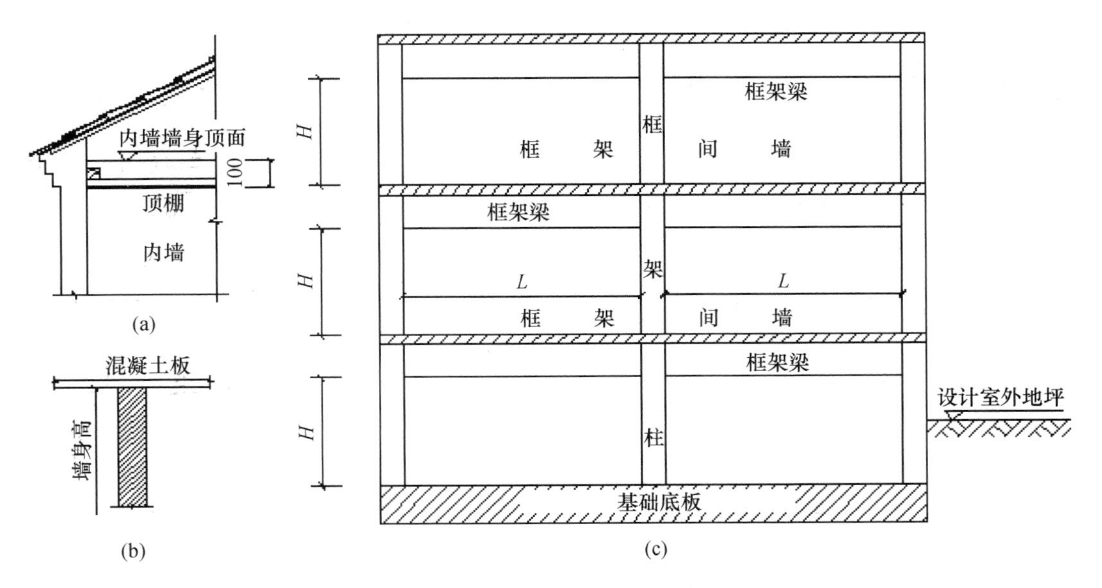

图 4-5　内墙计算高度示意图

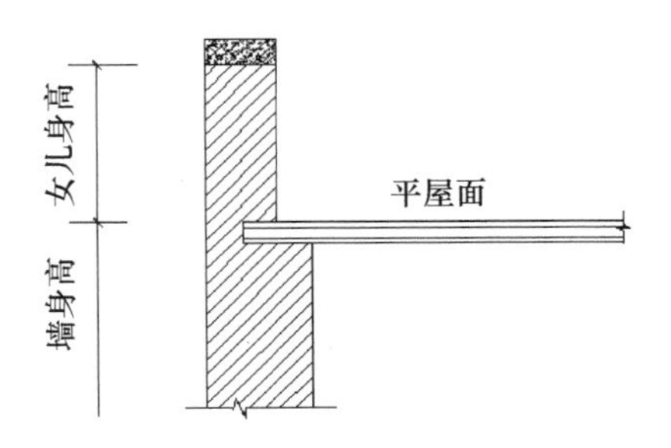

图 4-6　女儿墙示意图

（5）内、外山墙高度：按其平均高度计算，如图 4-7 所示。

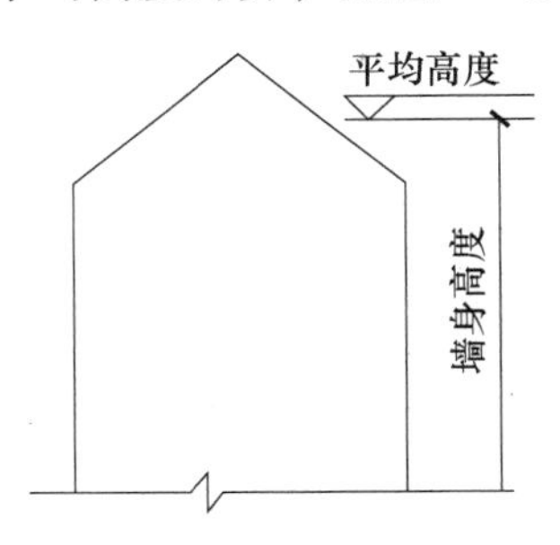

图 4-7　内、外山墙示意图

（6）框架间墙：不分内外墙按墙体净尺寸以体积计算。

（7）围墙：高度算至压顶上表面（如有混凝土压顶时算至压顶下表面），围墙柱并入围墙体积内。

3. 附墙烟囱工程量计算

附墙烟囱（包括附墙通风道、垃圾道，混凝土烟风道除外），按其外形体积并入所依附的墙体积内计算。

4. 柱工程量计算

各种柱均按基础分界线以上的柱高乘以柱断面面积，以体积计算。

5. 其他砌筑工程量计算

（1）砖砌地沟不分沟底、沟壁按设计图示尺寸以体积计算。

（2）零星砌体项目均按设计图示尺寸以体积计算。

（3）多孔砖墙、空心砖墙和空心砌块墙，按相应规定计算墙体外形体积，不扣除砌体材料中的孔洞和空心部分的体积。

（4）装饰砌块夹芯保温复合墙体按实砌复合墙体以面积计算。

（5）混凝土烟风道按设计混凝土砌块体积，以体积计算。计算墙体工程量时，应按混凝土烟风道工程量，扣除其所占墙体的体积。

（6）变压式排烟气道，区分不同断面，以长度计算工程量（楼层交接处的混凝土垫块及垫块安装灌缝已综合在子目中，不单独计算）。计算时，自设计室内地坪或安装起点，计算至上一层楼板的上表面；顶端遇坡屋面时，按其高点计算至屋面板面。

（7）混凝土镂空花格墙按设计空花部分外形面积（空花部分不予扣除）以面积计算。定额中混凝土镂空花格按半成品考虑。

（8）石砌护坡按设计图示尺寸以体积计算。

（9）砖背里和毛石背里按设计图示尺寸以体积计算。

三、轻质板墙

轻质板墙按设计图示尺寸以面积计算。

第三节　工程量计算及定额应用

一、砌砖、砌石、砌块

［例 4-1］　某工程基础平面图及详图如图 4-8 所示。砖基础采用 M5.0 的水泥砂浆砌筑标准砖，毛石基础采用 M5.0 的水泥砂浆砌筑，试计算基础工程量及费用。

解：（1）计算基数

$$L_{中}=(4.20\text{m}\times 4-0.24\text{m})+(6.0\text{m}+2.0\text{m}+0.42\text{m}\times 2)\times 2+4.2\text{m}\times 3=46.84\text{m}$$

$$L_{内}=(6.0\text{m}-0.24\text{m})\times 3=17.28\text{m}$$

（2）毛石条基

$1-1$：$[0.80\text{m}\times 0.35\text{m}+(0.24\text{m}+0.14\text{m}\times 2)\times 0.35\text{m}]\times 46.84\text{m}=21.64\text{m}^3$

$2-2$：$[1.0\text{m}\times 0.35\text{m}+(1.0\text{m}-0.19\text{m}\times 2)\times 0.35\text{m}]\times 17.28\text{m}=9.80\text{m}^3$

毛石基础工程量小计：$21.64\text{m}^3+9.80\text{m}^3=31.44\text{m}^3$

M5.0 水泥砂浆毛石基础　套 4-3-1　单价 $=2865.39$ 元/10m^3

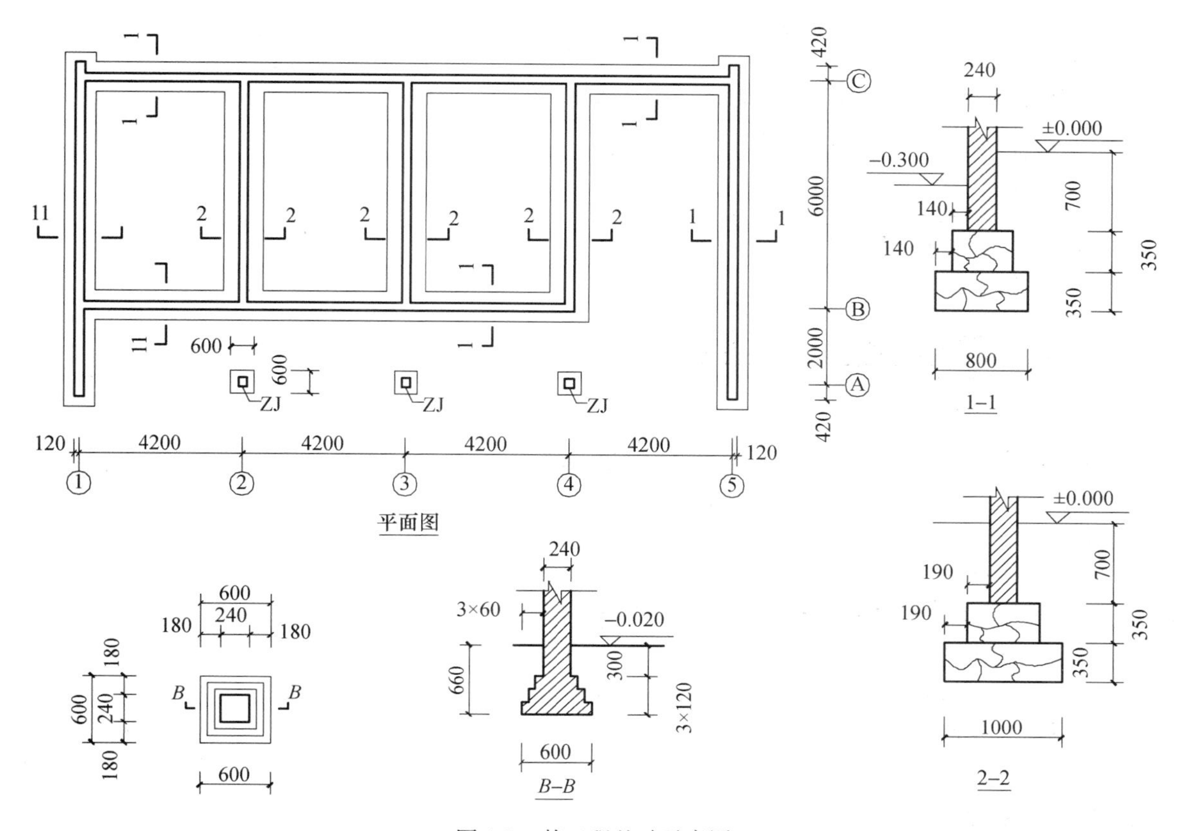

图 4-8　某工程基础示意图

费用：$31.44m^3 \div 10 \times 2865.39$ 元/m^3 = 9008.79 元

（2）砖条基

工程量：$(46.84m + 17.28m) \times 0.70m \times 0.24m = 10.77m^3$

M5.0 水泥砂浆砖基础　套 4-1-1　单价 = 3493.09 元/$10m^3$

费用：$10.77m^3 \div 10 \times 3493.09$ 元/m^3 = 3762.06 元

（3）柱基础

工程量：$[0.60m \times 0.60m + (0.60m - 0.06m \times 2)^2 + (0.24m + 0.06m \times 2)^2] \times 0.12m \times 3 + 0.24m \times 0.24m \times 0.30m \times 3 = 0.31m^3$

M5.0 水泥砂浆砖基础　套 4-1-1　单价 = 3493.09 元/$10m^3$

费用：$0.31m^3 \div 10 \times 3493.09$ 元/m^3 = 108.29 元

[例 4-2]　某工程如图 4-9 所示。毛石基础与砖分界线为 -0.20m，门窗过梁断面为 240mm × 180mm，墙体厚度为 240mm，采用 M5.0 混浆砌筑，无圈梁，计算砖墙工程量及费用（简易计税）。

分析：毛石基础与普通砖分界线为 -0.20m，当基础与墙身使用不同材料，且分界线位于设计室内地坪 300mm 以内时，300mm 以内部分并入相应墙身工程量内计算。

解：（1）计算基数

$$L_{中} = (3.3m + 3.0m + 3.6m + 6.3m) \times 2 = 32.40m$$

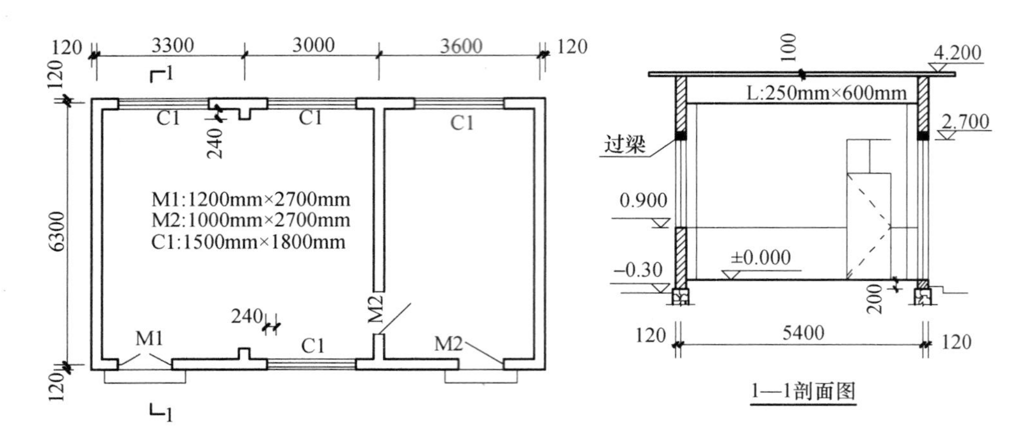

图 4-9　某工程示意图

$$L_{内} = 6.3\text{m} - 0.24\text{m} = 6.06\text{m}$$

（2）门窗面积

$$1.20\text{m} \times 2.7\text{m} + 1.0\text{m} \times 2.7\text{m} \times 2 + 1.5\text{m} \times 1.8\text{m} \times 4 = 19.44\text{m}^2$$

（3）过梁体积

$$0.24\text{m} \times 0.18\text{m} \times (1.2\text{m} + 1.0\text{m} \times 2 + 1.5\text{m} \times 4 + 0.25\text{m} \times 2 \times 7) = 0.55\text{m}^3$$

说明：过梁按体积计算，长度按设计规定计算，设计无规定时，按门窗洞口宽度，两端各加 250mm 计算。

（4）墙体高度

$$4.20\text{m} - 0.10\text{m} + 0.20\text{m} = 4.30\text{m}$$

（5）3.6m 以下部分墙体

工程量：$[(32.40\text{m} + 6.06\text{m} + 0.24\text{m} \times 2) \times 3.60\text{m} - 19.44\text{m}^2] \times 0.24\text{m} - 0.55\text{m}^3 = 28.43\text{m}^3$

M5.0 混合砂浆实心砖墙墙厚 240mm　套 4-1-7　单价 $= 3825.30$ 元/10m^3

费用：$28.43\text{m}^3 \div 10 \times 3825.30$ 元/$10\text{m}^3 = 10875.33$ 元

（6）3.6m 以上部分墙体

工程量：$[(32.40\text{m} + 6.06\text{m} + 0.24\text{m} \times 2) \times (4.30\text{m} - 3.60\text{m}) \times 0.24\text{m} = 6.54\text{m}^3$

M5.0 混合砂浆实心砖墙墙厚 240mm　套 4-1-7　单价（换）

$$3825.30 \text{ 元}/10\text{m}^3 + 1208.40 \text{ 元}/10\text{m}^3 \times 0.3 = 4187.82 \text{ 元}/10\text{m}^3$$

费用：$6.54\text{m}^3 \div 10 \times 4187.82$ 元/$10\text{m}^3 = 2738.83$ 元

[例 4-3]　某工程如图 4-10 所示。内外墙厚均为 240mm，外墙（含女儿墙）采用烧结煤矸石普通砖，内墙采用烧结煤矸石多孔砖，内外墙均采用 M5.0 混浆砌筑。M1 = 1200mm × 2700mm 共 1 个，M2 = 1000mm × 2100mm 共 6 个，C1 = 1500mm（宽）× 1800mm（高）共 5 + 6 + 6 = 17 个，内外墙均设圈梁 3 道，断面为 300mm × 240mm，遇窗户以圈梁代过梁，楼板圈梁整体现浇，M1、M2 过梁断面 240mm × 180mm，女儿墙总高 1000mm，其中混凝土压顶厚 50mm。计算墙体费用。

解：（1）基数

$$L_{中} = (3.0\text{m} + 3.6\text{m} + 3.3\text{m} + 5.4\text{m}) \times 2 = 30.60\text{m}$$

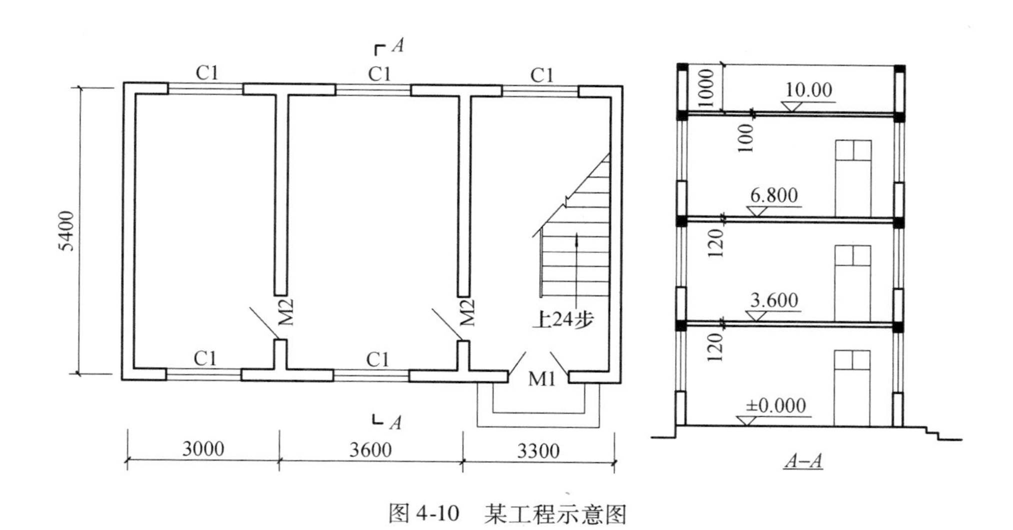

图 4-10 某工程示意图

$$L_{内} = (5.4\text{m} - 0.24\text{m}) \times 2 = 10.32\text{m}$$

（2）普通砖墙（外墙）

高度：10.0m + 1.0m − 0.30m × 3 − 0.05m = 10.05m

门窗面积：1.2m × 2.70m + 1.50m × 1.80m × 17 = 49.14m^2

M1 过梁体积：（1.20m + 0.25m × 2）× 0.24m × 0.18m = 0.07m^3

普通砖墙工程量：（30.60m × 10.05m − 49.14m^2）× 0.24m − 0.07m^3 = 61.94m^3

M5.0 混合砂浆实心砖墙墙厚 240mm　套 4-1-7　单价 = 3730.41 元/10m^3

费用：61.94m^3 ÷ 10 × 3730.41 元/m^3 = 23106.16 元

（3）多孔砖内墙

高度：10.0m − 0.30m × 3 = 9.10m

M2 面积：1.0m × 2.10m × 6 = 12.60m^2

M2 过梁体积：（1.00m + 0.25m × 2）× 0.24m × 0.18m × 6 = 0.39m^3

多孔砖墙工程量：（10.32m × 9.10m − 12.60m^2）× 0.24m − 0.39m^3 = 19.12m^3

M5.0 混合砂浆多孔砖墙墙厚 240mm　套 4-1-13　单价 = 3125.71 元/10m^3

费用：19.12m^3 ÷ 10 × 3125.71 元/m^3 = 5976.36 元

[例 4-4]　乱毛石挡土墙如图 4-11 所示，采用 M5.0 水泥砂浆砌筑，计算挡土墙及基础费用。

解：（1）基础

工程量：（0.30m + 0.90m + 0.45m）× 0.40m ×（20.0m + 0.50m × 2）= 13.86m^3

M5.0 水泥砂浆毛石基础　套 4-3-1　单价 = 2865.39 元/10m^3

费用：13.86m^3 ÷ 10 × 2865.39 元/m^3 = 3971.43 元

（2）挡土墙

工程量：（0.30m + 0.90m）×（3.0m + 0.50m）÷ 2 × 20.0m = 42.00m^3

M5.0 水泥砂浆毛石挡土墙　套 4-3-4　单价（换）

3006.82 元/10m^3 − 3.9870 ×（209.63 − 184.53）元/10m^3 = 2906.75 元/10m^3

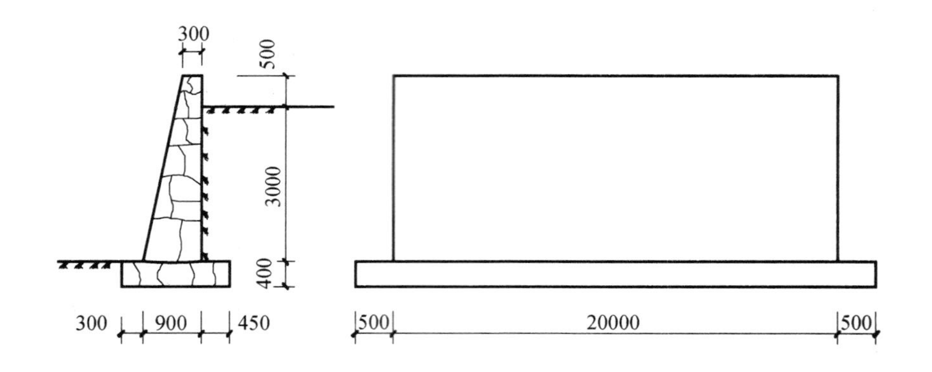

图 4-11　某挡土墙示意图

查山东省人工、材料、机械台班单价表得：序号 5418（编码 80010001）混合砂浆 M5.0 单价（除税）209.63 元/m^3；序号 5423（编码 80010011）水泥砂浆 M5.0 单价（除税）184.53 元/m^3。

费用：$42.00m^3 \div 10 \times 2906.75$ 元/$10m^3 = 12208.35$ 元

[例 4-5]　某平房如图 4-12 所示。设计室内地坪以下为毛石混凝土基础，外墙采用 M5.0 混合砂浆煤矸石多孔砖砌筑，厚为 240mm，内墙采用 M5.0 混合砂浆加气混凝土块（600mm × 200mm × 240mm）砌筑，现浇屋面板下设顶圈梁一道（只设外墙）断面尺寸 240mm × 200mm，过梁断面尺寸为 240mm × 180mm。试计算墙体工程量及费用。

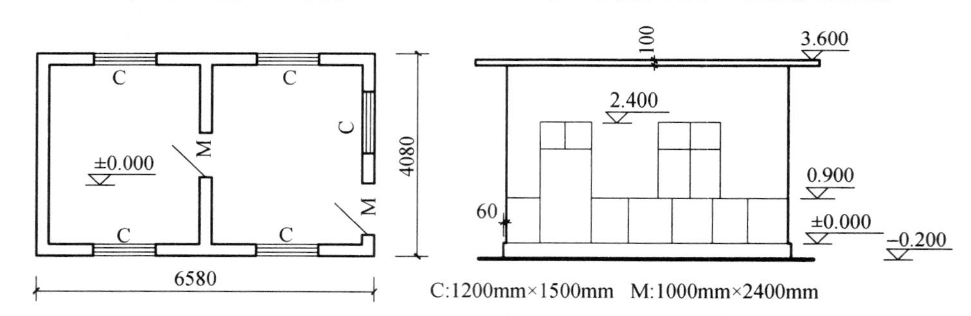

图 4-12　某平房示意图

解：（1）多孔砖外墙

$$L_{中} = (6.58m + 4.08m) \times 2 - 4 \times 0.24m = 20.36m$$

门窗面积：$1.0m \times 2.40m + 1.2m \times 1.5m \times 5 = 11.40m^2$

过梁体积：$0.24m \times 0.18m \times (1.0m + 1.2m \times 5 + 0.25m \times 2 \times 6) = 0.43m^3$

外墙体积：$[20.36m \times (3.60m - 0.10m - 0.20m) - 11.40m^2] \times 0.24m - 0.43m^3 = 12.96\ m^3$

M5.0 混合砂浆多孔砖墙墙厚 240mm　套 4-1-13　单价 = 3125.71 元/$10m^3$

费用：$12.96m^3 \div 10 \times 3125.71$ 元/$m^3 = 4050.92$ 元

（2）加气混凝土内墙

$$[(4.08 - 0.24m \times 2) \times (3.6m - 0.1m) - 1.0m \times 2.4m] \times 0.24m$$
$$- 0.24m \times 0.18m \times (1.0m + 0.25m \times 2) = 2.38m^3$$

M5.0 混合砂浆加气混凝土砌块墙　套 4-2-1　单价 = 4112.49 元/$10m^3$

费用：$2.38m^3 \div 10 \times 4112.49$ 元/$10m^3 = 978.77$ 元

二、轻质墙板

[例 4-6]　某小型车间平面图如图 4-13 所示。屋顶采用彩钢压型板屋面，内外墙平均高度为 3.860m，外墙窗台（900mm）以下采用厚 240mm 煤矸石多孔砖砌筑，窗台以上采用厚 200mm 双层彩钢压型钢板（内填岩棉板），内墙室内地坪 900mm 以下多孔砖砌筑厚 240mm，以上为 100mm 厚的硅镁多孔板墙。试计算轻质墙板的工程量及费用。

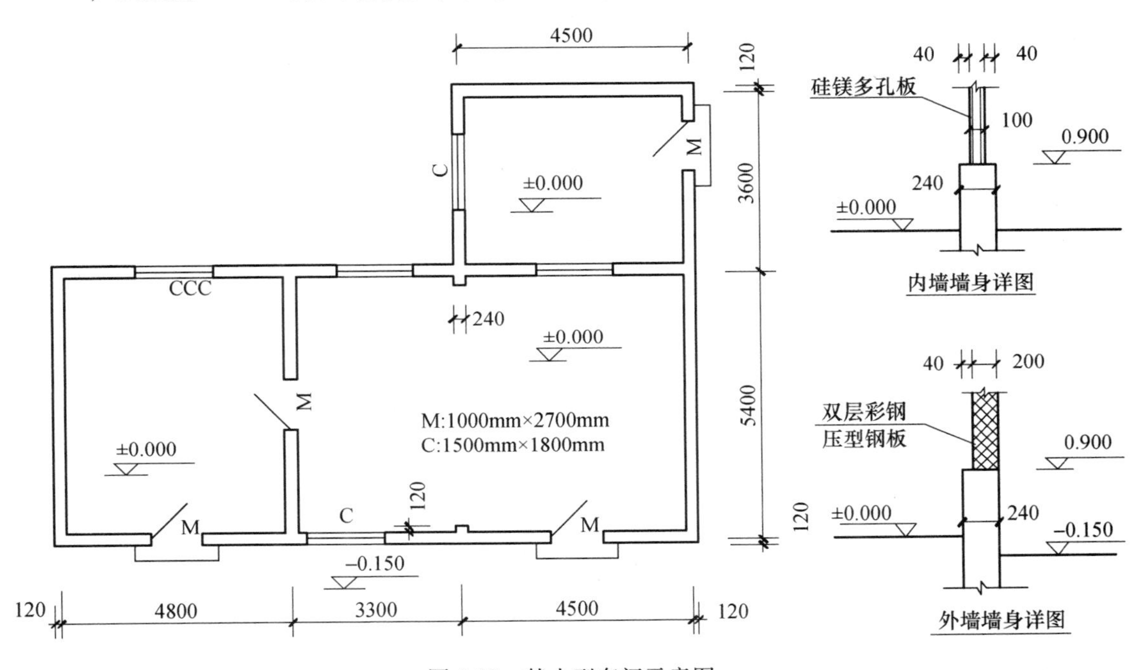

图 4-13　某小型车间示意图

分析：轻质墙板按设计图示尺寸以平方米计算。

解：（1）外墙

彩钢压型板墙的中心线

$L_{中} = (4.8m + 3.3m + 4.5m + 5.4m + 3.6m) \times 2 + 4 \times 0.24m - 4 \times 0.20m = 43.36m$

门窗面积：$1.0m \times 2.7m \times 3 + 1.5m \times 1.8m \times 4 = 18.90m^2$

墙体高度：$3.86m - 0.90m = 2.96m$

外墙面积：$43.36m \times 2.96m - 18.90m^2 = 109.45m^2$

彩钢压型板墙双层　套 4-4-17　单价 = 1865.17 元/$10m^2$

费用：$109.45m^2 \div 10 \times 1865.17$ 元/$10m^2 = 20414.29$ 元

（2）内墙

$L_{内} = 5.4m + 0.24m - 0.20m \times 2 + 4.5m + 0.24m - 0.20m \times 2 = 9.58m$

墙体高度：$3.86m - 0.90m = 2.96m$

内墙面积：9.58m×2.96m－1.0m×（2.7m－0.90m）－1.5m×1.8m＝23.86m²

硅镁多孔板墙（板厚100mm）　　套4-4-11　单价＝1248.77元/10m²

费用：23.86m²÷10×1248.77元/10m²＝2979.57元

三、综合应用

[例4-7]　某建筑物基础平面图、基础详图如图4-14所示，试完成下列题目。

（1）从1-1、2-2、3-3基础断面图可以看出，基槽开挖深度为（　　），土质为普通土时，（是、不）需要放坡。垫层宽度分别为（　　）、（　　）、（　　）。该题垫层材料为（　　），（是、不）留工作面，3∶7灰土给毛石基础提供的工作面为（　　）mm，（能够、不）满足要求。计算基数$L_{中}$、$L_{净}$、$L_{内}$。

（2）计算基槽长度时，外墙基槽按（　　），内墙基槽按（　　）。

（3）该工程机械挖基槽时，总挖土工程量乘以系数为机械挖土工程量，总挖土工程量乘以系数为人工清理修整工程量，并执行子目。假设土质为普通土，反铲挖土机挖土并将土弃于槽边，计算基槽开挖土方量，确定定额子目，计算其费用。

（4）定额中垫层按垫层编制，该题为垫层，套用定额时，人工、机械分别乘以系数。

（5）计算3∶7灰土（就地取土）垫层工程量，确定定额项目，计算其费用。

（6）计算基础（M5.0水泥砂浆砌筑）工程量，确定定额项目，计算其费用。

（7）若该工程场地平整为机械平整，计算场地平整工程量及费用。

（8）阅读图4-14可得：建筑物室内外高差为（　　），假设屋面板板顶标高为19.20m，计算竣工清理工程量，确定定额项目，计算其费用。

解：（1）填空：0.99m、不、1100mm、1300mm、1000mm、3∶7灰土、不、250、能够。

计算基数：

$$L_{中} = (2.4\text{m}/2 + 5.4\text{m} + 3.9\text{m}\times2 + 4.5\text{m} + 1.5\text{m}\times\sqrt{2} + 2.4\text{m}/2 + 5.4\text{m} - 1.5\text{m})\times2 = 52.24\text{m}$$

或

$$L_{中} = (13.80\text{m} + 13.20\text{m})\times2 - (2-\sqrt{2})\times1.5\text{m}\times2 = 52.24\text{m}$$

$$L_{(2\text{-}2)净} = (5.4\text{m} - 1.1\text{m}/2 - 1.0\text{m}/2)\times4 + 2.4\text{m} + 1.0\text{m} = 20.80\text{m}$$

$$L_{(3\text{-}3)净} = (3.9\text{m}\times2 - 1.1\text{m}/2 - 1.3\text{m}/2)\times2 = 13.20\text{m}$$

$$L_{(2\text{-}2)内} = 13.2\text{m}\times2 - 0.24\text{m}\times2 - (2.4\text{m} + 0.24\text{m}) = 23.28\text{m}$$

$$L_{(3\text{-}3)内} = (3.9\text{m}\times2 - 0.24\text{m})\times2 = 15.12\text{m}$$

（2）填空：设计外墙中心线（$L_{中}$）长度计算、设计内墙垫层净长度（$L_{净}$）计算。

（3）填空：0.90、0.125、1-2-8。

基槽挖土：

$$L_{(1\text{-}1)挖} = 52.24\text{m}\times1.10\text{m}\times(1.44\text{m} - 0.45\text{m}) = 56.89\text{m}^3$$

$$L_{(2\text{-}2)挖} = 20.80\text{m}\times1.3\text{m}\times(1.44\text{m} - 0.45\text{m}) = 26.77\text{m}^3$$

$$L_{(3\text{-}3)挖} = 13.20\text{m}\times1.0\text{m}\times(1.44\text{m} - 0.45\text{m}) = 13.07\text{m}^3$$

$$V_{总} = 56.89\text{m}^3 + 26.77\text{m}^3 + 13.07\text{m}^3 = 96.73\text{m}^3$$

机械挖土土量：96.73m³×0.90＝87.06m³

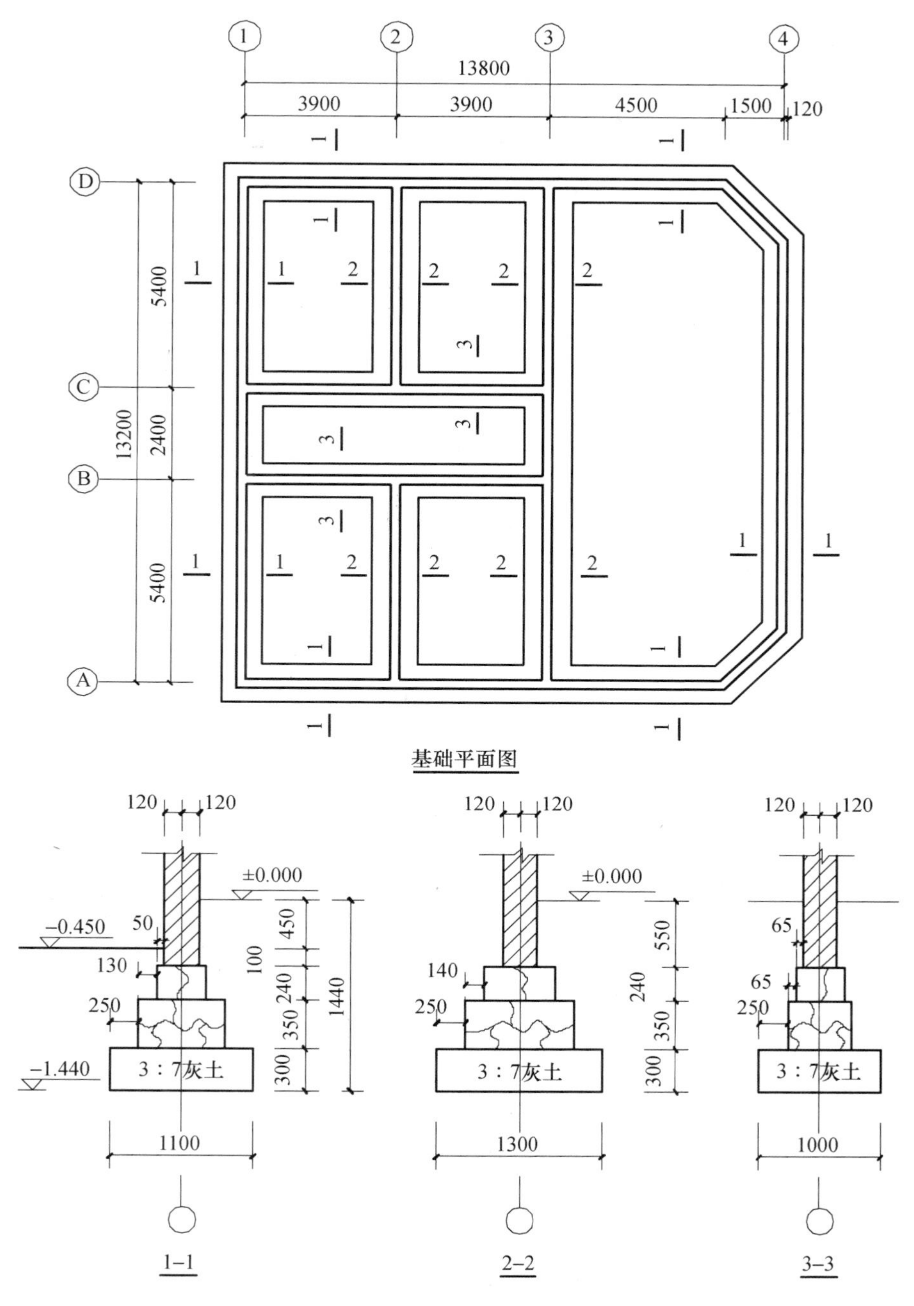

图 4-14　某建筑物示意图

挖掘机挖槽坑土方普通土　套 1-2-43　单价 = 28.33 元/10m^3

费用：87.06m^3 ÷ 10 × 28.33 元/10m^3 = 246.64 元

人工挖土工程量：96.73m^3 × 0.125 = 12.09m^3

人工挖沟槽土方槽深≤2m　坚土　套 1-2-8　单价 = 672.60 元/10m^3

费用：12.09m^3 ÷ 10 × 672.60 元/10m^3 = 813.17 元

（4）填空：地面、条形基础、1.05。

（5）3∶7 灰土垫层

$$V_{(1-1)}=1.1\text{m}\times0.3\text{m}\times52.24\text{m}=17.24\text{m}^3$$

$$V_{(2-2)}=20.80\text{m}\times1.3\text{m}\times0.3\text{m}=8.11\text{m}^3$$

$$V_{(3-3)}=13.20\text{m}\times1.0\text{m}\times0.3\text{m}=3.96\text{m}^3$$

$$V_{总}=17.24\text{m}^3+8.11\text{m}^3+3.96\text{m}^3=29.31\text{m}^3$$

查消耗量定额 2-1-1 中得：3∶7 灰土含量为 10.20m^3；查定额交底资料附表得：每立方米 3∶7 灰土中含 1.15m^3黏土；查山东省人工、材料、机械台班单价表得：序号 1921（编码 04090047）黏土价格 27.18 元/m^3。

3∶7 灰土垫层　套 2-1-1　单价（换）

$$1788.06\text{元/10m}^3-(10.2\times1.15\times27.18)\text{元/10m}^3=1469.24\text{元/10m}^3$$

费用：$29.31\text{m}^3\div10\times1496.24\text{元/10m}^3=4385.48$ 元

（6）基础：

1）毛石基础

$$V_{1-1}=[(1.1\text{m}-0.25\text{m}\times2)\times0.35\text{m}+(0.24\text{m}+0.05\text{m}\times2)\times0.24\text{m}]\times52.24\text{m}=15.23\text{m}^3$$

$$V_{2-2}=[(1.3\text{m}-0.25\text{m}\times2)\times0.35\text{m}+(0.24\text{m}+0.14\text{m}\times2)\times0.24\text{m}]\times23.28\text{m}=9.42\text{m}^3$$

$$V_{3-3}=[(1.0\text{m}-0.25\text{m}\times2)\times0.35\text{m}+(0.24\text{m}+0.065\text{m}\times2)\times0.24\text{m}]\times15.12\text{m}=3.99\text{m}^3$$

小计：$15.23\text{m}^3+9.42\text{m}^3+3.99\text{m}^3=28.64\text{m}^3$

M5.0 水泥砂浆毛石基础　套 4-3-1　单价 =2865.39 元/10m^3

费用：$28.64\text{m}^3\div10\times2865.39\text{元/m}^3=8206.48$ 元

2）砖基础

$$V=0.24\text{m}\times0.55\text{m}\times(52.24\text{m}+23.28\text{m}+15.12\text{m})=11.96\text{m}^3$$

M5.0 水泥浆砌砖基础　套 4-1-1　单价 =3493.09 元/10m^3

费用：$11.96\text{m}^3\div10\times3493.09\text{元/10m}^3=4177.74$ 元

（7）平整场地：

$$(13.8\text{m}+0.24\text{m})\times(13.2\text{m}+0.24\text{m})-1.5\text{m}\times1.5\text{m}=186.45\text{m}^2$$

场地平整机械　套 1-4-2　单价 =12.82 元/10m^2

费用：$186.45\text{m}^2\div10\times12.82\text{元/10m}^2=239.03$ 元

（8）填空：0.45m。

竣工清理：

$$V=186.45\text{m}^2\times19.2\text{m}=3579.84\text{m}^3$$

竣工清理　套 1-4-3　单价 =20.90 元/10m^3

费用：$3579.84\text{m}^3\div10\times20.90\text{元/10m}^3=7481.87$ 元

复习与测试

1. 基础与墙体如何来划分？
2. 墙体的高度与长度如何计算？

3. 轻质墙体怎样来计算？

4. 某工程如图 4-15 所示。毛石基础与普通砖分界线为 -0.20m，门窗过梁断面为 240mm×180mm，采用 M5.0 混合砂浆砌筑，无圈梁，计算砖墙工程量及费用。

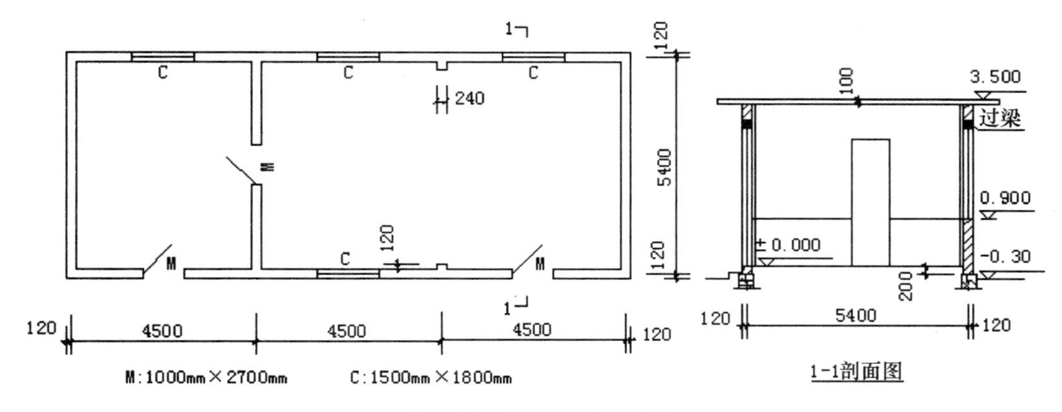

图 4-15　某建筑物示意图

第五章　钢筋及混凝土工程

第一节　混凝土工程定额说明及计算规则

本章定额包括现浇混凝土、预制混凝土、混凝土搅拌制作及泵送、钢筋、预制混凝土构件安装五节。

一、现浇混凝土定额说明

（1）定额内混凝土搅拌项目包括筛砂子、筛洗石子、搅拌、前台运输上料等内容，混凝土浇筑项目包括润湿模板、浇灌、捣固、养护等内容。

（2）毛石混凝土是按毛石占混凝土总体积20%计算的。如设计要求不同时，允许换算。

（3）小型混凝土构件是指单件体积≤0.1m^{3}的定额未列项目。

（4）现浇钢筋混凝土柱、墙、后浇带定额项目，定额综合了底部灌注1∶2水泥砂浆的用量。

（5）定额中已列出常用混凝土强度等级，如与设计要求不同时，允许换算。

（6）混凝土柱、墙连接时，柱单面突出墙面大于墙厚或双面突出墙面时，柱按其完整断面计算，墙长算至柱侧面；柱单面突出墙面小于墙厚时，其突出部分并入墙体积内计算。

（7）轻型框剪墙是轻型框架剪力墙的简称，结构设计中也称为短肢剪力墙结构。轻型框剪墙由墙柱、墙身、墙梁三种构件构成。墙柱，即短肢剪力墙，也称边缘构件（又分为约束边缘构件和构造边缘构件），呈十字形、T形、Y形、L形、一字形等形状，柱式配筋。墙身为一般剪力墙。墙柱与墙身相连，还可能形成工、[、Z字等形状。墙梁处于填充墙大洞口或其他洞口上方，梁式配筋。通常情况下，墙柱、墙身、墙梁厚度（≤300mm）相同，构造上没有明显的区分界限。

轻型框剪墙子目，已综合考虑了墙柱、墙身、墙梁的混凝土浇筑因素，计算工程量时执行墙的相应规则，墙柱、墙身、墙梁不分别计算。

（8）叠合箱、蜂巢芯混凝土楼板浇筑时，混凝土子目中人工、机械乘以系数1.15。

（9）阳台指主体结构外的阳台，定额已综合考虑了阳台的各种类型因素，使用时不得分解。主体结构内的阳台按梁、板相应规定计算。

（10）劲性混凝土柱（梁）中的混凝土在执行定额相应子目时，人工、机械乘以系数1.15。

注：劲性混凝土，又称型钢混凝土、劲钢混凝土，由混凝土、型钢、纵向钢筋和箍筋组

成。简单地说，就是在原有的钢筋混凝土梁、柱等构件里添加型钢，加入型钢后可以有效提高构件承载能力，减小构件轴压比。通常高层构件较多采用。

（11）有梁板及平板的区分，如图5-1所示。

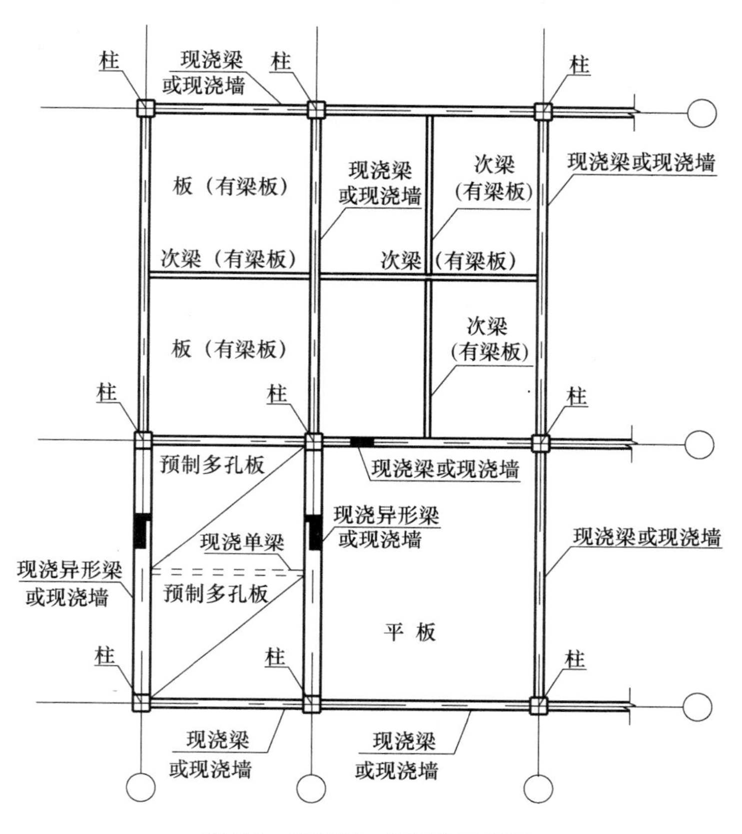

图5-1 现浇梁、板区分示意图

二、预制混凝土构件

（1）预制构件安装的安装高度≤20m。

（2）预制构件机械吊装是按单机作业编制的。

（3）预制构件安装项目是以轮胎式起重机、塔式起重机（塔式起重机台班消耗量包括在垂直运输机械项目内）分别列项编制的。如使用汽车式起重机时，按轮胎起重机相应定额项目乘以系数1.05。

（4）小型构件安装是指单体体积≤0.1m^3，且本节定额中未单独列项的构件。

（5）升板预制柱加固是指柱安装后，至楼板提升完成期间所需要的加固搭设。

（6）预制混凝土构件安装子目均不包括为安装工程所搭设的临时性脚手架及临时平台，发生时按有关规定另行计算。

（7）预制混凝土构件必须在跨外安装就位时，按相应构件安装子目中的人工、机械台班乘以系数1.18。使用塔式起重机安装时，不再乘以系数。

三、现浇混凝土工程量计算规则

现浇混凝土构件工程量除另有规定者外，均按图示尺寸以体积计算。不扣除构件内钢筋、铁件及墙、板中≤0.3m^2 的孔洞所占体积，但劲性混凝土中的金属构件、空心楼板中的预埋管道所占体积应予扣除。

（1）基础：

1）带形基础，外墙按设计外墙中心线长度、内墙按设计内墙基础净长度乘以设计断面面积，以体积计算。

2）满堂基础，按设计图示尺寸以体积计算。

3）箱式满堂基础，分别按无梁式满堂基础、柱、墙、梁、板有关规定计算，套用相应定额子目。

4）独立基础，包括各种形式的独立基础及柱墩，其工程量按图示尺寸以体积计算。柱与柱基的划分以柱基的扩大顶面为分界线，如图 5-2 所示。

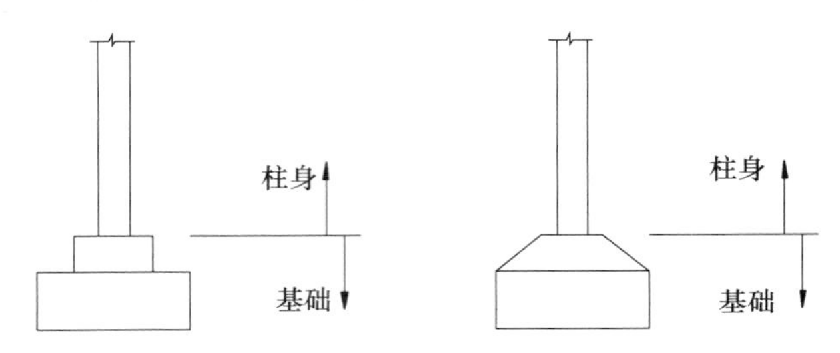

图 5-2　混凝土基础与柱分界线示意图

5）带形桩承台按带形基础的计算规则计算，独立桩承台按独立基础的计算规则计算。不扣除伸入承台基础的柱头所占体积。

6）设备基础，除块体基础外，分别按基础、柱、梁、板、墙等有关规定计算，套用相应定额子目。楼层上的钢筋混凝土设备基础，按有梁板项目计算。

（2）柱按图示断面尺寸乘以柱高以体积计算。

柱混凝土工程量 = 图示断面尺寸 × 柱高

柱高按下列规定确定：

1）现浇混凝土柱与基础的划分，以基础扩大面的顶面为分界线，以下为基础，以上为柱。框架柱的柱高，自柱基上表面至柱顶面高度计算，如图 5-3（a）所示。

2）板的柱高，自柱基上表面（或楼板上表面）至上一层楼板上表面之间的高度计算，如图 5-3（b）所示。

3）无梁板的柱高，自柱基上表面（或楼板上表面）至柱帽下表面之间的高度计算，如图 5-4（a）所示。

4）构造柱按设计高度计算，与墙嵌接部分（马牙槎）的体积，按构造柱出槎长度的一半（有槎与无槎的平均值）乘以出槎宽度，再乘以构造柱柱高，并入构造柱体积内计算，如图 5-4（b）所示。

5）依附柱上的牛腿，并入柱体积内计算。

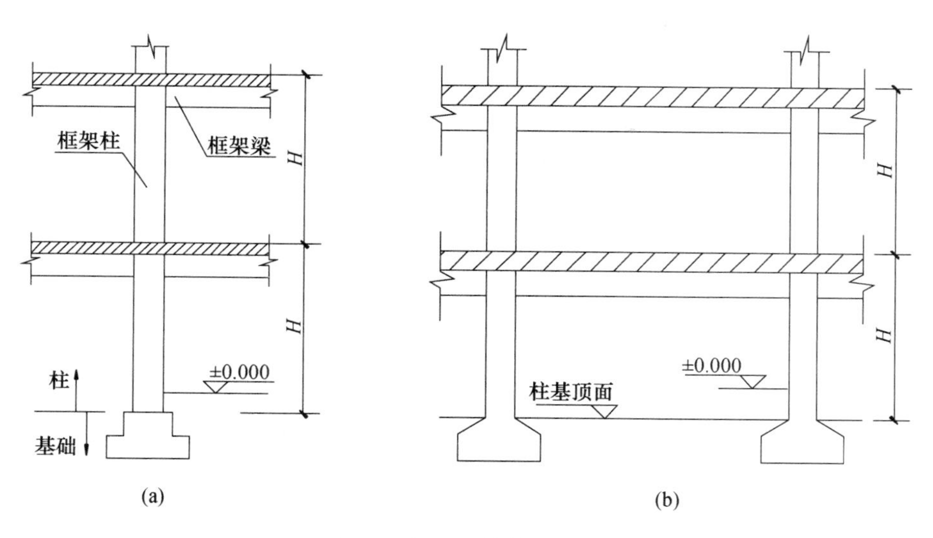

图 5-3　柱高度计算示意图

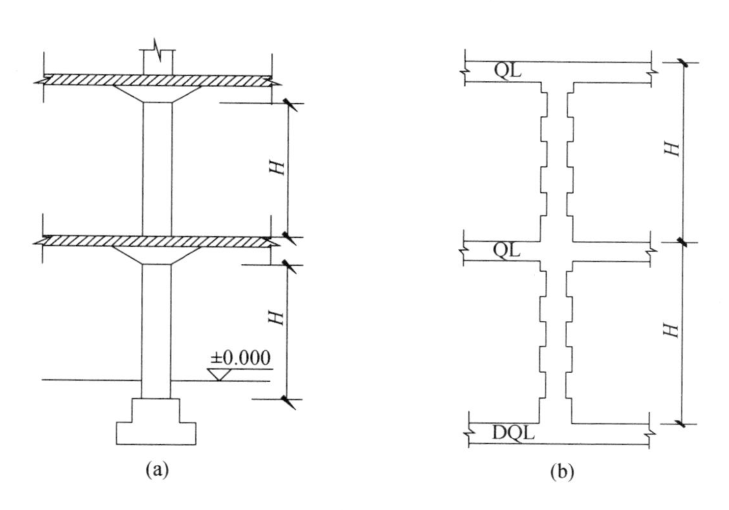

图 5-4　柱高度计算示意图

（3）梁按图示断面尺寸乘以梁长以体积计算。梁长及梁高按下列规定确定：

1）梁与柱连接时，梁长算至柱侧面，如图 5-5（a）所示。

2）主梁与次梁连接时，次梁长算至主梁侧面。伸入墙体内的梁头、梁垫体积并入梁体积内计算，如图 5-5（b）所示。

3）过梁长度按设计规定计算，设计无规定时，按门窗洞口宽度，两端各加 250mm 计算，如图 5-6 所示。

4）房间与阳台连通，洞口上坪与圈梁连成一体的混凝土梁按过梁的计算规则计算工程量，执行单梁子目。

5）圈梁与梁连接时，圈梁体积应扣除伸入圈梁内的梁体积。圈梁与构造柱连接时，圈梁长度算至构造柱侧面。构造柱有马牙槎时，圈梁长度算至构造柱主断面的侧面。基础圈梁按圈梁计算。

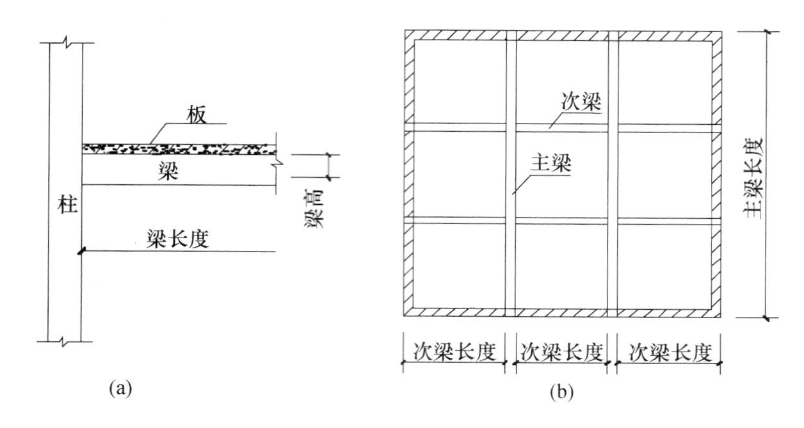

图 5-5　梁长度计算示意图

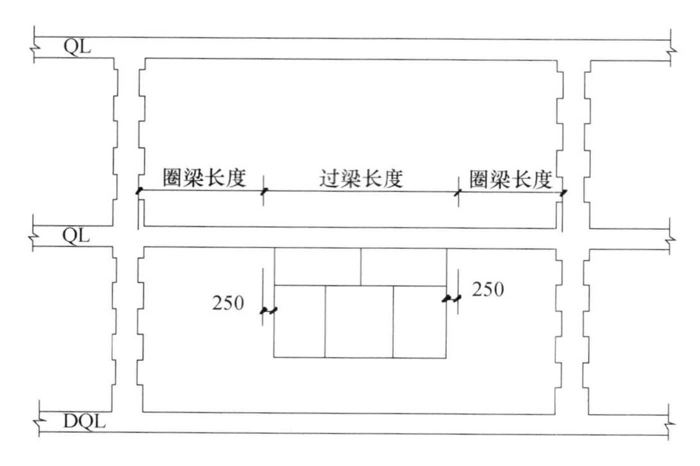

图 5-6　过梁长度计算示意图

6）在圈梁部位挑出外墙的混凝土梁，以外墙外边线为界限，挑出部分按图示尺寸以体积计算。

7）梁（单梁、框架梁、圈梁、过梁）与板整体现浇时，梁高计算至板底。

（4）墙按图示中心线长度尺寸乘以设计高度及墙体厚度，以体积计算。扣除门窗洞口及单个面积 $>0.3m^2$ 孔洞的体积，墙垛突出部分并入墙体积内计算。

1）现浇混凝土墙（柱）与基础的划分以基础扩大面的顶面为分界线，以下为基础，以上为墙（柱）身。

2）现浇混凝土柱、梁、墙、板的分界：

① 混凝土墙中的暗柱、暗梁，并入相应墙体积内，不单独计算。

② 混凝土柱、墙连接时，柱单面凸出大于墙厚或双面凸出墙面时，柱、墙分别单独计算，墙算至柱侧面；柱单面凸出小于墙厚时，其凸出部分并入墙体积内计算。

③ 梁、墙连接时，墙高算至梁底。

④ 墙、墙相交时，外墙按外墙中心线长度计算，内墙按墙间净长度计算。

⑤ 柱、墙与板相交时，柱和外墙的高度算至板上坪；内墙的高度算至板底；板的宽度

按外墙间净宽度（无外墙时，按板边缘之间的宽度）计算，不扣除柱、垛所占板的面积。

3）电梯井壁，工程量计算执行外墙的相应规定。

4）轻型框剪墙由剪力墙柱、剪力墙身、剪力墙梁三类构件构成，计算工程量时按混凝土墙的计算规则合并计算。

（5）板按图示面积乘以板厚以体积计算。其中：

1）有梁板包括主、次梁及板，工程量按梁、板体积之和计算，如图5-7（a）所示。

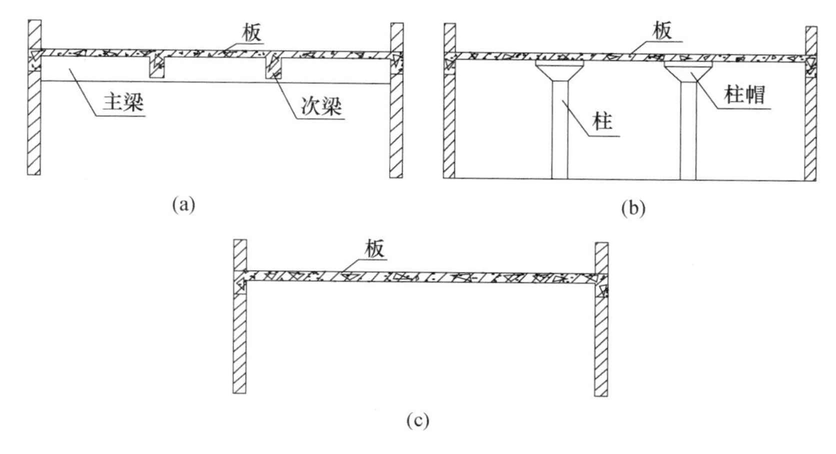

图5-7　现浇板示意图

现浇有梁板混凝土工程量 = 图示长度 × 图示宽度 × 板厚 + 主梁体积 + 次梁体积

主梁及次梁体积 = 主梁长度 × 主梁宽度 × 主梁肋高 + 次梁净长度 × 次梁宽度 × 次梁肋高

2）无梁板按板和柱帽体积之和计算，如图5-7（b）所示。

现浇无梁板混凝土工程量 = 图示长度 × 图示宽度 × 板厚 + 柱帽体积

3）平板按板图示体积计算。伸入墙内的板头、平板边沿的翻檐，均并入平板体积内计算，如图5-7（c）所示。

4）轻型框剪墙支撑的板按现浇混凝土平板的计算规则，以体积计算。

5）斜屋面按板断面积乘以斜长，有梁时，梁板合并计算。屋脊处加厚混凝土已包括在混凝土消耗量内，不单独计算。

6）预制混凝土板补现浇板缝，40mm < 板底缝宽 ≤ 100mm 时，按小型构件计算；板底缝宽 > 100mm 时，按平板计算。

7）坡屋面顶板按斜板计算。屋脊处八字脚的加厚混凝土（素混凝土）已包括在消耗量内，不单独计算。若屋脊处八字脚的加厚混凝土配置钢筋作梁使用，应按设计尺寸并入斜板工程量内计算。

8）现浇挑檐与板（包括屋面板）连接时，以外墙外边线为界限，与圈梁（包括其他梁）连接时，以梁外边线为界限。外边线以外为挑檐。

9）叠合箱、蜂巢芯混凝土楼板扣除构件内叠合箱、蜂巢芯所占体积，按有梁板相应规则计算。

（6）其他：

1）整体楼梯包括休息平台、平台梁、楼梯底板、斜梁及楼梯的连接梁、楼梯段，按水平投影面积计算，不扣除宽度≤500mm 的楼梯井，伸入墙内部分不另增加，踏步旋转楼梯按其楼梯部分的水平投影面积乘以周数计算（不包括中心柱）。

① 混凝土楼梯（含直形和旋转形）与楼板以楼梯顶部与楼板的连接梁为界，连接梁以外为楼板；楼梯基础按基础的相应规定计算。

② 踏步底板、休息平台的板厚不同时，应分别计算。踏步底板的水平投影面积包括底板和连接梁；休息平台的投影面积包括平台板和平台梁。

③ 弧形楼梯按旋转楼梯计算。

④ 独立式单跑楼梯间，楼梯踏步两端的板均视为楼梯的休息平台板。非独立式楼梯间单跑楼梯，楼梯踏步两端宽度（自连接梁外边沿起）≤1.2m 的板均视为楼梯的休息平台板。单跑楼梯侧面与楼板之间的空隙视为单跑楼梯的楼梯井。

2）阳台、雨篷按伸出外墙部分的水平投影面积计算，伸出外墙的牛腿不另计算，其嵌入墙内的梁另按梁有关规定单独计算；雨篷的翻檐按展开面积并入雨篷内计算。井字梁雨篷按有梁板计算规则计算。

3）栏板以体积计算，伸入墙内的栏板与栏板合并计算。

4）混凝土挑檐、阳台、雨篷的翻檐总高度≤300mm 时，按展开面积并入相应工程量内；总高度 >300mm 时，按栏板计算。三面梁式雨篷按有梁式阳台计算。

5）飘窗左右的混凝土立板，按混凝土栏板计算。飘窗上、下的混凝土挑板、空调室外机的混凝土搁板，按混凝土挑檐计算。

6）单件体积≤0.1m^3且定额未列子目的构件，按小型构件以体积计算。

四、预制混凝土构件工程量计算规则

（1）预制混凝土构件混凝土工程量均按图示尺寸以体积计算，不扣除构件内钢筋、铁件、预应力钢筋所占的体积。

（2）预制混凝土框架柱的现浇接头（包括梁接头）按设计规定断面和长度以体积计算。

（3）混凝土与钢构件组合的构件，混凝土部分按构件实体积以体积计算。钢构件部分按理论质量，以质量计算。

五、预制混凝土构件安装工程量计算规则

（1）预制混凝土构件安装，均按图示尺寸，以体积计算。

（2）预制混凝土构件安装子目中的安装高度，指建筑物的总高度。

（3）焊接成型的预制混凝土框架结构，其柱安装按框架柱计算，梁安装按框架梁计算。

（4）预制钢筋混凝土工字形柱、矩形柱、空腹柱、双肢柱、空心柱、管道支架等的安装，均按柱安装计算。

（5）柱加固子目，是指柱安装后至楼板提升完成前的预制混凝土柱的搭设加固。其工程量按提升混凝土板的体积计算。

（6）组合屋架安装，以混凝土部分的实体积计算，钢杆件部分不另计算。

（7）预制钢筋混凝土多层柱安装，首层柱按柱安装计算，二层及二层以上按柱接柱计算。

六、混凝土搅拌制作和泵送工程量计算规则

混凝土搅拌制作和泵送子目，按各混凝土构件的混凝土消耗量之和，以体积计算。

第二节　混凝土工程量计算及定额应用

一、现浇混凝土

［**例5-1**］　某工程基础平面图及详图如图5-8所示。采用C30毛石混凝土制作，试计算现浇毛石混凝土条形基础的工程量，确定定额项目。

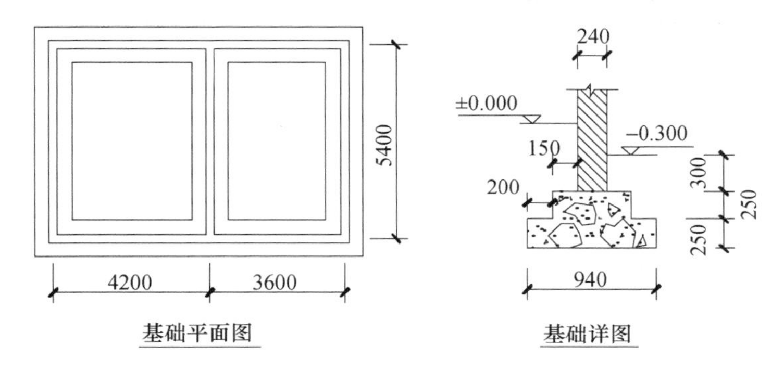

图5-8　某工程基础示意图

分析：带形基础，外墙按设计外墙中心线长度（$L_{中}$）、内墙按设计内墙基础图示长度乘以设计断面计算，也就是内墙如果按基础间净长度（$L_{净}$）计算，则必须再加上内外墙基础的搭接部分体积。带形基础断面为阶梯型时，内外墙基础搭接部分形状如图5-9所示。

由图知搭接部分体积：$V_{搭接} = B \times L \times H$

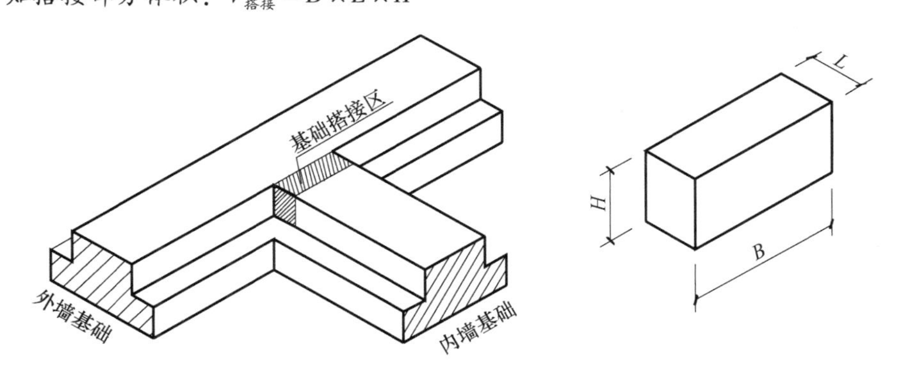

图5-9　带形基础搭接示意图

解：

$$L_{中} = (4.2\text{m} + 3.6\text{m} + 5.4\text{m}) \times 2 = 26.40\text{m}$$

$$L_{净} = 5.4\text{m} - 0.94\text{m} = 4.46\text{m}$$

$$S_{断} = 0.94\text{m} \times 0.25\text{m} + (0.24\text{m} + 0.15\text{m} \times 2) \times 0.25\text{m} = 0.37\text{m}^2$$

$$V_{搭接} = (0.94\text{m} - 0.20\text{m} \times 2) \times 0.25\text{m} \times 0.20\text{m} = 0.03\text{m}^3$$

基础工程量：$(26.40\text{m} + 4.46\text{m}) \times 0.37\text{m}^2 + 0.03\text{m}^3 \times 2 = 11.48\text{m}^3$

C30 现浇毛石混凝土带形基础　套 5-1-3

［**例 5-2**］　某工程基础采用钢筋混凝土带形基础如图 5-10 所示。混凝土强度等级 C25，试计算现浇基础的工程量及费用。

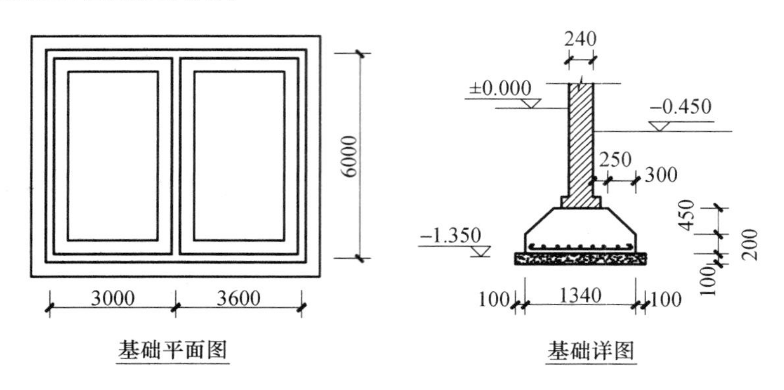

图 5-10　某工程基础示意图

分析：带形基础断面为斜坡时，内外墙基础搭接部分形状如图 5-11 所示。由图知搭接部分体积。

因为：　$V_{搭接} = \dfrac{1}{2} \times H \times L \times b + \dfrac{2}{3} \times \left(\dfrac{1}{2} \times H \times b_1\right)\text{L}$，且 $B = b + 2 \times b_1$

所以：　$V_{搭接} = \dfrac{(B + 2b)}{6} \times H \times L$

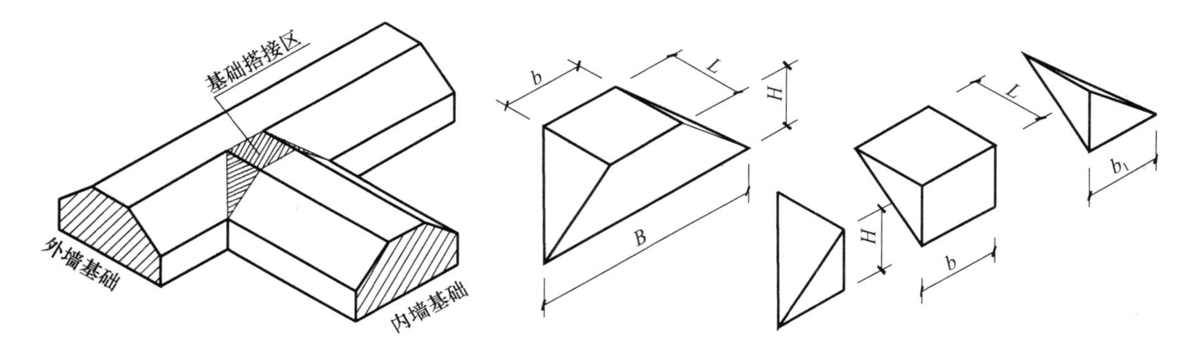

图 5-11　带形基础搭接示意图

解：

$$L_{中} = (3.0\text{m} + 3.6\text{m} + 6.0\text{m}) \times 2 = 25.20\text{m}$$

$$L_{净} = 6.0\text{m} - 1.34\text{m} = 4.66\text{m}$$

$$S_{断} = 1.34\text{m} \times 0.20\text{m} + (1.34\text{m} - 0.30\text{m}) \times 0.45\text{m} = 0.74\text{m}^2$$

$$V_{搭接} = \frac{1.34\text{m} + 2 \times (1.34\text{m} - 0.3\text{m} \times 2)}{6} \times 0.45\text{m} \times 0.30\text{m} = 0.06\text{m}^3$$

基础工程量：　$(25.20\text{m} + 4.66\text{m}) \times 0.74\text{m}^2 + 0.06\text{m}^3 \times 2 = 22.22\text{m}^3$

C25 带形基础混凝土　套 5-1-4　单价（换）

$$4399.54 元/10m^3 + 10.10 \times (339.81 - 359.22) 元/10m^3 = 4203.50 元/10m^3$$

查山东省人工、材料、机械台班单价表得：序号 5522（编码 80210025）C30 现浇混凝土碎石 <40 单价（除税）359.22 元/m^3；序号 5519（编码 80210019）C25 现浇混凝土碎石 <40 单价（除税）339.81 元/m^3。

费用：$22.22m^3 \div 10 \times 4203.50 元/10m^3 = 9340.18 元$

[例 5-3]　某工程为框架结构，框架柱共 38 根，如图 5-3（a）所示，断面尺寸为 400mm×400mm，柱子总高度（自柱基扩大面至柱顶）为 14.86m，混凝土现场搅拌，强度等级 C30，计算框架柱混凝土浇筑、搅拌工程量及费用。

解：（1）框架柱混凝土浇筑

工程量：$0.40m \times 0.40m \times 14.86m \times 38 = 90.35m^3$

C30 现浇混凝土矩形柱　套 5-1-14　单价 = 5326.18 元/$10m^3$

费用：$90.35m^3 \div 10 \times 5326.18 元/10m^3 = 48122.04 元$

（2）混凝土搅拌

工程量：$90.35m^3 \times 0.98691 = 89.17\ m^3$

现场搅拌机搅拌混凝土柱　套 5-3-2　单价 = 363.21 元/$10m^3$

费用：$89.17m^3 \div 10 \times 363.21 元/10m^3 = 3238.74 元$

[例 5-4]　某砖混结构的教学楼，共有花篮梁 39 根，尺寸如图 5-12 所示，C25 混凝土，现场搅拌，计算花篮梁工程量，确定定额项目。

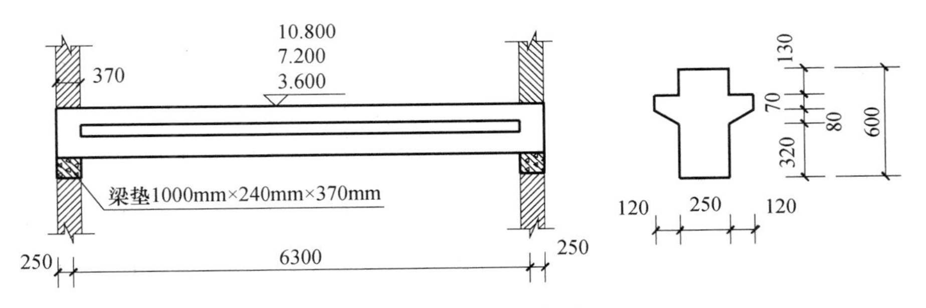

图 5-12　花篮梁示意图

解：（1）花篮梁混凝土浇筑

单根花篮梁体积：$0.25m \times 0.60m \times (6.30m + 0.25m \times 2) + (0.07m \times 2 + 0.08m) \times 0.12m \times (6.30m - 0.24m) = 1.18m^3$

单根梁垫体积：$0.24m \times 0.37m \times 1.0m = 0.09m^3$

花篮梁混凝土工程量小计 $1.18m^3 \times 39 + 0.09m^3 \times 2 \times 39 = 53.04m^3$

现浇混凝土异形梁（C25）　套 5-1-20

（2）混凝土搅拌

搅拌工程量：$53.04m^3 \times 1.01 = 53.57m^3$

现场搅拌机搅拌混凝土梁　套 5-3-2

[例 5-5]　某大厅的楼板为整体现浇的主次梁楼板，如图 5-13 所示，C25 混凝土，计

算有梁板混凝土工程量及费用。

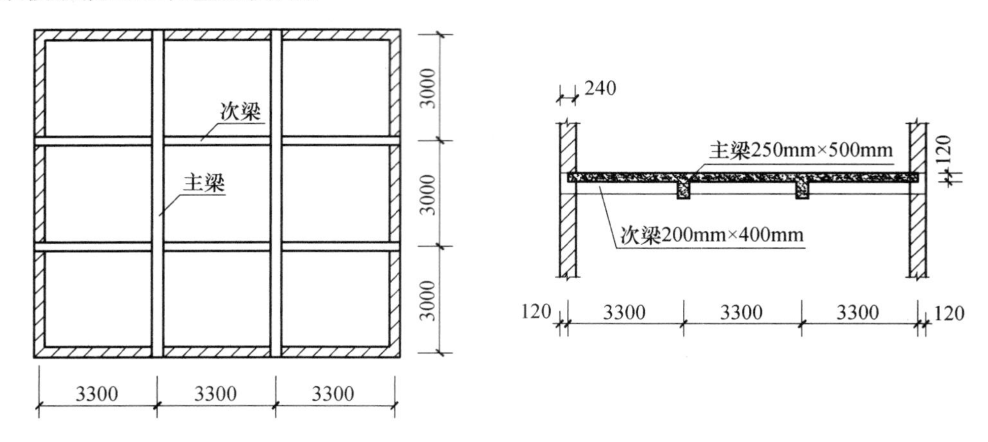

图 5-13　主次梁楼板示意图

解：现浇板体积：$(3.30m\times3)\times(3.0m\times3)\times0.12m=10.69m^3$

主梁体积：$0.25m\times(0.50m-0.12m)\times(3.0m\times3)\times2+0.50m\times0.25m\times0.12m\times4=1.77m^3$

次梁体积：$0.20m\times(0.40m-0.12m)\times(3.3m\times3-0.25m\times2)\times2+0.40m\times0.20m\times0.12m\times4=1.09m^3$

小计：$10.69m^3+1.77m^3+1.09m^3=13.55m^3$

C25 有梁板　套 5-1-31　单价（换）

4737.56 元/$10m^3$ $-10.10\times(359.22-339.81)$元/$10m^3$ $=4541.52$ 元/$10m^3$

查山东省人工、材料、机械台班单价表得：序号 5520（编码 80210021）C30 现浇混凝土碎石 <20 单价（除税）359.22 元/m^3；序号 5517（编码 80210015）C25 现浇混凝土碎石 <20 单价（除税）339.81 元/m^3。

费用：$13.55m^3\div10\times4541.52$ 元/$10m^3$ $=6153.76$ 元

二、预制混凝土

［**例 5-6**］　某工业厂房现场预制混凝土牛腿柱 36 根，尺寸如图 5-14 所示，混凝土强度等级为 C30，采用现场搅拌混凝土。试计算预制混凝土牛腿柱混凝土浇筑和搅拌的工程量及费用。

解：（1）预制混凝土牛腿柱工程量

$$[3.3m\times0.4m\times0.4m+(6.3m+0.55m)\times0.65m\times0.4m+(0.25m+0.3m+0.25m)\times0.30\times1/2\times0.4m]\times36=84.85m^3$$

C30 预制混凝土矩形柱　套 5-2-1　单价 $=4511.99$ 元/$10m^3$

费用：$84.85m^3\div10\times4511.99$ 元/$10m^3$ $=38284.24$ 元

（2）现场搅拌混凝土工程量：$84.85m^3\times1.0221=86.73m^3$

现场搅拌机搅拌混凝土柱　套 5-3-2　单价 $=363.21$ 元/$10m^3$

费用：$86.73m^3\div10\times363.21$ 元/$10m^3$ $=3150.12$ 元

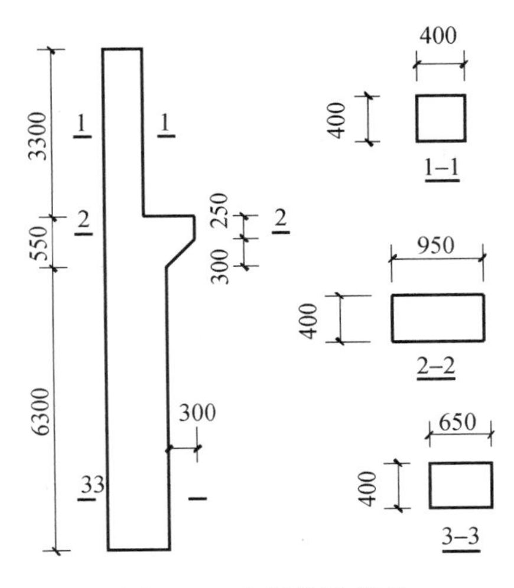

图 5-14 牛腿柱示意图

三、综合应用

[例 5-7] 某建筑物平面图、基础详图、墙垛详图如图 5-15 所示。墙体为 240mm，墙垛 250mm×370mm，上部为普通土深 600mm，下部为坚土。

施工组织设计：挖掘机坑上挖土，将土弃于槽边，待槽坑边回填（机械夯填）和房心回填完工后，再考虑取运土，挖掘机装车，自卸汽车运土 3km。

施工做法：(1) 垫层采用 C15 混凝土。

(2) 条基 C25 毛石混凝土，柱基 C25 钢筋混凝土基础。

(3) 砖基为 M5.0 水泥砂浆砌筑。

(4) 地面做法：20 厚 1∶2.5 水泥砂浆；100 厚 C20 素混凝土垫层；180 厚 3∶7 灰土夯填（就地取土）。

(5) 钎探：钎探眼（1 个/m^2按垫层面积）。

计算：(1) 基槽坑挖土工程量及费用。

(2) 条基、柱基垫层工程量及费用。

(3) 毛石混凝土基础、钢筋混凝土柱基础、砖基础工程量及费用。

(4) 槽坑边回填、房心（3∶7 灰土）回填工程量及费用。

(5) 计算取（运土）、挖掘机装车和自卸汽车运土的工程量及费用。

(6) 计算钎探工程量及费用。

分析：查表 1-6 得，混凝土垫层的工作面为 150mm，混凝土的工作面为 400mm，(100mm + 150mm) = 250mm < 400mm。定额规定：基础开挖边线上不允许出现错台，故基础开挖边线为自混凝土基础外边线向外 400mm，放坡起点为垫层底部，如图 1-11 右边粗实线所示。查表 1-8 得，普通土起点深度为 1.20m，坚土为 1.70m。槽坑上作业普通土为放坡坡度为 0.50；坚土为 0.30。

解： 基数计算

$$L_{中} = (24.0m + 6.0m \times 2) \times 2 = 72.00m$$

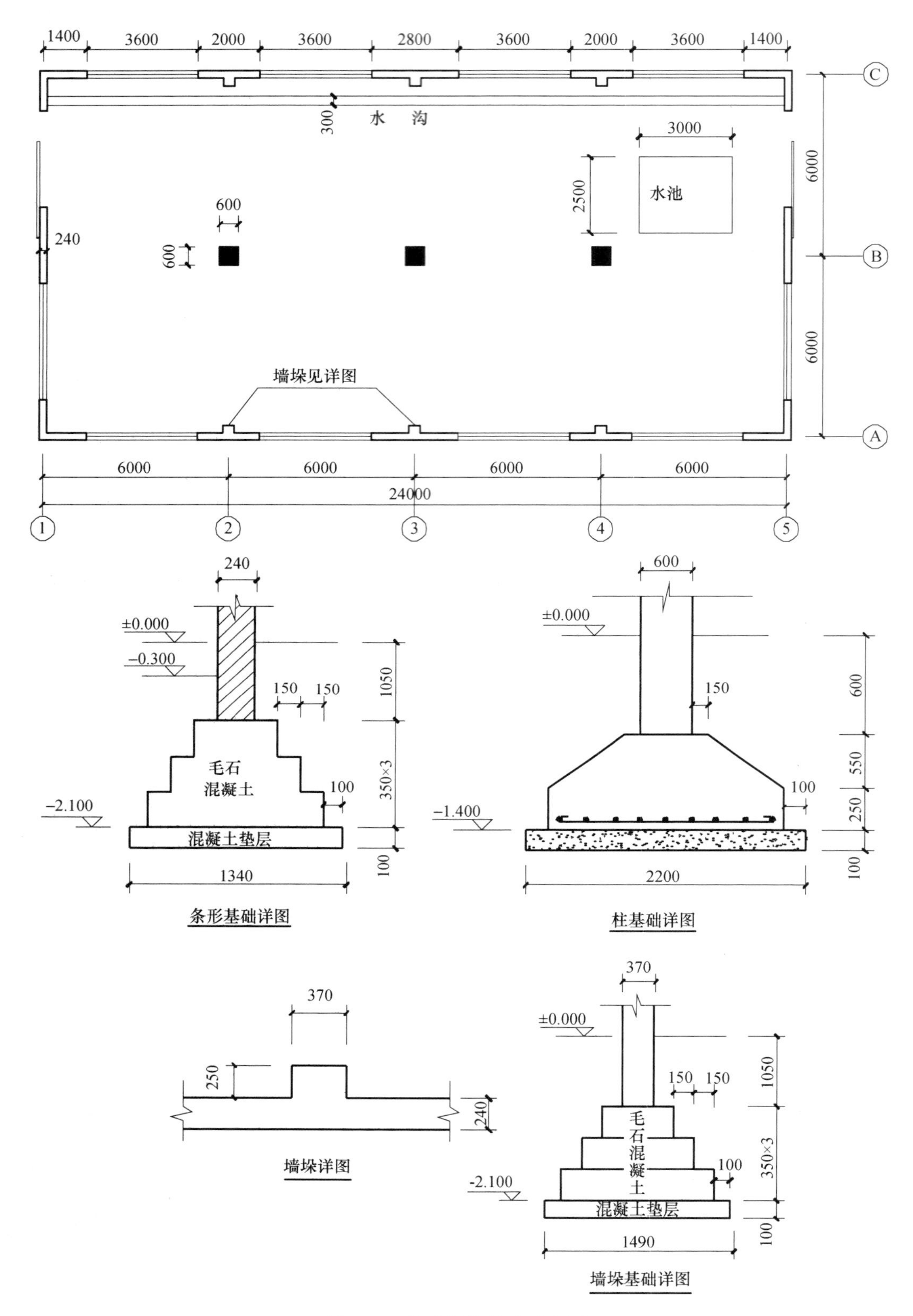

图 5-15　某建筑物基础示意图

$S_{房} = (24.0m - 0.24m) \times (6.0m \times 2 - 0.24m) = 279.42m^2$

（1）基槽坑挖土

①条基土方

挖土深度：$H = 2.10m - 0.30m + 0.10m = 1.9m$

∵ 上部普通土厚度为0.60m ∴ 下部坚土厚度为$1.9m - 0.6m = 1.3m$

起点放坡深度：$(1.2m \times 0.6m + 1.7m \times 1.3m) \div 1.9m = 1.54m < 1.90m$，放坡开挖

综合放坡系数：$(0.5 \times 0.6m + 0.3 \times 1.3m) \div 1.9m = 0.36$

垫层底坪增加的开挖宽度

$d = c_2 - t - c_1 - kh_1 = 0.40mm - 0.10m - 0.15m - 0.36 \times 0.10m = 0.11m$

$V_{条基总土} = (1.34m + 0.15m \times 2 + 0.11m \times 2 + 0.36 \times 1.9m) \times 1.9m \times 72.0m + (1.49m + 0.15m \times 2 + 0.11m \times 2 + 0.36 \times 1.9m) \times 1.9m \times 0.25m \times 6 = 355.70m^3$

$V_{条基坚土} = (1.34m + 0.15m \times 2 + 0.11m \times 2 + 0.36 \times 1.3m) \times 1.3m \times 72.0m + (1.49m + 0.15m \times 2 + 0.11m \times 2 + 0.36 \times 1.3m) \times 1.3m \times 0.25m \times 6 = 222.73m^3$

$V_{条基普土} = V_{条基总土} - V_{条基坚土} = 355.70m^3 - 222.73m^3 = 112.97m^3$

查表1-1得，沟槽土方机械挖土乘以系数0.90，人工清理修正系数为0.125，并执行子目1-2-8。

机械挖沟槽普通土工程量：$112.91m^3 \times 0.90 = 101.62m^3$

机械挖沟槽坚土工程量：$222.73m^3 \times 0.90 = 200.46m^3$

人工清理修整土方工程量：$355.70m^3 \times 0.125 = 44.46m^3$

挖掘机挖槽坑土方 普通土 套1-2-43 单价=28.33元/10m^3

费用：$101.62m^3 \div 10 \times 28.33$元/10m^3 = 287.89元

挖掘机挖槽坑土方 坚土 套1-2-44 单价=31.49元/10m^3

费用：$200.46m^3 \div 10 \times 31.49$元/10m^3 = 631.25元

人工挖沟槽土方槽深≤2m 坚土 套1-2-8 单价=672.60元/10m^3

费用：$44.46m^3 \div 10 \times 672.60$元/10m^3 = 2990.38元

②柱基土方

挖土深度：$H = 1.40m + 0.10m - 0.30m = 1.2m$，不放坡

$$V_{柱总土} = (2.20m - 0.10m \times 2 + 0.40m \times 2)^2 \times 1.2m \times 3 = 28.22m^3$$

$$V_{柱普土} = (2.20m - 0.10m \times 2 + 0.40m \times 2)^2 \times 0.60m \times 3 = 14.11m^3$$

$$V_{柱坚土} = 28.22m^3 - 14.11m^3 = 14.11m^3$$

$$V_{总挖土} = 355.70m^3 + 28.22m^3 = 383.92m^3$$

查表1-1得，地坑土方机械挖土乘以系数0.85，人工清理修正系数为0.188，并执行子目1-2-13。

机械挖地坑普通土工程量：$14.11m^3 \times 0.85 = 11.99m^3$

机械挖地坑坚土工程量：$14.11m^3 \times 0.85 = 11.99m^3$

人工清理修整土方工程量：$28.22m^3 \times 0.188 = 5.31m^3$

垫层底面积：$2.20m \times 2.20m = 4.84m^2 < 8.0m^2$，属于小型挖掘机子目

小型挖掘机挖沟槽地坑土方 普通土 套1-2-47 定额单价=25.46元/10m^3

费用：$11.99m^3 \div 10 \times 25.46$ 元/$10m^3 = 30.53$ 元

小型挖掘机挖沟槽地坑土方　坚土　套 1-2-48　定额单价 = 30.18 元/$10m^3$

费用：$11.99m^3 \div 10 \times 30.18$ 元/$10m^3 = 30.19$ 元

人工挖地坑土方坑深≤2m　坚土　套 1-2-13　单价 = 714.40 元/$10m^3$

费用：$5.31m^3 \div 10 \times 714.40$ 元/$10m^3 = 379.35$ 元

（2）垫层

$$V_{条垫} = 1.34m \times 0.10m \times 72.0m + 1.49m \times 0.10m \times 0.25m \times 6 = 9.87m^3$$

C15 混凝土垫层（条基）无筋　套 2-1-28　单价（换）

3850.59 元/$10m^3$ + 0.05 ×（788.50 + 6.28）元/$10m^3$ = 3890.33 元/$10m^3$

费用：$9.87m^3 \div 10 \times 3890.33$ 元/$10m^3 = 3839.76$ 元

$$V_{柱垫} = 2.2m \times 2.20m \times 0.10m \times 3 = 1.45m^3$$

C15 混凝土垫层（独基）无筋　套 2-1-28　单价（换）

3850.59 元/$10m^3$ + 0.10 ×（788.50 + 6.28）元/$10m^3$ = 3930.07 元/$10m^3$

费用：$1.45m^3 \div 10 \times 3930.07$ 元/$10m^3 = 569.86$ 元

（3）基础

①条形基础

$S_{毛石混凝土条基} = [(1.34m - 0.10m \times 2) + 1.34m - (0.10m + 0.15m) \times 2 + 1.34m - (0.10m + 0.15m \times 2) \times 2] \times 0.35m = 0.88m^2$

$S_{毛石混凝土墙垛} = [(1.49m - 0.10m \times 2) + 1.49m - (0.10m + 0.15m) \times 2 + 1.49m - (0.10m + 0.15m \times 2) \times 2] \times 0.35m = 1.04m^2$

$V_{毛石混凝土条基} = 0.88m^2 \times 72.0m + 1.04m^2 \times 0.25m \times 6 = 64.92m^3$

C25 带型基础　毛石混凝土　套 5-1-3　单价（换）

4044.75 元/$10m^3$ + 8.585 ×（339.81 − 359.22）元/$10m^3$ = 3878.12 元/$10m^3$

查山东省人工、材料、机械台班单价表得：序号 5522（编码 80210025）C30 现浇混凝土碎石 <40 单价（除税）359.22 元/m^3；序号 5519（编码 80210019）C25 现浇混凝土碎石 <40 单价（除税）339.81 元/m^3。

费用：$64.92m^3 \div 10 \times 3878.12$ 元/$10m^3 = 25176.76$ 元

$$V_{砖基础} = 0.24m \times 1.05m \times 72.0m + 0.37m \times 1.05m \times 0.25m \times 6 = 18.73m^3$$

M5.0 水泥砂浆砖基础　套 4-1-1　单价 = 3493.09 元/$10m^3$

费用：$18.73m^3 \div 10 \times 3493.09$ 元/$10m^3 = 6542.56$ 元

②独立基础

钢筋混凝土独立基础：上部为四棱台，其体积公式为：$1/3h(S_{上} + S_{下} + \sqrt{S_{上} \times S_{下}})$

$$S_{上} = (0.6mm + 0.15m \times 2) \times (0.6mm + 0.15m \times 2) = 0.81m^2$$

$$S_{下} = (2.20m - 0.10m \times 2) \times (2.2m - 0.10m \times 2) = 4.00m^2$$

$$V_{柱基} = 1/3 \times 0.55m \times [0.81m^2 + 4.00m^2 + \sqrt{0.81m^2 \times 4.00m^2}] \times 3 + 0.25m \times (2.2m - 0.2m)^2 \times 3 = 6.64m^3$$

C25 独立基础　混凝土　套 5-1-6　单价（换）

4390.81 元/$10m^3 + 10.10 \times (339.81 - 359.22)$ 元/$10m^3 = 4194.77$ 元/$10m^3$

费用：$6.64m^3 \div 10 \times 4194.77$ 元/$10m^3 = 2785.33$ 元

$$V_{室外地坪以下柱身} = 0.6m \times 0.6m \times (0.6m - 0.3m) \times 3 = 0.32m^3$$

$$V_{室外地坪以下砖条基} = 0.24m \times (1.05m - 0.30m) \times 72.0m = 12.96m^3$$

$$V_{室外地坪以下砖垛基} = 0.37m \times (1.05m - 0.30m) \times 0.25m \times 6 = 0.42m^3$$

室外地坪以下基础总体积

$V_{室外地坪以下基础总体积} = V_{条垫} + V_{柱垫} + V_{毛石砼条基} + V_{柱基} + V_{室外地坪以下柱身} + V_{室外地坪以下砖条基} + V_{室外地坪以下砖垛基} = 9.87m^3 + 1.45m^3 + 64.92m^3 + 6.64m^3 + 0.32m^3 + 12.96m^3 + 0.42m^3 = 96.58m^3$

（4）沟槽基坑边回填

$V_{槽坑夯填} = V_{总挖} - V_{室外地坪以下基础总体积} = 383.92m^3 - 96.58m^3 = 287.34m^3$（夯实体积）

夯填土　机械槽坑　套 1-4-13　单价 $= 121.52$ 元/$10m^3$

费用：$287.34m^3 \div 10 \times 121.52$ 元/$10m^3 = 3491.76$ 元

房心 3∶7 灰土回填

$V_{房心回填} = [279.42m^2 - 2.50m \times 3.0m - (24.0m - 0.24m) \times 0.30m - 0.6m \times 0.6m \times 3] \times 0.18m = 47.47m^3$

查消耗量定额 2－1－1 中得：3∶7 灰土含量为 $10.20m^3$；查定额交底资料附表得：每立方米 3∶7 灰土中含 $1.15m^3$ 黏土；查山东省人工、材料、机械台班单价表得：序号 1921（编码 04090047）黏土价格为 27.18 元/m^3。

3∶7 灰土垫层机械振动　套 2-1-1　单价（换）

$$1788.06 \text{ 元}/10m^3 - (10.2 \times 1.15 \times 27.18) \text{ 元}/10m^3 = 1469.24 \text{ 元}/10m^3$$

费用：$47.47m^3 \div 10 \times 1469.24$ 元/$10m^3 = 6974.48$ 元

房心 3∶7 灰土中黏土含量

$$V_{房心黏土} = 47.47m^3 \div 10 \times 10.20 \times 1.15 = 55.68m^3 \text{（天然密实体积）}$$

（5）取运土工程量（天然密实体积）

$$V_{运土} = V_{总挖} - V_{槽坑夯填} \times 体积换算系数 - V_{房心黏土}$$
$$= 383.92m^3 - 287.34m^3 \times 1.15 - 55.68m^3 = -2.20m^3 \text{，取土内运}$$

挖掘机装车工程量：$2.20m^3$

挖掘机装车土方　套 1-2-53　单价 $= 35.41$ 元/$10m^3$

费用：$2.20m^3 \div 10 \times 35.41$ 元/$10m^3 = 7.79$ 元

自卸汽车运土工程量：$2.20m^3$

自卸汽车运土 3km　套 1-2-58 和套 1-2-59　单价（换）

$$56.69 \text{ 元}/10m^3 + 12.26 \text{ 元}/10m^3 \times 2 = 81.21 \text{ 元}/10m^3$$

费用：$2.20m^3 \div 10 \times 81.21$ 元/$10m^3 = 17.87$ 元

（6）钎探

工程量：$1.34m \times 72.0m + 1.49m \times 0.25m \times 6 + 2.2m \times 2.2m \times 3 = 113.24m^2$

基底钎探　套 1-4-4　单价 $= 60.97$ 元/$10m^2$

费用：$113.24m^2 \div 10 \times 60.97$ 元/$10m^2 = 690.42$ 元

第三节　钢筋工程定额说明及计算规则

一、钢筋定额说明

（1）定额按钢筋新平法规定的 HPB300、HRB335、HRB400、HRB500 综合规格编制，并按现浇构件钢筋、预制构件钢筋、预应力钢筋及箍筋分别列项。

（2）预应力构件中非预应力钢筋按预制钢筋相应项目计算。

（3）绑扎低碳钢丝、成型点焊和接头焊接用的电焊条已综合在定额项目内，不另行计算。

（4）非预应力钢筋不包括冷加工，如设计要求冷加工时，另行计算。

（5）预应力钢筋如设计要求人工时效处理时，另行计算。

（6）后张法钢筋的锚固是按钢筋帮条焊、U 形插垫编制的。如采用其他方法锚固时，可另行计算。

（7）表 5-1 中所列构件，其钢筋可按表内系数调整人工、机械用量。

表 5-1　钢筋人工、机械调整系数表

项目	预制构件钢筋		现浇构件钢筋	
系数范围	拱梯型屋架	托架梁	小型构件（或小型池槽）	构筑物
人工、机械调整系数	1.16	1.05	2	1.25

（8）本章设置了马凳钢筋子目，发生时按实计算。

（9）防护工程的钢筋锚杆，护壁钢筋、钢筋网执行现浇构件钢筋子目。

（10）冷轧扭钢筋，执行冷轧带肋钢筋子目。

（11）砌体加固筋，定额按焊接连接编制。实际采用非焊接方式连接时，不得调整。

（12）构件箍筋按钢筋规格 HPB300 编制，实际箍筋采用 HRB335 及以上规格钢筋时，执行构件箍筋 HPB300 子目，换算钢筋种类，机械乘以系数 1.38。

（13）圆钢筋电渣压力焊接头，执行螺纹钢筋电渣压力焊接头子目，换算钢筋种类，其他不变。

（14）预制混凝土构件中，不同直径的钢筋点焊成一体时，按各自的直径计算钢筋工程量，按不同直径钢筋的总工程量，执行最小直径钢筋的点焊子目。如果最大与最小钢筋的直径比大于 2 时，最小直径钢筋点焊子目的人工乘以系数 1.25。

（15）劲性混凝土柱（梁）中的钢筋人工乘以系数 1.25。

（16）定额中设置钢筋间隔件子目，发生时按实计算。

（17）对拉螺栓增加子目，主要适用于混凝土墙中设置不可周转使用的对拉螺栓的情况，按照混凝土墙的模板接触面积乘以系数 0.5 计算，如地下室墙体止水螺栓。

二、工程量计算规则

（1）钢筋工程应区别现浇、预制构件，不同钢种和规格，计算时分别按设计计算长度乘以单位理论重量，以质量计算。钢筋电渣压力焊接、套筒挤压等接头，按数量计算。

（2）计算钢筋工程量时，设计规定钢筋搭接的，按规定搭接长度计算；设计、规范未规定的，已包括在钢筋的损耗率之内，不另计算搭接长度。

（3）先张法预应力钢筋，按构件外形尺寸计算长度；后张法预应力钢筋按设计规定的预应力钢筋预留孔道长度，并区别不同的锚具类型，分别按下列规定计算：

1）低合金钢筋两端采用螺杆锚具时，预应力钢筋按预留孔道长度减 0.35m，螺杆另行计算。

2）低合金钢筋一端采用镦头插片，另一端为螺杆锚具时，预应力钢筋长度按预留孔道长度计算，螺杆另行计算。

3）低合金钢筋一端采用镦头插片，另一端采用帮条锚具时，预应力钢筋长度增加 0.15m；两端均采用帮条锚具时，预应力钢筋长度共增加 0.3m。

4）低合金钢筋采用后张混凝土自锚时，预应力钢筋长度增加 0.35m。

5）低合金钢筋或钢绞线采用 JM、XM、QM 型锚具，孔道长度≤20m 时，预应力钢筋长度增加 1m；孔道长度 >20m 时，预应力钢筋长度增加 1.8m。

6）碳素钢丝采用锥形锚具，孔道长度≤20m 时，预应力钢筋长度增加 1m；孔道长度 > 20m 时，预应力钢筋长度增加 1.8m。

7）碳素钢丝两端采用镦粗头时，预应力钢丝长度增加 0.35m。

（4）其他。

1）马凳：

① 现场布置是通长设置按设计图纸规定或已审批的施工方案计算。

② 设计无规定时现场马凳布置方式是其他形式的，马凳的材料应比底板钢筋降低一个规格（若底板钢筋规格不同时，按其中规格大的钢筋降低一个规格计算），长度按底板厚度的 2 倍加 200mm 计算，按 1 个/m^2计入马凳筋工程量。

2）墙体拉结 S 钩，设计有规定的按设计规定，设计无规定的按 ϕ8 钢筋，长度按墙厚加 150mm 计算，按 3 个/m^2，计入钢筋总量。

3）砌体加固钢筋按设计用量以质量计算。

4）锚喷护壁钢筋、钢筋网按设计用量以质量计算。防护工程的钢筋锚杆，护壁钢筋、钢筋网，执行现浇构件钢筋子目。

5）螺纹套筒接头、冷挤压带肋钢筋接头、电渣压力焊接头，按设计要求或按施工组织设计规定，以数量计算。

6）混凝土构件预埋铁件工程量，按设计图纸尺寸，以质量计算。

7）桩基工程钢筋笼制作安装，按设计图示长度乘以理论重量，以质量计算。

8）钢筋间隔件子目，发生时按实际计算。编制标底时，按水泥基类间隔件 1.21/m^2

（模板接触面积）计算编制。设计与定额不同时可以换算。

9）对拉螺栓增加子目，按照混凝土墙的模板接触面积乘以系数0.5计算。

第四节　钢筋工程量计算及定额应用

一、概述

（1）混凝土构件的锚固分为直锚和弯锚两种，当设计无规定时，在条件允许的情况下优先采用直锚。受拉钢筋基本锚固长度 l_{ab}、l_{abE} 如表5-2所示。

表5-2　抗震设计时受拉钢筋基本锚固长度 l_{abE}

钢筋种类	抗震等级	混凝土强度等级				
		C20	C25	C30	C35	C40
HPB300	一、二级	45d	39d	35d	32d	29d
	三级	41d	36d	32d	29d	26d
HRB335 HRBF335	一、二级	44d	38d	33d	31d	29d
	三级	40d	35d	31d	28d	26d
HRB400 HRBF400	一、二级	—	46d	40d	37d	33d
	三级	—	42d	37d	34d	30d
HRB500 HRBF500	一、二级	—	55d	49d	45d	41d
	三级	—	50d	50d	41d	38d

（2）受拉钢筋抗震锚固长度 l_{aE} 如表5-3所示。受拉钢筋的锚固长度 l_{aE} 计算值不应小于200mm。

表5-3　受拉钢筋抗震锚固长度 l_{aE}

钢筋种类	抗震等级	混凝土强度等级								
		C20	C25		C30		C35		C40	
		$d\leqslant 25$	$d\leqslant 25$	$d>25$	$d\leqslant 25$	$d>25$	$d\leqslant 25$	$d>25$	$d\leqslant 25$	$d>25$
HPB300	一、二级	45d	39d	—	35d	—	32d	—	29d	-
	三级	41d	36d	—	32d	—	29d	—	26d	-
HRB335 HRBF335	一、二级	44d	38d	—	33d	—	31d	—	29d	-
	三级	40d	35d	—	30d	—	28d	—	26d	-
HRB400 HRBF400	一、二级	—	46d	51d	40d	45d	37d	40d	33d	37d
	三级	—	42d	46d	37d	41d	34d	37d	30d	34d
HRB500 HRBF500	一、二级	—	55d	61d	49d	54d	45d	49d	41d	46d
	三级	—	50d	65d	45d	49d	41d	45d	38d	42d

（3）纵向受拉钢筋抗震绑扎搭接长度 l_{lE} 如表5-4所示。

表 5-4　纵向受拉钢筋抗震绑扎搭接长度 l_{lE}

钢筋种类及同一区段内搭接钢筋面积百分率			混凝土强度等级								
			C20	C25		C30		C35		C40	
			$d\leqslant25$	$d\leqslant25$	$d>25$	$d\leqslant25$	$d>25$	$d\leqslant25$	$d>25$	$d\leqslant25$	$d>25$
一、二级抗震级别	HPB300	≤25%	54*d*	47*d*	—	42*d*	—	38*d*	—	35*d*	—
		50%	63*d*	55*d*	—	49*d*	—	45*d*	—	41*d*	—
	HRB335 HRBF335	≤25%	53*d*	46*d*	—	40*d*	—	37*d*	—	35*d*	—
		50%	62*d*	53*d*	—	46*d*	—	43*d*	—	41*d*	—
	HRB400 HRBF400	≤25%	—	55*d*	61*d*	48*d*	54*d*	44*d*	48*d*	40*d*	44*d*
		50%	—	64*d*	71*d*	56*d*	63*d*	52*d*	56*d*	46*d*	52*d*
	HRB500 HRBF500	≤25%	—	66*d*	73*d*	59*d*	65*d*	54*d*	59*d*	49*d*	55*d*
		50%	—	77*d*	85*d*	69*d*	76*d*	63*d*	69*d*	57*d*	64*d*
三级抗震级别	HPB300	≤25%	49*d*	43*d*	—	38*d*	—	35*d*	—	31*d*	-
		50%	57*d*	50*d*	—	45*d*	—	41*d*	—	36*d*	-
	HRB335 HRBF335	≤25%	48*d*	42*d*	—	36*d*	—	34*d*	—	31*d*	-
		50%	56*d*	49*d*	—	42*d*	—	39*d*	—	36*d*	-
	HRB400 HRBF400	≤25%	—	50*d*	55*d*	44*d*	49*d*	41*d*	44*d*	36*d*	41*d*
		50%	—	59*d*	64*d*	52*d*	57*d*	48*d*	52*d*	42*d*	48*d*
	HRB500 HRBF500	≤25%	—	60*d*	67*d*	54*d*	59*d*	49*d*	54*d*	46*d*	50*d*
		50%	—	70*d*	78*d*	63*d*	69*d*	57*d*	63*d*	53*d*	59*d*

说明：本书在例题中若不特别指明钢筋的定尺长度和连接方式，计算钢筋长度时就不考虑钢筋的搭接长度；若例题中明确指明钢筋的定尺长度和搭接方式，这时应计算钢筋的搭接长度。

（4）梁、柱、剪力墙箍筋和拉筋弯钩构造如图 5-16 所示。

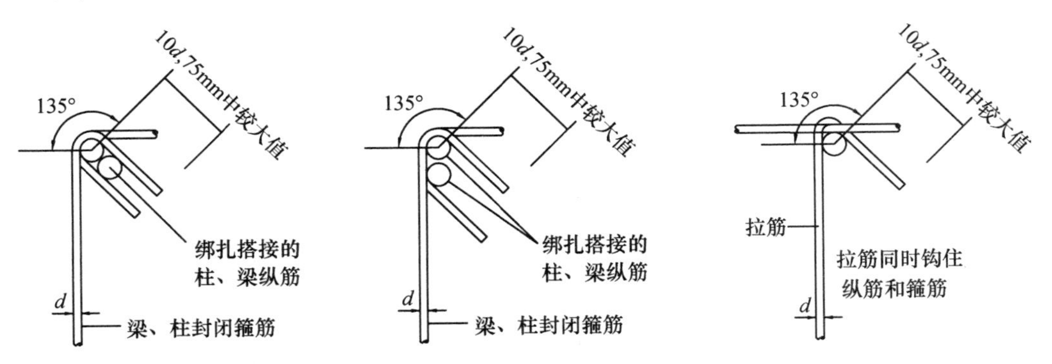

注：1.拉筋紧靠纵向钢筋并勾住箍筋。
2.箍筋、拉筋135°弯曲增加值为1.9*d*。
3.非框架梁以及不考虑地震作用的悬挑梁，箍筋及拉筋弯钩平直段长度可为5*d*；当其受扭时，应为10*d*。

图 5-16　封闭箍筋和拉筋弯钩构造详图

分析：由图 5-16 可知，对于抗震柱、梁等构件，当箍筋直径 <7.5mm 时，箍筋的平直

段长度应取 75mm，比如 ϕ6.5 的箍筋；当箍筋直径≥7.5mm 时，箍筋的平直段长度取 $10d$，加上 135°弯曲增加值 $1.9d$，这时单个箍筋弯钩长度可直接取 $11.9d$。

说明：本书的箍筋和拉筋长度统一按外皮来计算。

（5）钢筋理论重量：钢筋每米理论质量 $=0.006165\times d^2$（d 为钢筋直径）或按表 5-5 计算。

表 5-5　钢筋单位理论质量表

钢筋直径（d）	4	6.5	8	10	12	14	16
理论质量（kg/m）	0.099	0.260	0.35	0.617	0.88	1.208	1.578
钢筋直径（d）	18	20	22	25	28	30	2
理论质量（kg/m）	1.998	2.466	2.984	3.85	483	5.55	6.310

（6）现浇混凝土保护层厚度是指最外层钢筋外缘至混凝土表面的距离，适用设计年限为 50 年的混凝土结构。现浇混凝土板、墙的最小保护层厚度取 15mm；梁、柱取 20mm。

基础底面钢筋的保护层厚度，有混凝土垫层时应从垫层顶面算起，且不应小于 40m，无垫层时不小于 70mm。

二、基础钢筋计算规定

独立基础底板配筋如图 5-17 所示。

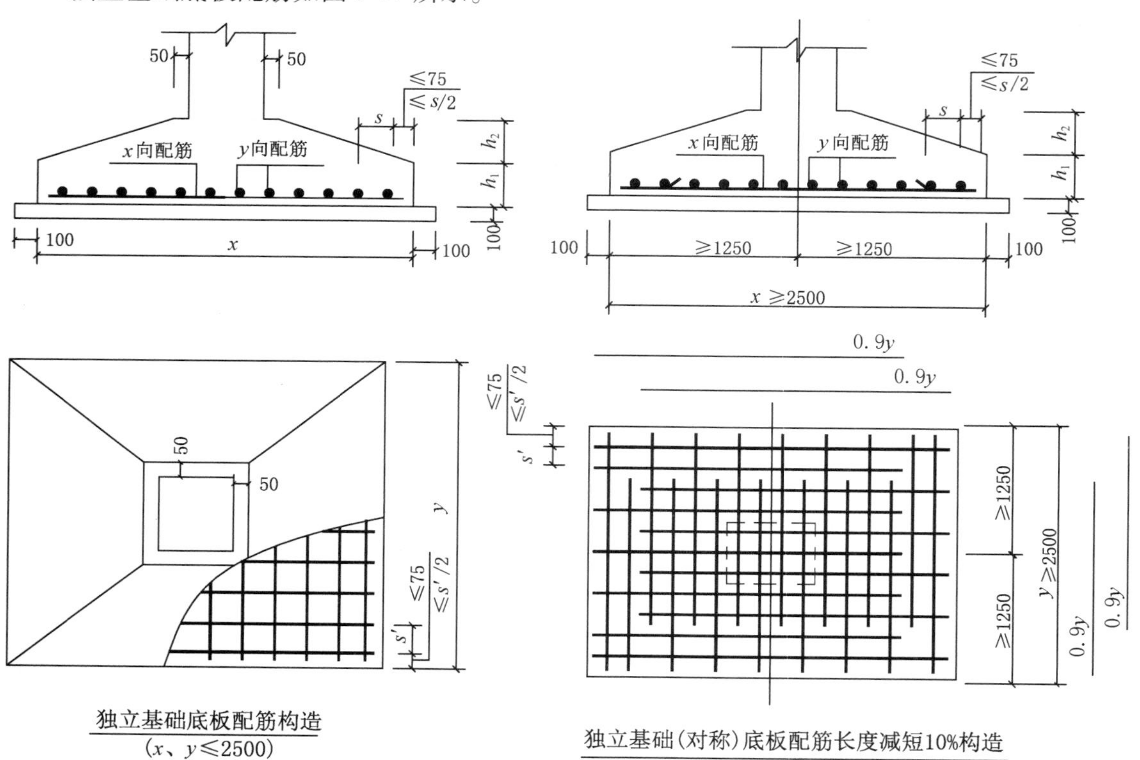

图 5-17　独立基础底板配筋图

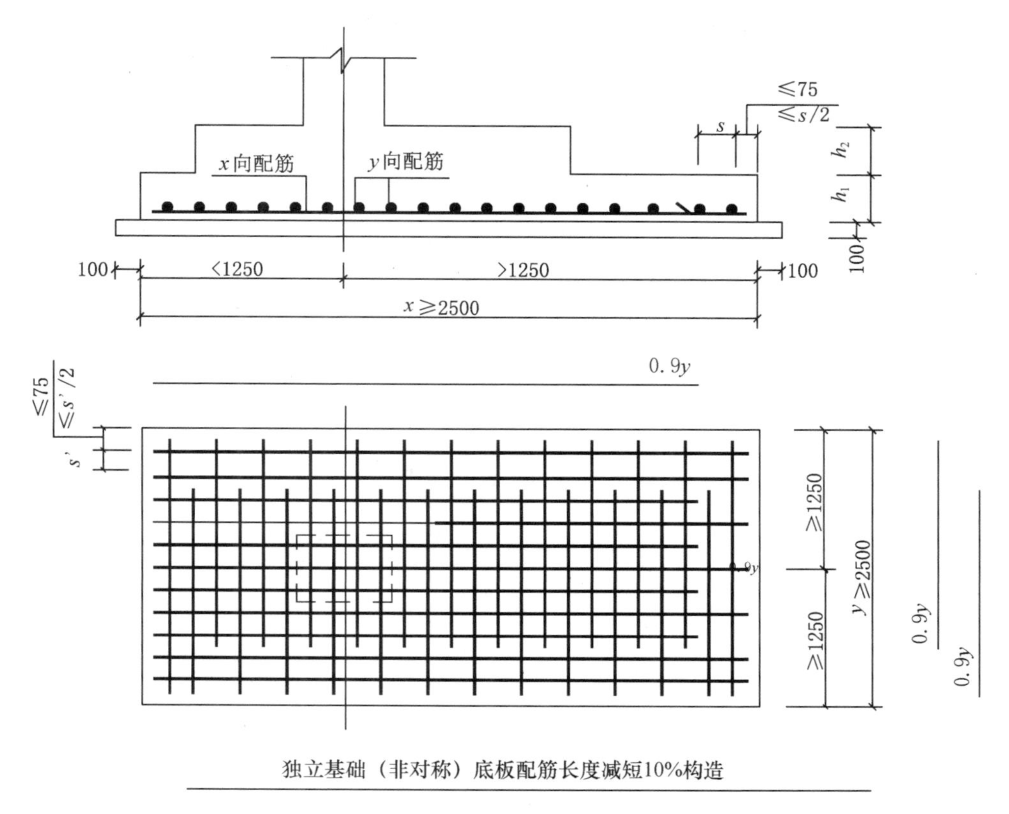

独立基础（非对称）底板配筋长度减短10%构造

图 5-17　独立基础底板配筋图（续）

分析：由图 5-17 所示独立基础配筋可以得出以下几点：

（1）当独立基础底板长度 < 2500mm 时，所有钢筋长度均按基础底板长度减去保护层即可。

（1）当独立基础底板长度≥2500mm 时，除底板四周外侧钢筋外，其余钢筋长度可取相应方向底板长度的 0.9 倍。

（2）当非对称独立基础底板长度≥2500mm，但该基础某侧从柱中心至基础底板边缘的距离 < 1250mm 时，钢筋在该侧不应减短。

（3）计算钢筋根数时，起步距离为≤s/2 且≤75mm。

［例 5-8］　某工程的独立基础共 16 个，配筋如图 5-18 所示，保护层为 40mm，试计算基础钢筋工程量及费用。

解：（1）ϕ18@150

单长：1.45m − 0.10m × 2 − 0.04m × 2 + 2 × 6.25 × 0.018m = 1.40m

起步距离判断：0.15mm ÷ 2 = 0.075mm，取 0.075m

根数：（1.45m − 0.1m × 2 − 0.075m × 2）÷ 0.15m/根 + 1 根 = 9 根

工程量：1.40m × 9 × 1.998kg/m × 16 = 403kg = 0.403t

（2）ϕ14@200

单长：1.45m − 0.10m × 2 − 0.04m × 2 + 2 × 6.25 × 0.014m = 1.35m

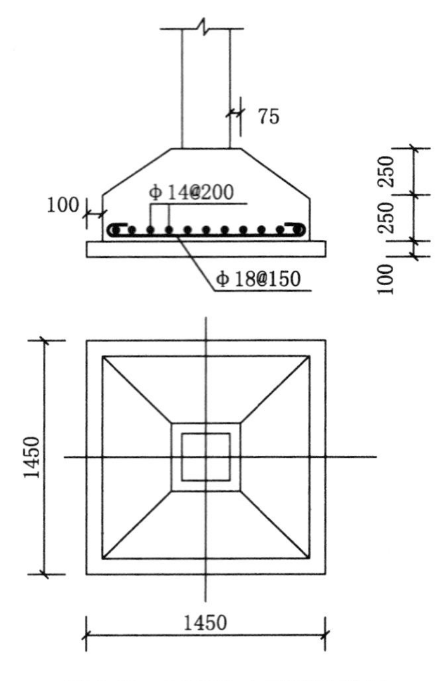

图 5-18　工程独立基础示意图

起步距离判断：0.20m ÷ 2 = 0.10m > 0.075m，取 0.075m

根数：（1.45m − 0.1m × 2 − 0.075m × 2）÷ 0.20m/根 + 1 根 = 7 根

工程量：1.35m × 7 × 1.208kg/m × 16 = 183kg = 0.183t

现浇构件钢筋 HPB300 ≤ ϕ18　套 5-4-2　单价 = 4121.08 元/t

费用：（0.403t + 0.183t）× 4121.08 元/t = 2414.95 元

［例 5-9］　某工程的独立基础如图 5-19 所示，共 12 个，保护层为 40mm，试计算基础钢筋工程量及费用。

解：（1）⌀12@150

单长：1.05m × 2 − 0.04m × 2 = 2.02m

起步距离判断：0.15mm ÷ 2 = 0.075mm，取 0.075m

根数：（1.45m × 2 − 0.075m × 2）÷ 0.15m/根 + 1 根 = 20 根

工程量：2.02m × 20 × 0.888kg/m × 12 = 431kg = 0.431t

（2）⌀16@150

1.45m × 2 = 2.90m > 2.50m，中部钢筋长度可缩短 10% 配置

端部单长：1.45m × 2 − 0.04m × 2 = 2.82m

中部单长：1.45m × 2 × 0.90 = 2.61m

起步距离判断：0.15mm ÷ 2 = 0.075mm，取 0.075m

中部根数：（1.05m × 2 − 0.075m × 2 − 0.15m × 2）÷ 0.15m/根 + 1 根 = 12 根

工程量：（2.82m × 2 + 2.61m × 12）× 1.578kg/m × 12 = 700kg = 0.700t

现浇构件钢筋 HRB335（HRB400）≤ ϕ18　套 5-4-6　单价 = 4626.60 元/t

费用：（0.431t + 0.700t）× 4626.60 元/t = 5232.68 元

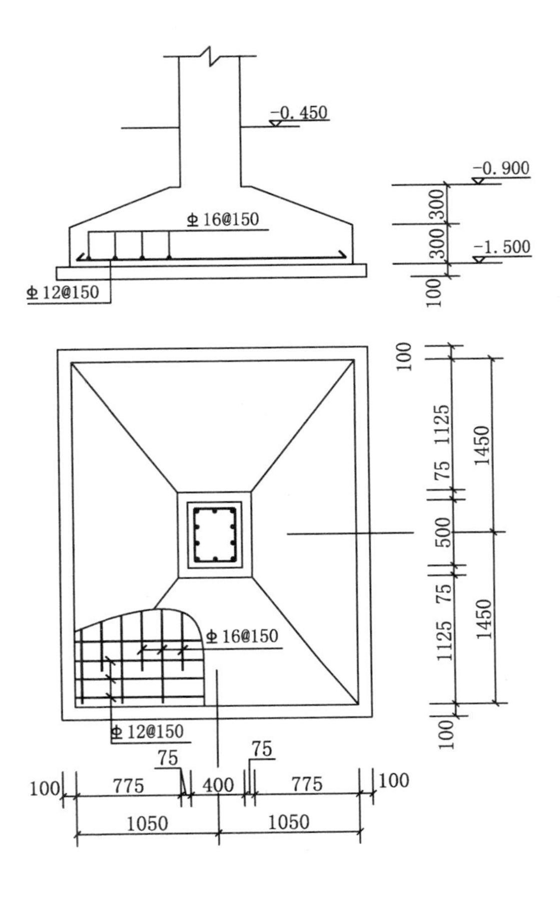

图 5-19　某工程独立基础示意图

三、梁内钢筋计算

（1）楼层框架梁 KL 纵向钢筋构造如图 5-20 所示。

（2）框架梁（KL、WKL）箍筋加密区范围如图 5-21 所示。

（3）框架梁 KL 梁侧面纵向构造筋和拉筋构造如图 5-22 所示。

说明：1）当 h_w≥450mm 时，在梁的两个侧面应沿高度配置纵向构造钢筋；纵向构造钢筋间距 a≤200mm。

2）梁侧面配有不小于构造纵筋的受扭钢筋时，受扭钢筋可以代替构造纵筋。

3）梁侧面构造纵筋的搭接与锚固长度可取 $15d$。梁侧面受扭纵筋的搭接长度为 l_{lE} 或 l_l，其锚固长度为 l_{aE} 或 l_a，锚固方式同框架梁下部纵筋。

4）当梁宽≤350mm 时，拉筋直径为 6mm，梁宽＞350mm 时，拉筋直径为 8mm，拉筋间距为非加密区箍筋间距的 2 倍。

5）当设有多排拉筋时，上下两排拉筋竖向错开设置。

（用于梁上部贯通筋由不同直径钢筋搭接）

（用于梁上部有架立筋时，架立筋与非贯通筋的搭接）

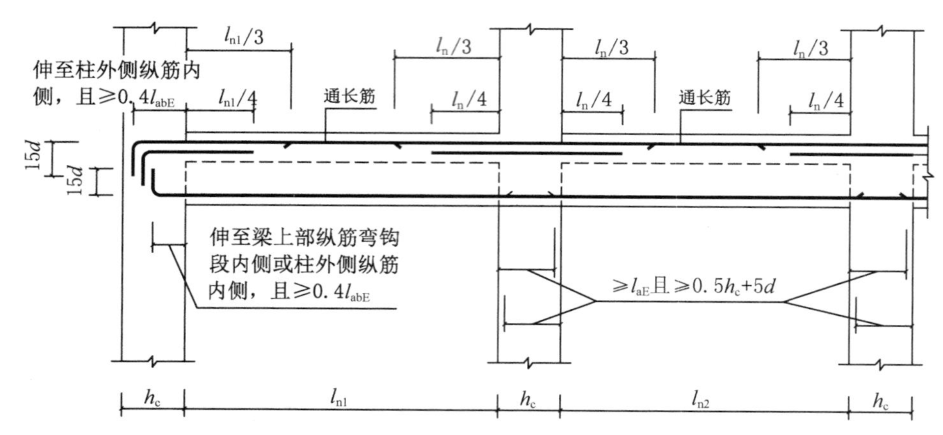

楼层框架梁KL纵向钢筋构造

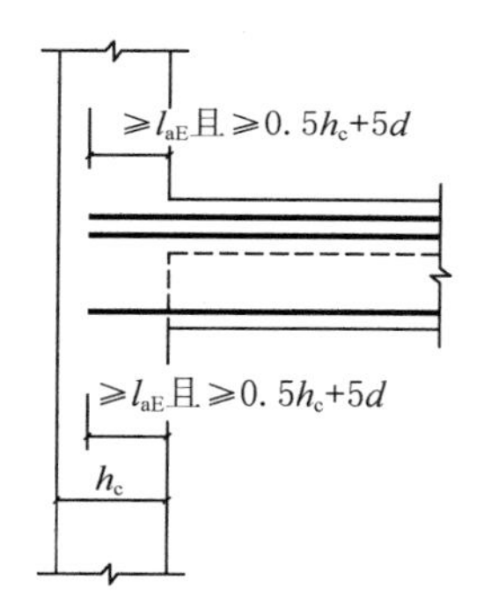

注：1. 跨度值l_n为左跨l_{ni}和右跨l_{ni+1}之较大值，其中i=1，2，3，…。
2. 图中h_c为柱截面沿框架方向的高度。
3. 梁上部通长筋与非贯通筋直径相同时，连接位置宜位于跨中l_{ni}/3范围内；梁下部钢筋连接位置宜于支座l_{ni}/3范围内；且在同一连接区段内钢筋接头面积百分率不宜大于50%。
4. 梁侧面构造纵筋的搭接与锚固长度可取15d，受扭钢筋可代替构造钢筋。
5. 梁侧面受扭纵筋的搭接长度为l_l或l_l，其锚固长度为l_{aE}或l_a，锚固方式同框架梁下部纵筋。

端支座直锚

图 5-20　楼层框架梁 KL 纵向钢筋构造及端支座直锚图

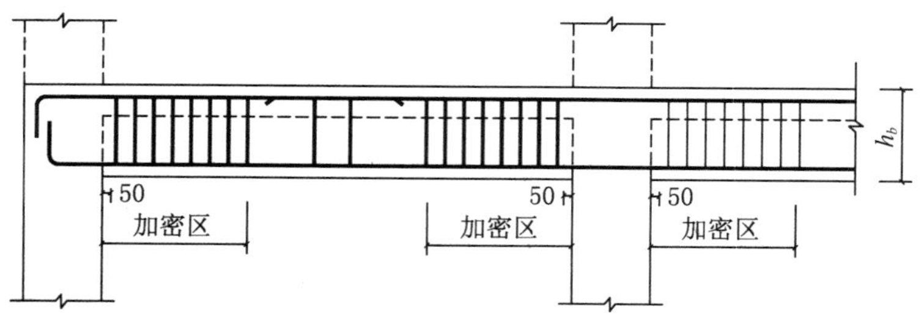

加密区：抗震等级为一级：≥2.0h_b且≥500

抗震等级为二~四级：≥1.5h_b且≥500

h_b：梁截面高度

弧形梁沿梁中心线展开，箍筋间距沿凸面线度量

图 5-21　框架梁（KL、WKL）箍筋加密区范围示意图

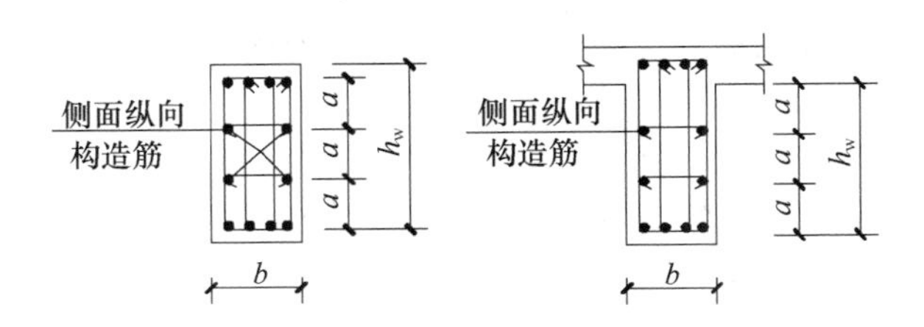

图 5-22　框架梁 KL 梁侧面纵向构造筋和拉筋构造示意图

［例 5-10］　某楼层框架梁平法配筋如图 5-23 所示，钢筋计算条件如表 5-6 所示，侧面抗扭筋的拉筋为 ϕ6.5@300，试计算框架梁钢筋工程量并确定定额项目。

表 5-6　框架梁钢筋计算条件表

抗震等级	环境类别	混凝土强度等级	保护层厚度	定尺长度	
三	一	C30	20	6000	
连接方式	直径≥16mm 焊接，＜16mm 帮扎		钢筋搭接接头错开百分率（%）		≤25

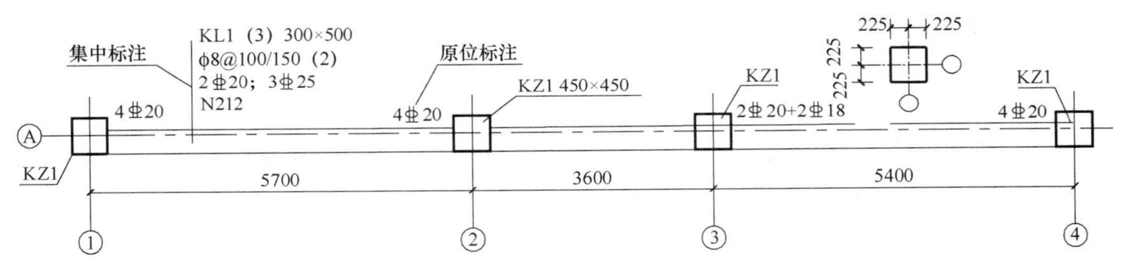

图 5-23　某楼层框架梁平法配筋

KL1 配筋分析：(1) 集中标注：楼层框架梁 KL1，3 跨，梁的宽度为 300mm，梁的高度为 500mm；箍筋（2 肢箍）ϕ8mm，加密区间距为 100mm，非加密区间距为 150mm；上部通长筋2⌀20；下部通长筋 3⌀25；梁侧面通长抗扭钢筋 2⌀12。

(2) 原位标注：原位标注钢筋数量含集中标注。从左边第 1 跨左支座筋为 4⌀20；第 1 跨右支座筋（第 2 跨左支座筋）为 4⌀20；第 2 跨右支座筋（第 3 跨左支座筋）两边角筋为 2⌀20 中间 2⌀18；第 3 跨右支座筋为 4⌀20。

解：(1) 上部通长筋 2⌀20

端部锚固判断：据已知条件，查表 5-3 得：$l_{aE}=37d=37\times0.020\text{m}=0.74\text{m}$

支座 KZ1 允许的直锚长度 0.45m − 0.02m = 0.43m，0.74m > 0.43m，故采取弯锚。

支座锚固长度：0.45m − 0.020m + 15 × 0.020m = 0.73m

KL1 净长：5.7m + 3.6m + 5.4m − 0.45m = 14.25m

搭接次数：(14.25m + 0.73m × 2) ÷ 6.0m = 2.62，接头取 2 个

钢筋直径 20mm > 16mm，采用焊接，不考虑搭接长度

单根总长：14.25m + 0.73m × 2 = 15.71m

(2) 下部通长筋 3⌀25

端部锚固判断：由上部通长筋 2⌀20 的锚固可知，下部通长筋 3⌀25 端部也取弯锚。

支座锚固长度：0.45m－0.020m＋15×0.025m＝0.81m

KL1 净长：5.7m＋3.6m＋5.4m－0.45m＝14.25m

搭接次数：（14.25m＋0.81m×2）÷6.0m＝2.65，接头取 2 个

钢筋直径 25mm＞16mm，采用焊接，不考虑搭接长度

单根总长：14.25m＋0.81m×2＝15.87m

（3）第 1 跨左支座筋 2 ⏀20

支座锚固长度：0.45m－0.020m＋15×0.020m＝0.73m

第 1 跨净长：5.70m－0.45m＝5.25m

单根总长：1/3×5.25m＋0.73m＝2.48m＜6.0m，不需搭接

（4）第 1 跨右支座筋 2 ⏀20

第 1 跨净长：5.70m－0.45m＝5.25m ＞第 2 跨净长：3.60m－0.45m＝3.15m，取 5.25m

单根总长：2/3×5.25m＋0.45m＝3.95m＜6.0m，不需搭接

（5）第 2 跨右支座筋 2 ⏀18

第 2 跨净长：3.60m－0.45m＝3.15m ＜第 3 跨净长：5.40m－0.45m＝4.95m，取 4.95m

单根总长：2/3×4.95m＋0.45m＝3.75m＜6.0m，不需搭接

（6）第 3 跨右支座筋 2 ⏀20

支座锚固长度：0.45m－0.020m＋15×0.020m＝0.73m

单根总长：1/3×（5.4m－0.45m）＋0.73m＝2.38m＜6.0m，不需搭接

（7）侧面通长抗扭钢筋 2 ⏀12

端部锚固判断：据已知条件，查表 5-3 得：$l_{aE}=30d=30\times0.012m=0.36m$

支座 KZ1 允许的直锚长度：0.45m－0.02m＝0.43m，0.36m＜0.43m，故采取直锚。

$\because 0.5h_c+5d=0.5\times0.45m+5\times0.012m=0.285m<0.36m$ $\therefore$ 支座锚固长度取 $l_{aE}=0.36m$

KL1 净长：5.7m＋3.6m＋5.4m－0.45m＝14.25m

搭接次数：（14.25m＋0.36m×2）÷6.0m＝2.66，搭接次数 2 次

钢筋直径 12mm＜16mm，采用绑扎搭接，考虑搭接长度

已知条件，查表 5-3 得：$l_{lE}=36d$

1 次搭接长度＝36×0.012m＝0.43m

单根总长：14.25m＋0.36m×2＋0.43m×2 ＝15.83m

（8）箍筋 ϕ8@100/150

单长：（0.3m＋0.5m）×2－8×0.020m＋11.9×0.008m×2＝1.63m

箍筋数量

加密区范围：1.5×0.5m＝0.75m＞0.5m，取 0.75m

加密区总数量[（0.75m－0.05m）÷0.1m/根＋1 根]×6＝[7 根＋1 根]×6＝48 根

非加密区：第 1 跨数量（5.7m－0.45m－0.75m×2） ÷0.15m/根－1 根＝24 根

第 2 跨数量（3.6m－0.45m－0.75m×2） ÷0.15m/根－1 根＝10 根

第 3 跨数量（5.4m－0.45m－0.75m×2） ÷0.15m/根－1 根＝22 根

箍筋数量小计：48 根＋24 根＋10 根＋22 根＝104 根

（9）拉筋 ϕ6.5@300

说明：当拉筋直径 <7.5mm 时，箍筋的平直段长度应取 75mm，弯钩部分弯曲增加值 1.9d。

单长：0.30m − 2 × 0.020m + (1.9 × 0.0065m + 0.075mm) × 2 = 0.43m

拉筋数量：

第 1 跨数量(5.7m − 0.45m − 0.05m × 2) ÷ 0.30m/根 + 1 根 = 19 根

第 2 跨数量(3.6m − 0.45m − 0.05m × 2) ÷ 0.30m/根 + 1 根 = 12 根

第 3 跨数量(5.4m − 0.45m − 0.05m × 2) ÷ 0.30m/根 + 1 根 = 18 根

拉筋数量小计：19 根 + 12 根 + 18 根 = 49 根

（10）钢筋工程量统计

HRB335(HRB400) ≤ϕ18 工程量合计

15.83m × 2 × 0.888kg/m + 3.75m × 2 × 1.998kg/m = 43kg = 0.043t

现浇构件钢筋 HRB335（HRB400）≤ϕ18　套 5-4-6　单价 = 4626.60 元/t

HRB335（HRB400）≤ϕ25 工程量合计

(15.71m + 2.48m + 3.95m + 2.38m) × 2 × 2.466kg/m + 15.87m × 3 × 3.850kg/m = 304kg = 0.304t

现浇构件钢筋 HRB335(HRB400) ≤ϕ25　套 5-4-7　单价 = 4271.61 元/t

箍筋 ≤ϕ10 工程量合计

1.63m × 104 根 × 0.395kg/m + 0.43m × 49 根 × 0.260kg/m = 72kg = 0.072t

现浇构件箍筋 ≤ϕ10　套 5-4-30　单价 = 4694.37 元/t

（4）抗震屋面框架梁 WKL 纵向钢筋构造如图 5-24 所示。

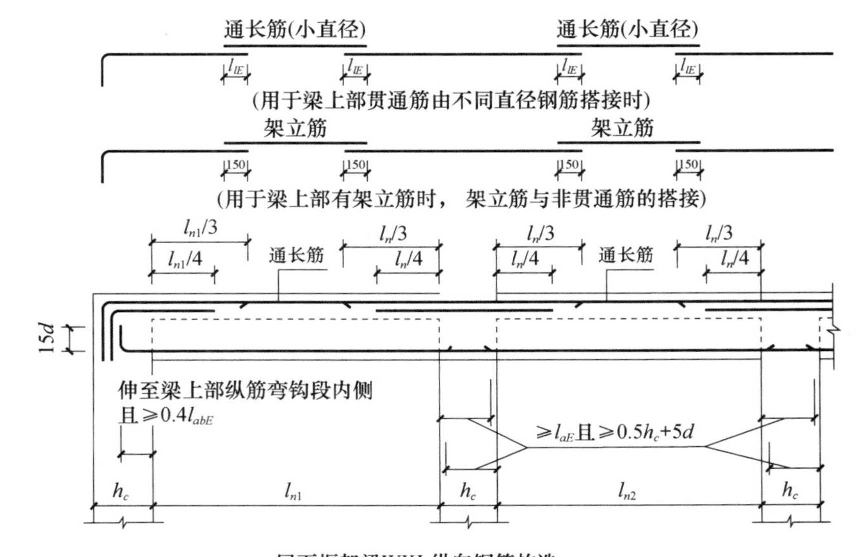

屋面框架梁WKL纵向钢筋构造

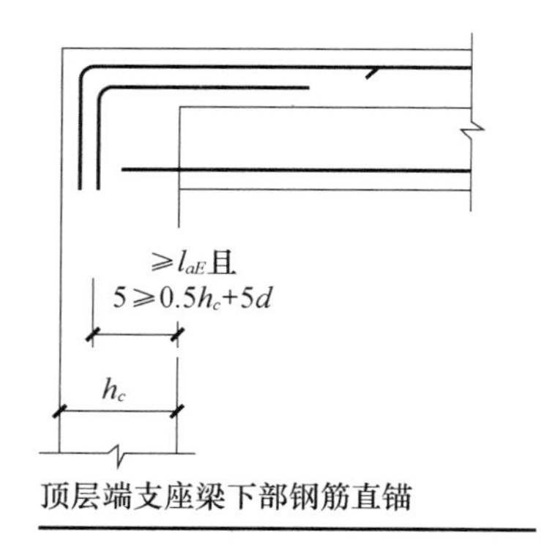

注：1、跨度值l_n为左跨l_{ni}和右跨l_{ni}+1之较大值，其中i=1，2，3，…

2、图中h_n为柱截面沿框架方向的高度。

3、梁上部通长筋与非贯通筋直径相同时，连接位置宜位于跨中l_{ni}/3范围内；梁下部钢筋连接位置宜于支座l_{ni}/3范围内；且在同一连接区段内钢筋接头面积百分率不宜大于50%。

图 5-24　屋面框架梁 WKL 纵向钢筋构造及端支座直锚图（续）

［例 5-11］　已知某工程为框架结构，设计为一类环境，二级抗震，混凝土强度等级为 C35，保护层厚度为 20mm，钢筋定尺长度为 6000mm，直径≥16mm 焊接，＜16mm 帮扎，其中 WKL1（共 15 根）的配筋如图 5-25 所示。侧面构造筋的拉筋为 ϕ6.5@400，计算 WKL1 的部分配筋工程量及费用。（1）上部纵筋 2Φ22；（2）下部纵筋 2Φ25；（3）侧面构造筋 2Φ12。

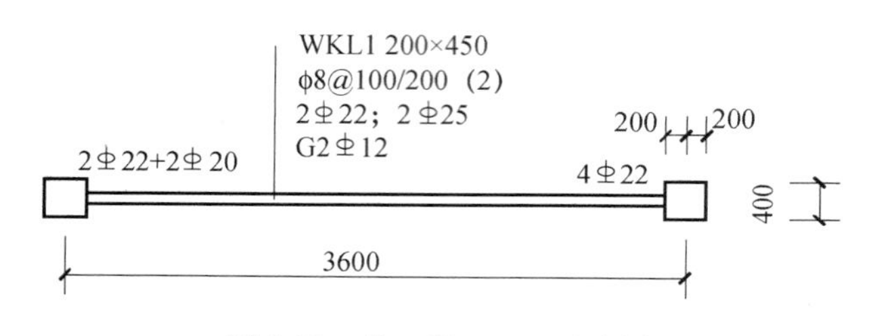

图 5-25　某工程 WKL1 示意图

分析：WKL1 上部纵筋 2Φ22，应弯锚至梁底，侧面构造筋 2Φ12 锚固长度取 15d，钢筋定尺长度为 6.0m，显然 WKL1 的所有钢筋都小于 6.0m，所以不必考虑钢筋搭接。

解：（1）上部纵筋 2Φ22

单根长度：3.60m＋0.20m×2－0.02m×2＋(0.45m－0.02m)×2＝4.82m

（2）下部纵筋 2Φ25

端部锚固判断：据已知条件，查表 5-3 得：$l_{aE}=30d=30\times0.025\text{m}=0.75\text{m}$

支座允许的直锚长度 0.40m－0.02m＝0.38m，0.75m＞0.38m，故采取弯锚。

支座锚固长度：0.40m－0.020m＋15×0.025m＝0.76m

单根总长：0.76m×2＋(3.60m－0.20m×2)＝4.72m

HRB335≤ϕ25 工程量合计

(4.82m×2×2.984kg＋4.72m×2×3.850kg)×15＝977kg＝0.977t

现浇构件钢筋 HRB335（HRB400）≤ϕ25　套 5-4-7　单价＝4271.61 元/t

费用：0.977t×4271.61 元/t＝4173.36 元

(3) 侧面构造筋 2 Φ12

单根长：15 ×0.012m ×2 + (3.60m −0.20m ×2) =3.56m

工程量：3.56m ×2 ×15 ×0.888kg =95kg =0.095t

现浇构件钢筋 HRB335 (HRB400) ≤ϕ18　套 5-4-6　单价 =4626.60 元/t

费用：0.095t ×4626.60 元/t =439.53 元

四、板内钢筋计算

(1) 楼板、屋面板的构造如图 5-26 所示。

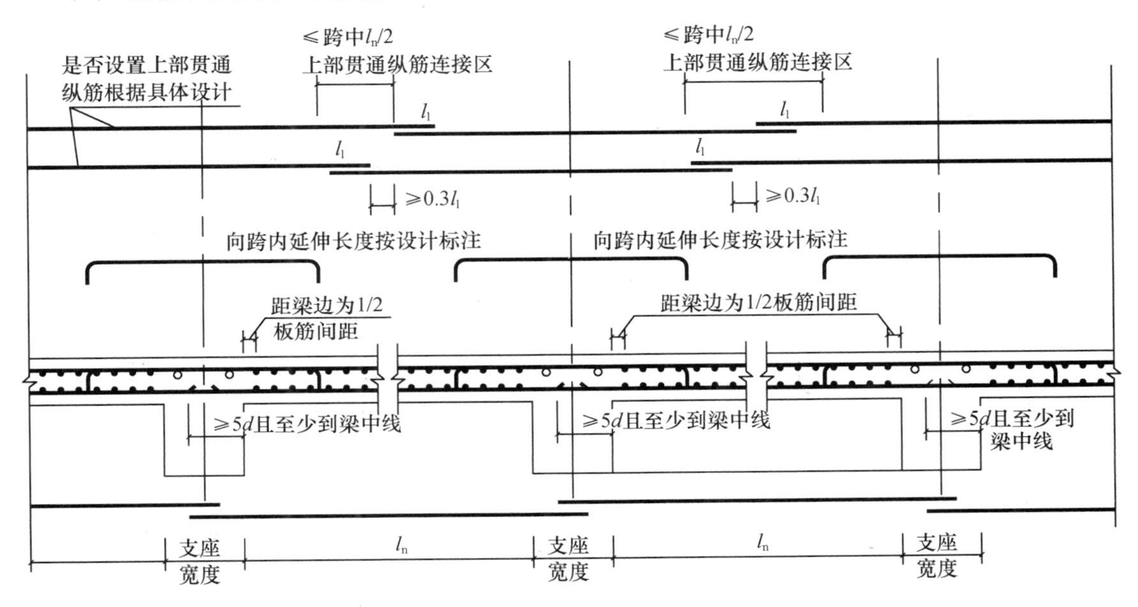

图 5-26　有梁楼盖屋面板 WB 钢筋构造图

(2) 楼板、屋面板在端部支座的锚固如图 5-27 所示。

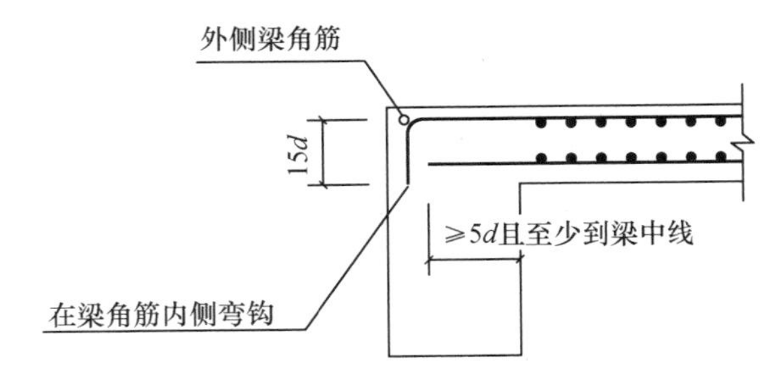

图 5-27　楼板、屋面板在端部支座的锚固图

[例 5-12]　某框架楼柱、梁、板整体现浇，KL1 的截面尺寸为 250mm (宽) × 600mm，楼层现浇板 LB1 厚度为 150mm，保护层厚度为 15mm，混凝土强度等级为 C30，LB1 的配筋如图 5-28 所示。板负筋的下部配Φ8@250 的分布筋，试计算 LB1 的钢筋工程量及费用。

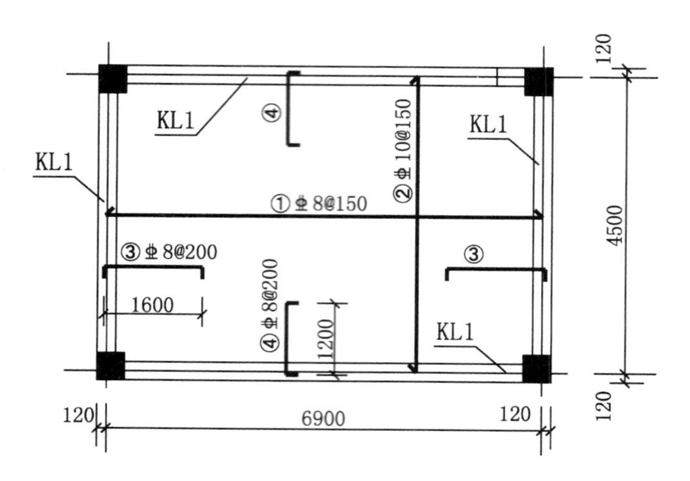

图 5-28　某框架楼现浇板示意图

分析：由图 4-13 知，钢筋的起步距离为 150mm/2 = 75mm = 0.075m。分布筋与负筋的搭接长度按 150mm 计算。

解：(1) ① Φ8@150

锚固判断：$5d$ = 5 × 10mm = 50mm < 250mm/2 = 125mm，故锚到梁中心线。

单长：6.9m + 0.12m × 2 − 0.25m = 6.89m

根数：(4.5m + 0.12m × 2 − 0.25m × 2 − 0.075m × 2) ÷ 0.15m/根 + 1 根 = 29 根

(2) ② Φ10@150

单长：4.5m + 0.12m × 2 − 0.25m = 4.49m

根数：(6.9m + 0.12m × 2 − 0.25m × 2 − 0.075m × 2) ÷ 0.15m/根 + 1 根 = 45 根

(3) ③ Φ8@200

单长：1.60m + 0.15m − 0.015m × 2 + 15 × 0.008 = 1.84m

根数：(4.5m + 0.12m × 2 − 0.25m × 2 − 0.075m × 2) ÷ 0.20m/根 + 1 根 = 22 根

分布筋：Φ8@250

单长：4.5m + 0.12m × 2 − 0.015m × 2 − 1.2m × 2 + 0.15m × 2 = 2.61m

根数：(1.60m + 0.015m − 0.25m − 0.075m) ÷ 0.25m/根 + 1 根 = 7 根

(4) ④ Φ8@200

单长：1.20m + 0.15m − 0.015m × 2 + 15 × 0.008 = 1.44m

根数：(6.9m + 0.12m × 2 − 0.25m × 2 − 0.075m × 2) ÷ 0.20m/根 + 1 根 = 34 根

分布筋：Φ8@250

单长：6.9m + 0.12m × 2 − 0.015m × 2 − 1.6m × 2 + 0.15m × 2 = 4.21m

根数：(1.20m + 0.015m − 0.25m − 0.075m) ÷ 0.25m/根 + 1 根 = 5 根

(5) 工程量合计

[6.89m × 29 + (1.84m × 22 + 2.61m × 7) × 2 + (1.44m × 34 + 4.21m × 5) × 2] × 0.395kg/m + 4.49m × 45 × 0.617kg/m = 305kg = 0.305t

现浇构件钢筋 HRB335（HRB400）≤ϕ10　套 5-4-5　单价 = 4754.64 元/t

费用：0.305t × 4754.64 元/t = 1450.17 元

复习与测试

1. 带形基础混凝土工程量怎样计算，如何区分有梁式无梁式？
2. 独立基础的柱身和基础如何划分？
3. 混凝土梁的长度和高度怎样确定？
4. 钢筋工程量如何计算？
5. 预制混凝土柱工程量怎样计算？
6. 已知某工程为框架结构，共11层，设计为一类环境，一级抗震，混凝土强度等级为C30，其中二层KL1（共5根）的配筋如图5-29所示，计算KL1的钢筋工程量及费用。

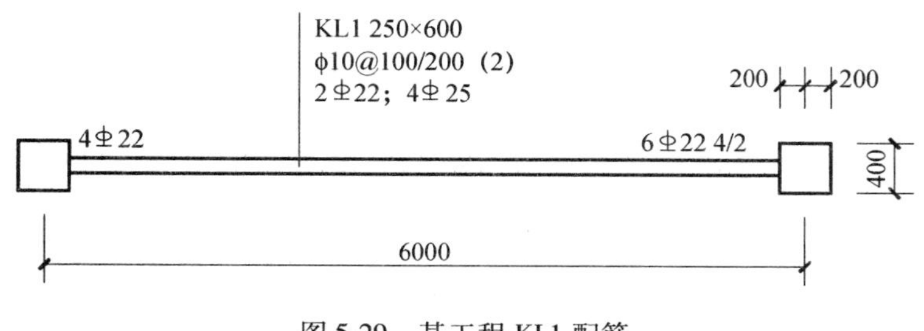

图5-29　某工程KL1配筋

第六章　金属结构工程

第一节　定额说明

（1）本章定额包括金属结构制作、无损探伤检验、除锈、平台摊销、金属结构安装五节。

（2）本章构件制作均包括现场内（工厂内）的材料运输、号料、加工、组装及成品堆放、装车出厂等全部工序。

（3）本章定额金属构件制作包括各种杆件的制作、连接以及拼装成整体构件所需的人工、材料及机械台班用量（不包括为拼装钢屋架、托架、天窗架而搭设的临时钢平台）。在套用了本章金属构件制作项目后，拼装工作不再单独计算。本章 6-5-26 至 6-5-29 拼装子目只适用于半成品构件的拼装。本章安装项目中，均不包含拼装工序。

（4）金属结构的各种杆件的连接以焊接为主，焊接前连接两组相邻构件使其固定以及构件运输时为避免出现误差而使用的螺栓，已包括在制作子目内。

（5）本章构件安装未包括堆放地至起吊点运距 >15m 的现场范围内的水平运输，发生时按本定额“第十九章施工运输工程”相应项目计算。

（6）金属构件制作子目中，钢材规格和用量的设计与定额不同时，可以调整，其他不变（钢材的损耗率为 6%）。

（7）钢零星构件，系指定额未列项的，且单体质量≤0. 2t 的金属构件。

（8）需预埋入钢筋混凝土中的铁件、螺栓按本定额“第五章钢筋及混凝土工程”相应项目计算。

（9）本章构件制作项目中，均已包括除锈、刷一遍防锈漆。本章构件制作中要求除锈等级为 Sa2. 5 级，设计文件要求除锈等级≤Sa2. 5 级，不另套项；若设计文件要求除锈等级为 Sa3 级，则每定额制作单位增加人工 0. 2 工日、机械 $10m^3$/min 电动空气压缩机 0. 2 台班。

（10）本章构件制作中防锈漆为制作、运输、安装过程中的防护性防锈漆，设计文件规定的防锈、防腐油漆另行计算，制作子目中的防锈漆工料不扣除。

（11）在钢结构安装完成后、防锈漆或防腐等涂装前，需对焊缝节点处、连接板、螺栓、底漆损坏等处进行除锈处理，此项工作按实际施工方法套用本章相应除锈子目，工程量按制作工程量 10% 计算。

（12）成品金属构件或防护性防锈漆超出有效期（构件出场后 6 个月）发生锈蚀的构件，如需除锈，套用本章除锈相关子目计算。

（13）本章除锈子目《涂覆涂料前钢材表面处理　表面清洁度的目视评定》GB/T 8923.1—2011 中锈蚀等级 C 级考虑除锈至 Sa2.5 或 St2，若除锈前锈蚀等级为 B 级或 D 级，相应定额应分别乘以系数 0.75 或 1.25，相关定义参见该标准。

（14）网架结构中焊接钢板节点、焊接钢管节点、杆件直接交汇节点的制作、安装，执行焊接空心球网架的制作、安装相应子目。

（15）实腹柱是指十字、T、L、H 形等，空腹钢柱是指箱型、格构型等。

（16）轻钢檩条间的钢拉条制作、安装，执行屋架钢支撑相应子目。

（17）成品 H 型钢制作的柱、梁构件，相应制作子目人工、机械及除钢材外的其他材料乘以系数 0.6。

（18）本章钢材如为镀锌钢材，则将主材调整为镀锌钢材，同时扣除人工 3.08 工日/t，扣除制作定额内环氧富锌底漆及钢丸含量。

（19）制作项目中的钢管按成品钢管考虑，如实际采用钢板加工而成的，需将制作项目中主材价格进行换算，人工、机械及除钢材外的其他材料乘以系数 1.5。

（20）劲性混凝土的钢构件套用本章相应定额子目时，定额未考虑开孔费。如需开孔，钢构件制作定额的人工、机械乘以系数 1.15。

（21）劲性混凝土柱（梁）中的钢筋在执行定额相应子目时人工乘以系数 1.25。劲性混凝土柱（梁）中的混凝土在执行定额相应子目时人工、机械乘以系数 1.15。

（22）轻钢屋架，是指每榀质量 <1t 的钢屋架。

（23）钢屋架、托架、天窗架制作平台摊销子目，是与钢屋架、托架、天窗架制作子目配套使用的子目，其工程量与钢屋架、托架、天窗架的制作工程量相同。其他金属构件制作不计平台摊销费用。

（24）钢梁制作、安装执行钢吊车梁制作、安装子目。

（25）金属构件安装，定额按单机作业编制。

（26）本章铁栏杆制作，仅适用于工业厂房中平台、操作台的钢栏杆。工业厂房中的楼梯、阳台、走廊的装饰性铁栏杆，民用建筑中的各种装饰性铁栏杆，均按其他章相应规定计算。

（27）本定额的钢网架制作，按平面网架结构考虑，如设计成筒壳、球壳及其他曲面状，构件制作定额的人工、机械乘以系数 1.3，构件安装定额的人工、机械乘以系数 1.2。

（28）本定额中的屋架、托架、钢柱等均按直线考虑，如设计为曲线、折线型构件，构件制作定额的人工、机械乘以系数 1.3，构件安装定额的人工、机械乘以系数 1.2。

（29）本章单项定额内，均不包括脚手架及安全网的搭拆内容，脚手架及安全网均按相关章节有关规定计算。

（30）本节金属构件安装子目内，已包括金属构件本体的垂直运输机械。金属构件本体以外工程的垂直运输以及建筑物超高等内容，发生时按照相关章节有关规定计算。

（31）钢柱安装在钢筋混凝土柱上，其人工、机械乘以系数 1.43。

第二节　工程量计算规则

（1）金属结构制作、安装工程量，按图示钢材尺寸以质量计算，不扣除孔眼、切边的质量。焊条、铆钉、螺栓等质量已包括在定额内，不另计算。计算不规则或多边形钢板质量时，均以其最大对角线乘以最大宽度的矩形面积计算，如图 6-1 所示。

图 6-1　钢板计算示意图

（2）实腹柱、吊车梁、H 型钢等均按图示尺寸计算，其腹板及翼板宽度按每边增加 25mm 计算。

（3）钢柱制作、安装工程量，包括依附于柱上的牛腿、悬臂梁及柱脚连接板的质量。

（4）钢管柱制作、安装执行空腹钢桩子目，柱体上的节点板、加强环、内衬管、牛腿等依附构件并入钢管柱工程量内。

（5）计算钢屋架、钢托架、天窗架工程量时，依附其上的悬臂梁、檀托、横挡、支爪、檀条爪等分别并入相应构件内计算。

（6）制动梁的制作安装工程量包括制动梁、制动桁架、制动板质量。

（7）钢墙架的制作工程量包括墙架柱、墙架梁及连接柱杆质量。

（8）钢筋混凝土组合屋架钢拉杆，按屋架钢支撑计算。

（9）钢漏斗的制作工程量，矩形按图示分片，圆形按图示展开尺寸，并以钢板宽度分段计算，每段均以其上口长度（圆形以分段展开上口长度）与钢板宽度，按矩形计算，依附漏斗的型钢并入漏斗重量内计算。

（10）高强螺栓、花篮螺栓、剪力栓钉按设计图示以套数计算。

（11）X 射线焊缝无损探伤，按不同板厚，以“张”（胶片）为单位。拍片张数按设计规定计算的探伤焊缝总长度除以定额取定的胶片有效长度（250mm）计算。

（12）金属板材对接焊缝超声波探伤，以焊缝长度为计量单位。

（13）除锈工程的工程量，依据定额单位，分别按除锈构件的质量或表面积计算。

（14）楼面及平板屋面按设计图示尺寸以铺设水平投影面积计算；屋面为斜坡的，按斜坡面积计算。不扣除≤0. 3m^2柱、垛及孔洞所占面积。

第三节　工程量计算及定额应用

［例 6-1］　已知：钢屋架共 12 榀，屋架各部分尺寸及用料如图 6-2 所示。屋架上弦杆及腹杆均采用 2 根角钢制作，下弦杆采用 4 根钢筋制作。∠100 × 100 × 8 的线密度为

12.276kg/m，∠70×70×7 线密度为 7.398kg/m，ϕ25 钢筋线密度为 3.85kg/m，－12 连接板面密度为 94.20kg/m²，计算屋架工程量及费用。

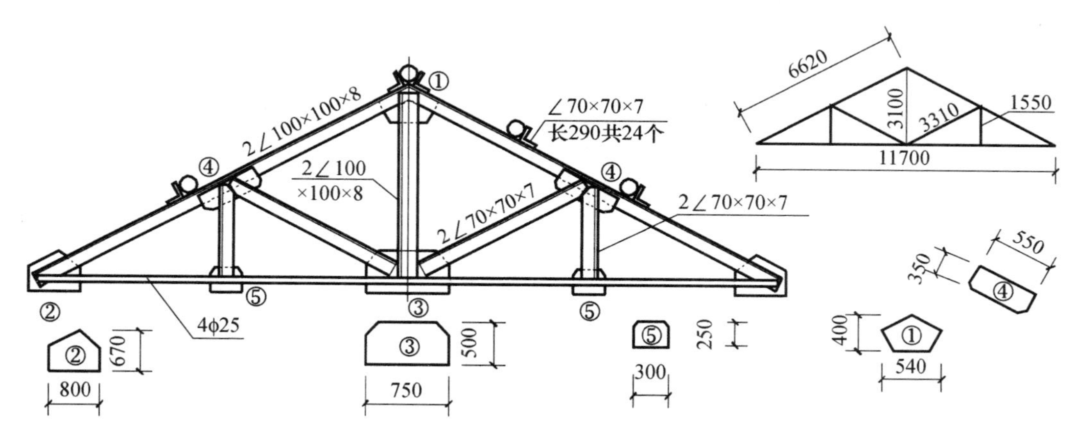

图 6-2　某钢屋架制作示意图

分析：金属结构支座，按设计图示尺寸以质量计算，不扣孔眼、切边、切肢的质量，焊条、铆钉螺栓等不另增加质量。不规则或多边性钢板以其外接矩形面积乘以厚度乘以单位理论质量计算。

解：（1）单榀屋架工程量

上弦质量：6.62m×2×2×12.276kg/m ＝325kg

下弦质量：11.70m×4×3.85 kg/m ＝180kg

中竖腹杆：3.10m×2×12.276kg/m ＝76kg

其他腹杆：（3.31m＋1.55m）×4×7.398kg/m ＝144kg

① 号连接板质量：0.54m×0.40m×94.20kg/m² ＝20kg

② 号连接板质量：0.80m×0.67m×2×94.20kg/m² ＝101kg

③ 号连接板质量：0.75m×0.50m×94.20kg/m² ＝35kg

④ 号连接板质量：0.55m×0.35m×2×94.20kg/m² ＝36kg

⑤ 号连接板质量：0.30m×0.25m×2×94.2kg/m² ＝14kg

檩托质量：0.290×24×7.398＝51kg

单榀屋架的工程量：325kg＋180kg＋76kg＋144kg＋20kg＋101kg＋35kg＋36kg＋14kg＋51kg＝982kg＝0.982t＜1.0t

单榀屋架的质量小于 1t，故此屋架为轻钢屋架。

（2）屋架工程量合计＝0.982t×12＝11.784t

轻钢屋架　套 6-1-5　单价＝7007.66 元/t

费用：11.784t×7007.66 元/t ＝82578.27 元

钢屋架、托架、天窗架（平台摊销）≤1.5t　套 6-4-1　单价＝535.36 元/t

费用：11.784t×535.36 元/t ＝6308.68 元

轻钢屋架安装　套 6-5-3　单价＝1509.86 元/t

费用：11.784t×1509.86 元/t＝17792.19 元

［例6-2］ 某电业局架设110万伏供电线路，其中供电塔顶部部分钢支架如图6-3所示，采用角钢和钢板制作，整条供电线路共33座供电塔，刷防锈漆3遍、银粉3遍。其中∠63×6热轧等边角钢线密度为5.721kg/m，∠50×5热轧等边角钢线密度为3.77kg/m，厚度为14mm热轧钢板的面密度为109.9kg/m²，计算图示部分供电塔构件的工程量及费用。

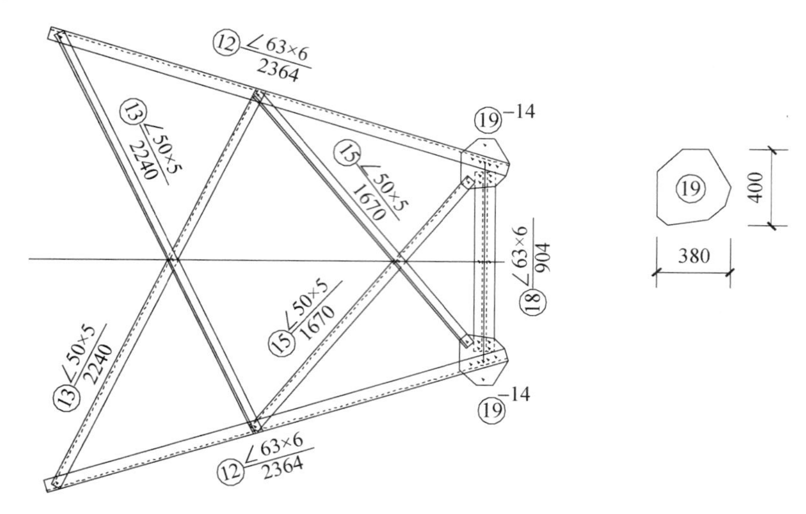

图6-3 供电塔顶部部分钢支架示意图

解：（1）单座供电塔的工程量

⑫号角钢：2.364m×5.721kg/m×2=27kg

⑬号角钢：2.240m×3.77kg/m×2=17kg

⑮号角钢：1.670m×3.77kg/m×2=13kg

⑱号角钢：0.904m×5.721kg/m=5kg

⑲号钢板：0.38m×0.40m×109.9kg/m²×2=33kg

（2）供电塔的工程量

（27kg+13kg+17kg+5kg +33kg）×33=3135kg=3.135t

钢防风架 套6-1-22 单价=5543.42元/t

费用：3.135t×5543.42元/t =17378.62元

钢防风架安装 套6-5-11 单价=299.51元/t

费用：3.135t×299.51元/t=938.96元

复习与测试

1. 不规则或多边形钢板的工程量如何计算?

2. 某单层工业厂房下柱柱间钢支撑尺寸如图6-4所示，共18组，∠75×7热轧等边角钢线密度为7.976kg/m，厚度为10mm热轧钢板的面密度为78.5kg/m²，计算柱间支撑的工程量及费用。

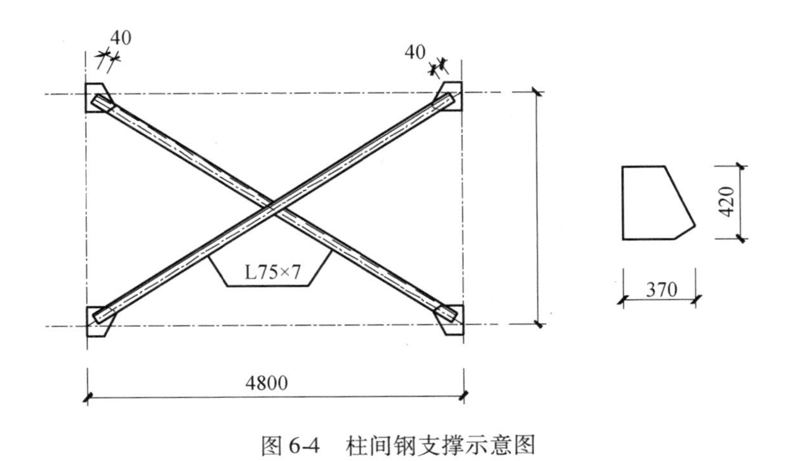

图 6-4　柱间钢支撑示意图

第七章　木结构工程

第一节　定额说明

（1）本章定额包括木屋架、木构件、屋面木基层三节。

（2）木材木种均以一、二类木种取定。若采用三、四类木种时，相应项目人工和机械乘以系数1.35。

（3）木材木种分类

一类：红松、水桐木、樟子松；

二类：白松（方杉、冷杉）、杉木、杨木、柳木、椴木；

三类：青松、黄花松、秋子木、马松尾、东北榆木、柏木、苦木、梓木、黄菠萝、椿木、楠木、柚木、樟木；

四类：枥木（柞木）、檩木、色木、槐木、荔木、麻栗木、桦木、荷木、水曲柳、华北榆木。

（4）本章材料中的“锯成材”是指方木、一等硬木方、一等木方、一等方托木、装修材、木板材和板方材等的统称。

（5）定额中木材以自然干燥条件下的含水率编制，需人工干燥时，另行计算。

（6）钢木屋架是指下弦杆件为钢材，其他受压杆件为木材的屋架。

（7）屋架跨度是指屋架两端上、下弦中心线交点之间的距离。

（8）屋面木基层是指屋架上弦以上至屋面瓦以下的结构部分。

（9）木屋架、钢木屋架定额项目中的钢板、型钢、圆钢，设计与定额不同时，用量可按设计数量另加6%损耗调整，其他不变。

（10）钢木屋架中钢杆件的用量已包括在相应定额子目内，设计与定额不同时，可按设计数量另加6%损耗调整，其他不变。

（11）木屋面板，定额按板厚15mm编制，设计与定额不同时，锯成材（木板材）用量可以调整，其他不变（木板材的损耗率平口为4.4%，错口为13%）。

（12）封檐板、博风板，定额按板厚25mm编制，设计与定额不同时，锯成材（木板材）可按设计用量另加23%损耗调整，其他不变。

第二节　工程量计算规则

（1）木架屋、檩条工程量按设计图示尺寸以体积计算，附属于其上的木夹板、垫木、风撑、挑檐木、檩条、三角条均按木料体积并入屋架、檩条工程量内。单独挑檐木并入檩条工程量内。檩托木、檩垫木已包括在定额项目里，不另计算。

（2）钢木屋架的工程量按设计图示尺寸以体积计算，只计算木杆件的体积。后备长度、配置损耗以及附属于屋架的垫木等已并入屋架子目内，不另计算。

（3）支撑屋架的混凝土垫块，按本定额“第五章钢筋及混凝土工程”中的有关规定计算。

（4）木柱、木梁按设计图示尺寸以体积计算。

（5）檩木按设计图示尺寸以体积计算。檩垫木或钉在屋架上的檩托木已包括在定额内，不另计算。简支檩长度按设计规定计算，如设计未规定者，按屋架或山墙中距增加 200mm 计算，如两端出山，檩条长度算至博风板；连续檩接头部分按全部连续檩的总体积增加 5% 计算。

（6）木楼梯按水平投影面积计算，不扣除宽度≤300mm 的楼梯井面积、踢脚板、平台和伸入墙内部分不另计算。

（7）屋面板制作、檩条上钉屋面板、油毡挂瓦条、钉椽板项目按设计图示屋面的斜面积计算。天窗挑出部分面积并入屋面工程量内计算，天窗挑檐重叠部分按设计规定计算，不扣除截面积≤0.3m^{2}的屋面烟囱、风帽底座、风道及斜沟等部分所占面积。

（8）封檐板按设计图示檐口外围长度计算。博风板按斜长度计算，每个大刀头增加长度 500mm。

（9）带气楼屋架的气楼部分及马尾、折角和正交部分半屋架，并入相连接屋架的体积内计算。

（10）屋面上人孔按设计图示数量以“个”为单位按数量计算。

第三节　工程量计算及定额应用

[例 7-1]　某红木加工厂的制作加工车间共有木屋架 6 榀，其屋架的形式及简图如图 7-1 所示。屋架全部用圆木（独木）加工，屋架下弦杆用杨木制作，直径为 0.38m；上弦（中竖）杆用杉木制作，直径为 0.26m；斜腹（小竖）杆等用杉木制作，直径均为 0.22m，檩托长度为 0.20m，直径为 0.22m。檩条用青松圆木直径为 0.18m，脊檩（共有 7 根）长度为 4.2m，其他长度均为 4.5m。计算木屋架及檩条工程量及费用。

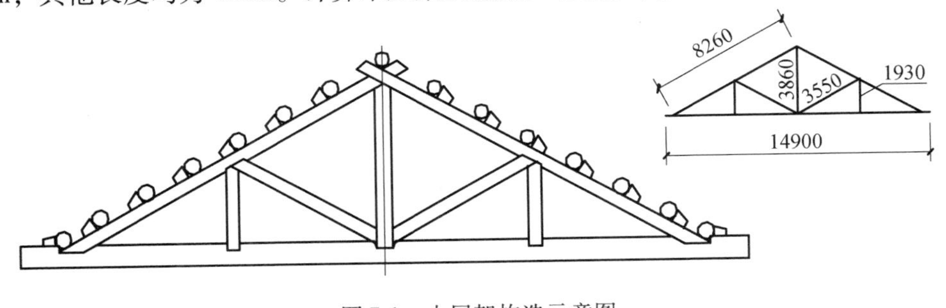

图 7-1　木屋架构造示意图

解：（1）单榀屋架工程量

上弦杆体积：$\pi\times(0.38\text{m})^2/4\times14.90\text{m}=1.69\text{m}^3$

下弦杆体积：$\pi\times(0.26\text{m})^2/4\times8.26\text{m}\times2=0.88\text{m}^3$

中竖杆体积：$\pi\times(0.26\text{m})^2/4\times3.86\text{m}=0.20\text{m}^3$

斜腹（小竖）杆体积：$\pi\times0.22\text{m}^2/4\times(3.55\text{m}+1.93\text{m})\times2=0.42\text{m}^3$

（2）所有屋架工程量

$$(1.69\text{m}^3+0.88\text{m}^3+0.20\text{m}^3+0.42\text{m}^3)\times6=19.14\text{m}^3$$

圆木人字屋架制作安装跨度 >10m　套 7-1-2　单价 $=29990.03$ 元/10m^3

费用：$19.86\text{m}^3\div10\times29990.03$ 元/$10\text{m}^3=59560.20$ 元

（3）檩条

工程量：$\pi\times(0.18\text{m})^2/4\times(4.2\text{m}\times7+4.5\text{m}\times15\times7)=12.77\text{m}^3$

圆木檩条　套 7-3-2　单价（换）

$$21111.89\text{ 元}/10\text{m}^3+2167.90\text{ 元}/10\text{m}^3\times0.35=21870.66\text{ 元}/10\text{m}^3$$

费用：$12.176\text{m}^3\div10\times21870.66$ 元/$10\text{m}^3=26629.72$ 元

复习与测试

1. 哪些木材为一、二类木种？当木结构构件为三、四类木材木种时，如何调整？
2. 简述木楼梯的工程量计算规则。

第八章　门窗工程

第一节　定额说明

（1）本章定额包括木门，金属门，金属卷帘门，厂库房大门、特种门，其他门，木窗和金属窗七节。

（2）本章主要为成品门窗安装项目。

（3）木门窗及金属门窗不论现场或附属加工厂制作，均执行本章定额。现场以外至施工现场的水平运输费用可计入门窗单价。

（4）门窗安装项目中，玻璃及合页、插销等一般五金零件均按包含在成品门窗单价内考虑。

（5）单独木门框制作安装中的门框断面按 55mm × 100mm 考虑。实际断面不同时，门窗材的消耗量按设计图示用量另加 18% 损耗调整。

（6）木窗中的木橱窗是指造型简单、形状规则的普通橱窗。

（7）厂库房大门及特种门门扇所用铁件均已列入定额，除成品门附件以外，墙、柱、楼地面等部位的预埋铁件按设计要求另行计算。

（8）钢木大门为两面板者，定额人工和机械消耗量乘以系数 1. 11。

（9）电子感应自动门传感装置、电子对讲门和电动伸缩门的安装包括调试用工。

第二节　工程量计算规则

（1）各类门窗安装工程量，除注明者外，均按图示门窗洞口面积计算。

（2）门连窗的门和窗安装工程量，应分别计算，窗外围尺寸以长度计算。

（3）金属卷帘门安装工程量按洞口高度增加 600mm 乘以门实际宽度以面积计算；若有活动小门，应扣除卷帘门中小门所占面积。电动装置安装以“套”为单位按数量计算，小门安装以“个”为单位按数量计算。

（4）普通成品门、木质防火门、纱门扇、成品窗扇、纱窗扇、百叶窗（木）、铝合金纱窗扇和塑钢纱窗扇等安装工程量均按扇外围面积计算。

（5）木橱窗安装工程量按框外围面积计算。

（6）电子感应自动门传感装置、全玻转门、电子对讲门、电动伸缩门均以“套”为单位按数量计算。

第三节　工程量计算及定额应用

一、木门

[例 8-1]　某学校教学楼教室安装无纱扇玻璃镶木板门，共计 23 樘，样式及门框外围尺寸如图 8-1 所示，门框及门扇等均为成品。门（双扇）外围尺寸为 1100mm×2100mm，上亮子（双扇）外围尺寸为 1100mm×550mm。计算教室木门工程量及费用。

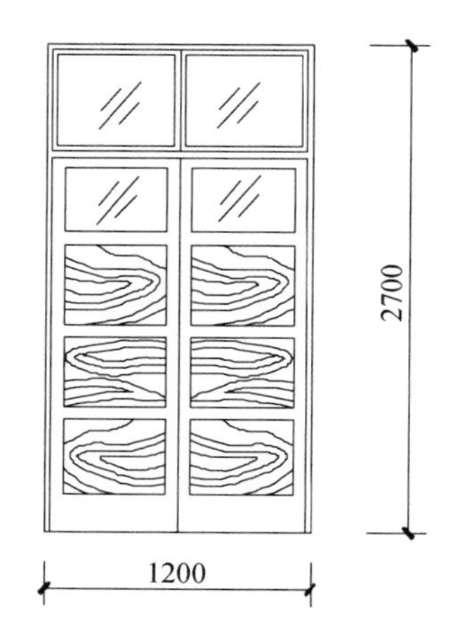

图 8-1　玻璃镶木板门示意图

解：(1) 门框安装

工程量：(1.20m + 2.70m × 2) × 23 = 151.80m

成品木门框安装　套 8-1-2　单价 = 139.16 元/m

费用：151.80m ÷ 10 × 139.16 元/10m = 2112.45 元

(2) 无纱玻璃镶板门扇安装

工程量：1.10m × 2.10m × 23 = 53.13m²

普通成品门扇安装　套 8-1-3　单价 = 3983.95 元/10m²

费用：53.13m² ÷ 10 × 3983.95 元/10m² = 21166.73 元

(3) 上亮子安装

工程量：1.10m × 0.55m × 23 = 13.92m²

成品窗扇　套 8-6-1　单价 = 840.54 元/10m²

费用：13.92m² ÷ 10 × 840.54 元/10m² = 1170.03 元

[例 8-2]　某教学楼教室门为成品门连窗，门为带纱扇的玻璃镶板门，门上亮带纱扇，窗户上部带纱扇，下部为固定窗无纱扇，共 36 樘，如图 8-2 所示。试计算门连窗工程量及费用。

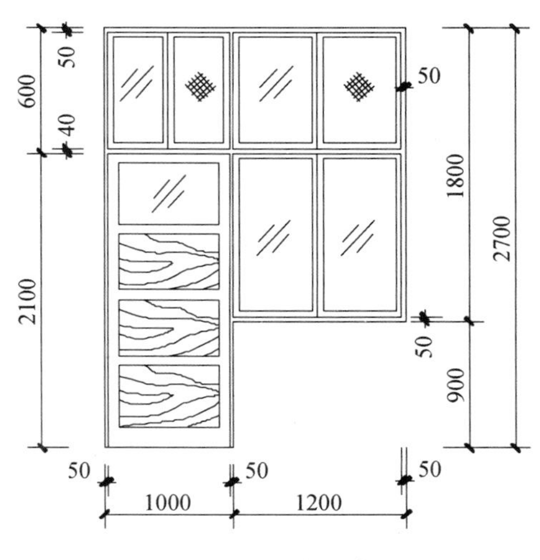

图 8-2　门连窗示意图

解：（1）门框安装

工程量：[（1.0m + 1.20m + 2.70m）×2 − 1.0m] ×36 = 316.80m

成品木门框安装　套 8-1-2　单价 = 139.16 元/m

费用：316.80m ÷10 ×139.16 元/10m = 4408.59 元

（2）镶板门扇安装

工程量：（1.0m − 0.05m ×2）×2.10m ×36 = 68.04m^2

普通成品门扇安装　套 8-1-3　单价 = 3983.95 元/10m^2

费用：68.04m^2 ÷10 ×3983.95 元/10m^2 = 27106.80 元

（3）纱门扇安装

工程量：（1.0m − 0.05m ×2）×2.10m ×36 = 68.04m^2

纱门扇安装　套 8-1-5　单价 = 198.39 元/10m^2

费用：68.04m^2 ÷10 ×198.39 元/10m^2 = 1349.85 元

（4）窗扇安装

工程量：[（1.0m − 0.05m ×2）×（0.60m − 0.05m − 0.04m）+（1.20m − 0.05m）×（1.80m − 0.05m ×2 − 0.04m）] ×36 = 85.25m^2

成品窗扇　套 8-6-1　单价 = 840.54 元/10m^2

费用：85.25m^2 ÷10 ×840.54 元/10m^2 = 7165.60 元

（5）纱窗扇

工程量：（1.0m + 1.2m − 0.05m ×3）×（0.60m − 0.05m − 0.04m）×36 = 37.64m^2

纱窗扇　套 8-6-3　单价 = 443.46 元/10m^2

费用：37.64m^2 ÷10 ×443.46 元/10m^2 = 1669.18 元

二、特种门

[例 8-3]　某粮仓有平开钢木大门（二面板、防风型）26 樘，大门尺寸如图 8-3 所示，

计算钢木大门制作安装工程量及费用。

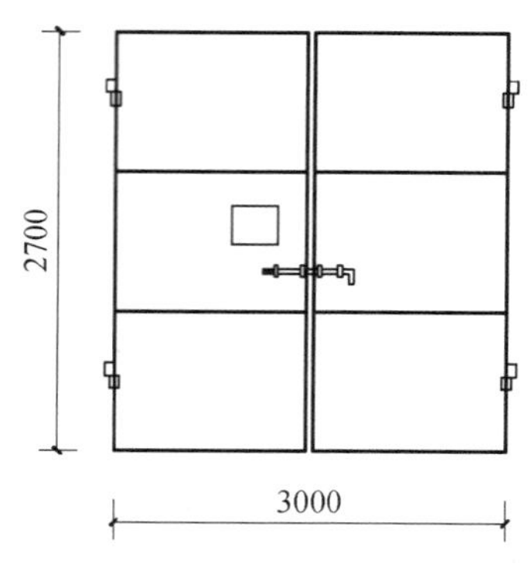

图 8-3　平开钢木大门示意图

解： 大门制安工程量

3. 0m ×2. 70m ×26 =210. 60m^2

钢木大门平开　套 8-4-3　单价 =2130. 08 元/10m^2

费用：210. 60m^2 ÷10 ×2130. 08 元/10m^2 =44859. 48 元

三、木窗

［**例 8-4**］　某教学楼的内走廊的教室窗户（成品）采用木材制作，共 28 樘，双裁口带纱扇单层玻璃木窗，木窗尺寸如图 8-4 所示。计算木窗安装工程量及费用。

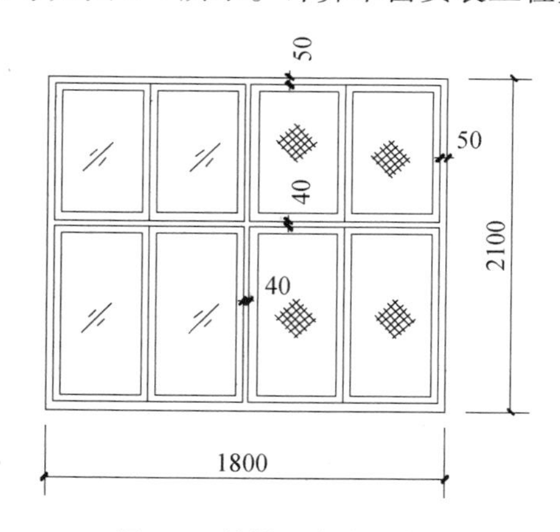

图 8-4　某教室窗户示意图

解：（1）窗框安装

工程量：（1. 8m +2. 10m）×2 ×28 =218. 40m

成品木门框安装　套 8-1-2　单价 =139. 16 元/m

费用：218. 40m ÷10 ×139. 16 元/10m =3039. 25 元

（2）窗扇安装

工程量：［（1. 8m −0. 05m ×2 −0. 04m）×（2. 10m −0. 05m ×2 −0. 04m）×28 =91. 10m^2

成品窗扇　套 8-6-1　单价 =840. 54 元/10m^2

费用：$91.10m^2 \div 10 \times 840.54$ 元/$10m^2 = 7657.32$ 元

（5）纱窗扇

工程量：$[(1.8m - 0.05m \times 2 - 0.04m) \times (2.10m - 0.05m \times 2 - 0.04m) \times 28 = 91.10m^2$

纱窗扇　套 8-6-3　单价 $= 443.46$ 元/$10m^2$

费用：$91.10m^2 \div 10 \times 443.46$ 元/$10m^2 = 4039.92$ 元

四、金属门窗

［**例 8-5**］　某实训楼内走廊有铝合金 8 樘，门为不带纱扇的平开门，铝合金纱窗扇尺寸为 650mm×1240mm，门窗上部均带上亮子，门连窗尺寸及样式如图 8-5 所示。试计算铝合金门连窗工程量及费用。

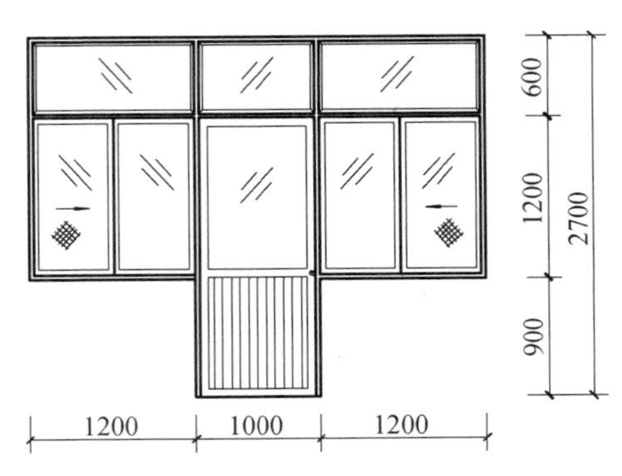

图 8-5　某实训楼门连窗示意图

解：（1）平开门

工程量：$1.0m \times 2.70m \times 8 = 21.60m^2$

铝合金平开门　套 8-2-2　单价 $= 3099.58$ 元/$10m^2$

费用：$21.60m^2 \div 10 \times 3099.58$ 元/$10m^2 = 6695.09$ 元

（2）推拉窗

工程量：$1.20m \times (1.20m + 0.60m) \times 2 \times 8 = 34.56m^2$

铝合金推拉窗　套 8-7-1　单价 $= 2777.82$ 元/$10m^2$

费用：$34.56m^2 \div 10 \times 2777.82$ 元/$10m^2 = 9600.15$ 元

（3）纱扇

工程量：$0.65m \times 1.24m \times 2 \times 8 = 12.90m^2$

铝合金纱窗扇　套 8-7-5　单价 $= 222.20$ 元/$10m^2$

费用：$12.90m^2 \div 10 \times 222.20$ 元/$10m^2 = 286.64$ 元

［**例 8-6**］　某办公楼共有塑钢推拉窗 32 樘，其中纱扇尺寸 980mm×1550mm，并装有不锈钢防盗格栅（按洞口尺寸安装），窗户尺寸如图 8-6 所示。计算塑钢窗工程量及费用。

解：（1）推拉窗

工程量：$2.70m \times 2.10m \times 32 = 181.44m^2$

塑钢推拉窗　套 8-7-6　单价 $= 1940.22$ 元/$10m^2$

费用：$181.44m^2 \div 10 \times 1940.22$ 元/$10m^2 = 35203.35$ 元

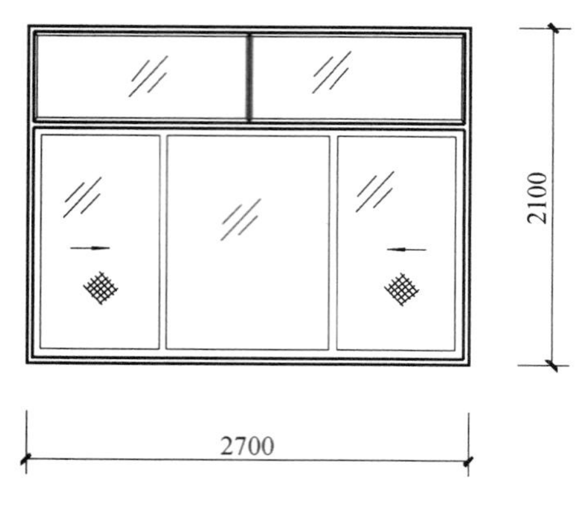

图 8-6　某办公楼塑钢窗示意图

（2）纱扇

工程量：$0.98\text{ m}\times 1.55\text{m}\times 2\times 32=97.22\text{m}^2$

塑钢纱窗扇　套 8-7-10　单价 =649.60 元/10m^2

费用：$97.22\text{m}^2\div 10\times 649.60$ 元/$10\text{m}^2=6315.41$ 元

（3）防盗格栅

工程量：$2.70\text{m}\times 2.10\text{m}\times 32=181.44\text{m}^2$

防盗格栅窗不锈钢　套 8-7-17　单价 =1960.63 元/10m^2

费用：$181.44\text{m}^2\div 10\times 1960.63$ 元/$10\text{m}^2=35573.67$ 元

复习与测试

1. 金属卷帘门安装工程量如何计算？

2. 木门窗安装如何计算？纱扇如何计算？二者有何不同？

3. 某工程门窗表如表 8-1 所示。门为成品铝合金平开门，窗户为塑钢窗带纱扇，计算该工程门窗工程量及费用。

表 8-1　门窗明细表

类别	名称	宽度（mm）	高度（mm）	数量	纱扇（宽 mm × 高 mm）
门	M1	1200	2700	2	
	M2	1000	2250	6	
窗	C1	1200	1800	8	580 × 1380
	C2	1500	1800	10	720 × 1380
	C3	1800	1800	12	850 × 1380

第九章　屋面及防水工程

第一节　定额说明

本章定额包括屋面工程、防水工程、屋面排水、变形缝与止水带四节。

一、屋面工程

（1）本节考虑块瓦屋面、波形瓦屋面、沥青瓦屋面、金属板屋面、采光板屋面和膜结构屋面六种屋面面层形式。屋架、基层、檩条等项目按其材质分别按相应项目计算，找平层按本定额“第十一章楼地面装饰工程”的相应项目执行，屋面保温按本定额“第十章保温、隔热、防腐工程”的相应项目执行，屋面防水层按本章第二节相应项目计算。

（2）设计瓦屋面材料规格与定额规格（定额未注明具体规格的除外）不同时，可以换算，其他不变。波形瓦屋面采用纤维水泥、沥青、树脂、塑料等不同材质波形瓦时，材料可以换算，人工、机械不变。

（3）瓦屋面琉璃瓦面如实际使用盾瓦者，每10m的脊瓦长度，单侧增计盾瓦50块，其他不变。如增加勾头、博古等另行计算。

（4）一般金属板屋面，执行彩钢板和彩钢夹心板子目，成品彩钢板和彩钢夹心板包含铆钉、螺栓、封檐板、封口（边）条等用量，不另计算。装配式单层金属压型板屋面区分檩距不同执行定额子目，金属屋面板材质和规格不同时，可以换算，人工、机械不变。

（5）采光板屋面和琉璃采光顶，其支撑龙骨含量不同时，可以调整，其他不变。采光板屋面如设计为滑动式采光顶，可以按设计增加U型滑动盖帽等部件调整材料消耗量，人工乘以系数1.05。

（6）膜结构屋面的钢支柱执行第六章相应项目，锚固支座混凝土基础等执行第五章相应项目相应项目。

（7）屋面以坡度≤25%为准，坡度>25%及人字形、锯齿形、弧形等不规则屋面，人工乘以系数1.3；坡度>45%的，人工乘以系数1.43。

二、防水工程

（1）本节考虑卷材防水、涂料防水、板材防水、刚性防水四种防水形式。项目设置不分室内、室外及防水部位，使用时按设计做法套用相应项目。

（2）细石混凝土防水层使用钢筋网时，钢筋网执行第五章相应项目。

（3）平（屋）面按坡度≤15%考虑，15%＜坡度≤25%的屋面，按相应项目的人工乘以系数1.18；坡度＞25%及人字形、锯齿形、弧形等不规则屋面或平面，人工乘以系数1.3；坡度＞45%的，人工乘以系数1.43。

（4）防水卷材、防水涂料及防水砂浆，定额以平面和立面列项，实际施工桩头、地沟、零星部位时，人工乘以系数1.82；单个房间楼地面面积≤8m^2时，人工乘以系数1.3。

（5）卷材防水附加层套用卷材防水相应项目，人工乘以系数1.82。

（6）立面是以直形为准编制的，弧形者，人工乘以系数1.18。

（7）冷粘法按满铺考虑。点、条铺者按其相应项目的人工乘以系数0.91，粘合剂乘以系数0.7。

（8）分隔缝主要包括细石混凝土面层分隔缝、水泥砂浆面层分隔缝两种，缝截面按照15mm乘以面层厚度考虑，当设计材料与定额材料不同时，材料可以换算，其他不变。

三、屋面排水

（1）本节包括屋面镀锌铁皮排水、铸铁管排水、塑料排水管排水、玻璃钢管、镀锌钢管、虹吸排水及种植屋面排水内容。水落管、水口、水斗均按成品材料现场安装考虑，选用时可以依据排水管材料材质不同套用相应项目换算材料，人工、机械不变。

（2）铁皮屋面及铁皮排水项目内已包括铁皮咬口和搭接的工料。

（3）塑料排水管排水按PVC材质水落管、水斗、水口和弯头考虑，实际采用UPVC、PP（聚丙烯）管、ABS（丙烯晴-丁二烯-苯乙烯共聚物）管、PB（聚丁烯）等塑料管材或塑料复合管材时，材料可以换算，人工、机械不变。

（4）若采用不锈钢水落管排水时，执行镀锌钢管子目，材料据实换算，人工乘以系数1.1。

（5）种植屋面排水子目仅考虑了屋面滤水层和排（蓄）水层，其找平层、保温层等执行其他章节相应项目，防水层按本章第二节相应项目计算。

四、变形缝与止水带

（1）变形缝嵌填缝子目中，建筑油膏、聚氯乙烯胶泥设计断面取定为30mm×20mm；油浸木丝板取定为150mm×25mm；其他填料取定为150mm×30mm。若实际设计断面不同时，用料可以换算，人工不变。

（2）沥青砂浆填缝设计砂浆不同时，材料可以换算，其他不变。

（3）变形缝盖缝，木板盖板断面取定为200mm×25mm；铝合金盖板偶厚度取定为1mm；不锈钢厚度取定为1mm。如设计不同时，材料可以换算，人工不变。

（4）钢板（紫铜板）止水带展开宽度400mm，氯丁橡胶宽300mm，涂刷式氯丁胶贴玻璃纤维止水片宽350mm，其他均为150mm×30mm。如设计断面不同时，用料可以换算，人工不变。

第二节　工程量计算规则

一、屋面

（1）各种屋面和型材屋面（包括挑檐部分），均按设计图示尺寸以面积计算，不扣除房上烟囱、风帽底座、风道、小气窗、斜沟和脊瓦等所占面积，小气窗的出檐部分也不增加。斜屋面按斜面面积计算，按照图示尺寸的水平投影面积乘以屋面坡度系数（表9-1），以平方米计算。

表9-1　屋面坡度系数表

坡度			延尺系数 C	隅延尺系数 D
B/A（$A=1$）	$B/2A$	角度 α		
1	1/2	45°	1.4142	1.7321
0.75		36°52′	1.2500	1.6008
0.70		35°	1.2207	1.5779
0.666	1/3	33°40′	1.2015	1.5620
0.65		33°01′	1.1926	1.5564
0.60		30°58′	1.1662	1.5362
0.577		30°	1.1547	1.5270
0.55		28°49′	1.1413	1.5170
0.50	1/4	26°34′	1.1180	1.5000
0.45		24°14′	1.0966	1.4839
0.40	1/5	21°48′	1.0770	1.4697
0.35		19°17′	1.0594	1.4569
0.30		16°42′	1.0440	1.4457
0.25		14°02′	1.0308	1.4362
0.20	1/10	11°19′	1.0198	1.4283
0.15		8°32′	1.0112	1.4221
0.125		7°8′	1.0078	1.4191
0.100	1/20	5°42′	1.0050	1.4177
0.083		4°45′	1.0035	1.4166
0.066	1/30	3°49′	1.0022	1.4157

注：1. 上表中字母含义如图9-1（c）所示。

2. $A=A'$，且 $S=0$ 时，为等两坡屋面；$A=A'=S$ 时，为等四坡屋面。

3. 屋面斜铺面积 = 屋面水平投影面积 × C。

4. 等两坡屋面山墙泛水斜长 = $A\times C$。

5. 等四坡屋面斜脊长度 = $A\times D$。

（2）西班牙瓦、瓷质波形瓦、英红瓦屋面的正斜脊瓦、檐口线，按设计图示尺寸以长度计算。

屋脊分为正脊、山脊和斜脊，如图 9-1 所示。

正脊：屋面的正脊又叫瓦面的大脊，是指与两端山墙尖同高，且在同一条直线上的水平屋脊。

山脊：又叫梢头，是指山墙上的瓦脊或用砖砌成的山脊。

斜脊：指四面坡折角处的阳脊。

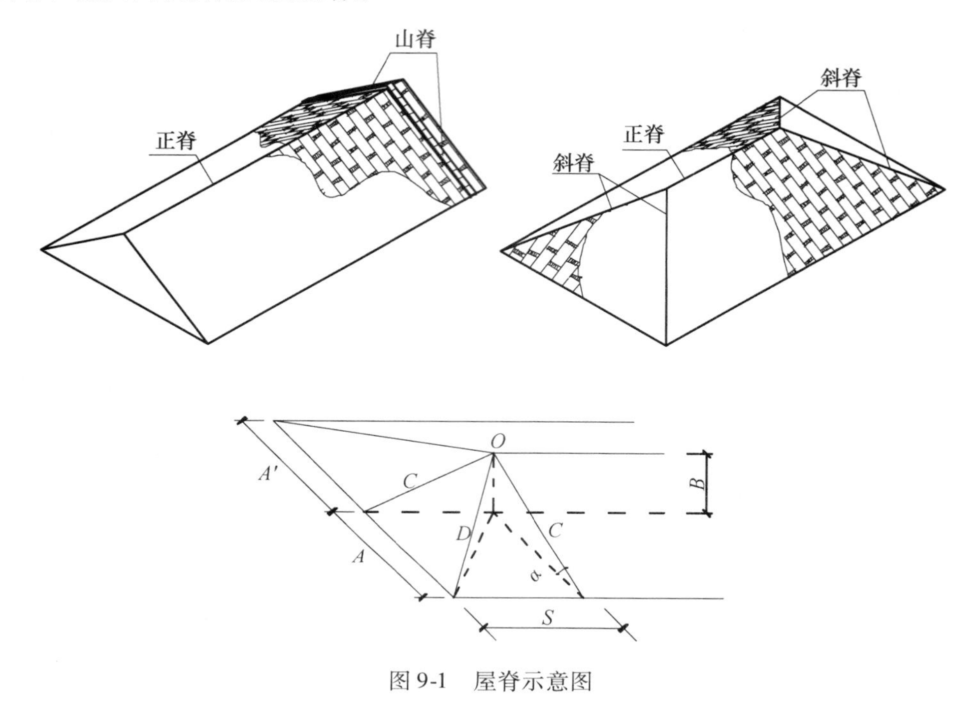

图 9-1　屋脊示意图

等两坡屋面工程量 = 檐口总宽度 × 檐口总长度 × 延尺系数

等两坡正脊、山脊工程量 = 檐口总长度 + 檐口总宽度 × 延尺系数 × 山墙端数

等四坡屋面工程量 = 屋面水平投影面积 × 延尺系数

等四坡正脊、斜脊工程量 = 檐口总长度 − 檐口总宽度 + 檐口总宽度 × 隅延尺系数 ×2

其中：延尺系数、隅延尺系数如表 9-1 所示。

（3）琉璃瓦屋面的正斜脊瓦、檐口线按设计图示尺寸以长度计算。设计要求安装勾头（卷尾）或博古（宝顶）等时，另按“个”计算。

（4）采光板屋面和玻璃采光顶屋面按设计图示尺寸以面积计算，不扣除面积≤0. 3m² 孔洞所占面积。

（5）膜结构屋面设计按设计图示尺寸以需要覆盖的水平投影面积计算。

二、防水

（1）屋面防水，按设计图示尺寸以面积计算（斜屋面按斜面面积计算），不扣除房上烟囱、风帽底座、风道、屋面小气窗等所占面积，上翻部分也不另计算。屋面的女儿墙、伸缩缝和天窗等处的弯起部分，按设计图示尺寸计算；设计无规定时，伸缩缝、女儿墙、天窗的弯起部分按500mm计算，计入立面工程量内。

平屋面和坡屋面的划分界线。平屋面：屋面坡度小于1/30的屋面；坡屋面：坡度大于或等于1/30的屋面。平屋面按图示尺寸的水平投影面积以平方米计算。坡屋面（斜屋面）按图示尺寸的水平投影面积乘以坡度系数，以平方米计算。

（2）楼地面防水、防潮层按设计图示尺寸以主墙间净面积计算，扣除凸出地面的构筑物、设备基础等所占面积，不扣除间壁墙及单个面积≤0.3m^2柱、垛、烟囱和孔洞所占面积，平面与立面交接处，上翻高度≤300mm时，按展开面积并入平面工程量内计算；上翻高度>300mm时，按立面防水层计算。

（3）墙基防水、防潮层，外墙按外墙中心线长度、内墙按墙体净长度乘以宽度，以面积计算。

（4）墙的立面防水、防潮层，不论内墙，外墙，均按设计图示尺寸以面积计算。

（5）基础底板的防水、防潮层按设计图示尺寸以面积计算，不扣除桩头所占面积。桩头处外包防水按桩头投影外扩300mm以面积计算，地沟处防水按展开面积计算，均计入平面工程量，执行相应规定。

（6）屋面、楼地面及墙面、基础底板等，其防水搭接、拼缝、压边、留槎用量已综合考虑，不另行计算；卷材防水附加层按实际铺贴尺寸以面积计算。

（7）屋面分隔缝，按设计图示尺寸以长度计算。

三、屋面排水

（1）水落管、镀锌铁皮天沟、檐沟，按设计图示尺寸以长度计算。

（2）水斗、下水口、雨水口、弯头、短管等，均按数量以“套”计算。

（3）种植屋面排水按设计尺寸以实际铺设排水层面积计算，不扣除房上烟囱、风帽底座、风道、屋面小气窗及面积≤0.3m^2孔洞所占面积。

四、变形缝与止水带

变形缝与止水带按设计图示尺寸以长度计算。

第三节　工程量计算及定额应用

一、屋面

［例9-1］　某单层建筑物双坡屋面如图9-2所示。屋面做法为：在混凝土檩条上铺钉苇箔三层，再铺泥挂瓦。试计算屋面部分工程量及费用。

分析：屋面部分是指从檩条或屋面板上的面层部分的工程。各种瓦屋面（包括挑檐部分）均按设计图示尺寸的水平投影面积乘以屋面坡度系数，以平方米计算。由图9-2可知：屋面的坡度1∶1.5，查表9-1得，延尺系数$C=1.2015$。

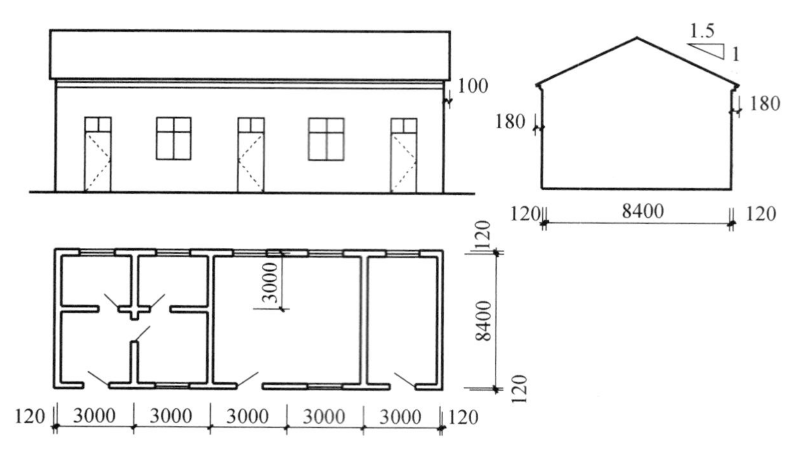

图 9-2　某双坡屋面示意图

解：瓦屋面工程量

(3.0m×5＋0.12m×2＋0.10m×2)×(8.4m＋0.12m×2＋0.18m×2)×1.2015＝166.96m²

钢、混凝土檩条上铺钉苇箔三层铺泥挂瓦　套 9-1-2　单价＝329.18 元/10m²

费用：166.96m²÷10×329.18 元/10m²＝5495.99 元

[例 9-2]　某单排柱车棚顶部安装蓝色的彩钢波纹瓦，车棚尺寸如图 9-3 所示，试计算车棚屋面的工程量及费用。

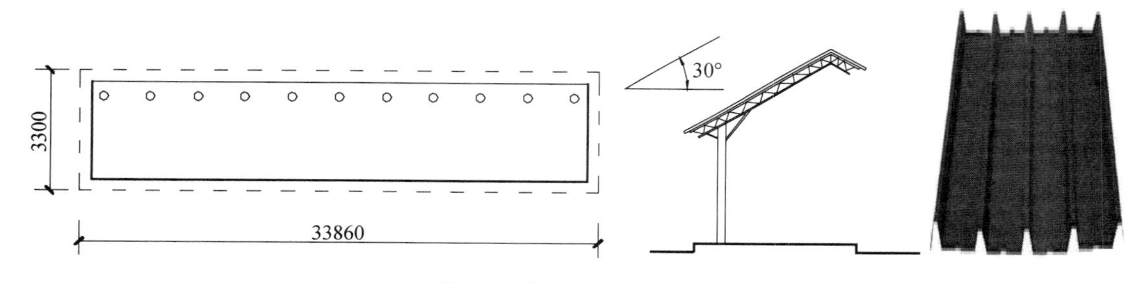

图 9-3　某车棚屋顶示意图

解：由图 9-3 可以看出，屋面的角度为 30°，查表 9-1 可得：延迟系数系数 C＝1.1547

屋面工程量：33.86m×3.30m×1.1547＝129.02m²

单层彩钢板檩条或基层混凝土（钢）板面上　套 9-1-24　单价＝994.50 元/10m²

费用：129.02m²÷10×994.50 元/10m²＝12831.04 元

二、防水、排水

[例 9-3]　某阶梯教室屋顶平面及剖面图如图 9-4 所示。外墙厚度为 240mm，屋面采用刚性防水，利用屋架找坡 8%，屋面保温层的具体做法：在预制混凝土屋面板上抹 1：3 水泥砂浆厚 25mm，铺砌加气混凝土块（585mm×120mm×240mm）保温层，在保温层上抹 1：3 水泥砂浆（加防水粉，上翻 500mm）找平厚 25mm，C20 细石混凝土刚性防水层（拒水粉）厚 40mm，分隔缝在女儿墙与屋面转角处和图示位置均需设置，该工程共有 10 根塑料落水管。计

算该屋面工程防水层、分隔缝和排水管的工程量及费用。

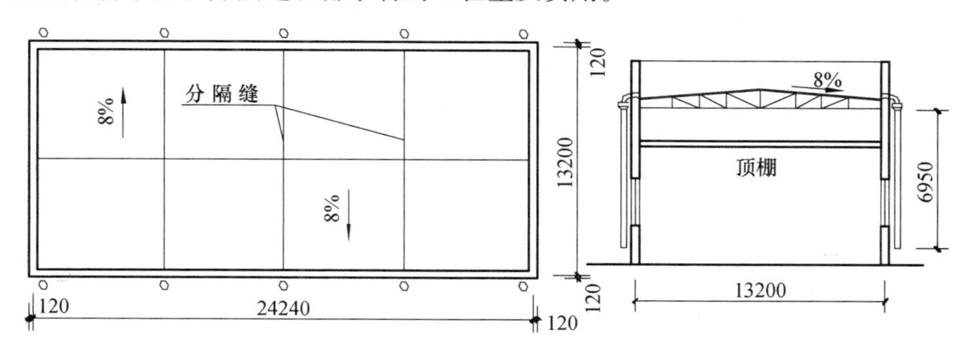

图 9-4　某阶梯教室防水示意图

分析：该工程屋面的坡度为 8%（0.08），查表 9-1 可知，在“B/A”一列中没有恰巧的数值，位于 0.083 和 0.066 之间，这时延迟系数 C 可利用勾股定理直接求出，也可根据表 9-1 提供的数值利用直线内插法求出延迟系数 C。

解：（1）计算屋面的坡度系数

$$\text{勾股定理法：}\frac{\sqrt{8^2+100^2}}{100}=1.003$$

$$\text{直线内插法：}\frac{1.0035-1.0022}{0.083-0.066}\times(0.08-0.066)+1.0022=1.003$$

（2）1∶3 水泥砂浆找平层

保温层上部：$(24.24\text{m}-0.24\text{m})\times(13.2\text{m}-0.24\text{m})\times1.003=311.97\text{m}^2$

女儿墙内边上翻：$(24.24\text{m}+13.2\text{m}-0.24\text{m}\times2)\times2\times0.50\text{m}=36.96\text{m}^2$

小计：$311.97\text{m}^2+36.96\text{m}^2=348.93\text{m}^2$

防水砂浆掺防水粉厚 25mm　套 9-2-69 和套 9-2-70　单价（换）

170.76 元/10m^2 + 55.59 元/10m^2 ÷ 2 = 198.56 元/10m^2

费用：348.93m^2 ÷ 10 × 198.56 元/10m^2 = 6928.35 元

（3）细石混凝土刚性防水层

工程量：$(24.24\text{m}-0.24\text{m})\times(13.2\text{m}-0.24\text{m})\times1.003=311.97\text{m}^2$

细石混凝土厚 40mm　套 9-2-65　单价 = 256.17 元/10m^2

费用：311.97m^2 ÷ 10 × 256.17 元/10m^2 = 7991.74 元

（4）分隔缝

工程量：$(24.24\text{m}-0.24\text{m})\times3+(13.2\text{m}-0.24\text{m})\times5=136.80\text{m}$

分隔缝细石混凝土面厚 40mm　套 9-2-77　单价 = 68.58 元/10m

费用：136.80m ÷ 10 × 68.58 元/10m = 938.17 元

分隔缝水泥砂浆面厚 25mm　套 9-2-78　单价 = 50.91 元/10m

费用：136.80m ÷ 10 × 50.91 元/10m = 696.45 元

（6）塑料水落管 ϕ100

工程量：$6.95\text{m}\times10=69.50\text{m}$

塑料管排水水落管 $\phi\leqslant$110mm　套 9-3-10　单价 = 202.18 元/10m

费用：69.50m ÷ 10 × 202.18 元/10m = 1405.15 元

（7）塑料水斗工程量：10 个

塑料管排水落水斗　套 9-3-13　单价 = 230.56 元/10 个

费用：10 个 ÷ 10 × 230.56 元/10 个 = 230.56 元

（8）弯头落水口工程量：10 个

塑料管排水弯头落水口　套 9-3-14　单价 = 403.12 元/10 个

费用：10 个 ÷ 10 × 403.12 元/10 个 = 403.12 元

［例 9-4］　南方某地区教学楼屋面防水做法如图 9-5 所示。屋面具体做法：在现浇钢筋混凝土屋面板上随打随抹平并压光；干铺 100mm 厚挤塑聚苯乙烯保温隔热板（压缩强度≥250kPa）；1∶10 水泥珍珠岩找坡 2%（最薄处 40mm）；在找坡层上做 1∶2 水泥砂浆（加防水剂）找平层（在女儿墙处上翻 600mm）；两层 3mm × 2 共 6mm 厚聚酯毡胎 SBS 高聚物改性沥青防水卷材；40mm 厚 C20 细石混凝土保护层配 ϕ4@200 双层双向钢筋网（设分隔缝），纵横间距不应大于 6000mm；预制混凝土板（点式支撑）架空隔热层。计算屋面防水找平层、防水层工程量及费用。

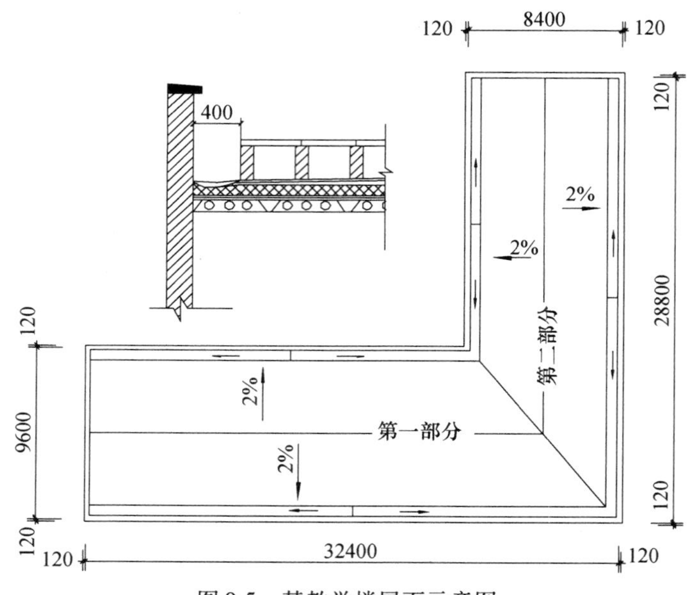

图 9-5　某教学楼屋面示意图

解：（1）屋面防水找平层

平面部分：（32.4m − 0.24m）×（9.6m − 0.24m）+（8.4m − 0.24m）×（28.8m − 9.6m）= 457.69m²

女儿墙内侧立面部分：［（32.4m + 28.8m）× 2 − 4 × 0.24m］× 0.60m = 72.86m²

找平层工程量：457.69m² + 72.86m² = 530.55m²

防水砂浆掺防水剂厚 20mm　套 9-2-71　单价 = 182.63 元/10m²

费用：530.55m² ÷ 10 × 182.63 元/10m² = 9689.43 元

（2）屋顶平面防水

（32.4m − 0.24m）×（9.6m − 0.24m）+（8.4m − 0.24m）×（28.8m − 9.6m）= 457.69m²

分析：本工程未规定女儿墙处防水层的弯起部分高度，所以按照山东省定额规定：设计无规定时，伸缩缝、女儿墙、天窗的弯起部分按500mm计算，计入立面工程量内。

高聚物改性沥青防水卷材自粘法两层平面　套9-2-18和套9-2-20　单价（换）

$$423.29\text{ 元/10m}^2 + 391.73\text{ 元/10m}^2 = 815.02\text{ 元/10m}^2$$

费用：$457.69\text{m}^2 \div 10 \times 815.02\text{ 元/10m}^2 = 37302.65\text{ 元}$

（3）女儿墙内侧立面防水

$$[(32.4\text{m} + 28.8\text{m}) \times 2 - 4 \times 0.24\text{m}] \times 0.60\text{m} = 72.86\text{m}^2$$

高聚物改性沥青防水卷材自粘法　两层　立面　套9-2-19和9-2-21　单价（换）

$437.54\text{ 元/10m}^2 + 404.08\text{ 元/10m}^2 = 841.62\text{ 元/10m}^2$

费用：$72.86\text{m}^2 \div 10 \times 841.62\text{ 元/10m}^2 = 6132.04\text{ 元}$

［例9-5］　某建筑物屋面平面图及女儿墙防水详图如图9-6所示。女儿墙厚度为200mm，女儿墙内侧立面保温厚度为60mm，屋面做法：水泥珍珠岩找坡，最薄处60mm，20mm厚1∶2.5水泥砂浆找平层，100mm厚挤塑保温板，50mm厚细石混凝土保护层随打随抹平，刷基底处理剂一道，改性沥青卷材热熔法粘贴一层，女儿墙处上翻300mm，女儿墙角处防水附加层在屋面和女儿墙内侧宽各250mm。计算屋面防水工程量及费用。

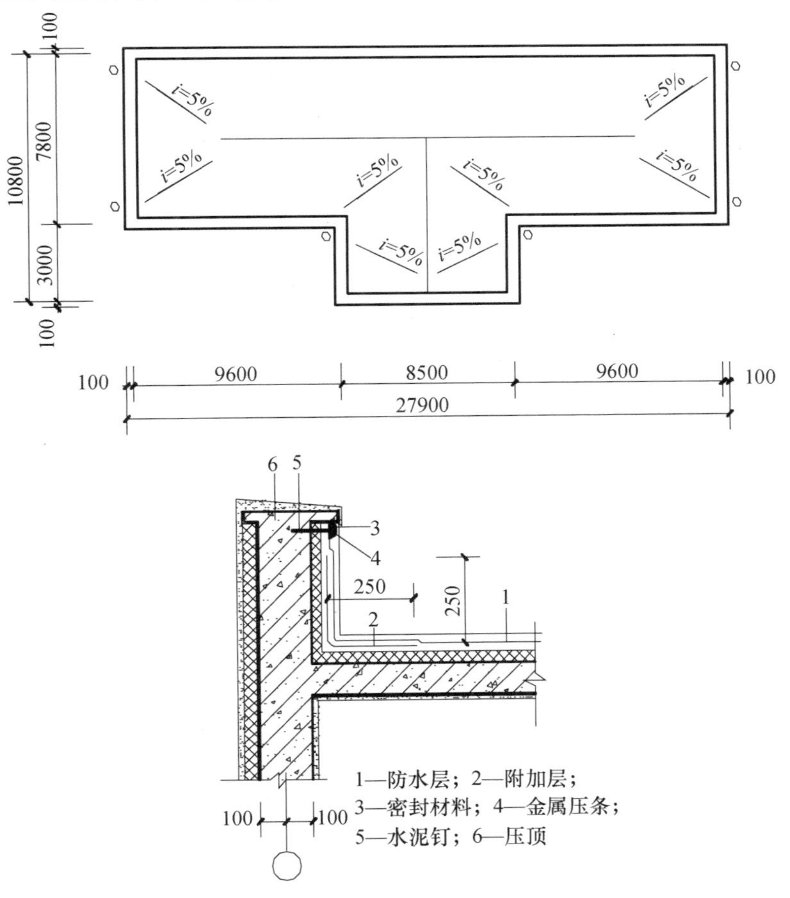

图9-6　屋面平面图及女儿墙防水示意图

分析：屋面坡度 5% < 6.6% （1/30），因此按平面防水计算。防水层上翻高度≤300mm，按展开面积并入平面工程量内计算。卷材防水附加层不含在定额内，要单独计算，套用卷材防水相应项目，人工乘以系数 1.82。基础处理剂已包含在定额内，不另计算。

解：（1）屋面防水面积

$(7.8m - 0.2m) \times (9.6m \times 2 + 8.5m - 0.2m) + 3.0m \times (8.5m - 0.2m) = 233.90m^2$

（2）女儿墙内侧卷材上翻面积

$[(10.8m - 0.2m - 0.06m \times 2) + (27.9m - 0.2m \times 2 - 0.06m \times 2)] \times 2 \times 0.3m = 22.72m^2$

（3）屋面平面防水工程量

$$233.90m^2 + 22.72m^2 = 256.62m^2$$

改性沥青卷材热熔法一层平面　套 9-2-10　单价 = 499.71 元/$10m^2$

费用：$256.62m^2 \div 10 \times 499.71$ 元/$10m^2$ = 12823.56 元

（4）女儿墙墙角附加层防水

$[(10.8m - 0.2m - 0.06m \times 2) + (27.9m - 0.2m \times 2 - 0.06m \times 2)] \times 2 \times 0.25m \times 2 = 37.86m^2$

改性沥青卷材热熔法一层平面　套 9-2-10　单价（换）

$$499.71\text{ 元}/10m^2 + 22.80\text{ 元}/10m^2 \times 1.82 = 541.21\text{ 元}/10m^2$$

费用：$37.86m^2 \div 10 \times 541.21$ 元/$10m^2$ = 2049.02 元

复习与测试

1. 瓦屋面工程量如何计算？

2. 斜屋面防水工程量如何划分？

3. 某工程为四坡屋面，如图 9-7 所示，屋面上铺设英红瓦，试计算瓦屋面工程量及费用。

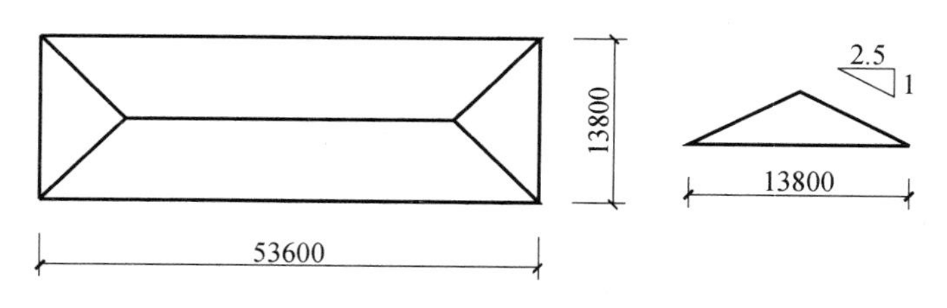

图 9-7　四坡屋面示意图

第十章　保温、隔热、防腐工程

第一节　定额说明

本章定额包括保温、隔热及防腐两节。

一、保温、隔热工程

（1）本节定额适用于中温、低温、恒温的工业厂（库）房保温工程，以及一般保温工程。

（2）保温层的保温材料配合比、材质、厚度设计与定额不同时，可以换算，消耗量及其他均不变。

（3）混凝土板上保温和架空隔热，适用于楼板、屋面板、地面的保温和架空隔热。

（4）天棚保温，适用于楼板下和屋板面下的保温。

（5）立面保温，适用于墙面和柱面的保温。独立性保温层铺贴，按墙面保温定额项目人工乘以系数 1.19、材料乘以系数 1.04。

（6）弧形墙墙面保温隔热层，按相应项目的人工乘以系数 1.1.

（7）池槽保温，池壁套用立面保温，池底按地面套用混凝土板上保温项目。

（8）本节定额不包括衬墙等内容，发生时按相应章节套用。

（9）松散材料的包装材料及包装用工已包括在定额中。

（10）保温外墙面在保温层外镶贴面砖时需要铺钉的热镀锌电焊网，发生时按本定额“第五章钢筋及混凝土工程”相应项目执行。

二、防腐工程

（1）整体面层定额项目，适用于平面、立面、沟槽的防腐工程。

（2）块料面层定额项目按平面铺砌编制。铺砌立面时，相应定额人工乘以系数 1.30，块料乘以系数 1.02，其他不变。

（3）整体面层踢脚板按整体面层相应项目执行，块料面层踢脚板按立面砌块相应项目人工乘以系数 1.2。

（4）花岗岩面层以六面剁斧的块料为准，结合层厚度为 15mm。如板底为毛面时，其结合层胶结料用量可按设计厚度进行调整。

（5）各种砂浆、混凝土、胶泥的种类、配合比、各种整体面层的厚度及各种块料面层规格，设计与定额不同时可以换算。各种块料面层的结合层砂浆、胶泥用量不变。

（6）卷材防腐接缝、附加层、收头工料已包括在定额内，不再另行计算。

第二节　工程量计算规则

一、保温、隔热

（1）保温隔热层工程量除按设计图示尺寸和不同厚度以面积计算外，其他按设计图示尺寸以定额项目规定的计量单位计算。

（2）屋面保温隔热层工程量按设计图示尺寸以面积计算，扣除面积 >0.3m^2 孔洞及占位面积。

双坡屋面保温层平均厚度如图 10-1 所示。

双坡屋面保温层平均厚度 = 保温层宽度 ÷2 × 坡度 ÷2 + 最薄处厚度

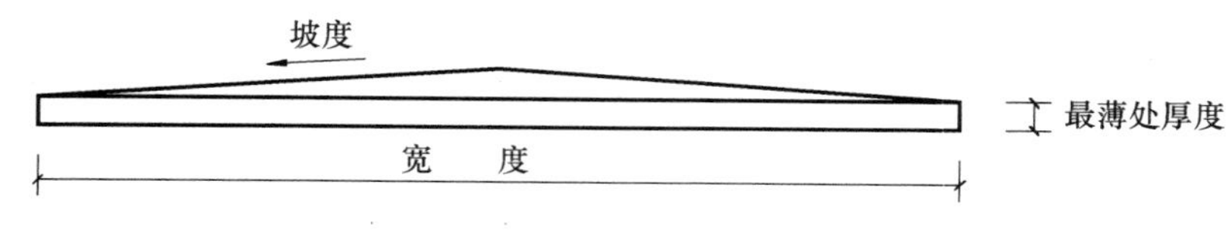

图 10-1　双坡屋面保温层平均厚度示意图

单坡屋面保温层平均厚度如图 10-2 所示。

单坡屋面保温层平均厚度 = 保温层宽度 × 坡度 ÷2 + 最薄处厚度

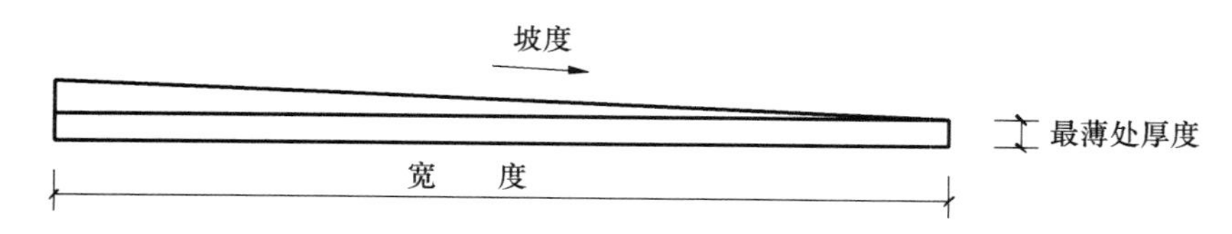

图 10-2　单坡屋面保温层平均厚度示意图

（3）地面保温隔热层工程量按设计图示尺寸以面积计算，扣除面积 >0.3m^2 柱、垛、孔洞等所占面积，门洞、空圈、暖气包槽、壁龛的开口部分不增加面积。

（4）天棚保温隔热层工程量按设计图示尺寸以面积计算，扣除面积 >0.3m^2 上柱、垛、孔洞所占面积，与天棚相连的梁按展开面积，计算并入天棚工程量内。柱帽保温隔热层工程量，并入天棚保温隔热层工程量内。

（5）墙面保温隔热层工程量按设计图示尺寸以面积计算，其中外墙按保温隔热层中心线长度、内墙按保温隔热层净长度乘以设计高度以面积计算。扣除门窗洞口及面积 >0.3m^2 梁、孔洞所占面积；门窗洞口侧壁以及与墙相连的柱并入保温墙体工程量内。

（6）柱、梁保温隔热层工程量按设计图示尺寸以面积计算。柱按设计图示柱断面保温层中心线展开长度乘以高度以面积计算，扣除面积 >0.3m^2 梁所占面积。梁按设计图示梁断面保温层中心线展开长度乘以保温层长度，以面积计算。

（7）池槽保温层按设计图示尺寸以展开面积计算，扣除面积 >0.3m^2 孔洞及占位面积。

（8）聚氨酯、水泥发泡保温，区分不同的发泡厚度，按设计图示的保温尺寸以面积计算。

（9）混凝土板上架空隔热，不论架空高度如何，均按设计图示尺寸以面积计算。

（10）地板采暖、块状、松散状及现场调制保温材料，以所处部位按设计图示保温面积乘以保温材料的净厚度（不含胶结材料），以体积计算。按所处部位扣除相应凸出地面的构筑物、设备基础、门窗洞口以及面积 >0.3m^2 梁、孔洞等所占体积。

（11）保温外墙面面砖防水缝子目，按保温外墙面面砖面积计算。

二、耐酸防腐

（1）耐酸防腐工程区分不同材料以及厚度，按设计图示尺寸以面积计算。平面防腐工程量应扣除凸出地面的构筑物、设备基础等以及面积 >0.3m^2 孔洞、柱、垛等所占面积，门洞、空圈、暖气包槽、壁龛的开口部分不增加面积。立面防腐工程量应扣除门、窗、洞口以及面积 >0.3m^2 孔洞、梁所占面积，门、窗、洞口侧壁、垛凸出部分按展开面积并入墙面内。

（2）平面铺砌双层防腐块料时，按单层工程量乘以系数 2 计算。

（3）池、槽块料防腐面层工程量按设计图示尺寸以展开面积计算。

（4）踢脚板防腐工程量按设计图示长度乘以高度以面积计算，扣除门洞所占面积，并相应增加侧壁展开面积。

第三节　工程量计算及定额应用

一、保温、隔热

［例 10-1］　某阶梯教室屋顶平面及剖面图如图 9-4 所示。外墙厚度为 240mm，屋面采用刚性防水，利用屋架找坡 8%，屋面保温层的具体做法：在预制混凝土屋面板上抹 1∶3 水泥砂浆厚 25mm，铺砌加气混凝土块（585mm × 120mm × 240mm）保温层厚度 120mm，在保温层上抹 1∶3 水泥砂浆（加防水粉，上翻 500mm）找平厚 25mm，C20 细石混凝土刚性防水层（拒水粉）厚 40mm，分隔缝在女儿墙与屋面转角处和图示位置均需设置，该工程共有 10 根塑料落水管。计算该屋面预制板上水泥砂浆找平层和保温层的工程量及费用。

分析：水泥砂浆找平层按设计图示尺寸以面积计算，套用第十一章找平层相应子目。由例 9-3 知：屋面的坡度系数为 1.003。

解：（1）找平层

$$(24.24\text{m} - 0.24\text{m}) \times (13.2\text{m} - 0.24\text{m}) \times 1.003 = 311.97\text{m}^2$$

水泥砂浆在混凝土或硬基层上 25mm　套 11-1-1 和套 11-1-3　单价（换）

$$150.04\ 元/10\text{m}^2 + 24.64\ 元/10\text{m}^2 = 174.68\ 元/10\text{m}^2$$

费用：$311.97m^2 \div 10 \times 174.68$ 元/$10m^2$ = 5449.49 元

（2）保温层

$$(24.24m - 0.24m) \times (13.2m - 0.24m) \times 1.003 \times 0.12m = 37.44m^3$$

加气混凝土砌块　套 10-1-3　单价 = 2728.80 元/$10m^3$

费用：$37.44m^3 \div 10 \times 2728.80$ 元/$10m^3$ = 10216.63 元

［例 10-2］　南方某地区教学楼屋面防水做法如图 9-5 所示。屋面具体做法：在现浇钢筋混凝土屋面板上随打随抹平并压光；干铺 100mm 厚挤塑聚苯乙烯保温隔热板（压缩强度 ≥250kPa）；1∶10 水泥珍珠岩找坡 2%（最薄处 40mm）；在找坡层上做 1∶2 水泥砂浆（加防水剂）找平层（在女儿墙处上翻 600mm）；两层 3mm×2 共 6mm 厚聚酯毡胎 SBS 高聚物改性沥青防水卷材；40mm 厚 C20 细石混凝土保护层配 ϕ4@200 双层双向钢筋网（设分隔缝），纵横间距不应大于 6000mm；预制混凝土板（点式支撑）架空隔热层。计算屋面保温层、找坡层、架空隔热层工程量及费用。

解：（1）保温层

$$(32.4m - 0.24m) \times (9.6m - 0.24m) + (8.4m - 0.24m) \times (28.8m - 9.6m) = 457.69m^2$$

干铺聚苯保温板　套 10-1-16　单价 = 238.65 元/$10m^2$

费用：$457.69m^2 \div 10 \times 238.65$ 元/$10m^2$ = 10922.77 元

（2）找坡层

第一部分

平均厚度：$(9.6m - 0.24m) \div 2 \times 2\% \div 2 + 0.04m = 0.09m$

水平面积：$(32.4m - 8.4m + 32.4m - 0.24m) \times (9.6m - 0.24m) \div 2 = 262.83m^2$

第二部分

平均厚度：$(8.4m - 0.24m) \div 2 \times 2\% \div 2 + 0.04m = 0.08m$

水平面积：$(28.8m - 9.6m + 28.8m - 0.24m) \times (8.4m - 0.24m) \div 2 = 194.86m^2$

工程量小计：$0.09m \times 262.83m^2 + 0.08m \times 194.86m^2 = 39.24m^3$

现浇水泥珍珠岩　套 10-1-11　单价 = 2793.86 元/$10m^3$

费用：$39.24m^3 \div 10 \times 2793.86$ 元/$10m^3$ = 10963.11 元

（3）隔热层

$$(32.4m - 0.24m - 0.4m) \times (9.6m - 0.24m - 0.4m \times 2) + (8.4m - 0.24m - 0.4m \times 2) \times (28.8m - 9.6m + 0.4m) = 416.12m^2$$

架空隔热层预制混凝土板　套 10-1-30　单价 = 286.42 元/$10m^2$

费用：$416.12m^2 \div 10 \times 286.42$ 元/$10m^2$ = 11918.51 元

［例 10-3］　某工程施工图如图 10-3 所示。该工程外墙保温做法：清理基层；刷界面砂浆 5mm，刷 30mm 厚胶粉聚苯颗粒；门窗边做保温宽度为 120mm。计算外墙保温工程量并套用相应定额子目。

解：（1）外墙保温层中心线长度

$$[(10.74m + 0.24m + 0.03m) + (7.44m + 0.24m + 0.03m)] \times 2 = 37.44m$$

（2）门、窗面积

$$1.2m \times 2.4m + 1.8m \times 1.8m + 1.2m \times 1.8m \times 2 = 10.44m^2$$

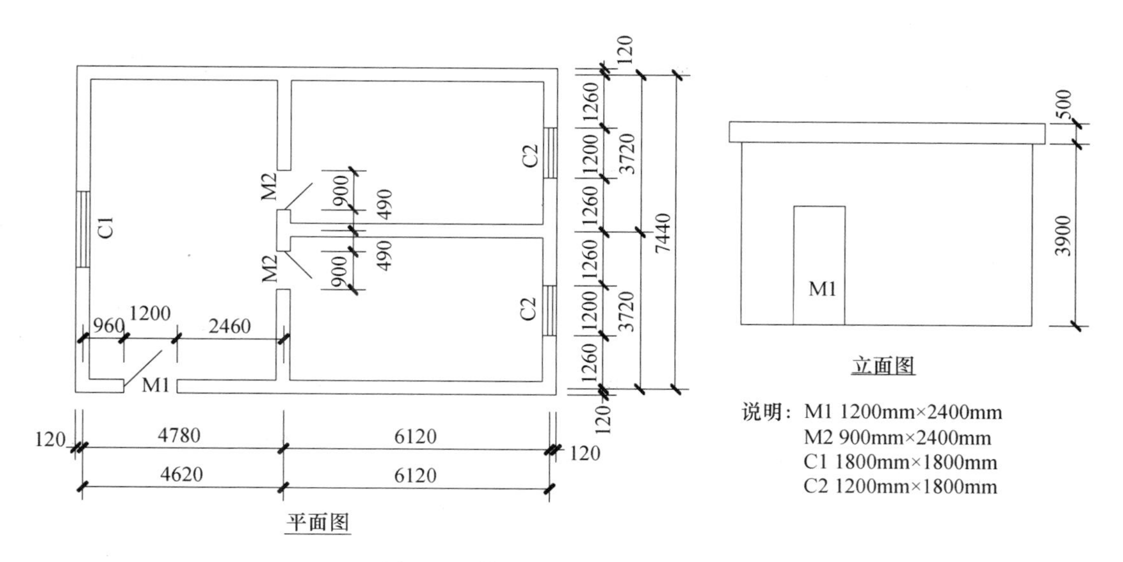

图 10-3 某工程平面及立面示意图

（3）门窗外侧面保温面积

$$[1.8m \times 4 + (1.2m + 1.8m) \times 4 + (2.4m \times 2 + 1.2m)] \times 0.12m = 3.02m^2$$

（4）外墙保温总面积

$$37.44m \times 3.90m - 10.44m^2 + 3.02m^2 = 138.60m^2$$

胶粉聚苯颗粒保温厚度 30mm　套 10-1-55　单价 = 317.24 元/10m²

说明：清理基层、刷界面砂浆已包含在定额工作内容中，不另计算。

二、防腐

［例 10-4］ 某库房做 1.3∶2.6∶7.4 耐酸沥青砂浆防腐面层，踢脚抹 1∶0.3∶1.5 钢屑砂浆，厚度均为 20mm，踢脚线高度 200mm，如图 10-4 所示。墙厚度均为 240mm，门洞地面做防腐面层，侧边（立面）不做踢脚线。计算库房防腐工程量及费用。

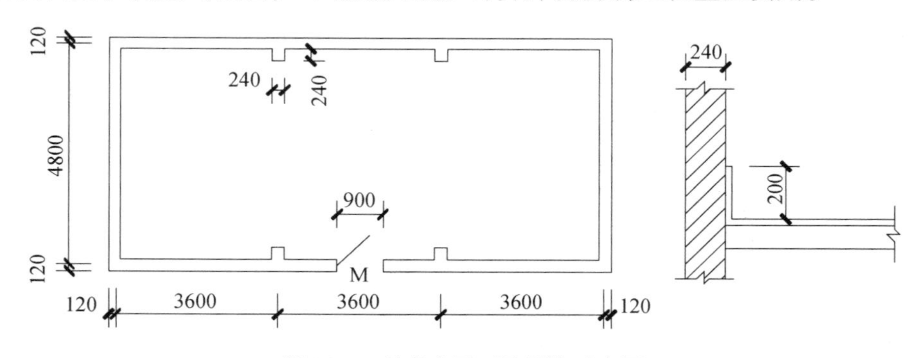

图 10-4 某库房平面及踢脚示意图

解：（1）地面防腐面层

$$(3.6m \times 3 - 0.12m \times 2) \times (4.8m - 0.12m \times 2) = 48.15m^2$$

耐酸沥青砂浆厚度 20mm　套 10-2-1 和套 10-2-2　单价（换）

$$784.52\text{ 元}/10\text{m}^2 - 2 \times 113.26\text{ 元}/10\text{m}^2 = 558.00\text{ 元}/10\text{m}^2$$

费用：$48.15\text{m}^2 \div 10 \times 558.00\text{ 元}/10\text{m}^2 = 2686.77\text{ 元}$

（2）踢脚线防腐

$[(3.6\text{m} \times 3 - 0.12\text{m} \times 2 + 0.24\text{m} \times 4 + 4.8\text{m} - 0.12\text{m} \times 2) \times 2 - 0.90\text{m}] \times 0.20\text{m} = 6.25\text{m}^2$

钢屑砂浆厚度 20mm　套 10-2-10　单价 $= 437.77\text{ 元}/10\text{m}^2$

费用：$6.25\text{m}^2 \div 10 \times 437.77\text{ 元}/10\text{m}^2 = 273.61\text{ 元}$

［例 10-5］　某二层仓库平面如图 10-5 所示。一层储藏室地面做防腐处理，具体做法：地面铺耐酸沥青浸渍砖厚 115mm，踢脚线高为 250mm，厚度 53mm，墙垛和 M1、M2 侧面都做防腐处理。计算防腐工程量及费用。

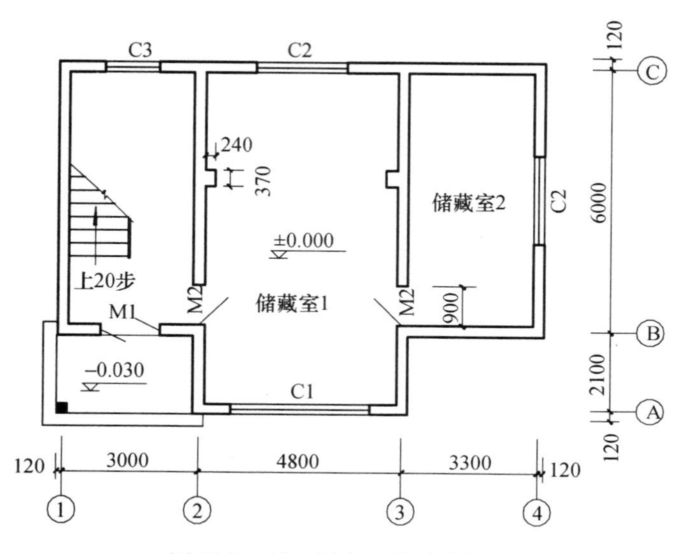

图 10-5　某二层仓库平面示意图

解：（1）地面防腐

储藏室 1：$(4.80\text{m} - 0.24\text{m}) \times (6.0\text{m} + 2.1\text{m} - 0.24\text{m}) = 35.84\text{m}^2$

储藏室 2：$(3.30\text{m} - 0.24\text{m}) \times (6.0\text{m} - 0.24\text{m}) = 17.63\text{m}^2$

小计：$35.84\text{m}^2 + 17.63\text{m}^2 = 53.47\text{m}^2$

耐酸沥青胶泥平面铺砌沥青浸渍砖厚度 115mm　套 10-2-26　单价 $= 3744.08\text{ 元}/10\text{m}^2$

费用：$53.47\text{m}^2 \div 10 \times 3744.08\text{ 元}/10\text{m}^2 = 20019.60\text{ 元}$

（2）踢脚线

储藏室 1：$[(4.80\text{m} - 0.24\text{m}) \times 2 + (6.0\text{m} + 2.1\text{m} - 0.24\text{m}) \times 2 + 0.24\text{m} \times 4 - 0.9\text{m} \times 2 + 0.24\text{m} \times 2] \times 0.25 = 6.12\text{m}^2$

储藏室 2：$[(3.30\text{m} - 0.24\text{m}) \times 2 + (6.0\text{m} - 0.24\text{m}) \times 2 - 0.9\text{m} + 0.24\text{m}] \times 0.25 = 4.25\text{m}^2$

小计：$6.12\text{m}^2 + 4.25\text{m}^2 = 10.37\text{m}^2$

耐酸沥青胶泥平面铺砌沥青浸渍砖厚度 53mm　套 10-2-27　单价（换）

$2419.39\text{ 元}/10\text{m}^2 + 0.20 \times 1504.80\text{ 元}/10\text{m}^2 = 2720.35\text{ 元}/10\text{m}^2$

费用：$10.37\text{m}^2 \div 10 \times 2720.35\text{ 元}/10\text{m}^2 = 2821.00\text{ 元}$

复习与测试

1. 地面、墙面保温工程量如何计算？
2. 防腐工程块料铺砌立面时定额价格如何调整？
3. 平面防腐和立面防腐工程量应如何计算？

第十一章　楼地面装饰工程

第一节　定额说明

（1）本章定额包括找平层、整体面层、块料面层、其他面层及其他项目五节。

（2）本章中的水泥砂浆、混凝土的配合比，当设计、施工选用配比与定额取定不同时，可以换算，其他不变。

（3）本章中水泥自流平、环氧自流平、耐磨地坪、塑胶地面材料可随设计施工要求或所选材料生产厂家要求的配比及用量进行调整。

（4）整体面层、块料面层中，楼地面项目不包括踢脚板（线）；楼梯项目不包括踢脚板（线）、楼梯梁侧面、牵边；台阶不包括侧面、牵边，设计有要求时，按本章及本额定“第十二章墙、柱面装饰与隔断、幕墙工程”“第十三章天棚工程”相应定额项目计算。

（5）预制块料及仿石块料铺贴，套用相应石材块料定额项目。

（6）石材块料各项目的工作内容均不包括开槽、开孔、倒角、磨异形边等特殊加工内容。

（7）石块料楼地面面层分色子目，按不同颜色、不同规格的规则块料拼简单图案编制。其工程量应分别计算，均执行相应分色项目。

（8）镶贴石材按单块面积≤0.64m^2 编制。石材单块面积＞0.64m^2 的，砂浆贴项目每10m^2 增加用工 0.09 工日，胶粘剂贴项目每 10m^2 增加用工 0.104 工日。

（9）石材块料楼地面面层点缀项目，其点缀块料按规格块料现场加工考虑。单块镶拼面积≤0.015m^2 的块料适用于此定额。如点缀块料为加工成品，需扣除定额内的“石料切割锯片”及“石料切割机”，人工乘以系数 0.4。被点缀的主体块料如为现场加工，应按其加工边线长度加套“石材楼梯现场加工”项目。

（10）块料面层拼图案（成品）项目，其图案石材定额按成品考虑。图案外边线以内周边异形块料如为现场加工，套用相应块料面层铺贴项目，并加套“图案周边异形块料铺贴另加工料”项目。

（11）楼地面铺贴石材块料、地板砖等，遇异形房间需现场切割时（按经过批准的排版方案），部分并入相应异形块料加套“图案周边异形块料铺贴另加工料”项目。

（12）异形块料现场加工导致块料损耗超出定额损耗的，应根据现场实际情况计算损耗率，超出部分并入相应块料面层铺贴项目内。

（13）楼地面铺贴石材块料、地板砖等，因施工验收规范、材料纹饰等限制导致裁板方向、宽度有特定要求（按经过批准的排版方案），致使其块料损耗超出定额损耗的，应根据现场实际情况计算损耗率，超出部分并入相应块料面层铺贴项目内。

（14）定额中的“石材串边”“串边砖”指块料楼地面中镶贴颜色或材质与大面积楼地面不同且宽度≤200mm 的石材或地板砖线条，定额中的“过门石”“过门砖”指门洞口处镶贴颜色或材质与大面积楼地面不同的单独石材或地板砖块料。

（15）除铺缸砖（勾缝）项目，其他块料楼地面项目，定额均按密缝编制。若设计缝宽与定额不同时，其块料和勾缝砂浆的用量可以调整，其他不变。

（16）定额中的“零星项目”适用于楼梯和台阶的牵边、侧面、池槽、蹲台等项目，以及面积≤0.5m^2 且定额未列项的工程。

（17）镶贴块料面层的结合层厚度与定额取定不符时，水泥砂浆结合层按“11-1-3　水泥砂浆每增减 5mm”进行调整，干硬性水泥砂浆按“11-3-73　干硬性水泥砂浆每增减 5mm”进行调整。

（18）木楼地面小节中，无论实木还是复合地板面层，均按人工净面编制，如采用机械净面，人工乘以系数 0.87。

（19）实木踢脚板项目，定额按踢脚板固定在垫块上编制。若设计要求做基层板，另按本定额“第十二章墙、柱饰面与幕墙、隔断工程”中的相应基层板项目计算。

（20）楼地面铺地毯，定额按矩形房间编制。若遇异形房间，设计允许接缝时，人工乘以系数 1.10，其他不变；设计不允许接缝时，人工乘以系数 1.20，地毯损耗率根据现场裁剪情况据实测定。

（21）“木龙骨单向铺间距 400mm（带横撑）”项目，如龙骨不铺设垫块时，每 10m^2 调减人工 0.2149 工日，调减板方材 0.0029m^3，调减射钉 88 个。该项定额子目按《建筑工程做法》L13J1 地 301、楼 301 编制，如设计龙骨规格及间距与其不符，可调整定额龙骨材料含量，其余不变。

第二节　工程量计算规则

（1）楼地面找平层和整体面层均按设计图示尺寸以面积计算。计算时应扣除凸出地面构筑物、设备基础、室内铁道、室内地沟等所占面积，不扣除间壁墙及≤0.3m^2 的柱、垛、附墙烟囱及孔洞所占面积，门洞、空圈、暖气包槽、壁龛的开口部分亦不增加（间壁墙指墙厚≤120mm 的墙）。

（2）楼、地面块料面层，按设计图示尺寸以面积计算。门洞、空圈、暖气包槽和壁龛的开口部分并入相应的工程量内。

（3）木楼地面、地毯等其他面层，按设计图示尺寸以面积计算。门洞、空圈、暖气包槽和壁龛的开口部分并入相应的工程量内。

（4）楼梯面层按设计图示尺寸以楼梯（包括踏步、休息平台及≤500mm 宽的楼梯井）水平投影面积计算。楼梯与楼地面相连时，算至梯口梁内侧边沿，无梯口梁者，算至最上一层踏步边沿加 300mm。

（5）旋转、弧形楼梯的装饰，其踏步按水平投影面积计算，执行楼梯的相应子目，人工乘以系数 1.20；其侧面按展开面积计算，执行零星项目的相应子目。

（6）台阶面层按设计图示尺寸以台阶（包括最上层踏步边沿加 300mm）水平投影面积计算。

（7）串边（砖）、过门石（砖）按设计图示尺寸以面积计算。

（8）块料零星项目按设计图示尺寸以面积计算。

（9）踢脚线按长度计算工程量。水泥砂浆踢脚线计算长度时，不扣除门洞口的长度，洞口侧壁亦不增加。

（10）踢脚板按图示尺寸以面积计算。

（11）地面点缀按点缀数量计算。计算地面铺贴面积时，不扣除点缀所占面积。

（12）块料面层拼图案（成品）项目，图案按实际尺寸以面积计算。图案周边异形块料铺贴另加工料项目，按图案外边线以内周边异形块料实贴面积计算。图案外边线是指成品图案所影响的周围规格块料的最大范围。

（13）楼梯石材现场加工，按实际切割长度计算。

（14）防滑条、地面分格嵌条按设计尺寸以长度计算。

（15）楼地面面层割缝按实际割缝长度计算。

（16）石材地面刷养护液按石材底面及四个侧面面积之和计算。

（17）楼地面酸洗、打蜡等基（面）层处理项目，按实际处理基（面）层面积计算，楼梯台阶酸洗打蜡项目，按楼梯、台阶的计算规则计算。

第三节　工程量计算及定额应用

［例 11-1］　某工程平面图如图 11-1 所示。外墙厚 370mm，内墙厚 240mm，地面做法为：250mm 厚地瓜石灌浆垫层，35mm 厚 C20 细石混凝土，然后抹 20mm 厚 1∶2.5 水泥砂浆面层。试计算该工程地面工程量及直接费。

解：（1）计算基数

$S_{房} = (3.0m - 0.185m - 0.12m) \times (7.27m - 0.37m \times 2) \times 2 + (3.0m - 0.24m) \times (5.4m - 0.37m) \times 2 = 62.96m^2$

（2）地瓜石灌浆垫层

工程量：$62.96m^2 \times 0.25m = 15.74m^3$

地瓜石灌浆　套 2-1-23　单价 = 2558.35 元/$10m^3$

费用：$15.74m^3 \div 10 \times 2558.35$ 元/$10m^3$ = 4026.84 元

（3）C20 细石混凝土找平层

工程量：$62.96m^2$

细石混凝土 35mm　套 11-1-4 和套 11-1-5　单价（换）

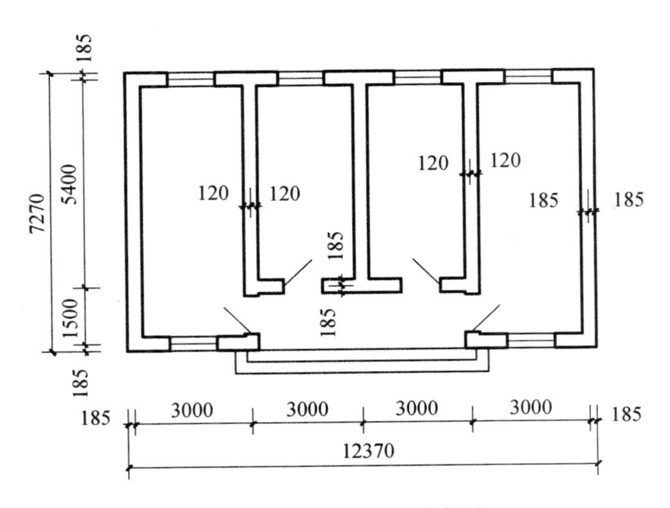

图 11-1　某工程平面示意图

$$217.86\ 元/10m^2 - 25.43\ 元/10m^2 = 192.43\ 元/10m^2$$

费用：$62.96m^2 \div 10 \times 192.43\ 元/10m^2 = 1211.54\ 元$

（2）水泥砂浆面层

工程量：$62.96m^2$

水泥砂浆楼地面 20mm　套 11-2-1　单价（换）

$$203.20\ 元/10m^2 - 0.2050 \times (345.67 - 331.76) = 200.35\ 元/10m^2$$

查山东省人工、材料、机械台班单价表得：序号 5458（编码 80050009）水泥抹灰砂浆单价（除税）345.67 元/m^3；序号 5459（编码 80050011）水泥抹灰砂浆单价（除税）331.76 元/m^3。

费用：$62.96m^2 \div 10 \times 200.35\ 元/10m^2 = 1261.40\ 元$

[例 11-2]　某储藏室平面图如图 11-2 所示，内外墙厚度均 240mm。地面做法：（1）素土夯实；（2）C20 细石混凝土垫层厚 50mm；（3）1∶3 干硬性水泥砂浆干铺 800mm×800mm 全瓷地板砖；（4）踢脚线为全瓷地板砖踢脚线高度为 100mm，胶黏剂粘贴，门侧边镶贴踢脚宽按 110mm 考虑。

试求：储藏室地面装修费用。

解：（1）C20 细石混凝土垫层

工程量：$(3.30m - 0.24m) \times (6.0m - 0.24m) + (4.50m - 0.24m) \times (8.34m - 0.24m \times 2) = 51.11m^2$

C20 细石混凝土垫层厚 50mm　套 11-1-4 和套 11-1-5　单价（换）

$$217.86\ 元/10m^2 + 25.43\ 元/10m^2 \times 2 = 268.72\ 元/10m^2$$

费用：$51.11m^2 \div 10 \times 268.72\ 元/10m^2 = 1373.43\ 元$

（2）地板砖

储藏室 1：$(3.30m - 0.24m) \times (6.0m - 0.24m) + 0.9m \times 0.12m = 17.73m^2$

储藏室 2：$(4.50m - 0.24m) \times (6.0m + 2.1m - 0.24m) - 0.37m \times 0.24m \times 2 + 0.9m \times$

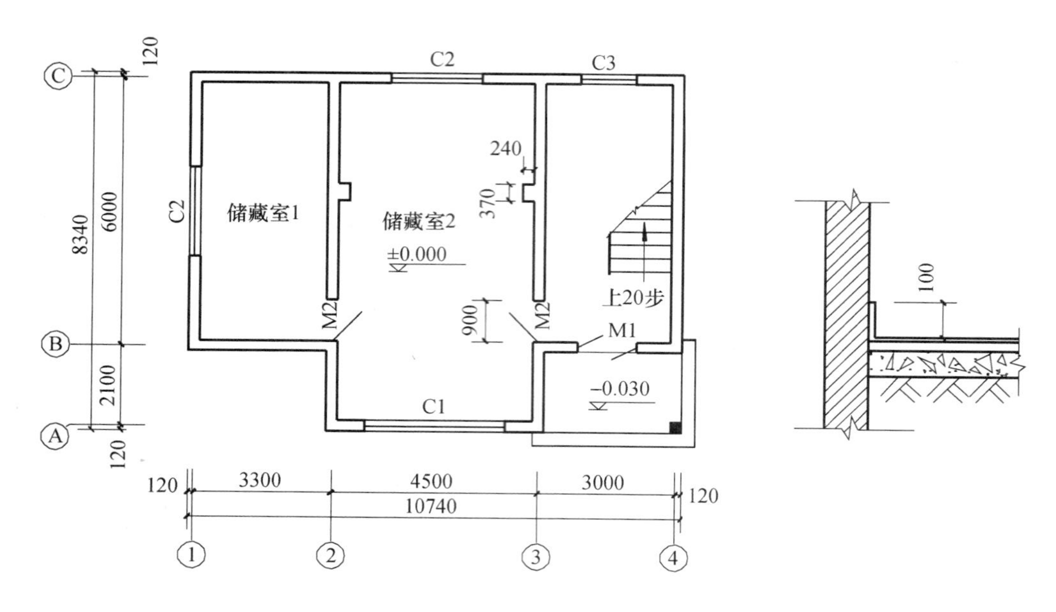

图 11-2　某储藏室平面示意图

0.24m = 33.52m²

小计：17.73m² + 33.52m² = 51.25m²

楼地面干硬性水泥砂浆周长≤3200mm　套 11-3-37　单价 = 1422.02 元/10m²

费用：51.25m² ÷ 10 × 1422.02 元/10m² = 7287.85 元

（2）踢脚线

储藏室 1：[(3.30m − 0.24m) × 2 + (6.0m − 0.24m) × 2 − 0.9m + 0.11m × 2] × 0.10 = 1.70m²

储藏室 2：[(4.50m − 0.24m) × 2 + (6.0m + 2.1m − 0.24m) × 2 + 0.24m × 4 − 0.9m × 2 + 0.11m × 4] × 0.10 = 2.38m²

小计：1.70m² + 2.38m² = 4.08m²

踢脚板直线形胶粘剂　套 11-3-46　单价 = 1986.74 元/10m²

费用：4.08m² ÷ 10 × 1986.74 元/10m² = 810.59 元

[例 11-3]　某装饰工程二楼小会议室平面图及地面装修方案如图 11-3 所示。墙面及门窗侧面混合砂浆厚度为 15mm，过门石、串边大理石和房心圆形成品石材拼图的做法为：20mm 厚石材面层；30mm 厚 1∶3 干硬性水泥砂浆；素水泥浆一道；现浇混凝土楼板。灰白色抛釉地板砖的做法为：12mm 厚地板砖面层；38mm 厚 1∶3 干硬性水泥砂浆；素水泥浆一道；现浇混凝土楼板。地面各种块料布置排版及细部尺寸如图 11-4 所示。计算地面装饰的工程量及费用。

解：（1）深红色成品砖点缀

方形：6 × 8 − 4 = 44 个；三角形：8 × 2 + 6 × 2 = 28 个。小计：44 + 28 = 72 个

楼地面点缀　套 11-3-7　单价（换）

168.41 元/10 个 − 0.0392 片/10 个 × 81.20 元/片 − 0.188 台班/10 个 × 47.81 元/台班 −

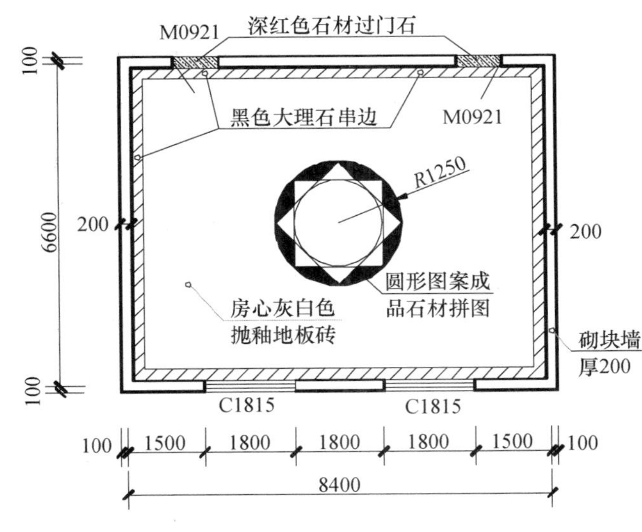

地面装修方案

1．地面主体面层为规格1000mm×1000mm的灰白色抛釉地面砖，砖缝宽为1mm。白砖四角为用深红色成品砖点缀，尺寸为100mm×100mm的方形及等腰边长为100mm的三角形。

2．墙四边黑色大理石串边宽度为200mm。

3．深红色石材过门石宽度为230mm。

4．房间中间为成品石材拼图。

图 11-3　小会议室平面图及地面装修方案示意图

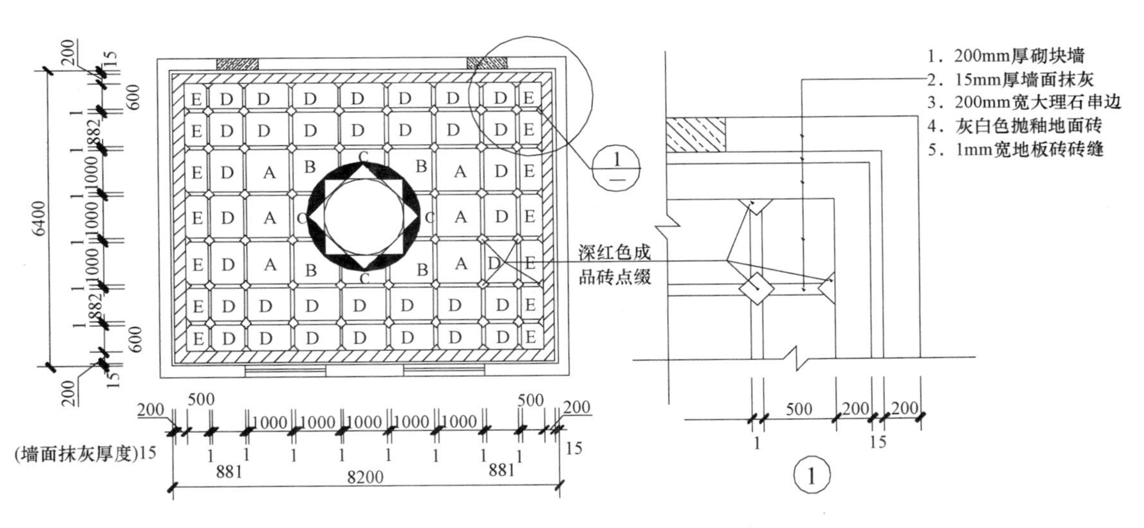

图 11-4　地面块料布置排版及大样示意图

57.68 元/10 个 ×（1 －0.4）＝121.63 元/10 个

说明：查山东省人工、材料、机械台班单价表得：序号 1441（编码 03110143）石料切割片单价（除税）81.20 元/片；序号 6035（编码 990774610）石料切割机单价（除税）47.81 元/台班。

费用 72 个 ÷10 ×121.63 元/10 个 ＝875.74 元

（2）房心圆形成品石材

工程量：$\pi \times 1.25\text{m} \times 1.25\text{m} = 4.91\text{m}^2$

楼地面拼图案（成品）干硬性水泥砂浆　套 11-3-8　单价 ＝3049.55 元/10m^2

费用：$4.91\text{m}^2 \div 10 \times 3049.55$ 元/10m^2 ＝1497.33 元

（3）房心图案周边异形块料铺贴

工程量：$(1.0\text{m}\times3-0.002\text{m})\times(1.0\text{m}\times3-0.002\text{m})-\pi\times1.25\text{m}\times1.25\text{m}=4.08\text{m}^2$

楼地面图案周边异形块料铺贴另加工料　套 11-3-9　单价 =457.72 元/10m^2

费用：$4.08\text{m}^2\div10\times457.72$ 元/10m^2 =186.75 元

（4）串边、过门石

工程量：$(8.2\text{m}-0.2\text{m}+6.4\text{m}-0.2\text{m})\times2\times0.2\text{m}+0.9\text{m}\times2\times0.20\text{m}=6.04\text{m}^2$

串边、过门石干硬性水泥砂浆　套 11-3-14　单价 =2323.78 元/10m^2

说明：如果串边、过门石材料单价与定额不符，工程量应分别计算，单价应分别调整。

费用：$6.04\text{m}^2\div10\times2323.78$ 元/10m^2 =1403.56 元

（5）灰白色抛釉地板砖因点缀产生的现场加工边线

工程量：$0.10\text{m}\times4\times44+0.1\text{m}\times2\times28=23.20\text{m}$

石材楼梯现场加工　套 11-3-26　单价 =113.54 元/10m

费用：$32.20\text{m}\div10\times113.54$ 元/10m =365.60 元

（6）灰白色抛釉地板

工程量：$(8.4\text{m}-0.2\text{m}-0.2\text{m}\times2)\times(6.6\text{m}-0.2\text{m}-0.2\text{m}\times2)-4.91\text{m}^2=41.89\text{m}^2$

根据设计排版图（不考虑点缀切割的边角），计算地板砖的损耗。

A：1000mm×1000mm 整砖，共 6 块

B：房心图案周边四角用整砖切割，共 4 块

C：房心图案周边用半砖切割，4÷2=2 块

D：为保证地砖排布效果，用整砖切割，7×4+3×2=34 块

E：用整砖切割为半砖，14÷2=7 块

地面下料共用净整砖合计为：6+4+2+34+7=53 块，折合面积：53m^2

下料损耗率：$(53\div41.89-1)\times100\%=26.5\%$

定额材料损耗率（不含下料损耗）为 1.5%，本工程材料损耗率为 26.5%+1.5%=28%。所以需要调整 11-3-38 定额子目中地板砖材料定额消耗量为 $10\times(1+28\%)=12.8\text{m}^2$

楼地面干硬性水泥砂浆周长≤4000mm　套 11-3-38　单价（换）

1742.27 元/10m^2 +(12.80−11.00)×123.93 元/10m^2 =1965.34 元/10m^2

查山东省人工、材料、机械台班单价表得：序号 2177（编码 07000011）地板砖 1000×1000 单价（除税）123.93 元/m^3。

费用：$41.89\text{m}^2\div10\times1965.34$ 元/10m^2 =8232.81 元

（7）抛釉地板结合层干硬性水泥砂浆调整

工程量：$41.89\text{m}^2\times4=167.56\text{m}^2$

说明：定额 11−3−38 子目砂浆厚度按 20mm 考虑，本工程为 38mm，定额 11−3−73 子目为每增减 5mm 编制，所以共调整 4 次（不足 5mm 按 5mm 计）

干硬性水泥砂浆每增减 5mm　套 11-3-73　单价 =24.59 元/10m^2

费用：$167.56\text{m}^2\div10\times24.59$ 元/10m^2 =412.03 元

复习与测试

1. 简述楼地面的工程量计算规则。

2. 直形楼梯、旋转、弧形楼梯工程量如何计算？旋转、弧形楼梯人工费如何调整？

3. 某高层建筑物的超市和车库位于地下一层，如图 11-5 所示。墙体采用加气混凝土砌块，厚度均为 200mm 居墙中。所有的框架柱均为 600mm × 600mm。在混凝土地面上刷环氧底漆一道，刮石英粉腻子一遍，环氧面漆一道，试计算环氧地坪涂料工程量及费用。

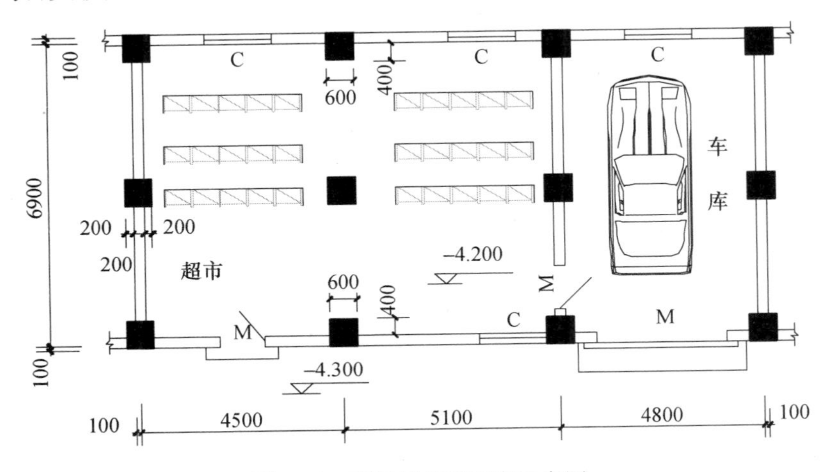

图 11-5　地下超市和车库示意图

第十二章 墙、柱面装饰与隔断、幕墙工程

第一节 定额说明

（1）本章定额包括墙、柱面抹灰，镶贴块料面层，墙、柱饰面，隔断、幕墙，墙、柱面吸声五节。

（2）凡注明砂浆种类、配合比、饰面材料型号规格的，设计与定额不同时，可按设计规定调整，其他不变。

（3）如设计要求在水泥砂浆中掺防水粉等外加剂时，可按设计比例增加外加剂，其他工料不变。

（4）圆弧形、锯齿形等不规则的墙面抹灰、镶贴块料、饰面，按相应项目人工乘以系数1.15。

（5）墙面抹灰的工程量，不扣除各种装饰线条所占面积。

“装饰线条”抹灰适用于门窗套、挑檐、腰线、压顶、遮阳板、楼梯边梁、宣传栏边框等展开宽度≤300mm的竖、横线条抹灰，展开宽度>300mm时，按图示尺寸以展开面积并入相应墙面计算。

（6）镶贴块料面层子目，除定额已注明留缝宽度的项目外，其余项目均按密缝编制。若设计留缝宽度与定额不同时，其相应项目的块料和勾缝砂浆用量可以调整，其他不变。

（7）粘贴瓷质外墙砖子目，定额按三种不同灰缝宽度分别列项，其人工、材料已综合考虑。如灰缝宽度>20mm时，应调整定额中瓷质外墙砖和勾缝砂浆（1∶1.5水泥砂浆）或填缝剂的用量，其他不变。瓷质外墙砖的损耗率为3%。

（8）块料镶贴的“零星项目”适用于挑檐、天沟、腰线、窗台线、门窗套、压顶、栏板、扶手、遮阳板、雨蓬周边等。

（9）镶贴块料高度>300mm时，按墙面、墙裙项目套用；高度≤300mm时，按踢脚线项目套用。

（10）墙柱面抹灰、镶贴块料面层等均未包括墙面专用界面剂做法，如设计有要求时，按定额“第十四章油漆、涂料及裱糊工程”相应项目执行。

（11）粘贴块料面层子目，定额中的砂浆种类、配合比、厚度与定额不同时，允许调整，砂浆损耗率为2.5%。

（12）挂贴块料面层子目，定额中包括了块料面层的灌缝砂浆（均为50mm厚），其砂浆种类、配合比可按定额相应规定换算；其厚度，设计与定额不同时，调整砂浆用量，其他不变。

（13）阴、阳角墙面砖45°角对缝，包括面砖、瓷砖的割角损耗。

（14）饰面面层子目，除另有注明外，均不包含木龙骨、基层。

（15）墙、柱饰面中的软包子目是综合项目，包括龙骨、基层、面层等内容，设计不同时材料可以换算。

（16）墙、柱饰面中的龙骨、基层、面层均未包括刷防火涂料。如设计有要求时，按本定额“第十四章油漆、涂料及裱糊工程”相应项目执行。

（17）木龙骨基层项目中龙骨是按双向计算的，设计为单向时，人工、材料、机械消耗量乘以系数0.55。

（18）基层板上钉铺造型层，定额按不满铺考虑。若在基层板上满铺板时，可套用造型层相应项目，人工消耗量乘以系数0.85。

（19）墙柱饰面面层的材料不同时，单块面积≤0.03m^2的面层材料应单独计算，且不扣除其所占饰面面层的面积。

（20）幕墙所用的龙骨，设计与定额不同时允许换算，人工用量不变。

（21）点支式全玻璃幕墙不包括承载受力结构。

第二节　工程量计算规则

一、内墙抹灰

（1）按设计图示尺寸以面积计算。计算时应扣除门窗洞口和空圈所占的面积，不扣除踢脚板（线）、挂镜线、单个面积≤0.3m^2的空洞以及墙与构件交接处的面积，洞侧壁和顶面不增加面积。墙垛和附墙烟囱侧壁面积与内墙抹灰工程量合并计算。

（2）内墙面抹灰的长度，以主墙间的图示净长尺寸计算。其高度确定如下：

1）无墙裙的，其高度按室内地面或楼面至天棚底面之间距离计算。

2）有墙裙的，其高度按墙裙顶至天棚底面之间的距离计算。

（3）内墙裙抹灰面积按内墙净长乘以高度计算（扣除或不扣除内容同内墙抹灰）。

（4）柱抹灰按设计断面周长乘以柱抹灰高度以面积计算。

二、外墙抹灰

（1）外墙抹灰面积，按设计外墙抹灰的设计图示尺寸以面积计算。计算时应扣除门窗洞口、外墙裙和单个面积>0.3m^2孔洞所占面积，洞口侧壁面积不另增加。附墙垛、飘窗凸出外墙面增加的抹灰面积并入外墙面工程量内计算。

（2）外墙裙抹灰面积按其设计长度乘以高度计算（扣除或不扣除内容同外墙抹灰）。

（3）墙面勾缝按设计勾缝墙面的设计图示尺寸以面积计算。不扣除门窗洞口、门窗套、腰线等零星抹灰所占的面积，附墙柱和门窗洞口侧面的勾缝面积亦不增加。独立柱、房上烟囱勾缝按设计图示尺寸以面积计算。

三、墙、柱面块料

墙、柱面块料面层工程量按设计图示尺寸以面积计算。

四、墙柱饰面、隔断、幕墙

（1）墙、柱饰面龙骨按图示尺寸长度乘以高度，以面积计算。定额龙骨按附墙、附柱考虑，若遇其他情况，按下列规定乘以系数：

1）设计龙骨外挑时，其相应定额项目乘以系数 1.15；

2）设计木龙骨包圆柱，其相应定额项目乘以系数 1.18；

3）设计金属龙骨包圆柱，其相应定额项目乘以系数 1.20。

（2）墙饰面基层板、造型层、饰面面层按设计图示墙净长乘以净高以面积计算，扣除门窗洞口及单个 >0.3m^2 的孔洞所占面积。

（3）柱饰面基层板、造型层、饰面面层按设计图示饰面外围尺寸以面积计算。柱帽、柱墩并入相应柱饰面工程量内。

（4）隔断、间壁按设计图示框外围尺寸以面积计算，不扣除≤0.3m^2 的孔洞所占面积。

（5）幕墙面积按设计图示框外尺寸以外围面积计算。全玻璃幕墙的玻璃肋并入幕墙面积内，点支式全玻璃幕墙钢结构桁架另行计算，圆弧形玻璃幕墙材料的煨弯费用另行计算。

五、墙面吸声

墙面吸声子目按设计图示尺寸以面积计算。

第三节　工程量计算及定额应用

[例 12-1]　某传达室的平面图及墙身剖面如图 12-1 所示。其装饰做法如下：

（1）外墙裙：高 900mm，水泥砂浆粘贴 194mm×94mm 瓷质外墙砖，缝宽 10mm 以内，窗台、门边另加 80mm，M1：1000mm×2400mm，M2：900mm×2400mm，C1：1500mm×1500mm。

（2）外墙面：1∶1∶6 混合砂浆打底厚 9mm；1∶1∶4 混浆罩面厚 6mm。

（3）内墙面：2∶1∶8 水泥石灰膏砂浆厚 7mm；1∶1∶6 水泥石灰膏砂浆厚 7mm；麻刀石灰浆厚 3mm。

（4）踢脚线：外边 2 间，水泥砂浆粘贴块料踢脚板（采用 600×600 地板砖）高 100mm；里边 1 间，1∶3 水泥砂浆 18mm 厚，高 150mm。

试计算外墙裙、外墙面、内墙面、踢脚线的费用。

解： 外墙平直部分长度

$$(6.0m+0.24m)\times 2+(8.0m+3.6m+0.24m)+3.6m=27.92m$$

外边 2 间内墙周边长度

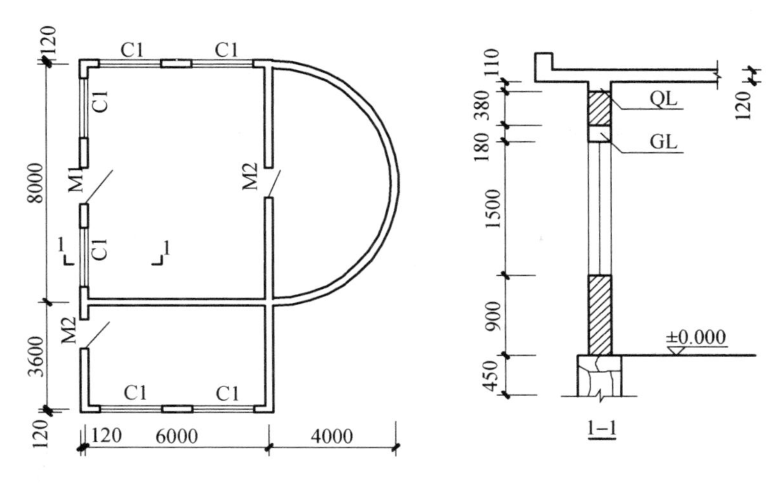

图 12-1　某传达室示意图

$(6.0\text{m}-0.24\text{m})\times4+(8.0\text{m}+3.6\text{m}-0.24\text{m}\times2)\times2=45.28\text{m}$

（1）外墙裙

平直部分工程量：$(27.92\text{m}+0.08\text{m}\times4-1.0\text{m}-0.9\text{m})\times0.9\text{m}+1.5\text{m}\times6\times0.08\text{m}=24.43\text{m}^2$

水泥砂浆粘贴瓷质外墙砖灰缝宽度≤10mm　套 12-2-40　单价 = 1018.03 元/10m^2

费用：$24.43\text{m}^2\div10\times1018.03$ 元/10m^2 = 24870.05 元

弧形部分：$\pi\times4.0\text{m}\times0.9\text{m}=11.31\text{m}^2$

水泥砂浆粘贴瓷质外墙砖灰缝宽度≤10mm　套 12-2-40　单价（换）

1018.03 元/10m^2 + 543.84 元/$10\text{m}^2\times0.15$ = 1099.61 元/10m^2

费用：$11.31\text{m}^2\div10\times1099.61$ 元/10m^2 = 1243.66 元

（2）外墙面抹灰

平直部分工程量：$27.92\text{m}\times(1.5\text{m}+0.18\text{m}+0.38\text{m}+0.11\text{m})-1.5\text{m}\times1.5\text{m}\times6-(2.4\text{m}-0.9\text{m})\times(1.0\text{m}+0.90\text{m})=44.24\text{m}^2$

混合砂浆（厚 9 + 6mm）墙面　套 12-1-18　单价 = 178.21 元/10m^2

费用：$44.24\text{m}^2\div10\times178.21$ 元/10m^2 = 788.40 元

圆弧部分工程量：$\pi\times4\times(1.5\text{m}+0.18\text{m}+0.38\text{m}+0.11\text{m})=27.27\text{m}^2$

混合砂浆（厚 9 + 6mm）墙面　套 12-1-18　单价（换）

178.21 元/10m^2 + 126.69 元/$10\text{m}^2\times0.15$ = 197.21 元/10m^2

费用：$27.27\text{m}^2\div10\times197.21$ 元/10m^2 = 537.79 元

（3）内墙面抹灰

平直部分工程量：$(45.28\text{m}+8.0\text{m}-0.24\text{m})\times(0.9\text{m}+1.5\text{m}+0.18\text{m}+0.38\text{m}+0.11\text{m})-(1.0\text{m}\times2.4\text{m}+0.9\text{m}\times2.4\text{m}\times3+1.5\text{m}\times1.5\text{m}\times6)=140.45\text{m}^2$

麻刀灰（厚 7 + 7 + 3mm）面　套 12-1-1　单价 = 180.81 元/10m^2

费用：$140.45\text{m}^2\div10\times180.81$ 元/10m^2 = 2539.48 元

圆弧墙内墙抹石膏砂浆：$\pi\times(4.0\text{m}-0.24\text{m})\times(0.9\text{m}+1.5\text{m}+0.18\text{m}+0.38\text{m}+0.11\text{m})=36.26\text{m}^2$

麻刀灰（厚 7 +7 +3mm）面　套 12-1-1　单价（换）

$$180.81\text{ 元}/10\text{m}^2 + 120.51\text{ 元}/10\text{m}^2 \times 0.15 = 198.89\text{ 元}/10\text{m}^2$$

费用：$36.26\text{m}^2 \div 10 \times 198.89\text{ 元}/10\text{m}^2 = 721.18\text{ 元}$

（4）踢脚线

外边 2 间：$(45.28\text{m} - 1.0\text{m} - 0.9\text{m} \times 2 + 0.12\text{m} \times 6) \times 0.10\text{m} = 4.32\text{m}^2$

踢脚板直线形水泥砂浆　套 11-3-45　单价 $= 1329.88\text{ 元}/10\text{m}^2$

费用：$4.32\text{m}^2 \div 10 \times 1329.88\text{ 元}/10\text{m}^2 = 574.51\text{ 元}$

里边 1 间：$8.0\text{m} - 0.24\text{m} - 0.9\text{m} + \pi \times (4.\text{m} - 0.24\text{m}) = 18.67\text{m}$

水泥砂浆踢脚线　18mm　套 11-2-6　单价 $= 56.90\text{ 元}/10\text{m}$

费用：$18.67\text{m} \div 10 \times 56.90\text{ 元}/10\text{m} = 106.23\text{ 元}$

[例 12-2]　某工程大厅平面图如图 12-2 所示，墙（砌块墙）及柱立面装饰如图 12-3 所示。乳胶漆墙面的具体做法：1∶1∶6 水泥石灰抹灰砂浆厚 14mm；1∶0.5∶3 水泥石灰抹灰砂浆厚 6mm；乳胶漆两遍。实木踢脚线高度为 80mm。M1224 的尺寸为 1200mm × 2400mm；C2418 的尺寸为 2400mm × 1800mm。试计算墙面及柱面工程量及费用。

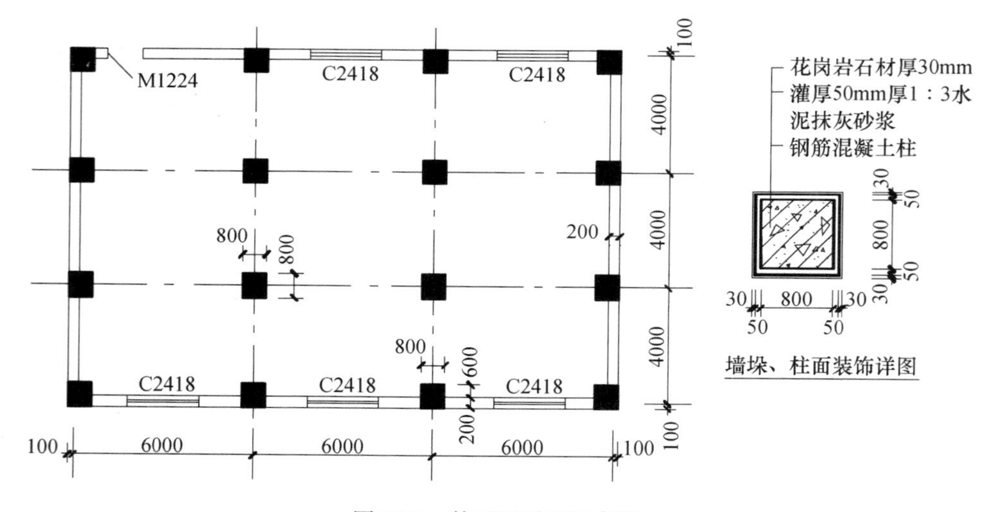

图 12-2　某工程平面示意图

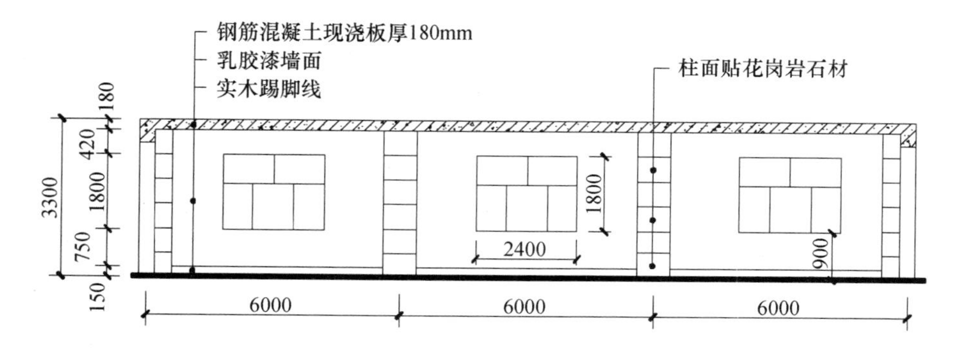

图 12-3　墙及柱立面装饰示意图

解：（1）墙面抹灰

门窗面积：$1.20m \times 2.40m + 2.40m \times 1.80m \times 5 = 24.48m^2$

抹灰高度：$3.30m - 0.18m = 3.12m$

抹灰长度：$(6.0m \times 3 - 0.20m - 0.8m \times 2 - 0.6m \times 2) \times 2 + (4.0m \times 3 - 0.20m - 0.8m \times 2 - 0.6m \times 2) \times 2 = 48.00m$

工程量：$48.00m \times 3.12m - 24.48m^2 = 125.28m^2$

混合砂浆（厚 9 + 6mm）砌块墙　套 12-1-10

混合砂浆抹灰层每增减 1mm　套 12-1-17

$$178.21 元/10m^2 + 7.40 元/10m^2 \times 5 = 215.21 元/10m^2$$

费用：$125.28m^2 \div 10 \times 215.21 元/10m^2 = 2096.15 元$

（2）柱面贴石材

房心柱：$[0.80m + (0.05m + 0.03m) \times 2] \times 4 \times 3.12m \times 4 = 47.92m^2$

四角柱：$(0.60m + 0.05m + 0.03m) \times 2 \times 3.12m \times 4 = 16.97m^2$

墙垛柱：$[0.80m + (0.05m + 0.03m) \times 2 + (0.60m + 0.05m + 0.03m) \times 2] \times 3.12m \times 8 = 57.91m^2$

工程量：$47.92m^2 + 16.97m^2 + 57.91m^2 = 122.80m^2$

挂贴石材块料（灌缝砂浆 50mm）　套 12-2-2　单价（换）

$2936.51 元/10m^2 - 0.595 \times (331.76 - 299.92) 元/10m^2 = 2917.56 元$

查消耗量定额 12-2-2 中得：水泥抹灰砂浆 1∶2.5 含量为 $0.595m^3$；查山东省人工、材料、机械台班单价表得：序号 5459（编码 8005011）水泥抹灰砂浆 1∶2.5 单价（除税）331.76 元/m^3；序号 5460（编码 8005013）水泥抹灰砂浆 1∶3 单价（除税）299.92/m^3。

费用：$122.80m^2 \div 10 \times 2917.56 元/10m^2 = 35827.64 元$

复习与测试

1. 不规则的墙面（圆弧形、锯齿形）抹灰人、镶贴块料、饰面，工费如何调整？
2. 简述内墙抹灰、外墙抹灰的工程量计算规则。
3. 简述墙柱饰面、隔断、幕墙的工程量计算规则。

第十三章　天棚工程

第一节　定额说明

（1）本章定额包括天棚抹灰、天棚龙骨、天棚饰面、雨篷四节。

（2）本章中凡注明砂浆种类、配合比、饰面材料型号规格的，设计规定与定额不同时，可以按设计规定换算，其他不变。

（3）天棚划分为平面天棚、跌级天棚和艺术造型天棚。

1）平面天棚指天棚面层在同一标高者。

2）跌级天棚指天棚面层不在同一标高者。

3）艺术造型天棚包括藻井天棚、吊挂式天棚、阶梯形天棚、锯齿形天棚，如图 13-1 所示。

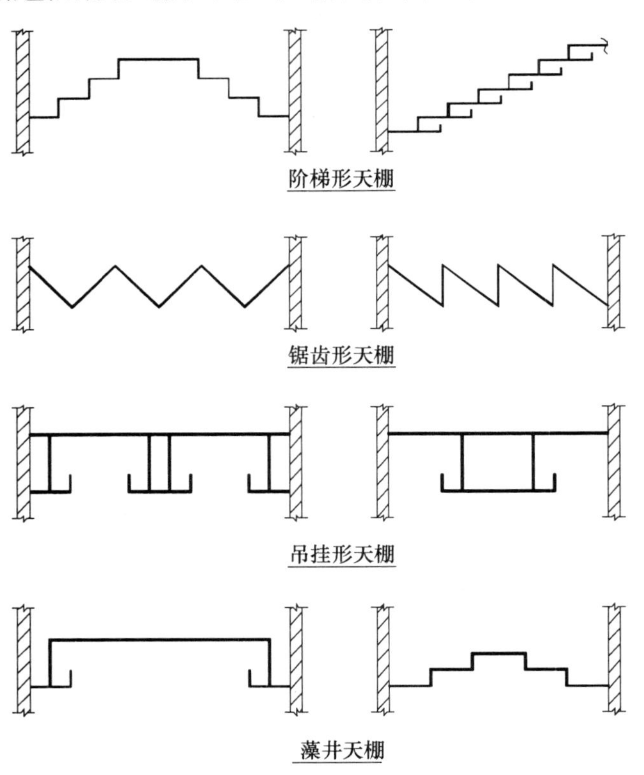

图 13-1　艺术天棚示意图

（4）本章天棚龙骨是按平面天棚、跌级天棚、艺术造型天棚龙骨设计项目。按照常用材料及规格编制，设计规定与定额不同时，可以换算，其他不变。若龙骨需要进行处理（如煨弯曲线等），其加工费另行计算。材料的损耗率分别为：木龙骨5%，轻钢龙骨6%，铝合金龙骨6%。

（5）天棚木龙骨子目区分单层结构和双层结构。单层结构是指双向木龙骨形成的龙骨网片，直接由吊杆引上、与吊点固定的情况；双层结构是指双向木龙骨形成的龙骨网片，首先固定在单项向设置的主木龙骨上，再由主木龙骨与吊杆连接、引上、与吊点固定的情况。

（6）非艺术造型天棚中，天棚面层在同一标高者为平面天棚，天棚面层不在同一标高者为跌级天棚。跌级天棚基层、面层按平面定额项目人工乘以系数1.1，其他不变。

1）平面天棚与跌级天棚的划分

房间内全部吊顶、局部向下跌落，最大跌落线向外、最小跌落线向里每边各加0.60m，两条0.60m线范围内的吊顶为跌级吊顶天棚，其余为平面吊顶天棚，如图13-2所示。

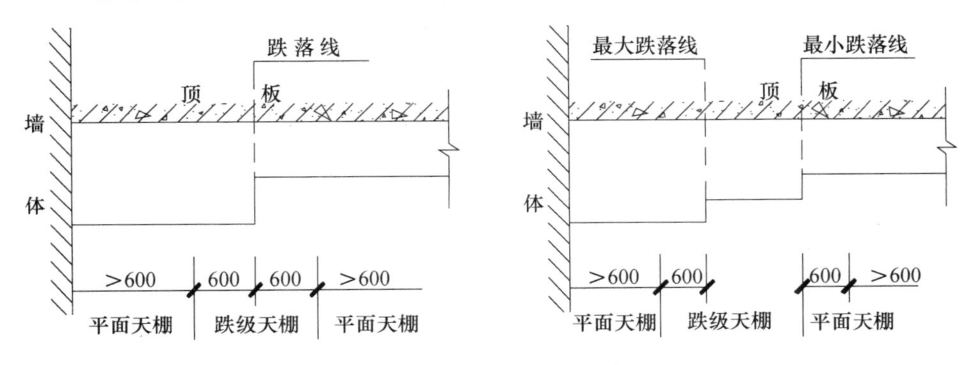

图13-2 跌级天棚与平面天棚示意图（一）

若最大跌落线向外、距墙边≤1.2m时，最大跌落线以外的全部吊顶为跌级吊顶天棚，如图13-3所示。

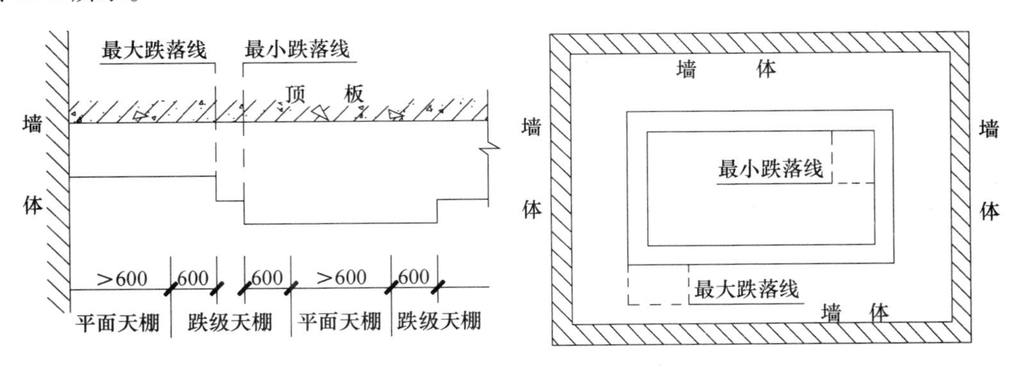

图13-3 跌级天棚与平面天棚示意图（二）

若最小跌落线任意两边之间的距离≤1.8m时，最小跌落线以内的全部吊顶为跌级吊顶天棚，如图13-4所示。

若房间内局部为板底抹灰天棚、局部向下跌落时，两条0.6m线范围内的抹灰天棚，不得计算为吊顶天棚；吊顶天棚与抹灰天棚只有一个跌级时，该吊顶天棚的龙骨则为平面天棚龙骨，该吊顶天棚的饰面按跌级天棚饰面计算，如图13-5所示。

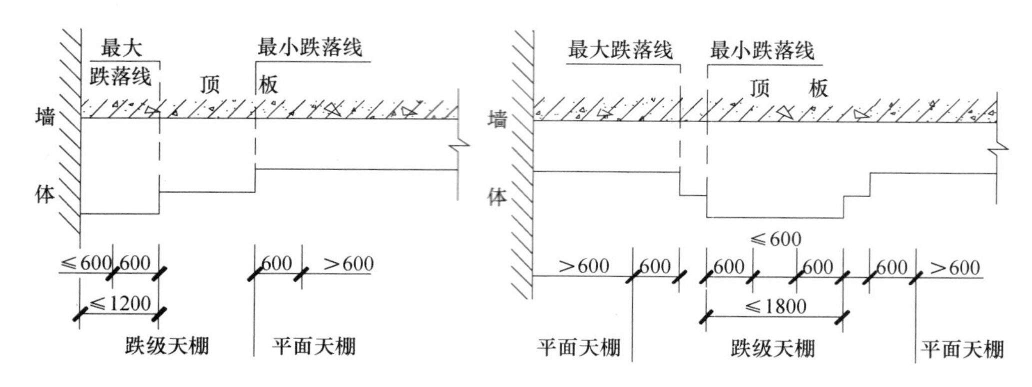

图 13-4 跌级天棚与平面天棚示意图（三）

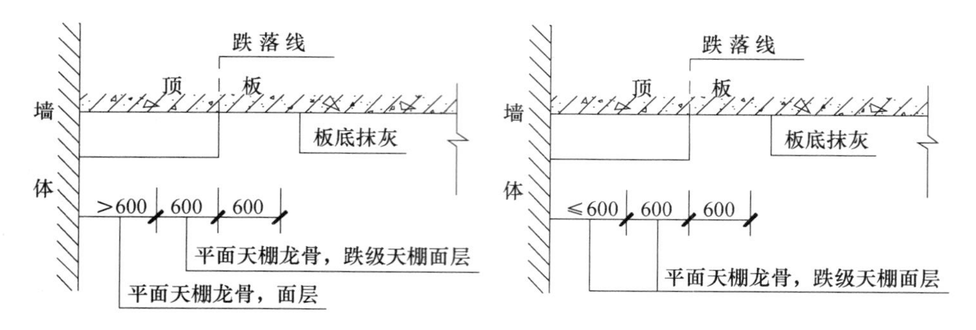

图 13-5 跌级天棚与平面天棚示意图（四）

2）跌级天棚与艺术造型天棚的划分

天棚面层不在同一标高时，高差≤400mm 且跌级≤三级的一般直线形平面天棚按跌级天棚相应项目执行；高差>400mm 或跌级>三级以及圆弧形、拱形等造型天棚，按吊顶天棚中的艺术造型天棚相应项目执行。

（7）艺术造型天棚基层、面层按平面定额项目人工乘以系数 1.3，其他不变。

（8）轻钢龙骨、铝合金龙骨定额按双层结构编制，如采用单层结构时，人工乘以系数 0.85。

（9）平面天棚和跌级天棚指一般直线形天棚，不包括灯光槽的制作安装。

（10）圆形、弧形等不规则的软膜吊顶，人工系数乘以 1.1。

（11）点支式雨蓬的型钢、爪件的规格、数量是按常用做法考虑的，设计规定与定额不同时，可以按设计规定换算，其他不变，斜拉杆费用另计。

（12）天棚饰面中喷刷涂料，龙骨、基层、面层防火处理执行本定额“第十四章油漆、涂料及裱糊工程”相应项目。

（13）天棚检查孔的工料已包含在项目内，面层材料不同时，另增加材料，其他不变。

（14）定额内除另有注明者外，均未包括压条、收边、装饰线（板），设计有要求时，执行本定额“第十五章其他装饰工程”相应定额子目。

（15）天棚装饰面开挖灯孔，按每开 10 个灯孔用工 1.0 工日计算。

第二节　工程量计算规则

一、天棚抹灰

（1）按设计图示尺寸以面积计算，不扣除柱、垛、间壁墙、附墙烟囱、检查口和管道所占的面积。

（2）带梁天棚的梁两侧抹灰面积并入天棚抹灰工程量内计算。

（3）楼梯底面（包括侧面及连接梁、平台梁、斜梁的侧面）抹灰，按楼梯水平投影面积乘以1.37，并入相应天棚抹灰工程量内计算。

（4）有坡度及拱顶的天棚抹灰面积按展开面积计算。

（5）檐口、阳台、雨篷底的抹灰面积，并入相应的天棚抹灰工程量内计算。

二、吊顶天棚龙骨

吊顶天棚龙骨（除特殊说明外）按主墙间净空水平投影面积计算；不扣除间壁墙、检查口、附墙烟囱、柱、灯孔、垛和管道所占面积，由于上述原因所引起的工料也不增加；天棚中的折线、跌落、高低吊顶槽等面积不展开计算。

三、天棚饰面

（1）按设计图示尺寸以面积计算，不扣除间壁墙、检查口、附墙烟囱、柱、垛和管道所占面积，但应扣除独立柱、灯带、$>0.3m^2$ 的灯孔及与天棚相连的窗帘盒所占的面积。

（2）天棚中的折线、迭落等圆弧形、高低吊灯槽及其他艺术形式等天棚面层按展开面积计算。

（3）格栅吊顶、藤条造型悬挂吊顶、软膜吊顶和装饰网架吊顶按设计图示尺寸以水平投影面积计算。

（4）吊筒吊顶按最大外围水平投影尺寸，以外接矩形面积计算。

（5）送风口、回风口及成品检修口按设计图示数量计算。

四、雨篷

雨篷工程量按设计图示尺寸以水平投影面积计算。

第三节　工程量计算及定额应用

一、天棚抹灰

［例13-1］　某现浇钢筋混凝土有梁板工程如图13-6所示。墙厚240mm，顶棚抹水泥

砂浆厚度为 8mm，试计算顶棚抹灰工程量及费用。

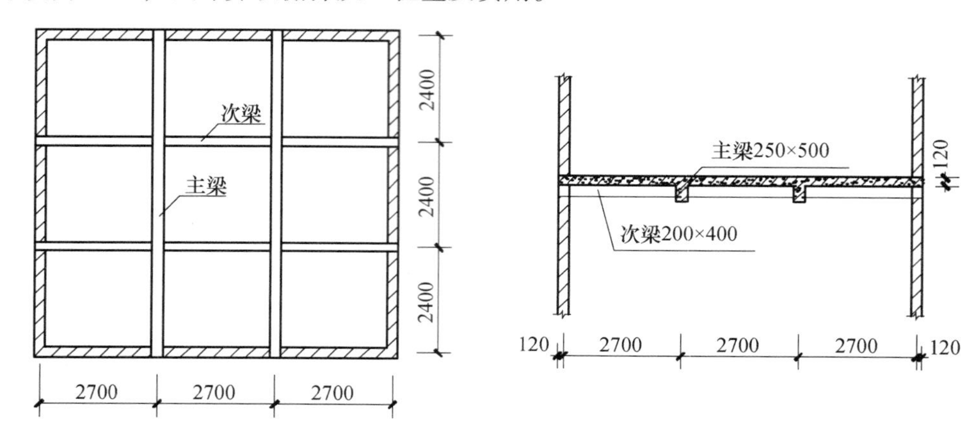

图 13-6　某现浇钢筋混凝土有梁板工程示意图

解：（1）顶棚底面抹灰

工程量：$(2.70\text{m}\times3-0.24\text{m})\times(2.4\text{m}\times3-0.24\text{m})=54.71\text{m}^2$

（2）主梁侧面抹灰

工程量：$(2.40\text{m}\times3-0.24\text{m})\times(0.5\text{m}-0.12\text{m})\times4-(0.40\text{m}-0.12\text{m})\times0.2\text{m}\times8=10.13\text{m}^2$

（3）次梁侧面抹灰

工程量：$(2.7\text{m}\times3-0.24\text{m}-0.25\text{m}\times2)\times(0.4\text{m}-0.12\text{m})\times4=8.24\text{m}^2$

（4）顶棚抹灰小计

工程量：$54.71\text{m}^2+10.13\text{m}^2+8.24\text{m}^2=73.08\text{m}^2$

（5）顶棚抹灰费用

混凝土面天棚水泥砂浆（厚度 5＋3mm）　套 13-1-2　单价＝173.60 元/10m^2

费用：$73.08\text{m}^2\div10\times173.60$ 元/10m^2＝1268.67 元

二、天棚龙骨及饰面

［例 13-2］　某接待室采用装配式 U 型轻钢龙骨吊顶，网格尺寸为 450mm×450mm，接待室平面图及节点构造详图如图 13-7 所示，墙体厚度为 200mm。吊顶全部采用配式 U 型轻钢天棚龙骨，龙骨下全部采用细木工板做基层，面层天池中心部位采用硅钙板做面层，除图中注明外一律采用亚克力饰面板做面层。计算接待室吊顶工程量，确定定额项目。

分析：吊顶最大跌落线距墙边的距离 1500mm，符合跌级天棚与平面天棚示意图（一）右图（图 13-2）的情况，距墙边 0.90m＝1.50m－0.60m 部分为平面天棚；最大跌落线向外 600mm 至最小跌落线向里 600mm 的范围为跌级天棚范围；从最小跌落线向里大于 600mm 的范围为平面天棚。

解：（1）平面龙骨

接待室净长度：$6.3\text{m}+(0.45\text{m}+1.50\text{m})\times2=10.20\text{m}$

接待室净宽度：$3.2\text{m}+(0.45\text{m}+1.50\text{m})\times2=7.10\text{m}$

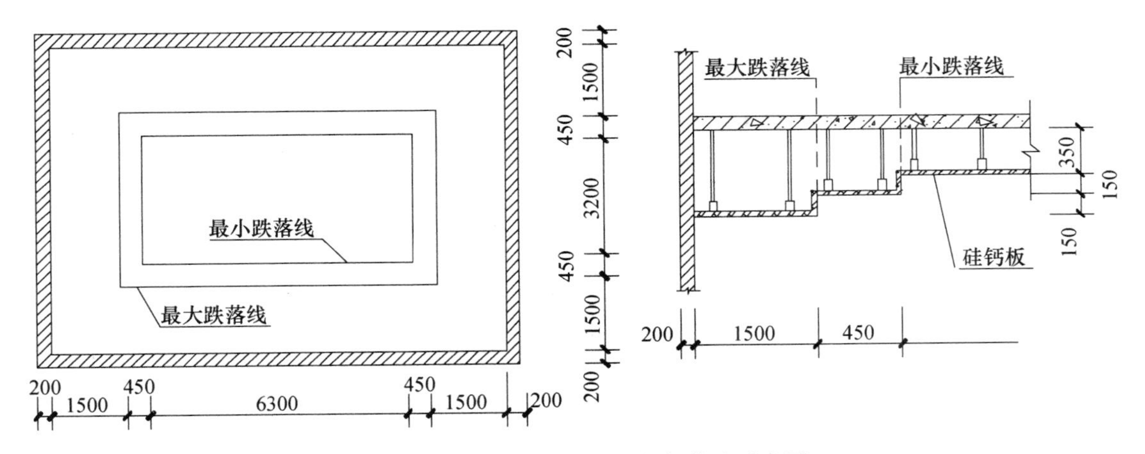

图 13-7　接待室吊顶平面及细部构造示意图

距墙边 900mm 范围部分工程量：0.90m×[(10.20m+7.10m)×2−4×0.90m]=27.90m^2

吊顶中心部分工程量：(6.30m−0.60m×2)×(3.2m−0.60m×2)=10.20m^2

平面龙骨工程量小计：27.90m^2+10.20m^2=38.10m^2

不上人型装配式 U 型轻钢天棚龙骨（网格尺寸 450×450）　平面　套 13-2-9

(2) 跌级龙骨

(0.60m×2+0.45m)×[(6.30m+3.20m)×2+4×0.45m]=34.32m^2

不上人型装配式 U 型轻钢天棚龙骨（网格尺寸 450×450）　跌级　套 13-2-11

(3) 天棚基层

水平面部分工程量：10.20m×7.10m=72.42m^2

最大、最小跌落线铅垂面工程量：[(6.3m+3.2m)×2+0.45m×8]×0.15m+(6.3m+3.2m)×2×0.15m=6.24m^2

基层工程量小计：72.42m^2+6.24m^2=78.66m^2

钉铺细木工板基层轻钢龙骨　套 13-3-7

(4) 硅钙板面层

工程量：6.30m×3.20m=20.16m^2

硅钙板　U 型轻钢龙骨上　套 13-3-33

(5) 亚克力饰面板

水平面部分工程量：10.20m×7.10m−6.30m×3.20m=52.26m^2

铅垂面工程量：6.24m^2

小计：52.26m^2+6.24m^2=58.50m^2

亚克力饰面板　套 13-3-29

复习与测试

1. 天棚分为几种？艺术造型天棚又分为哪几种？
2. 简述平面天棚与跌级天棚的划分。
3. 简述天棚抹灰的工程量计算规则。

第十四章　油漆、涂料及裱糊工程

第一节　定额说明

（1）本章定额包括木材面油漆，金属面油漆，抹灰面油漆、涂料，基层处理和裱糊五节。

（2）本章项目中刷油漆、涂料采用手工操作，喷涂采用机械操作，实际操作方法不同时，不做调整。

（3）本定额中油漆项目已综合考虑高光、半亚光、亚光等因素；如油漆种类不同时，换算油漆种类，用量不变。

（4）定额已综合考虑了在同一片面上的分色及门窗内外分色。油漆中深浅各种不同的颜色已综合在定额子目中，不另调整。如需做美术图案者另行计算。

（5）本章规定的喷、涂、刷遍数与设计要求不同时，按每增一遍定额子目调整。

（6）墙面、墙裙、天棚及其他饰面上的装饰线油漆与附着面的油漆种类相同时，装饰线油漆不单独计算。

（7）抹灰面涂料项目中均未包括刮腻子内容，刮腻子按基层处理相应子目单独套用。

（8）木踢脚板油漆，若与木地板油漆相同时，并入地板工程量内计算，其工程量计算方法和系数不变。

（9）墙、柱面真石漆项目不包括分格嵌缝，当设计要求做分格缝时，按本定额“第十二章墙、柱面装饰与隔断、幕墙工程”相应项目计算。

第二节　工程量计算规则

（1）楼地面，天棚面，墙、柱面的喷（刷）涂料、油漆工程，其工程量按各自抹灰的工程量计算规则计算。涂料系数表中有规定的，按规定计算工程量并乘以系数表中的系数。

（2）木材面、金属面、金属构件油漆工程量按油漆、涂料系数表的工程量计算方法，并乘以系数表内的系数计算。油漆、涂料分为木材面、金属面、抹灰面三大类，其中木材面工程量系数表如表 14-1 ~ 表 14-6 所示，金属面工程量系数表如表 14-7 ~ 表 14-8 所示，抹灰面工程量系数表如表 14-9 所示。

表 14-1 单层木门工程量系数表

项目名称	系数	工程量计算规则
单层木门	1.00	按设计图示洞口尺寸以面积计算
双层（一板一纱）木门	1.36	
单层全玻门	0.83	
木百叶门	1.25	
厂库木门	1.10	
无框装饰门、成品门	1.10	按设计图示门扇面积计算

表 14-2 单层木窗工程量系数表

项目名称	系数	工程量计算方法
单层玻璃窗	1.00	按设计图示洞口尺寸以面积计算
单层组合窗	0.83	
双层（一玻一纱）木窗	1.36	
木百叶窗	1.50	

表 14-3 木材墙面墙裙工程量系数表

项目名称	系数	工程量计算方法
无造型墙面墙裙	1.00	按设计图示尺寸以面积计算
有造型墙面墙裙	1.25	

表 14-4 木扶手工程量系数表

项目名称	系数	工程量计算方法
木扶手	1.00	按设计图示尺寸以长度计算
木门框	0.88	
明式窗帘盒	2.04	
封檐板、博风板	1.74	
挂衣板	0.52	
挂镜线	0.35	
木线条宽度 50mm 内	0.20	
木线条宽度 100mm 内	0.35	
木线条宽度 200mm 内	0.45	

表 14-5　其他木材面工程系数表

项目名称	系数	工程量计算方法
装饰木夹板、胶合板及其他木材面天棚	1.00	按设计图示尺寸以面积计算
木方格吊顶天棚	1.20	
吸音板墙面、天棚面	0.87	
窗台板、门窗套、踢脚线、暗式窗帘盒	1.00	
暖气罩	1.28	
木间壁、木隔断	1.90	按设计图示尺寸以单面外围面积计算
玻璃间壁露明墙筋	1.65	
木栅栏、木栏杆（带扶手）	1.82	
木屋架	1.79	跨度（长）×中高×1/2
屋面板（带檩条）	1.11	按设计图示尺寸以面积计算
柜类、货架	1.00	按设计图示尺寸以油漆部分展开面积计算
零星木装饰	1.10	

表 14-6　木地板工程量系数表

项目名称	系数	工程量计算方法
木地板	1.00	按设计图示尺寸以面积计算。空洞、空圈、暖气包槽、壁龛的开口部分并入相应工程量内
木楼梯（不包括底面）	2.30	按设计图示尺寸以水平投影面积计算，不扣除宽度<300mm 的楼梯井

表 14-7　单层钢门窗工程量系数

项目名称	系数	工程量计算方法
单层钢门窗	1.00	按设计图示洞口尺寸以面积计算
双层（一玻一纱）钢门窗	1.48	
满钢门或包铁皮门	1.63	
钢折叠门	2.30	
厂库房平开、推拉门	1.70	
铁丝网大门	0.81	
间壁	1.85	按设计图示尺寸以面积计算
平板屋面	0.74	
瓦垄板屋面	0.89	
排水、伸缩缝盖板	0.78	展开面积
吸气罩	1.63	水平投影面积

表 14-8　其他金属面工程量系数表

项目名称	系数	工程量计算方法
钢屋架、天窗架、挡风架、屋架梁、支撑、檩条	1.00	按设计图示尺寸以质量计算
墙架（空腹式）	0.50	
墙架（格板式）	0.82	
钢柱、吊车梁、花式梁柱、空花构件	0.63	
操作台、走台、制动梁、钢梁车挡	0.71	
钢栅栏门、栏杆、窗栅	1.71	
钢爬梯	1.18	
轻型屋架	1.42	
踏步式钢扶梯	1.05	
零星构件	1.32	

表 14-9　抹灰面工程量系数表

项目名称	系数	工程量计算方法
槽形底板、混凝土折板	1.30	按设计图示尺寸以面积计算
有梁板底	1.10	
密肋，井字梁底板	1.50	
混凝土楼梯板底	1.37	水平投影面积

（3）木材面刷油漆、涂料工程量，按所刷木材面的面积计算；木方面刷油漆、涂料工程量，按木方所附墙、板面的投影面积计算。

（4）基层处理工程量，按其面层的工程量计算。

（5）裱糊项目工程量，按设计图示尺寸以面积计算。

第三节　工程量计算及定额应用

[例 14-1]　某教学楼共有教室 25 间，其中木门连窗（一板一纱）50 樘，木窗（一玻一纱）25 樘，如图 14-1 所示，刷底油一遍，调和漆三遍，计算门窗油漆工程量及费用（采用简易计税）。

分析：计算门窗油漆工程量时，需要考虑工程量系数。查表 14-1 得，双层（一板一纱）木门，油漆系数为 1.36；查表 14-2 得，双层（一玻一纱）木窗，油漆系数为 1.36。

（1）木门

工程量：$1.0\text{m}\times2.1\text{m}\times1.36\times50=142.80\text{m}^2$

刷底油一遍、调和漆三遍单层木门　套 14-1-1 和套 14-1-21　单价（换）

$$303.51\text{ 元/10m}^2+99.23\text{ 元/10m}^2=402.74\text{ 元/10m}^2$$

费用：$142.80\text{m}^2\div10\times402.74\text{ 元/10m}^2=5751.13\text{ 元}$

（2）木窗

工程量：$(1.2\text{m}\times1.2\text{m}\times50+1.8\text{m}\times2.1\text{m}\times25)\times1.36=226.44\text{m}^2$

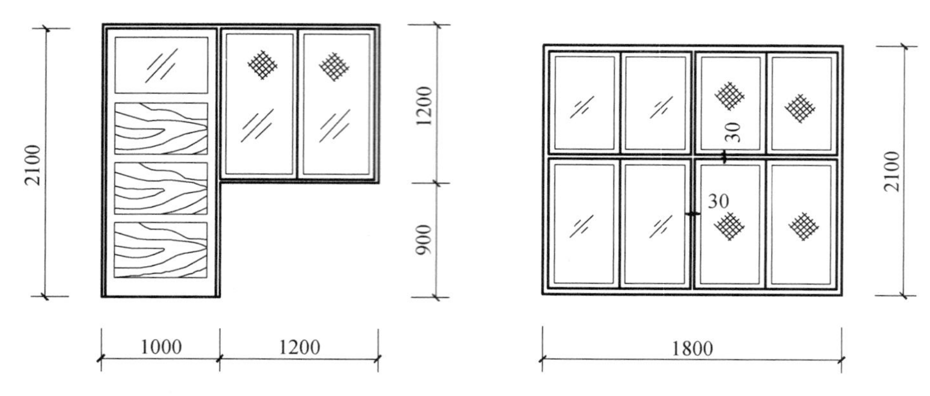

图 14-1　某教学楼木门窗示意图

刷底油一遍、调和漆三遍单层木窗　套 14-1-2 和套 14-1-22　单价（换）

289.01 元/10m^2 +92.82 元/10m^2 =381.83 元/10m^2

费用：226.44m^2 ÷10 ×381.83 元/10m^2 =8646.16 元

［**例 14-2**］　某工程平面及剖面如图 14-2 所示。外墙面为混合砂浆墙面（光面），勒脚以上（±0.000）刷丙烯酸外墙涂料（一底二涂），试计算外墙乳胶漆及费用（采用简易计税）。

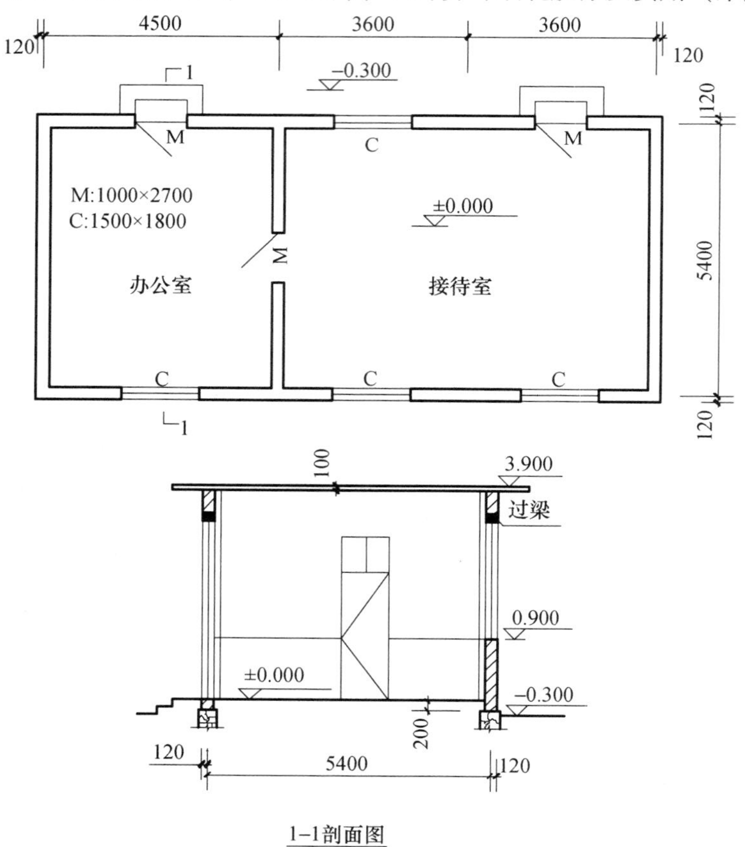

1–1剖面图

图 14-2　某工程示意图

分析：墙、柱面的喷（刷）涂料、油漆工程，其工程量按各自抹灰的工程量计算规则计算。第十二章规定：外墙抹灰面积，按设计外墙抹灰的设计图示尺寸以面积计算。计算时应扣除门窗洞口、外墙裙和单个面积 $>0.3m^2$ 孔洞所占面积，洞口侧壁面积不另增加。

解：（1）外墙外边线长度

$$(4.5m+3.6m\times2+0.24m)\times2+(5.4m+0.24m)\times2=35.16m$$

（2）门、窗面积

$$1.0m\times2.7m\times2+1.5m\times1.8m\times4=16.20m^2$$

（3）外墙涂料工程量

$$35.16m\times(3.9m-0.1m)-16.20m^2=117.41m^2$$

外墙面丙烯酸外墙涂料（一底二涂）光面　套 14-3-29　单价 = 163.62 元/$10m^2$

费用：$117.41m^2\div10\times163.62$ 元/$10m^2$ = 1921.06 元

复习与测试

1. 简述墙、柱面喷（刷）涂料、油漆的工程量计算规则。
2. 哪些零星构件的油漆套用木扶手油漆子目？
3. 混凝土楼梯板底刷涂料如何计算？怎样调整工程量？

第十五章　其他装饰工程

第一节　定额说明

（1）本章定额包括柜类、货架，装饰线条，扶手、栏杆、栏板，暖气罩，浴厕配件，招牌、灯箱，美术字，零星木装饰，工艺门扇九节。

（2）本章定额中的成品安装项目，实际使用的材料品种、规格与定额不同时，可以换算，但人工、机械的消耗量不变。

（3）本章定额中除铁件已包括刷防锈漆一遍外，均不包括油漆。油漆按本定额“第十四章油漆、涂料及裱糊工程”相关子目执行。

（4）本章定额项目中均未包括收口线、封边条、线条边框的工料，使用时另行计算线条用量，套用本章“装饰线”相应子目。

（5）本章定额中除有注明外，龙骨均按木龙骨考虑，如实际采用细木工板、多层板等做龙骨，均执行定额不得调整。

（6）本章定额中玻璃均按成品加工玻璃考虑，并计入了安装时的消耗。

（7）柜类、货架。

1）木橱、壁橱、吊橱（柜）定额按骨架制安、骨架围板、隔板制安、橱柜贴面层、抽屉、门扇龙骨及门窗安装、玻璃柜及五金件安装分别列项，使用时分别套用相应定额。

2）橱柜骨架中的木龙骨用量，设计与定额不同时可以换算，但人工、机械消耗量不变。

（8）装饰线条。

1）装饰线条均按成品安装编制。

2）装饰线条按直线安装编制，如安装圆弧形或其他图案者，按以下规定计算：

天棚面安装圆弧装饰线条，人工乘以系数 1.4；墙面安装圆弧装饰线条，人工乘以系数 1.2；装饰线条做艺术图案，人工乘以系数 1.6。

（9）栏板、栏杆、扶手为综合项。不锈钢栏杆中不锈钢管材、法兰用量，设计与定额不同时可以换算，但人工、机械消耗量不变。

（10）暖气罩按基层、造型层和面层分别列项，使用时分别套用相应定额。

（11）卫生间配套。

1）大理石洗漱台的台面及裙边与挡水板分别列项，台面及裙边子目中包含了成品钢支架安装用工。洗漱台面按成品考虑。

2）卫生间配件按成品安装编制。

3）卫生间镜面玻璃子目设计与定额不同时可以换算。

（12）招牌、灯箱。

1）招牌、灯箱分一般及复杂形式。一般形式是指矩形，表面平整无凹凸造型；复杂形式是指异形或表面有凹凸造型的情况。

2）招牌内的灯饰不包括在定额内。

（13）美术字安装。

1）美术字不分字体，定额均按成品安装编制。

2）外文或拼音美术字个数，以中文意译的单字计算。

3）材质适用范围：泡沫塑料有机玻璃字，适用于泡沫塑料、硬塑料、有机玻璃、镜面玻璃等材料制作的字，金属字适用于铝铜材、不锈钢、金、银等材料制作的字。

（14）零星木装饰。

1）门窗口套、窗台板及窗帘盒是按基层、造型层和面层分别列项，使用时分别套用相应定额。

2）门窗口套安装按成品编制。

（15）工艺门扇。

1）工艺门扇，定额按无框玻璃门扇、造型夹板门扇制作、成品门扇安装、门扇工艺镶嵌和门扇五金配件安装，分别设置项目。

2）无框玻璃门扇，定额按开启扇、固定扇两种扇型，以及不同用途的门扇配件，分别设置项目。无框玻璃门扇安装定额中，玻璃为按成品玻璃，定额中的损耗为安装损耗。

3）不锈钢、塑铝板包门框子目为综合子目。

包门框子目中，已综合了角钢架制安、基层板、面层板的全部施工工序。木龙骨、角钢架的规格和用量，设计与定额不同时，可以调整，人工、机械不变。

4）造型夹板门扇制作，定额按木骨架、基层板、面层装饰板并区别材料种类，分别设置项目。局部板材用作造型层时，套用15-9-13～15-9-15基层项目相应子目，人工增加10%。

5）成品门扇安装，适用于成品进场门扇的安装，也适用于现场完成制作门扇的安装。定额木门扇安装子目中，每扇按3个合页编制，如与实际不同时，合页用量可以调整，每增减10个合页，增减0.25工日。

6）门扇工艺镶嵌，定额按不同的镶嵌内容，分别设置项目。

7）门窗五金配件安装，定额按不同用途的成品配件分别设置项目。

第二节　工程量计算规则

（1）橱柜木龙骨项目按橱柜龙骨的实际面积计算。基层板、造型层板及饰面板按实际尺寸以面积计算。抽屉按抽屉正面面板尺寸以面积计算。橱柜五金件以“个”为单位按数量计算。橱柜成品门扇安装按扇面尺寸以面积计算。

（2）装饰线条应区分材质及规格，按设计图示尺寸以长度计算。

（3）栏板、栏杆、扶手，按长度计算。楼梯斜长部分的栏板、栏杆、扶手，按平台梁与连接梁外沿之间的水平投影长度，乘以系数 1.15 计算。

（4）暖气罩各层按设计尺寸以面积计算，与壁柜相连时，暖气罩算至壁柜隔板外侧，壁柜套用橱柜相应子目，散热口按其框外围面积单独计算。零星木装饰项目基层、造型层及面层的工程量均按设计图示展开尺寸以面积计算。

（5）大理石洗漱台的台面及裙边按展开尺寸以面积计算，不扣除开孔的面积；挡水板按设计面积计算。

（6）招牌、灯箱的木龙骨按正立面投影尺寸以面积计算，型钢龙骨重量以吨“t”计算。基层及面层按设计尺寸以面积计算。

（7）美术字安装，按字的最大外围矩形面积以“个”为单位，按数量计算。

（8）零星木装饰项目基层、造型层及面层的工程量均按设计图示展开尺寸以面积计算。

（9）窗台板按设计图示展开尺寸以面积计算；设计未标明尺寸时，按窗宽两边共加 100mm 计算长度（有贴脸的按贴脸外边线间宽度），凸出墙面的宽度按 50mm 计算。

（10）百叶窗帘、网扣帘按设计成活后展开尺寸以面积计算，设计未注明尺寸时，按洞口面积计算；窗帘、遮光帘均按展开尺寸以长度计算。成品铝合金窗帘盒、窗帘轨、杆按延长米以长度计算。

（11）明式窗帘盒按设计图示尺寸以长度计算，与天棚相连的暗式窗帘盒，基层板（龙骨）、面层板按展开面积以面积计算。

（12）柱脚、柱帽以“个”为单位按数量计算，墙、柱石材面开孔以“个”为单位按数量计算。

（13）工艺门扇。

1）玻璃门按设计图示洞口尺寸以面积计算，门窗配件按数量计算。不锈钢、塑铝板包门框按框饰面尺寸以面积计算。

2）夹板门门窗木龙骨不分扇的形式，以扇面积计算；基层及面层按设计尺寸以面积计算。扇安装按扇以“个”为单位，按数量计算。门扇上镶嵌按镶嵌的外围尺寸以面积计算。

3）门扇五金配件安装，以“个”为单位按数量计算。

第三节　工程量计算及定额应用

［例 15-1］　某现浇钢筋混凝土有梁板工程如图 15-2 所示，墙厚 240mm。顶棚抹完水泥砂浆后在梁板墙角处贴 150mm 宽石膏线，试计算石膏线工程量及费用。

解：石膏线工程量

$(2.7m \times 3 - 0.24m - 0.25m \times 2) \times 6 + (2.4m \times 3 - 0.24m - 0.20m \times 2) \times 6 = 83.52m$

石膏线装饰线宽度≤150mm　套 15-2-25　单价 = 139.39 元/10m

费用：$83.52m \div 10 \times 139.39$ 元/10m = 1164.19 元

［例 15-2］　某住宅楼设计采用开敞式阳台，平面图及剖面图如图 15-2 所示，试计算阳台混凝土栏板上面不锈钢管栏杆（含扶手）的工程量及费用。

解：不锈钢管栏杆（含扶手）工程量

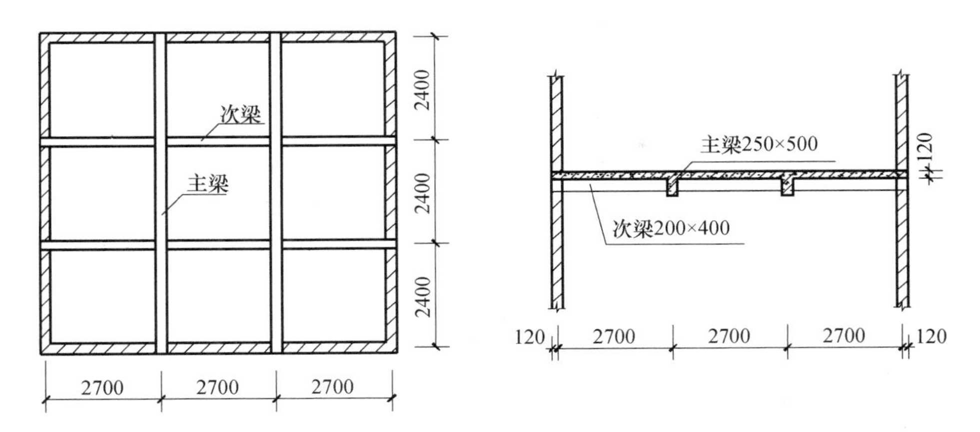

图 15-1　某有梁板工程示意图

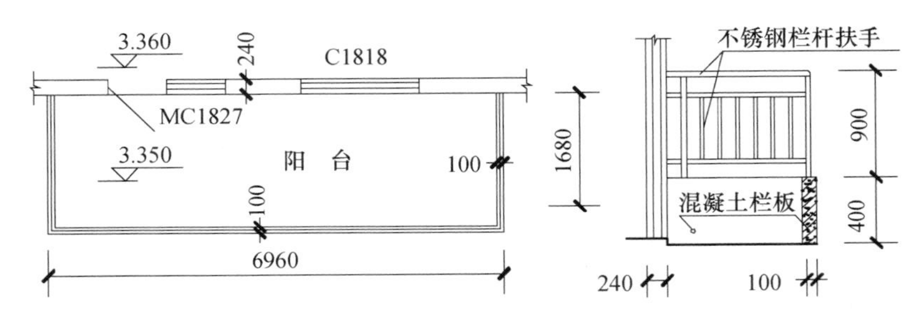

图 15-2　阳台扶手栏杆扶手示意图

$$(6.96\text{m}-0.10\text{m})+(1.68\text{m}-0.10\text{m}/2)\times 2=10.12\text{m}$$

不锈钢管栏杆（带扶手）成品安装直形　套 15-3-4　单价 =4897.50 元/10m

费用：10.12m ÷ 10 × 4897.50 元/10m = 4956.27 元

复习与测试

1. 简述栏板、栏杆、扶手窗帘盒的计算规则。
2. 简述橱柜、装饰线的计算规则。
3. 简述暖气罩、窗台板的计算规则。

第十六章　构筑物及其他工程

第一节　定额说明

（1）本章定额包括烟囱、水塔、贮水（油）池、贮仓、检查井、化粪池及其他，场区道路，构筑物综合项目六节。

（2）本章包括构筑物单项及综合项目定额。综合项目是按照山东省住房和城乡建设厅发布的标准图集《13系列建筑标准设计图集建筑专业》《13系列建筑标准设计图集给排水专业》《建筑给水与排水设备安装图集L03S001—002》的标准做法编制的，使用时对应标准图号直接套用，不再调整。设计文件与标准图做法不同时，套用单项定额。

（3）本章定额中，构筑物单项定额凡涉及土方、钢筋、混凝土、砂浆、模板、脚手架、垂直运输机械及超高增加等相关内容，实际发生时按照相应章节规定计算。

（4）砖烟囱筒身不分矩形、圆形，均按筒身高度执行相应子目。

（5）烟囱内衬项目也适用于烟道内衬。

（6）砖水箱内外壁，按定额实砌砖墙的相应规定计算。

（7）毛石混凝土，系按毛石占混凝土体积20%计算。如设计要求不同时，可以换算。

第二节　工程量计算规则

一、烟囱

1. 烟囱基础

基础与筒身的划分以基础大放脚为分界，大放脚以下为基础，以上为筒身，工程量按设计图纸尺寸以体积计算。

烟囱的砖基础与混凝土基础与筒身的分界线，如图16-1所示。

2. 烟囱筒身

（1）圆形、方形筒身均按图示筒壁平均中心线周长乘以厚度并扣除筒身 $>0.3\text{m}^2$ 孔洞、钢筋混凝土圈梁、过梁等体积以体积计算，其筒壁周长不同时可按下式分段计算。

$$V=\sum H\times C\times \pi D$$

式中　V——筒身体积；

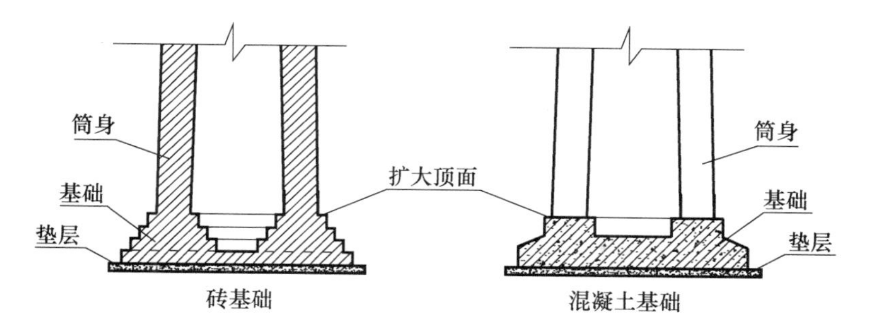

图 16-1　基础与筒身的分界线示意图

H——每段筒身垂直高度；

C——每段筒壁高度；

D——每段筒壁中心线的平均直径。

（2）砖烟囱筒身原浆勾缝和烟囱帽抹灰已包括在定额内，不另行计算。如设计要求加浆勾缝时，套用勾缝定额，原浆勾缝所含工料不予扣除。

$$勾缝面积 = 1/2 \times \pi \times 烟囱高 \times (上口直径 + 下口直径)$$

（3）囱身全高≤20m，垂直运输以人力吊运为准，如使用机械者，运输时间定额乘以系数 0.75，即人工消耗量减去 2.4 工日/10m³；囱身全高 >20m，垂直运输以机械为准。

（4）烟囱的混凝土集灰斗（包括分隔墙、水平隔墙、梁、柱）、轻质混凝土填充砌块以及混凝土地面，按有关章节规定计算，套用相应定额。

（5）砖烟囱、烟道及其砖内衬，如设计要求采用楔形砖时，其数量按设计规定计算，套用相应定额项目。

（6）砖烟囱砌体内采用钢筋加固时，其钢筋用量按设计规定计算，套用相应定额。

3. 烟囱内衬及内表面涂刷隔绝层

（1）烟囱内衬，按不同内衬材料并扣除孔洞后，以图示实体积计算。

（2）填料按烟囱筒身与内衬之间的体积以体积计算，不扣除连接横砖（防沉带）的体积。

筒身与内衬之间留有一定空隙作隔绝层。定额是按空气隔绝层编制的，若采用填充材料，填充料另行计算，所需人工已包括在内衬定额内，不另计算。

为防止填充料下沉，从内衬每隔一定间距挑出一圈砌体作防沉带，防沉带工料已包括在定额内，不另计算。烟囱内衬和防沉带如图 16-2 所示。

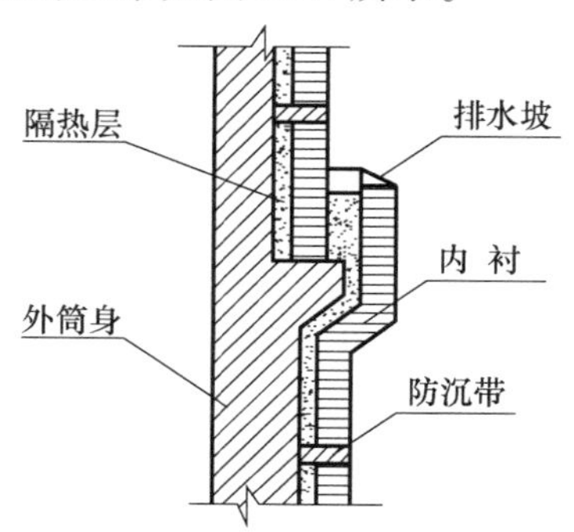

图 16-2　烟囱内衬和防尘带示意图

（3）内衬伸入筒身的连接横砖已包括在内衬定额内，不另行计算。

（4）为防止酸性凝液渗入内衬及筒身间，而在内衬上抹水泥砂浆排水坡的工料已包括在定额内，不单独计算。

（5）烟囱内表面涂刷隔绝层，按筒身内壁并扣除各种孔洞后的面积以面积计算。

4. 烟道砌砖

（1）烟道与炉体的划分以第一道闸门为界，炉体内的烟道部分列入炉体工程量计算。

（2）烟道中的混凝土构件，按相应定额项目计算。

（3）混凝土烟道以体积计算（扣除各种孔洞所占体积），套用地沟定额（架空烟道除外）。

二、水塔

1. 砖水塔

（1）水塔基础与塔身划分：以砖砌体的扩大部分顶面为界，以上为塔身，以下为基础。水塔基础工程量按设计尺寸以体积计算，套用烟囱基础的相应项目。

（2）塔身以图示实砌体积计算，扣除门窗洞口、$>0.3m^2$孔洞和混凝土构件所占的体积，砖平拱璇及砖出檐等并入塔身体积内计算。

（3）砖水箱内外壁，不分壁厚，均以图示实砌体积计算，套用相应的内外砖墙定额。

（4）定额内已包括原浆勾缝，如设计要求加浆勾缝时，套用勾缝定额，原浆勾缝的工料不予扣除。

砖水塔如图 13-6（a）所示。

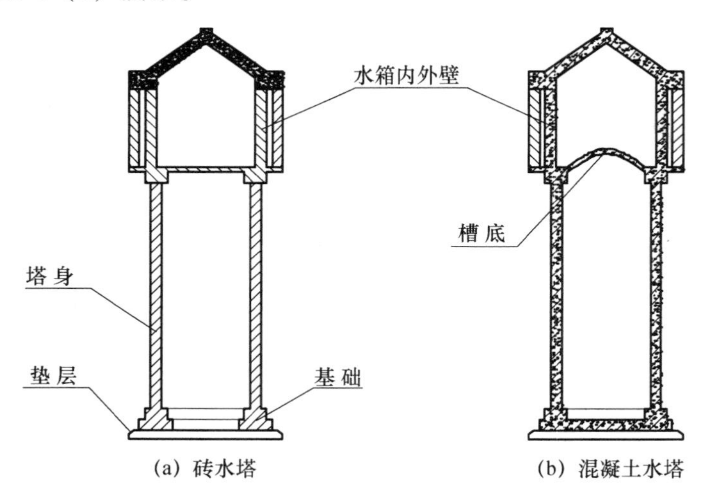

图 16-3　水塔示意图

2. 混凝土水塔

（1）混凝土水塔按设计图示尺寸以体积计算工程量，并扣除$>0.3m^2$孔洞所占体积。

（2）筒身与槽底以槽底连接的圈梁底为界，以上为槽底，以下为筒身。

（3）筒式塔身及依附于筒身的过梁、雨篷挑檐等并入筒身体积内计算，柱式塔身、柱、梁合并计算。

（4）塔顶及槽底，塔顶包括顶板和圈梁，槽底包括底板挑出的斜壁板和圈梁等合并计算。

（5）倒锥壳水塔中的水箱，定额按地面上浇筑编制。水箱的提升，另按定额有关章节的相应规定计算。

混凝土水塔如图 16-3（b）所示。

三、贮水（油）池、贮仓

（1）贮水（油）池、贮仓、筒仓以体积计算。

（2）贮水（油）池仅适用于容积在≤100m^3 以下的项目，壁基梁、池壁不分圆形壁和矩形壁，均按池壁计算，贮水（油）池如图 16-4 所示。容积＞100m^3 的，池底按地面、池壁按墙、池盖按板相应项目计算。

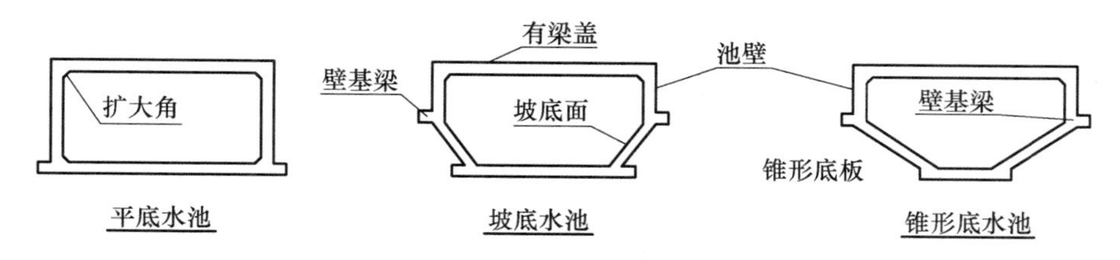

图 16-4　贮水（油）池示意图

（3）贮仓不分立壁、斜壁、底板、顶板均套用该项目。基础、支撑漏斗的柱和柱之间的连系梁根据构成材料的不同，按有关章节规定计算，套相应定额。

混凝土独立筒仓如图 16-5 所示。

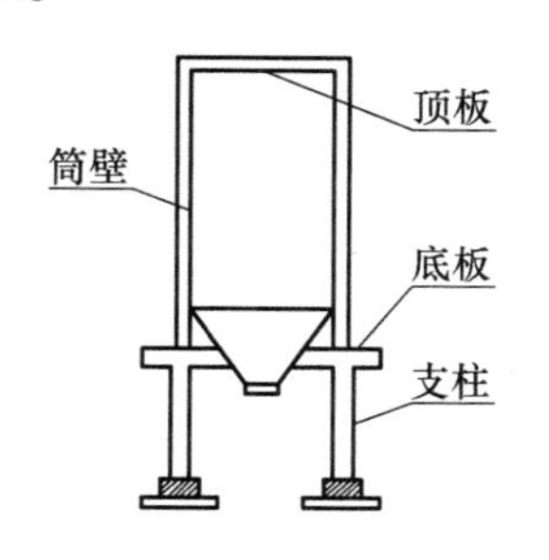

图 16-5　混凝土独立筒仓示意图

四、检查井、化粪池及其他

（1）砖砌井（池）壁不分厚度均以体积计算，洞口上的砖平拱璇等并入砌体体积内计算。与井壁相连接的管道及其内径≤200m 的孔洞所占体积不予扣除。

（2）渗井系指上部浆砌、下部干砌的渗水井。干砌部分不分方形、圆形，均以体积计算。计算时不扣除渗水孔所占体积。浆砌部分套用砖砌井（池）壁定额。

（3）成品检查井、化粪池安装以“座”为单位计算。定额内考虑的是成品混凝土检查井、成品玻璃钢化粪池的安装，当主材材质不同时，可换算主材，其他不变。

（4）混凝土井（池）按实体积计算，与井壁相连接的管道及内径≤200mm 孔洞所占体积不予扣除。

（5）井盖、雨水篦的安装以“套”为单位按数量计算，混凝土井圈的制作以体积计算，排水沟铸铁盖板的安装以长度计算。

五、场区道路

（1）路面工程量按设计图示尺寸以面积计算，定额内已包括伸缩缝及嵌缝的工料，如机械割缝时执行本章相关项目，路面项目中不再进行调整。

（2）沥青混凝土路面是根据山东省标准图集《13系列建筑标准设计图集》中所列做法按面积计算，如实际工程中沥青混凝土粒径与定额不同时，可以体积换算。

（3）道路垫层按本定额“第二章地基处理与边坡支护工程”的机械碾压相关项目计算。

（4）铸铁围墙工程量按设计图示尺寸以长度计算，定额内已包括与柱或墙连接的预埋铁件的工料。

六、构筑物综合项目

（1）构筑物综合项目中的井、池、均根据山东省标准图集《13系列建筑标准设计图集》、《建筑给水与排水设备安装图集》L03S001－002以“座”为单位计算。

（2）散水、坡道均根据山东省标准图集《13系列建筑标准设计图集》以面积计算。

（3）台阶根据山东省标准图集《13系列建筑标准设计图集》按投影面积以面积计算。

（4）路沿根据山东省标准图集《13系列建筑标准设计图集》以长度计算。

（5）凡按省标图集设计和施工的构筑物综合项目，均执行定额项目不得调整。

第三节　工程量计算及定额应用

［**例16-1**］　某独立烟囱如图16-6所示，普通黏土砖M5.0混合砂浆砌筑，烟囱的底面直径为2500mm，圈梁混凝土强度等级为C25，底圈梁（DQL）断面尺寸为370mm×240mm，中部圈梁370mm×240mm，上口封顶圈梁（QL2）为240mm×240mm，计算烟囱筒身工程量，确定定额项目，计算其费用。

解：（1）烟囱各部位直径

下口（DQL）中心直径：$2.50m-0.37m=2.13m$

中部（QL1）上口外边直径：$2.50m-12.30m\times1.8\%\times2=2.06m$

上口（QL2）中心直径：$2.50m-(12.30m+10.30m)\times1.8\%\times2-0.24m=1.45m$

（2）圈梁体积

DQL和QL1的体积：$(2.13m+2.06m-0.37m)\times\pi\times0.37m\times0.24m=1.07m^3$

QL2的体积：$1.45m\times\pi\times0.24m\times0.24m=0.26m^3$

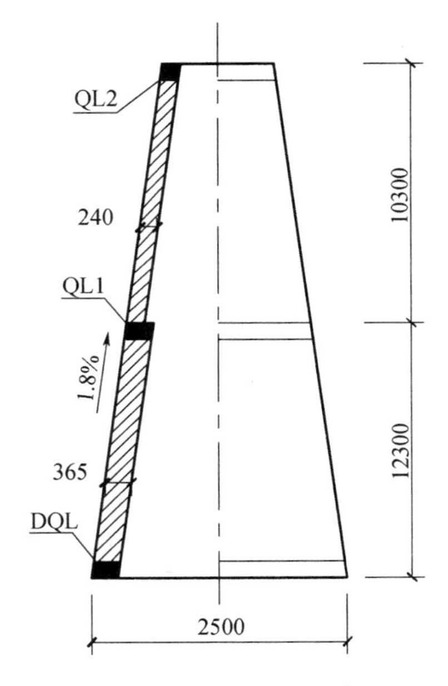

图 16-6 某独立烟囱示意图

圈梁工程量：$1.07m^3 + 0.26m^3 = 1.33m^3$

C25 混凝土圈梁及压顶　套 5-1-21　单价（换）

6087.42 元/$10m^3 - 10.10 \times (320.39 - 339.81)$ 元/$10m^3 = 6283.56$ 元/$10m^3$

查山东省人工、材料、机械台班单价表得：序号 5513（编码 80210007）C20 现浇混凝土碎石<20 单价（除税）320.39 元/m^3；序号 5517（编码 80210015）C25 现浇混凝土碎石<20 单价（除税）339.81 元/m^3。

费用：$1.33m^3 \div 10 \times 6283.56$ 元/$10m^3 = 835.71$ 元

（3）烟囱砖砌体

下部体积：$12.30m \times 0.365m \times \pi \times (2.13m + 2.06m - 0.37m) \times 1/2 - 1.07m^3 = 25.87m^3$

上部体积：$10.30m \times 0.24m \times \pi \times (2.06m - 0.24m + 1.45m) \times 1/2 - 0.26m^3 = 12.44m^3$

砖砌体工程量：$25.87m^3 + 12.44m^3 = 38.31m^3$

M5.0 混浆砖烟囱筒身高度≤40m　套 16-1-6　单价 = 4797.35 元/$10m^3$

费用：$38.31m^3 \div 10 \times 4797.35$ 元/$10m^3 = 18378.65$ 元

[例 16-2]　某生活小区的化粪池、给水阀门井均根据山东省标准图集《13 系列建筑标准设计图集》《建筑给水与排水设备安装图集》L03S001－002 设计，其中钢筋混凝土化粪池 1 号 3 座。砖砌化粪池 2 号 5 座。ϕ1000 的圆形给水阀门井 DN≤65 共 36 座，深度 1.1m。经计算，沥青混凝土路面（厚 100mm）共 4873.66m^2，混凝土整体路面（厚 80mm）9669.85m^2，铺预制混凝土路沿 793.68m，料石路沿为 937.72m。据勘探资料知，小区的地下水深为 6.40m。试计算该上述项目的费用。

解：（1）混凝土整体路面工程量：9669.85m^2

混凝土整体路面　80mm 厚　套 16-5-1　单价 = 356.29 元/$10m^2$

费用：$9669.85m^2 \div 10 \times 356.29$ 元/$10m^2 = 344527.09$ 元

（2）沥青混凝土路面工程量：4873.66m^2

沥青混凝土路面　100mm 厚　套 16-5-4　单价 = 6967.33 元/10m^2

费用：4873.66m^2 ÷ 10 × 6967.33 元/10m^2 = 3395639.75 元

（3）钢筋混凝土化粪池 1 号工程量：3 座

钢筋混凝土化粪池 1 号　无地下水　套 16-6-1　单价 = 9724.77 元/座

费用：3 座 × 9724.77 元/座 = 29174.31 元

（4）砖砌化粪池 2 号工程量：5 座

砖砌化粪池 2 号　无地下水　套 16-6-25　单价 = 12190.60 元/座

费用：5 座 × 12190.60 元/座 = 60953.00 元

（5）圆形给水阀门井工程量：36 座

圆形给水阀门井 DN≤65　ϕ1000　无地下水 1.1m 深　套 16-6-71　单价 = 1457.44 元/座

费用：36 座 × 1457.44 元/座 = 52467.84 元

（6）预制混凝土路沿工程量：793.68m

铺预制混凝土路沿　套 16-6-92　单价 = 557.27 元/10m

费用：793.68m ÷ 10 × 557.27 元/10m = 44229.41 元

（7）料石路沿工程量：937.72m

铺料石路沿　套 16-6-93　单价 = 657.87 元/10m

费用：937.72m ÷ 10 × 657.87 元/10m = 61689.79 元

复习与测试

1. 本章哪些项目属于综合项目定额？
2. 砖水塔和混凝土水塔的基础与塔身是如何划分的？

第十七章　脚手架工程

第一节　定额说明

（1）本章定额包括外脚手架，里脚手架，满堂脚手架，悬空脚手架、挑脚手架、防护架，依附斜道，安全网，烟囱（水塔）脚手架，电梯井字架等共八节。

1）脚手架按塔设材料分为木制、钢管式，按塔设形式及作用分为落地钢管式脚手架、型钢平台挑钢管式脚手架、烟囱脚手架和电梯井脚手架等。

2）脚手架工作内容中，包括底层脚手架的平土、挖坑、实际与定额不同时不得调整。

3）脚手架作业层铺设材料按木脚手板设置，实际使用不同材质时不得调整。

型钢平台外挑双排钢管脚手架子目，一般适用于自然地坪，底层屋面因不满足搭设落地脚手架条件或架体搭设高度 >50m 等情况。

（2）外脚手架。

外脚手架综合了上料平台。依附斜道、安全网和建筑物的垂直封闭等，应根据相应规定另行计算。落地双排钢管外脚手架如图 17-1 所示。

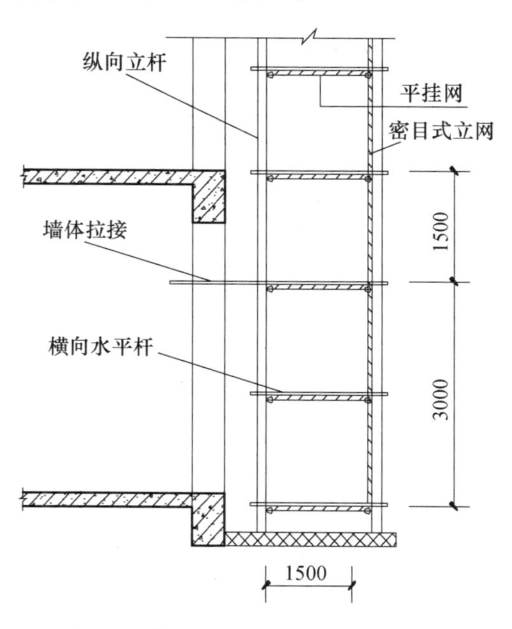

图 17-1　落地双排钢管外脚手架示意图

1）现浇混凝土圈梁、过梁、楼梯、雨篷、阳台、挑檐中的梁和挑梁，各种现浇混凝土板、楼梯，不单独计算脚手架。各种现浇板、现浇混凝土楼梯，不单独计算脚手架。各种现浇板，包括板式或有梁式的雨篷、阳台、挑檐等各种平面构件。

2）计算外脚手架的建筑物四周外围的现浇混凝土梁、框架梁、墙，不另计算脚手架。

3）砌筑高度≤10m，执行单排脚手架子目；高度＞10m，或高度虽≤10m但外墙门窗及外墙装饰面积超过外墙表面积＞60%（或外墙为现浇混凝土墙、轻质砌块墙）时，执行双排脚手架子目。

4）设计室内地坪至顶板下坪（或山墙高度1/2处）的高度＞6m时，内墙（非轻质砌块墙）砌筑脚手架，执行单排外脚手架子目；轻质砌块墙砌筑脚手架，执行双排外脚手架子目。

5）外装饰工程的脚手架根据施工方案可执行外装饰电动提升式吊篮脚手架子目。

6）型钢平台外挑双排钢管脚手架

一般适用于自然地坪或高层建筑物的低层屋面因不满足搭设落地脚手架条件（不能承受脚手架荷载）或架体塔设高度＞50m等情况。型钢平台外挑钢管脚手架如图17-2所示。

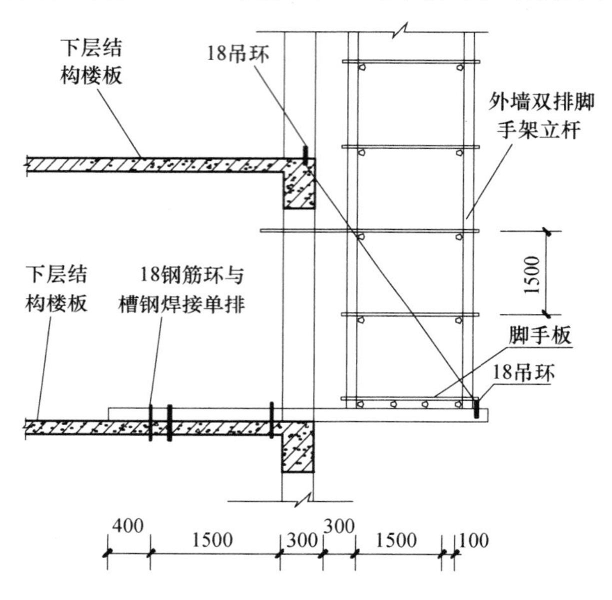

图17-2　型钢平台外挑钢管脚手架示意图

自然地坪不能承受外脚手架荷载，一般是指因填土太深，短期达不到外脚手架荷载的能力、不能搭设落地脚手架的情况。

高层建筑物的底层屋面不能承受外脚手架荷载，一般是指高层建筑有深基坑（地下室），需做外防水处理；或有高低层的工程，其底层屋面板因荷载及屋面防水处理等原因，不能在底层屋面板搭设落地外脚手架的情况。

（3）里脚手架。

1）建筑物内墙脚手架，凡设计室内地坪至顶板下表面（或山墙高度1/2处）的高度在≤3.6m（非轻质砌块墙）时，执行单排里脚手架子目；3.6m＜高度≤6m时，执行双排里脚手架子目。不能在内墙上留脚手架洞的各种轻质砌块墙等，执行双排里脚手架子目。

2）石砌（带形）基础高度＞1m，执行双排里脚手架子目；石砌（带形）基础高度＞3m，执行双排外脚手架子目。边砌边回填时，不得计算脚手架。

（4）悬空脚手架、挑脚手架、防护架。

水平防护架和垂直防护架，指脚手架以外单独搭设的，用于车辆通行、人行通道、临街防护和施工与其他物体隔离等的防护。

（5）依附斜道。

斜道是按依附斜道编制的。独立斜道，按依附斜道子目人工、材料、机械乘以系数1.8。

（6）烟囱（水塔）脚手架。

1）烟囱脚手架，综合了垂直运输架、斜道、缆风绳、地锚等内容。

2）水塔脚手架，按相应的烟囱脚手架人工乘以系数1.11，其他不变。倒锥壳水塔脚手架，按烟囱脚手架相应子目乘以系数1.3。

（7）电梯井脚手架的搭设高度，指电梯井底板上坪至顶板下坪（不包括建筑物顶层电梯机房）之间的高度。

（8）总包施工单位承包工程范围不包括外墙装饰工程且不为外墙装饰工程提供脚手架施工，主体工程外脚手架的材料按外脚手架乘以0.8计算，人工、机械不调整。外装饰脚手架按钢管脚手架搭设的其材料费按外脚手架乘以0.2计算，人工、机械不调整。

第二节　工程量计算规则

（1）脚手架计取的起点高度：基础及石砌体高度 >1m，其他结构高度 >1.2m。

（2）计算内、外墙脚手架时，均不扣除门窗洞口、空圈洞口等所占的面积。

（3）外脚手架。

1）建筑物外脚手架，高度自设计室外地坪算至檐口（或女儿墙顶）：同一建筑物有不同檐高时，按建筑物的不同檐高纵向分割，分别计算，并按各自的檐高执行相应子目。地下室外脚手架的高度，按其底板上坪至地下室顶板上坪之间的高度计算。

2）按外墙外边线长度乘以高度以面积计算。凸出墙面宽度大于240mm的墙垛、外挑阳台（板）等，按图示尺寸展开并入外墙长度内计算。

3）现浇混凝土独立基础，按柱脚手架规则计算（外围周长按最大底面周长），执行单排外脚手架子目。

4）混凝土带形基础、带形桩承台、满堂基础，按混凝土墙的规定计算脚手架，其中满堂基础脚手架长度按外形周长计算。

5）独立柱（混凝土框架柱）按柱图示结构外围周长另加3.6m，乘以设计柱高以面积计算，执行单排外脚手架项目。

独立柱脚手架工程量 =（柱图示结构外围周长 +3.6）×设计柱高

式中　首层柱设计柱高 = 首层层高 + 基础上表面至设计室内地坪高度

楼层设计柱高 = 楼层层高

设计柱高，指柱自基础上表面或楼层上表面，至上一层楼板上表面或屋面板上表面的高度。基础与柱或墙体的分界线以柱基的扩大顶面为界。

独立柱与坡屋面的斜板相交时，设计柱高按柱顶的高点计算。

先主体、后回填、自然地坪低于设计室外地坪时，首层（室内）脚手架的高度自自然地坪算起。

6）各种现浇混凝土独立柱、框架柱、砖柱、石柱（均指不与同种材料的墙体同时施工的独立柱）等，需单独计算脚手架；与同种材料的墙体相连接且同时施工的柱，按墙垛的相应规定计算脚手架。现浇混凝土构造柱，不单独计算脚手架。

7）现浇混凝土梁、墙，按设计室外地坪或楼板上表面至楼板底之间的高度，乘以梁、墙净长以面积计算，执行双排外脚手架子目。与混凝土墙同一轴线且同时浇筑的墙上梁不单独计取脚手架。

8）现浇混凝土梁主体工程脚手架高度。

先主体、后回填、自然地坪低于设计室外地坪时，首层（室内）脚手架的高度，自自然地坪算起。

设计室外地坪标高不同时，首层（室内）梁脚手架的高度，有错坪的，按不同标高分别计算；有坡度的，按平均高度计算。

坡屋面的山尖部分，（室内）梁脚手架的高度，按山尖部分的平均高度计算，按山尖顶坪执行定额。

现浇混凝土（室内）梁主体工程脚手架，按以上梁脚手架高度，分别执行相应高度的脚手架定额子目。

9）现浇混凝土墙主体工程脚手架高度。

内墙脚手架高度，不扣除局部突出墙面的梁、框架梁等所占的高度。

先主体、后回填、自然地坪低于设计室外地坪时，首层（室内）脚手架的高度，自自然地坪算起。

设计室外地坪标高不同时，首层内墙脚手架的高度，有错坪的，按不同标高分别计算；有坡度的，按平均高度计算。

坡屋面的山尖部分内墙脚手架按山尖的平均高度计算，按山尖顶坪执行定额。

10）轻型框剪墙按墙规定计算，不扣除之间洞口所占面积，洞口上方梁不另计算脚手架。

11）现浇混凝土（室内）梁（单梁、连续梁、框架梁），按设计室外地坪或楼板上表面至楼板底之间的高度乘以梁净长，以面积计算，执行双排外脚手架子目。有梁板中的板下梁不计取脚手架。

（4）里脚手架。

1）里脚手架按墙面垂直投影面积计算。

各种石砌挡土墙的砌筑脚手架，按石砌基础的规定执行。

砖砌大放脚式带形基础，高度超过1m，按石砌带形基础的规定计算脚手架。砖砌墙式带形基础，按砖砌墙体的规定计算脚手架。

2）内墙面装饰工程脚手架。

按装饰面执行里脚手架计算规则计算装饰工程脚手架。内墙面装饰高度≤3.6m时，按相应脚手架子目乘以系数0.3计算；高度>3.6m的内墙装饰，按双排里脚手架乘以系数 0. 3。

内墙装饰脚手架高度，自室内地面或楼面起，有吊顶顶棚的，计算至顶棚底面另加 100mm，无吊顶顶棚的，计算至顶棚底面。

外墙内面抹灰，外墙内面应计算内墙装饰工程脚手架；内墙双面抹灰，内墙两面均应计算内墙装饰工程脚手架。

内墙装饰工程，能够利用内墙砌筑脚手架时，不再计内墙装饰脚手架。按规定计算满堂脚手架后，室内墙面装饰工程，不再计内墙装饰脚手架。

3）（砖砌）围墙脚手架，按室外自然地坪至围墙顶面的砌筑高度乘以长度，以面积计算。围墙脚手架，执行单排里脚手架相应子目。石砌围墙或厚 >2 砖的砖围墙，增加一面双排里脚手架。

（5）满堂脚手架（图 17-3）。

1）按室内净面积计算，不扣除柱、垛所占面积。

2）结构净高 >3. 6m 时，可计算满堂脚手架。

3）当 3. 6m < 结构净高≤5. 2m 时，计算基本层；结构净高≤3. 6m 时，不计算满堂脚手架。但经建设单位批准的施工组织设计明确需要搭设满堂脚手架的可计算满堂脚手架。

4）结构净高 >5. 2m 时，每增加 1. 2m 按增加一层计算，不足 0. 6m 的不计。

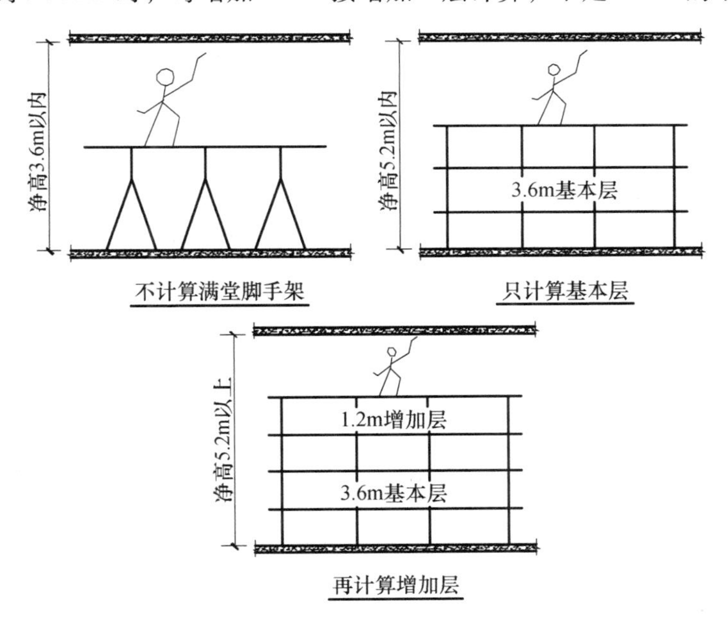

图 17-3　满堂脚手架计算示意图

满堂脚手架工程量 = 室内净长度 × 室内净宽度

满堂脚手架增加层 = ［室内净高度 − 5. 2（m）］ ÷ 1. 2（m）

（计算结果 0. 5 以内舍去）

（6）悬空脚手架、挑脚手架、防护架。

1）悬空脚手架，按搭设水平投影面积计算。

2）挑脚手架，按搭设长度和层数以长度计算。

3）水平防护架，按实际铺板的水平投影面积计算。垂直防护架，按自然地坪至最上一层横杆之间的搭设高度乘以实际搭设长度，以面积计算。

4）使用移动的悬空脚手架、挑脚手架，其工程量按使用过的部位尺寸计算。

5）水平防护架和垂直防护架，是否搭设和搭设的部位、面积，应根据工程实际情况，按施工组织设计确定。

（7）依附斜道，按不同搭设高度以“座”计算，斜道数量根据施工组织设计确定。

（8）安全网。

1）平挂式安全网（脚手架外侧与建筑物外墙之间的安全网），按水平挂设的投影面积计算，执行立挂式安全网子目。

平挂式安全网，水平设置于外脚手架的每一操作层（脚手板）下，网宽1.5m。

根据山东省工程建设标准《建筑施工现场管理标准》规定，距地面（设计室外地坪）3.2m处设首层安全网，操作层下随层设安全网（按具体规定计算）。

2）立挂式安全网，按架网部分的实际长度乘以实际高度，以面积计算。

立挂式安全网，沿脚手架外立杆内面垂直设置，且与平挂式安全网同时设置，网高按1.2m计算。

3）挑出式安全网，按挑出的水平投影面积计算。

挑出式安全网，沿脚手架外立杆外挑，近立杆边沿较外边沿略低，斜网展开宽度按2.20m计算。

4）建筑物垂直封闭工程量，按封闭墙面的垂直投影面积计算。

建筑物垂直封闭采用交替倒用时，工程量按倒用封闭过的垂直投影面积计算，执行定额子目时，封闭材料乘以系数：竹席0.5、竹笆和密目网为0.33。

建筑物垂直封闭，根据施工组织设计确定。高出屋面的电梯间、水箱间，不计算垂直封闭。

（9）烟囱（水塔）脚手架。

烟囱（水塔）脚手架，按不同搭设高度以“座”计算。

滑升钢模浇筑的钢筋混凝土烟囱、倒锥壳水塔支筒及筒仓，定额按无井架施工编制。定额综合了操作平台。使用时，不再计算脚手架与竖井架。

（10）电梯井字架，按不同搭设高度以“座”计算。计算了电梯井字架的电梯井孔，其外侧的混凝土电梯井壁不另计算脚手架。设备管道井不适用电梯井字架子目。

（11）其他。

1）设备基础脚手架，按其外形周长乘以地坪至外形顶面边线之间的高度，以面积计算，执行双排里脚手架子目。

2）砌筑贮仓脚手架，不分单筒或贮仓组，均按单筒外边线周长，乘以设计室外地坪至贮仓上口之间高度，以面积计算，执行双排外脚手架子目。

3）贮水（油）池脚手架，按外壁周长乘以室外地坪至池壁顶面之间的高度，以面积计算。贮水（油）池凡距地坪高度 >1.2m 时，执行双排外脚手架子目。

4）大型现浇混凝土贮水（油）池、框架式设备基础的混凝土壁、柱、顶板梁等混凝土浇筑脚手架，按现浇混凝土墙、柱、梁的相应规定计算。

混凝土壁、顶板梁的高度，按池底上坪至池顶板下坪之间高度计算；混凝土柱的高度，按池底上坪至池顶板上坪之间高度计算。

第三节　工程量计算及定额应用

［**例 17-1**］　某高层建筑物如图 17-4 所示。女儿墙为普通黏土砖砌筑，主体脚手架采用钢管脚手架搭设，顶部水箱部位为单排钢管脚手架，计算外墙脚手架工程量及费用。

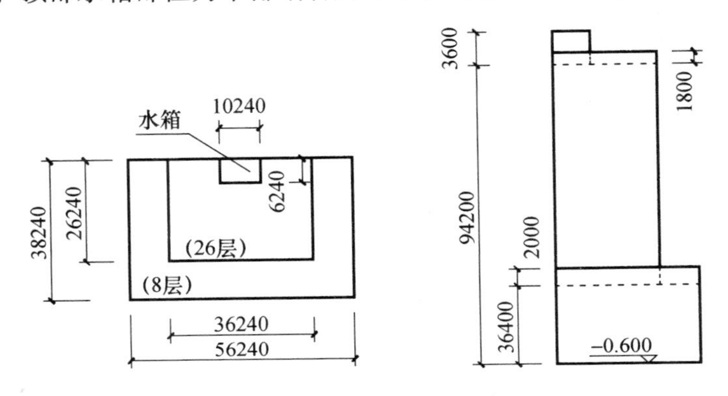

图 17-4　某高层建筑物示意图

解：(1) 高层（25 层）部分外脚手架工程量

$$36.24m\times(94.20m+1.80m)=3479.04m^2$$

$$(36.24m+26.24m\times2)\times(94.20m-36.40m+1.80m)=5287.71m^2$$

$$10.24m\times(3.60m-1.80m)=18.43m^2$$

合计：$3479.04m^2+5287.71m^2+18.43m^2=8785.18m^2$

高度：$94.20m+1.80m=96.00m$

说明：电梯、水箱间不计入高度以内

型钢平台外挑双排外脚手架≤100m　套 17-1-17　单价 = 682.96 元/10m^2

费用：$8785.18m^2\div10\times682.96$ 元/10m^2 = 599992.65 元

(2) 低层（8 层）部分脚手架

工程量：$[(38.24m+56.24m)\times2-36.24m]\times(36.40m+2.0m)=5864.45m^2$

高度：$36.40m+2.0m=38.40m$

钢管架双排≤50m　套 17-1-12　单价 = 271.72 元/10m^2

费用：$5864.45m^2\div10\times271.72$ 元/10m^2 = 159348.84 元

(3) 电梯间、水箱间部分

工程量：$(10.24m+6.24m\times2)\times3.60m=81.79m^2$

钢管架单排≤6m　套 17-1-6　单价 = 108.76 元/10m^2

费用：$81.79m^2\div10\times108.76$ 元/10m^2 = 889.55 元

［**例 17-2**］　某高层建筑下部三层为商业房，如图 17-5 所示，采用双排外钢管脚手架，主楼自裙楼上部开始搭设型钢平台外挑脚手架，计算脚手架工程量及费用。

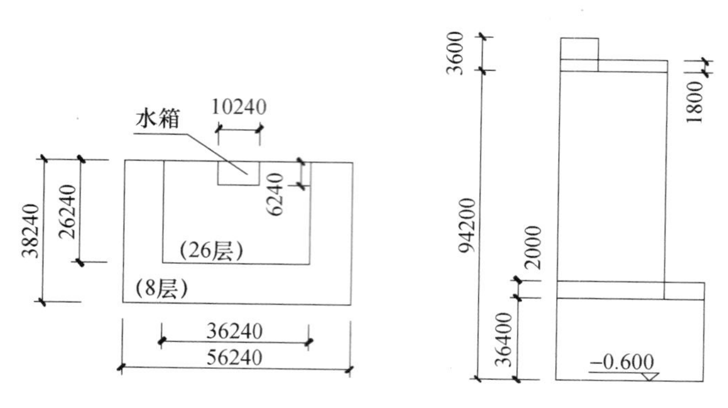

图 17-5　某高层建筑示意图

解：（1）裙楼部分外脚手架

工程量：[66. 24m +（24. 24m +0. 3m）×2]×（14. 4m +2. 0m）=1891. 25m²

脚手架高度为：14. 40m +2. 0m =16. 40m

钢管架双排≤24m　套 17-1-10　单价 =212. 48 元/10m²

费用：1891. 25m² ÷10 ×212. 48 元/10m² =40185. 28 元

（2）主楼下部三层脚手架

工程量：（15. 12m ×2 +66. 24m）×14. 4m =1389. 31m²

钢管架双排≤15m　套 17-1-9　单价 =182. 26 元/10m²

费用：1389. 31m² ÷10 ×182. 26 元/10m² =25321. 56 元

（3）主楼型钢平台外挑钢管脚手架

工程量：（15. 12m +66. 24m）×2 ×（94. 6m −14. 4m）=13050. 14m²

型钢平台外挑双排外脚手架≤100m　套 17-1-17　单价 =682. 96 元/10m²

费用：13050. 14m² ÷10 ×682. 96 元/10m² =891272. 36 元

[例 17-3]　某学校餐厅学生就餐大厅共 2 层，如图 17-6 所示，计算满堂脚手架（钢管架）工程量及费用。

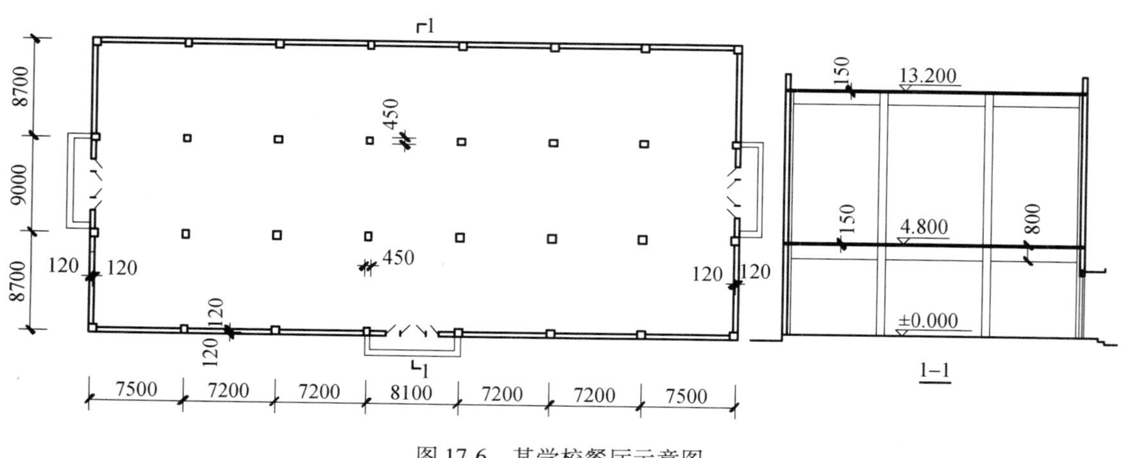

图 17-6　某学校餐厅示意图

分析：餐厅首层结构净高大于 3. 60m，小于 5. 20m，可计算满堂脚手架基本层。满堂脚手架按室内净面积计算，不扣除柱、垛所占面积。二层除计算基本层外还要计算增加层。

解：（1）底层满堂脚手架

工程量：（7.5m×2+7.2m×4+8.1m−0.24m）×（8.7m×2+9.0m−0.24m）=1351.43m^2

脚手架高度：4.8m−0.15m=4.65m<5.2m，只计算基本层

钢管架基本层　套17-3-3　单价=170.58元/10m^2

费用：1351.43m^2÷10×170.58元/10m=23052.69元

（2）二层满堂脚手架

工程量：（7.5m×2+7.2m×4+8.1m−0.24m）×（8.7m×2+9.0m−0.24m）=1351.43m^2

脚手架高度：13.2m−0.15m−4.8m=8.25m

满堂脚手架增加层=（8.25m−5.2m）÷1.2层=3层

二层满堂脚手架　套17-3-3和套17-3-4　单价（换）

170.58元/10m^2+24.02元/10m^2×3=242.64元/10m^2

费用：1351.43m^2÷10×242.64元/10m=32791.10元

［**例17-4**］　某教学楼如图17-7所示，外墙采用双排钢管架，内墙单排钢管架，内外脚手架均自室外地坪搭设，楼板厚150mm，安全网每层一道，密目网固定封闭。计算外墙脚手架、里脚手架、安全网、密目网工程量及费用。

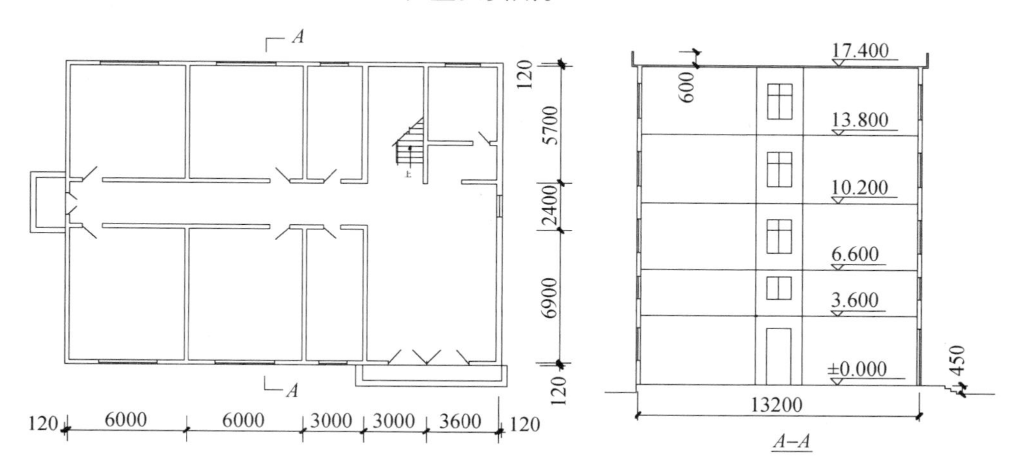

图17-7　某教学楼示意图

解：（1）基数计算

$L_{外}$=（6.0m×2+3.0m×2+3.6m+6.9m+2.4m+5.7m）×2+0.24m×4=74.16m

$L_{内}$=（6.9m−0.24）×3+（5.7m−0.24m）×4+（6.0m×2+3.0m）×2+（3.6m×2−0.24m）=78.78m

（2）外墙脚手架

搭设高度：0.45m+17.4m+0.60m=18.45m

工程量：74.16m×18.45m　=1368.25m^2

钢管架双排≤24m　套17-1-10　单价=212.48元/10m^2

费用：1368.25m^2÷10×212.48元/10m^2=29072.58元

（3）里脚手架

搭设高度：0.45m + 17.4m − 0.15mm × 5 = 17.10m

工程量：78.78m × 17.10m = 1347.14m^2

钢管架单排≤3.6m　套 17-2-5　单价 = 56.74 元/10m^2

费用：1347.14m^2 ÷ 10 × 356.74 元/10m^2 = 48057.87 元

（3）安全网

工程量：（74.16m × 1.5m + 1.5m × 1.5m × 4）×（5 − 1）= 480.96m^2

立挂式　套 17-6-1　单价 = 44.30 元/10m^2

费用：480.96m^2 ÷ 10 × 44.30 元/10m^2 = 2130.65 元

（4）密目网

工程量：74.16m × 18.45m = 1368.25m^2

建筑物垂直封闭密目网　套 17-6-6　单价 = 108.19 元/10m^2

费用：1368.25m^2 ÷ 10 × 108.19 元/10m^2 = 14803.10 元

复习与测试

1. 外脚手架综合了哪些内容？其高度如何确定？
2. 简述型钢平台外挑双排钢管脚手架子目的范围。
3. 满堂脚手架如何计算？

第十八章　模板工程

第一节　定额说明

（1）本章定额包括现浇混凝土模板、现场预制混凝土模板、构筑物混凝土模板三节。定额按不同构件，分别以组合钢模板钢支撑、木支撑，复合木模板钢支撑、木支撑，木模板、木支撑编制。

复合木模板，为胶合（竹胶）板等复合板材与方木龙骨等现场制作而成的复合模板，其消耗量是以胶合（竹胶）板为模板材料测算的，取定时综合考虑了胶合（竹胶）板模板制作、安装、拆除等工作内容所包含的人工、材料、机械含量。

（2）现浇混凝土模板。

1）现浇混凝土杯型基础的模板，执行现浇混凝土独立基础模板子目，定额人工乘以系数1.13，其他不变。

2）现浇混凝土有梁式满堂基础模板项目是按上翻梁计算编制的。若是下翻梁形式的满堂基础，应执行无梁式满堂基础模板项目。由于下翻梁的模板无法拆除，且简易支模方式很多，施工单位按施工组织设计确定的方式另行计算梁模板费用。

3）现浇混凝土直形墙、电梯井壁等项目，按普通混凝土考虑，需增套对拉螺栓堵眼增加子目；如设计要求防水等特殊处理时，套用本章有关子目后，增套本定额“第五章钢筋及混凝土工程”对拉螺栓增加子目。

4）现浇混凝土板的倾斜度 >15°时，其模板子目定额人工乘以系数1.3。

5）现浇混凝土柱、梁、墙、板是按支模高度（地面支撑点至模底或支模顶）3.6m编制的，支模高度超过3.6m时，另行计算模板支撑超高部分的工程量。

轻型框剪墙的模板支撑超高，执行墙支撑超高子目。

6）对拉螺栓与钢、木支撑结合的现浇混凝土模板子目，定额按不同构件、不同模板材料和不同支撑工艺综合考虑，实际使用钢、木支撑的多少，与定额不同时，不得调整。

对拉螺栓端头处理增加子目，系指现浇混凝土直形墙、电梯井壁等，设计要求防水等特殊处理时，与混凝土一起浇筑的普通对拉螺栓（或对拉钢片）端头处理所需要增加的人工、材料、机械消耗量。

7）现浇混凝土楼梯、阳台、雨篷、栏板、挑檐等其他构件，凡模板子目按木模板、木支撑编制的，如实际使用复合木模板，仍执行定额相应模板子目，不另调整。

8）对拉螺栓堵眼增加子目，系指现浇混凝土直形墙、电梯井壁等为普通混凝土时，拆除模板后封堵对拉螺栓　套管孔道所需要增加的人工、材料消耗量。

9）地下暗室模板拆除子目，系指没有自然光、正常通风的地下暗室内的现浇混凝土构件，其模板拆除时，证明设施的安装、维护、拆除，以及人工降效等所需要增加的人工消耗量。

（3）现场预制混凝土模板。

现场预制混凝土模板子目使用时，人工、材料、机械消耗量分别乘以1.012构件操作损耗系数。

（4）构筑物混凝土模板。

1）采用钢滑升模板施工的烟囱、水塔支筒及筒仓是按无井架施工编制的，定额内综合了操作平台，使用时不再计算脚手架及竖井架。

2）用钢滑升模板施工的烟囱、水塔，提升模板使用的钢爬杆用量是按一次摊销编制的，贮仓是按两次摊销编制的，设计要求不同时，允许换算。

3）倒锥壳水塔塔身钢滑升模板项目，也适用于一般水塔塔身滑升模板工程。

4）烟囱钢滑升模板项目均已包括烟囱筒身、牛腿、烟道口，水塔钢滑升模板均已包括直筒、门窗洞口等模板用量。

（5）实际工程中复合木模板周转次数与定额不同时，可按实际周转次数，根据以下公式分别对子目材料中的复合木模板、锯成材消耗量进行计算调整。

1）复合木模板消耗量＝模板一次使用量×（1＋5%）×模板制作损耗系数÷周转次数。

2）锯成材消耗量＝定额锯成材消耗量－N_1＋N_2

式中　N_1＝模板一次使用量×（1＋5%）×方木消耗系数÷定额模板周转次数

N_2＝模板一次使用量×（1＋5%）×方木消耗系数÷实际周转次数

3）上述公式中复合木模板制作损耗系数、方木消耗系数如表18-1所示。

表18-1　复合木模板制作损耗系数、方木消耗系数表

构件部位	基础	柱	构造柱	梁	墙	板
模板制作损耗系数	1.1392	1.1047	1.2807	1.1688	1.0667	1.0787
方木消耗系数	0.0209	0.0231	0.0249	0.0247	0.0208	0.0172

第二节　工程量计算规则

一、现浇混凝土模板

现浇混凝土模板工程量，除另有规定外，按模板与混凝土的接触面积（扣除后浇带所占面积）计算。

（1）基础按混凝土与模板接触面的面积计算。

1）基础与基础相交时重叠的模板面积不扣除；直形基础端头的模板，也不增加。

2）杯型基础模板面积按独立基础模板计算，杯口内的模板面积并入相应基础模板工程量内。

3）现浇混凝土带形桩承台的模板，执行现浇混凝土带形基础（有梁式）模板子目。

（2）现浇混凝土柱模板，按柱四周展开宽度乘以柱高，以面积计算。

1）柱、梁相交时，不扣除梁头所占柱模板面积。

2）柱、板相交时，不扣除板厚所占柱模板面积。

（3）构造柱模板，按混凝土外露宽度乘以柱高以面积计算；构造柱与砌体交错咬茬连接时，按混凝土外露面的最大宽度计算。构造柱与墙的接触面不计算模板面积。

（4）现浇混凝土梁模板，按混凝土与模板的接触面积计算。

1）矩形梁，支座处的模板不扣除，端头处的模板不增加。

2）梁、梁相交时，不扣除次梁梁头所占主梁模板面积。

3）梁、板连接时，梁侧壁模板算至板下坪。

4）过梁与圈梁连接时，其过梁长度按洞口两端共加50cm计算。

（5）现浇混凝土墙的模板，按混凝土与模板接触面积计算。

1）现浇钢筋混凝土墙、板上单孔面积≤$0.3m^2$的孔洞，不予扣除；洞侧壁模板亦不增加；单孔面积>$0.3m^2$时，应予扣除，洞侧壁模板面积并入墙、板模板工程量内计算。

2）墙、柱连接时，柱侧壁按展开宽度，并入墙模板面积内计算。

3）墙、梁相交时，不扣除梁头所占墙模板面积。

（6）现浇钢筋混凝土框架结构分别按柱、梁、墙、板有关规定计算。轻型框剪墙子目已综合轻体框架中的梁、墙、柱内容，但不包括电梯井壁、矩形梁、挑梁，其工程量按混凝土与模板接触面积计算。

（7）现浇混凝土板的模板，按混凝土与模板的接触面积计算。

1）伸入梁、墙内的板头，不计算模板面积。

2）周边带翻檐的板（如卫生间混凝土防水带等），底板的板厚部分不计算模板面积；翻檐两侧的模板，按翻檐净高度，并入板的模板工程量内计算。

3）板、柱相接时，板与柱接触面的面积≤$0.3m^2$时，不予扣除；面积>$0.3m^2$时，应予扣除。柱、墙相接时，柱与墙接触面的面积，应予扣除。

4）现浇混凝土有梁板的板下梁的模板支撑高度，自地（楼）面支撑点计算至板底，执行板的支撑高度超高子目。

5）柱帽模板面积按无梁板模板计算，其工程量并入无梁板模板工程量中，模板支撑超高按板支撑超高计算。

（8）柱与梁、柱与墙、梁与梁等连接的重叠部分，以及伸入墙内的梁头、板头部分、均不计算模板面积。

（9）后浇带按模板与后浇带的接触面积计算。

（10）现浇混凝土斜扳、折板模板，按平板模板计算；预制板板缝>40mm时的模板，按平板后浇带模板计算。

（11）现浇钢筋混凝土雨篷、悬挑板、阳台板按图示外挑部分尺寸的水平投影面积计算。挑出墙外的牛腿梁及板边模板不另计算。现浇混凝土悬挑板的翻檐，其模板工程量按翻檐净高计算，执行“天沟、挑檐”子目；若翻檐高度>300mm时，执行“栏板”子目。

现浇混凝土天沟、挑檐按模板与混凝土接触面积计算。

(12) 现浇混凝土柱、梁、墙、板的模板支撑高度按如下计算:

柱、墙:地(楼)面支撑点至构件顶坪。

梁:地(楼)面支撑点至梁底。

板:地(楼)面支撑点到板底坪。

1) 现浇混凝土柱、梁、墙、板的模板支撑高度 >3.6m 时,另行计算模板超高部分的工程量。

2) 梁、板(水平构件)模板支撑超高的工程量计算如下式:

超高次数 =(支模高度)−3.6/1(遇小数进为1,不足1按1计算)

超高工程量(m^2) = 超高构件的全部模板面积 × 超高次数

3) 柱、墙(竖直构件)模板支撑超高的工程量计算如下式:

超高次数分段计算:自高度 >3.60m,第一个1m 为超高1次,第二个1m 为超高2次,以此类推;不足1m,按1m 计算。

超高工程量(m^2) = ∑(相应模板面积 × 超高次数)

4) 构造柱、圈梁、大钢模板墙,不计算模板支撑超高。

5) 墙、板后浇带的模板支撑超高,并入墙、板支撑超高工程量内计算。

(13) 现浇钢筋混凝土楼梯,按水平投影面积计算,不扣除宽度≤500mm 楼梯井所占面积。楼梯的踏步、踏步板、平台梁等侧面模板,不另计算,伸入墙内部分亦不增加。

(14) 混凝土台阶(不包括梯带),按图示台阶尺寸的水平投影面积计算,台阶端头两侧不另计算模板面积。

(15) 小型构件是指单件体积≤0.1 m^3的未列项目构件。

现浇混凝土小型池槽按构件外围体积计算,不扣除池槽中间的空心部分。池槽内、外侧及底部的模板不另计算。

(16) 塑料模壳工程量,按板的轴线内包投影面积计算。

(17) 地下暗室模板拆除增加,按地下暗室内的现浇混凝土构件的模板面积计算。地下室设有室外地坪以上的洞口(不含地下室外墙出入口)、地上窗的,不再套用本子目。

(18) 对拉螺栓端头处理增加,按设计要求防水等特殊处理的现浇混凝土直形墙、电梯井壁(含不防水面)模板面积计算。

(19) 对拉螺栓堵眼增加,按相应构件混凝土模板面积计算。

二、现场预制混凝土构件模板

(1) 现场预制混凝土模板工程量,除注明者外均按混凝土实体体积计算。

(2) 预制桩按桩体积(不扣除桩尖虚体积部分)计算。

三、构筑物混凝土模板

(1) 构筑物工程的水塔,贮水(油)、化粪池,贮仓的模板工程量按混凝土与模板的接触面积计算。

（2）液压滑升钢模板施工的烟囱、倒锥壳水塔支筒、水箱、筒仓等均以混凝土体积计算。

（3）倒锥壳水塔的水箱提升根据不同容积，按数量以“座”计算。

第三节　工程量计算及定额应用

［例18-1］　某钢筋混凝土独立基础，共38个，如图18-1所示。模板采用复合木模板木支撑，计算素混凝土垫层及独立基础模板工程量及费用。

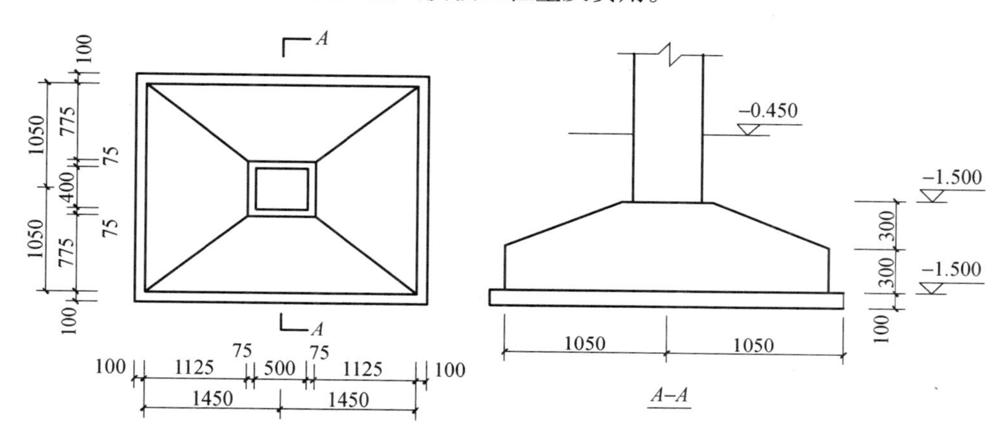

图18-1　某独立基础示意图

解：（1）素混凝土垫层模板

工程量：$[(1.45m+0.10m)\times2+(1.05m+0.10m)\times2]\times2\times0.10m\times38=41.04m^2$

混凝土基础垫层木模板　套18-1-1　单价 $=321.66$ 元/$10m^2$

费用：$41.04m^2\div10\times321.66$ 元/$10m^2=1320.09$ 元

（2）独基模板

工程量：$(1.45m+1.05m)\times4\times0.3m\times38=114.00m^2$

独立基础钢筋混凝土复合木模板木支撑　套18-1-15　单价 $=1674.29$ 元/$10m^2$

费用：$114.00m^2\div10\times1674.29$ 元/$10m^2=19086.91$ 元

［例18-2］　某框架楼共有框架柱38根，柱顶标高为21.63m，基础如图18-1所示，采用复合木模板钢支撑，计算框架柱模板工程量及费用。

解：柱模板工程量

$$(0.50m+0.40m)\times2\times(1.50m+21.63m)\times38=1582.09m^2$$

矩形柱复合木模板模板钢支撑　套18-1-36　单价 $=613.45$ 元/$10m^2$

费用：$1582.09m^2\div10\times613.45$ 元/$10m^2=97053.31$ 元

［例18-3］　某工程为砖混结构，构造柱平面及立面如图18-2所示。内外墙均设圈梁，门窗过梁为以圈梁代替过梁，断面尺寸为240mm×240mm，底圈梁（内外墙均设）断面240mm×200mm，全部采用复合木模板木支撑，构造柱出槎宽度为60mm，高度为3.30m，门窗尺寸如表18-2所示。计算过梁、构造柱、圈梁模板工程量及费用。

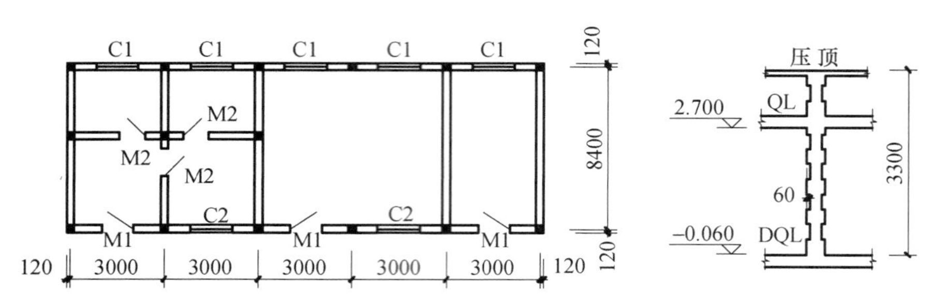

图 18-2　某工程平面及立面示意图

表 18-2　门窗明细表

名称	尺寸（宽×高）	数量	名称	尺寸（宽×高）	数量
M1	1000×2700	3	C1	1200×900	5
M2	900×2700	3	C2	1500×1800	2

解：（1）门窗过梁

侧面模板面积：$(1.0m\times3+0.9m\times3+1.2m\times5+1.5m\times2+0.50m\times13)\times0.24m\times2=10.18m^2$

底面模板面积：$(1.0m\times3+0.9m\times3+1.2m\times5+1.5m\times2)\times0.24m=3.53m^2$

过梁模板工程量：$10.18m^2+3.53m^2=13.71m^2$

过梁复合木模板木支撑　套 18-1-65　单价 = 1012.92 元/10m²

费用：$13.71m^2\div10\times1012.92$ 元/10m² = 1388.71 元

（2）构造柱

第 1 种方法

直角处：$(0.24m+0.06m\times2)\times2\times3.3m\times4=9.504m^2$

丁角处：$(0.24m+0.06m\times6)\times3.3m\times8=15.84m^2$

十字处：$0.06m\times8\times3.3m\times1=1.584m^2$

一字处：$(0.24m+0.06m\times2)\times2\times3.3m\times2=4.752m^2$

小计：$9.504m^2+15.84m^2+1.584m^2+4.752m^2=31.68m^2$

构造柱复合木模板木支撑　套 18-1-41　单价 = 1117.98 元/10m²

费用：$31.68m^2\div10\times1117.98$ 元/10m² = 3541.76 元

第 2 种方法

模板工程量：$(0.24m\times20+0.06m\times80)\times3.3m=31.68m^2$

（3）圈梁

$$L_{中}=(3.0m\times5+8.4m)\times2=46.80m$$

$$L_{内}=(8.4m-0.24m)\times3+(3.0m-0.24m)\times2=30.00m$$

底圈梁：$(46.80m+38.16m)\times0.2m\times2=33.98m^2$

顶圈梁：$(46.80m+30.00m)\times2\times0.24m-10.18m^2-0.24m\times0.24m\times20=25.53m^2$

圈梁模板工程量合计 $33.98m^2+25.53m^2=59.51m^2$

圈梁直形复合木模板木支撑　套 18-1-61　单价 = 660.05 元/10m²

费用：$59.51m^2\div10\times660.05$ 元/10m² = 3927.96 元

说明：圈梁、构造柱、过梁整体现浇时，圈梁部分模板工程量应扣除圈梁与构造柱、过梁交接处模板的面积。

［**例 18-4**］　某现浇钢筋混凝土有梁板如图 18-3 所示，采用竹胶板模板，钢支撑，计算有梁板模板工程量及费用。

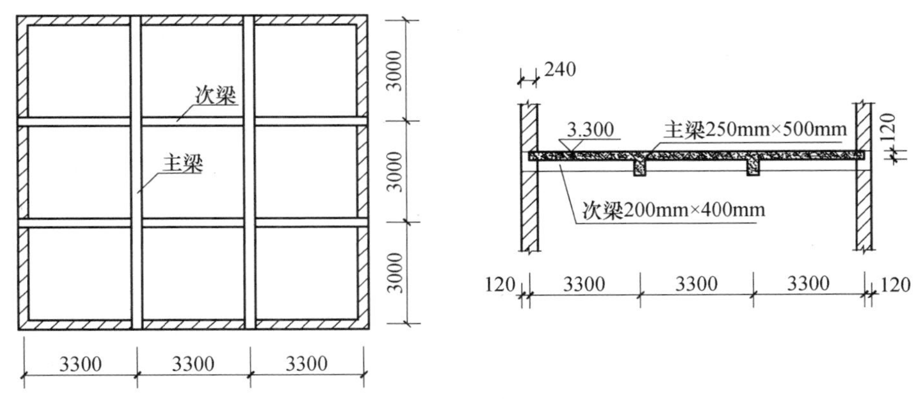

图 18-3　某有梁板示意图

解：（1）有梁板底模

工程量：(3.3m×3−0.24m)×(3.0m×3−0.24m)=84.62m²

（2）主梁侧模

工程量：(3.0m×3−0.24m)×(0.50m−0.12m)×4=13.32m²

（3）次梁侧模

工程量：(3.3m×3−0.24m−0.25m×2)×(0.40m−0.12m)×4=10.26m²

（4）有梁板工程量合计

84.62m²+13.32m²+10.26m²=108.20m²

有梁板复合木模板钢支撑　套 18-1-92　单价=580.49 元/10m²

费用：108.20m²÷10×580.49 元/10m²=6280.90 元

［**例 18-5**］　某教学楼无柱雨篷如图 18-4 所示，采用胶合板木支撑，计算雨篷板和翻檐的模板工程量及费用。

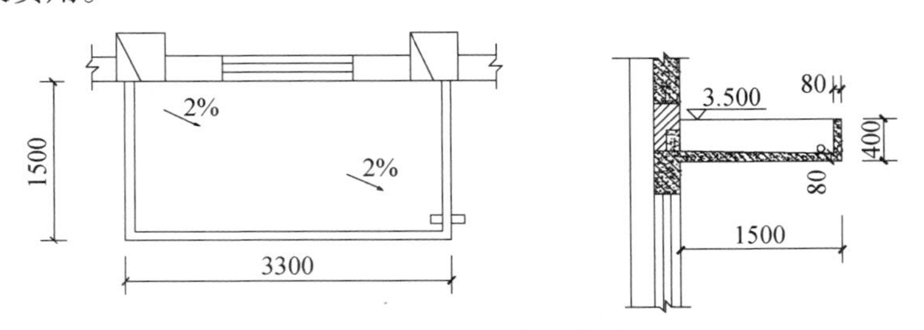

图 18-4　无柱雨篷示意图

分析：该工程的现浇混凝土雨篷板，按图示外挑部分尺寸的水平投影面积计算；雨篷的翻檐，其模板工程量按翻檐净高计算，若翻檐高度超过 300mm 时，执行栏板（18-1-106）子目。

解：（1）雨篷板

工程量：3.3m×1.5m=4.95m²

雨篷直形木模板木支撑　套 18-1-108　单价 = 1600.78 元/$10m^2$

费用：$4.95m^2 \div 10 \times 1600.78$ 元/$10m^2$ = 792.39 元

（2）翻檐板

工程量：$(3.3m + 1.5m \times 2 - 2 \times 0.08m) \times (0.4m - 0.08) \times 2 = 3.93m^2$

栏板木模板木支撑　套 18-1-106　单价 = 1169.20 元/$10m^2$

费用：$3.93m^2 \div 10 \times 1169.20$ 元/$10m^2$ = 459.50 元

[例 18-6]　某学校综合楼共 3 层，其楼梯平面图如图 18-5 所示。墙体厚度为 240mm，采用木模板木支撑，计算楼梯的模板工程量及费用。

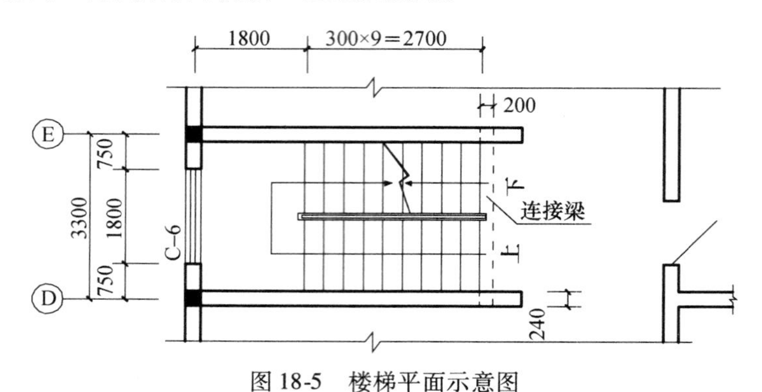

图 18-5　楼梯平面示意图

分析：混凝土楼梯（含直形或旋转形）与楼板的分界线，以楼梯顶部与楼板的连接梁为界，连接梁以外为楼板，以内为楼梯。

解： 楼梯模板

工程量 = $(1.8m + 2.7m + 0.2m - 0.12m) \times (3.3m - 0.24m) \times 2 = 28.03m^2$

楼梯直形木模板木支撑　套 18-1-110　单价 1835.11 元/$10m^2$

费用：$28.03m^2 \div 10 \times 1835.11$ 元/$10m^2$ = 5143.81 元

复习与测试

1. 现浇混凝土柱、梁、墙、板的模板如何计算？模板支撑高度怎样确定？
2. 带形基础、独立基础和杯形基础的模板如何计算？
3. 某实验楼共有花篮梁 36 根，如图 18-6 所示，采用竹胶板模板木支撑，计算花篮梁模板工程量及费用。

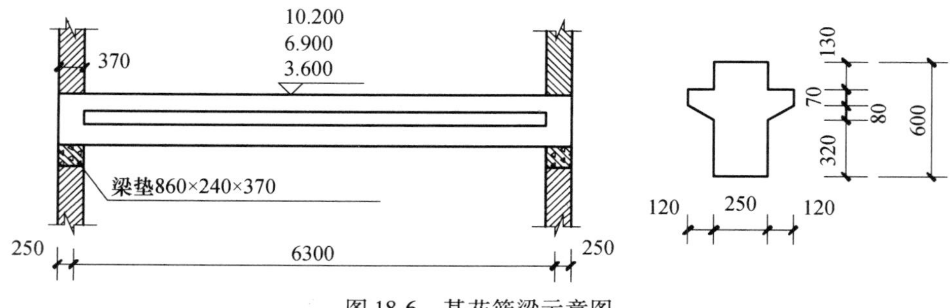

图 18-6　某花篮梁示意图

第十九章　施工运输工程

第一节　定额说明

本章定额包括垂直运输、水平运输、大型机械进出场三节。

一、垂直运输

（1）垂直运输子目、定额按合理的施工工期、经济的机械配置编制。编制招标控制价时，执行定额不得调整。

（2）垂直运输子目，定额按泵送混凝土编制。建筑物（构筑物）主要结构构件柱、梁、墙（电梯井壁）、板混凝土非泵送（或部分非泵送）时，其（体积百分比，下同）相应子目中的塔式起重机乘以系数 1.15。

（3）垂直运输子目，定额按预制构件采用塔式起重机安装编制。

1）预制混凝土结构、钢结构的主要结构构件柱、梁（屋架）、墙、板采用（或部分采用）轮胎式起重机安装时，其相应子目中的塔式起重机全部扣除。

2）其他建筑物的预制混凝土构件全部采用轮胎式起重机安装时，相应子目中的塔式起重机乘以系数 0.85。

（4）垂直运输子目中的施工电梯（或卷扬机），是装饰工程类别为Ⅲ类时的台班使用量。装饰工程类别为Ⅱ类时，相应子目中的施工电梯（或卷扬机）乘以系数 1.20：装饰工程类别为Ⅰ类时，乘以系数 1.40。

（5）现浇（预制）混凝土结构，系指现浇（预制）混凝土柱、墙（电梯井壁）、梁（屋架）为主要承重构件，外墙全部或局部为砌体的结构形式。

（6）檐口高度 3.6m 以内的建筑物，不计算垂直运输。

（7）民用建筑垂直运输：

1）民用建筑垂直运输，包括基础（无地下室）垂直运输、地下室（含基础）垂直运输、±0.000 以上（区分为檐高≤20m、檐高 >20m）垂直运输等内容。

2）檐口高度，是指设计室外地坪至檐口滴水（或屋面板板顶）的高度。

只有楼梯间、电梯间、水箱间等突出建筑物主体屋面时，其突出部分高度不计入檐口高度。

建筑物檐口高度超过定额相邻檐口高度 <2.20m 时，其超过部分忽略不计。

3）民用建筑垂直运输，定额按层高≤3.60m 编制。层高超过 3.60m，每超过 1m，相应垂直运输子目乘以系数 1.15。

4）民用建筑檐高>20m垂直运输子目，定额按现浇混凝土结构的一般民用建筑编制。装饰工程类别为Ⅰ类的特殊公共建筑，相应子目中的塔式起重机乘以系数1.35。预制混凝土结构的一般民用建筑，相应子目中的塔式起重机乘以系数0.95。

（8）工业厂房垂直运输：

1）工业厂房，系指直接从事物质生产的生产厂房或生产车间。

工业建筑中，为物质生产配套和服务的食堂、宿舍、医疗、卫生及管理用房等独立建筑物，按民用建筑垂直运输相应子目另行计算。

2）工业厂房垂直运输子目，按整体工程编制，包括基础和上部结构。

工业厂房有地下室时，地下室按民用建筑相应子目另行计算。

3）工业厂房垂直运输子目，按一类工业厂房编制。二类工业厂房，相应子目中的塔式起重机乘以系数1.20；工业仓库，乘以系数0.75。

① 一类工业厂房：指机加工、五金、一般纺织（粗纺、制条、洗毛等）、电子、服装等生产车间，以及无特殊要求的装配车间。

② 二类工业厂房：指设备基础及工艺要求较复杂、建筑设备或建筑标准较高的生产车间，如铸造、锻造、电镀、酸碱、仪表、手表、电视、医药、食品等生产车间。

（9）钢结构工程垂直运输：

钢结构工程垂直运输子目，按钢结构工程基础以上工程内容编制。

钢结构工程的基础或地下室，按民用建筑相应子目另行计算。

（10）零星工程垂直运输：

1）超深基础垂直运输增加子目，适用于基础（含垫层）深度大于3m的情况。

建筑物（构筑物）基础深度，无地下室时，自设计室外地坪算起；有地下室时，自地下室底层设计室内地坪算起。

2）其他零星工程垂直运输子目，是指能够计算建筑面积（含1/2面积）之空间的外装饰层（含屋面顶坪）范围以外的零星工程所需要的垂直运输。

（11）建筑物分部工程垂直运输：

1）建筑物分部工程垂直运输，包括主体工程垂直运输、外装修工程垂直运输、内装修工程垂直运输，适用于建设单位将工程分别发包给至少两个施工单位施工的情况。

2）建筑物分部工程垂直运输，执行整体工程垂直运输相应子目，并乘以表19-1规定的系数。

表19-1 分部工程垂直运输系数表

机械名称	整体工程垂直运输	分部工程垂直运输		
		主体工程垂直运输	外装修工程垂直运输	内装修工程垂直运输
综合工日	1	1	0	0
对讲机	1	1	0	0
塔式起重机	1	1	0	0
清水泵	1	0.70	0.12	0.43
施工电梯或卷扬机	1	0.70	0.28	0.27

3）主体工程垂直运输，除上表规定的系数外，适用整体工程垂直运输的其他所有规定。

4）外装修工程垂直运输：

建设单位单独发包外装修工程（镶贴或干挂各类板材、设置各类幕墙）且外装修施工单位自设垂直运输机械时，计算外装修工程垂直运输。

外装修工程垂直运输，按外装修高度（设计室外地坪至外装修顶面的高度）执行整体工程垂直运输相应檐口高度子目，并乘以表19-1规定的系数。

5）内装修工程垂直运输：

建设单位单独发包内装修工程且内装修施工单位自设垂直运输机械时，计算内装修工程垂直运输。

内装修工程垂直运输，根据内装修施工所在最高楼层，按表19-2对应子目的垂直运输机械乘以表19-1规定的系数。

表19-2　单独内装修工程垂直运输对照表

定额号	檐高（≤m）	内装修最高层	定额号	檐高（≤m）	内装修最高层
相应子目	20	1～6	19-1-30	180	49～54
19-1-23	40	7～12	19-1-31	200	55～60
19-1-24	60	13～18	19-1-32	220	61～66
19-1-25	80	19～24	19-1-33	240	67～72
19-1-26	100	25～30	19-1-34	260	73～78
19-1-27	120	31～36	19-1-35	280	79～84
19-1-28	140	37～42	19-1-36	300	85～90
19-1-29	160	43～48			

（12）构筑物垂直运输：

1）构筑物高度，指设计室外地坪至构筑物结构顶面的高度。

2）混凝土清水池，指位于建筑物之外的独立构筑物。

建筑面积外边线以内的各种水池，应合并于建筑物并按其规定一并计算，不适用本子目。

3）混凝土清水池，定额设置了≤500t、1000t、5000t三个基本子目。清水池容量（500～5000t）设计与定额不同时，按插入法计算；>5000t时，按每增加500t子目另行计算。

4）混凝土污水池，按清水池相应子目乘以系数1.10。

（13）塔式起重机安装安全保险电子集成系统时，根据系统的功能情况，塔式起重机按下列规定增加台班单价（含税价）：

1）基本功能系统（包括风速报警控制、超载报警控制、限位报警控制、防倾翻控制、实时数据显示、历史数据记录），每台班增加23.40元。

2）（基本功能系统）增配群塔作业防碰撞控制系统（包括静态区域限位预警保护系统），每台班另行增加4.40元。

3）（基本功能系统）增配单独静态区域限位预警保护系统，每台班另行增加2.50元。

4）视频在线控制系统，每台班增加5.70元。

二、水平运输

（1）水平运输，按施工现场范围内运输编制，适用于预制构件在预制加工厂（总包单位自有）内、构件堆放场地内或构件堆放地至构件起吊点的水平运输。

在施工现场范围之外的市政道路上运输，不适用本定额。

（2）预制构件在构件起吊点半径15m范围内的水平移动已包括在相应安装子目内。超过上述距离的地面水平移动，按水平运输相应子目，计算场内运输。

（3）水平运输 <1km 子目，定额按不同运距综合考虑，实际运距不同时不得调整。

（4）混凝土构件运输，已综合了构件运输过程中的构件损耗。

（5）金属构件运输子目中的主体构件，是指柱、梁、屋架、天窗架、挡风架、防风桁架、平台、操作平台等金属构件。

主体构件之外的其他金属构件，为零星构件。

（6）水平运输子目中，不包括起重机械、运输机械行使道路的铺垫、维修所消耗的人工、材料和机械，实际发生时另行计算。

三、大型机械进出场

（1）大型机械基础，适用于塔式起重机、施工电梯、卷扬机等大型机械需要设置基础的情况。

（2）混凝土独立式基础，已综合了基础的混凝土、钢筋、地脚螺栓和模板，但不包括基础的挖土、回填和复土配重。其中，钢筋、地脚螺栓的规格和用量、现浇混凝土强度等级与定额不同时，可以换算，其他不变。

（3）大型机械安装、拆卸，指大型施工机械在现场进行安装与拆卸所需的人工、材料、机械和试运转，以及机械辅助设施的折旧、搭设、拆除等工作内容。

（4）大型机械厂外运输，指大型施工机械整体或分体自停放地点运至施工现场或由一施工地点运至另一施工地点的运输、装卸、辅助材料等工作内容。

（5）大型机械进出场子目未列明机械规格、能力的，均涵盖各种规格、能力。大型机械本体的规格，定额按常用规格编制。实际与定额不同时，可以换算，消耗量及其他均不变。

（6）大型机械进出场子目未列机械，不单独计算其安装、拆卸和场外运输。

四、施工机械停滞

施工机械停滞，是指非施工单位自身原因，非不可抗力所造成的施工现场施工机械的停滞。

第二节　工程量计算规则

一、垂直运输

（1）凡定额单位为“m^2”的，均按《建筑工程建筑面积计算规范》GB/T 50353—2013

的相应规定，以建筑面积计算。但以下另有规定者，按以下相关规定计算。

（2）民用建筑（无地下室）基础的垂直运输，按建筑物底层建筑面积计算。

建筑物底层不能计算建筑面积或计算 1/2 建筑面积的部位配置基础时，按其勒脚以上结构外围内包面积，合并与底层建筑面积一并计算。

（3）混凝土地下室（含基础）的垂直运输，按地下室建筑面积计算。

筏板基础所在层的建筑面积为地下室底层建筑面积。

地下室层数不同时，面积大的筏板基础所在层的建筑面积为地下室底层建筑面积。

（4）檐高≤20m 建筑物的垂直运输，按建筑物建筑面积计算。

1）各层建筑面积均相等时，任一层建筑面积为标准层建筑面积。

2）除底层、顶层（含阁楼层）外，中间层建筑面积均相等（或中间仅一层）时，中间任一层（或中间层）的建筑面积为标准层建筑面积。

3）除底层、顶层（含阁楼层）外，中间各层建筑面积不相等时，中间各层建筑面积的平均值为标准层建筑面积。

两层建筑物，两层建筑面积的平均值为标准层建筑面积。

4）同一建筑物结构形式不同时，按建筑面积大的结构形式确定建筑物的结构形式。

（5）檐高 >20m 建筑物的垂直运输，按建筑物建筑面积计算。

1）同一建筑物檐口高度不同时，应区别不同檐口高度分别计算；层数多的地上层的外墙外垂直面（向下延伸至 ±0.00）为其分界。

2）同一建筑物结构形式不同时，应区别不同结构形式分别计算。

（6）工业厂房的垂直运输，按工业厂房的建筑面积计算。

同一厂房结构形式不同时，应区别不同结构形式分别计算。

（7）钢结构工程的垂直运输，按钢结构工程的用钢量，以质量计算。

（8）零星工程垂直运输：

1）基础（含垫层）深度 >3m 时，按深度 >3m 的基础（含垫层）设计图示尺寸，以体积计算。

2）零星工程垂直运输，分别按设计图示尺寸和相关工程量计算规则，以定额单位计算。

（9）建筑物分部工程垂直运输：

1）主体工程垂直运输，按建筑物建筑面积计算。

2）外装修工程垂直运输，按外装修的垂直投影面积（不扣除门窗等各种洞口，突出外墙面的侧壁也不增加），以面积计算。

同一建筑物外装修总高度不同时，应区别不同装修高度分别计算；高层（向下延伸至 ±0.00）与底层交界处的工程量，并入高层工程量内计算。

3）内装修工程垂直运输，按建筑物建筑面积计算。

同一建筑物外装修总层数不同时，应区别内装修施工所在最高楼层分别计算。

（10）构筑物垂直运输，以构筑物座数计算。

二、水平运输

（1）混凝土构件运输，按构件设计图示尺寸以体积计算。

（2）金属构件运输，按构件设计图示尺寸以质量计算。

三、大型机械进出场

（1）大型机械基础，按施工组织设计规定的尺寸，以体积（或长度）计算。

（2）大型机械安装拆卸和场外运输，按施工组织设计规定以“台次”计算。

四、施工机械停滞

施工机械停滞，按施工现场施工机械实际停滞时间，以“台班”计算。

施工机械停滞费 = ∑［（台班折旧费 + 台班人工费 + 台班其他费）×停滞台班数量］

（1）机械停滞期间，机上人员未在现场或另做其他工作时，不得计算台班人工费。

（2）下列情况，不得计算机械停滞台班：

1）机械迁移过程中的停滞。

2）按施工组织设计或合同规定，工程完成后不能马上转入下一个工程所发生的停滞。

3）施工组织设计规定的合理停滞。

4）法定假日及冬雨季因自然气候影响发生的停滞。

5）双方合同中另有约定的合理停滞。

第三节　工程量计算及定额应用

［例 19-1］　某高层建筑物地下室为二层，局部三层，如图 19-1 所示，墙体全部为钢筋混凝土，墙厚度为 250mm，计算地下室部分垂直运输机械费。

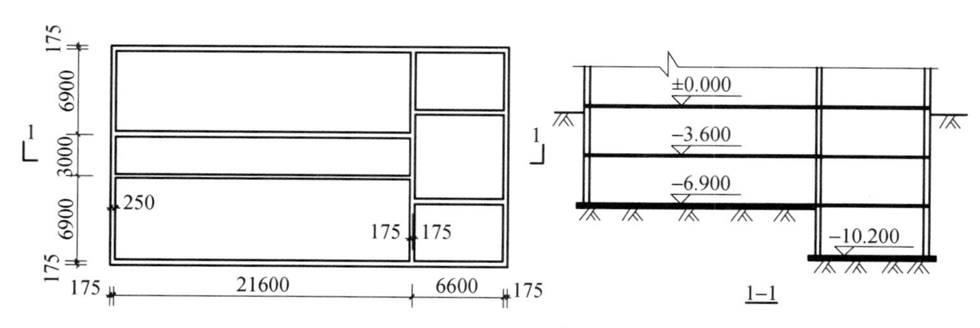

图 19-1　某地下室示意图

解：（1）地下室三层部分

建筑面积：$(6.6\text{m}+0.25\text{m})\times(6.9\text{m}\times2+3.0\text{m}+0.25\text{m})\times3=350.38\text{m}^2$

（2）地下室二层部分

建筑面积：$21.6\text{m}\times(6.9\text{m}\times2+3.0\text{m}+0.25\text{m})\times2=736.56\text{m}^2$

（3）地下室建筑面积小计

$350.38\text{m}^2+736.56\text{m}^2=1086.94\text{m}^2$

（4）地下室二层部分的筏板基础面积大

21.6m×(6.9m×2+3.0m+0.25m)=368.28m^2<1000m^2

±0.00 以下钢筋混凝土地下室（含基础）地下室底层建筑面积<1000m^2　套 19-1-10 单价=574.20 元/10m^2

费用：1086.94m^2÷10×574.20 元/10m^2=62412.09 元

［**例 19-2**］　某教学楼平面图及立面图（简图）如图 19-2 所示，5 层部分为砖混结构，局部 6 层为框架结构，计算该工程的垂直运输机械费。

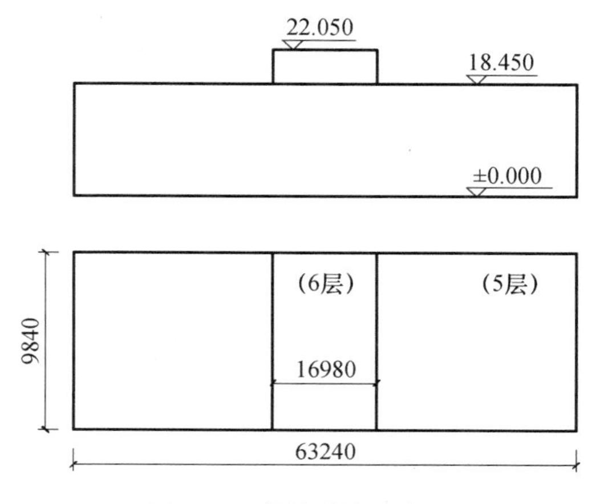

图 19-2　某教学楼示意图

解：（1）檐高 18.45m 五层部分

标准层建筑面积：(63.24m−16.98m)×9.84m=455.20m^2

总建筑面积：455.20m^2×5=2276.00m^2

檐高≤20m 砖混结构标准层建筑面积≤500m^2　套 19-1-14　单价=594.04 元/10m^2

费用：2276.00m^2÷10×594.04 元/10m^2=135203.50 元

（2）檐高 22.05m 六层部分

标准层建筑面积：16.98m×9.84m=167.08m^2

总建筑面积：167.08m^2×6=1002.48m^2

20m<檐高≤40m 现浇混凝土结构垂直运输　套 19-1-23　单价=530.08 元/10m^2

费用：1002.48m^2÷10×530.08 元/10m^2=53139.46 元

复习与测试

1. 简述垂直运输工程量计算方法。
2. 如何计算构件的水平运输？
3. 哪些情况不得计算机械停滞台班？

第二十章　建筑工程预算、结算书编制

第一节　工程预算书的编制

一、工程预算书的编制依据

(1) 经过批准和会审的全部施工图设计文件；
(2) 经过批准的工程设计概算文件；
(3) 经过批准的项目管理实施规划或施工组织设计；
(4) 建设工程预算定额或计价规范；
(5) 单位估价或价目表；
(6) 人工工资标准、材料预算价格、施工机械台班单价；
(7) 建筑工程费用定额；
(8) 预算工作手册；
(9) 工程承发包合同文件。

二、单位工程施工图预算书编制内容

1. 预算书封面

预算书的封面应有统一的格式，在编制人位置加盖造价师或预算员印章，在公章位置加盖单位公章。预算书封面如表20-1所示。

表 20-1　预算书封面

工程预（　　）算书
建设单位
工程名称
结构类型
建筑面积（平方米）
结算造价（元）
施工单位（公章）
审核单位（公章）
审核人
编制人
编制日期

2. 编制说明

编制预算书之前，编制预算说明，一般应包括：本工程按几类工程取费；所采用的预算定额、单位估价表和费用定额；施工组织设计方案；设计变更或图纸会审记录；图纸存在的问题及处理方法。

3. 取费程序表

按建筑工程费用计算程序进行取费，注意次序不能颠倒，详见绪论第四节。

4. 单位工程预算表

填写工程预算表时，应按定额编号从小到大依次填写，各部分之间留一定空行，以便遗漏项目的增添，单位应和定额单位统一，工程量的小数位数按规定保留。工程预算表如表20-2所示。

表 20-2 工程预（结）算表

单位工程　　　　年　月　日　　　　共　页　第　页

定额编号	分部分项工程名称	单位	数量	省定额价		地区（市）价	
				单价	合价	单价	合价

5. 工程量计算表

工程量计算应采用表格形式计算，其中定额编号、工程项目名称要和定额保持一致。工程量计算表如表20-3所示。

表 20-3 工程量计算表

单位工程名称：××××××　　　　共　页　第　页

序号	定额编号	分项工程名称	单位	工程量	计算式
9	1-4-3	竣工清理	$10m^3$	1172.79	$24.68\times6.6\times7.2=1172.79$

负责人 ×××　　　　审核 ×××　　　　计算 ×××

6. 工料分析及工日、材料、机械台班汇总表

工料分析表的前半部分与工程量计算表相同，后半部分按先人工、后材料顺序依次填写，注意和定额顺序保持一致。工料分析表如表20-4所示，工日、材料、机械台班汇总表如表20-5所示。

表 20-4 工料分析表

单位工程名称： ××××××　　　　共　页　第　页

序号	定额编号	分项工程名称	单位	工程量	工日		材料用量			
					单位用工	小计	C15 现浇混凝土	水		
13	2-1-28	无筋混凝土垫层	$10m^3$	72.79	8.30	604.16	$\frac{10.10}{735.18}$	$\frac{3.75}{272.96}$		

注：分数中，分子为定额用量，分母为工程量乘以分子后的结果。

表 20-5 工日、材料、机械台班汇总表

工程名称： ××××××　　　　共　页　第　页

序号	名称	单位	数量	其中
一	综合工日	工日	872.79	土石方：150.03　砌筑 246.56　混凝土：56.23
二	材料			
12	普通砖	千块	82.23	基础：25.69　墙体：56.54
三	机械			
5	混凝土搅拌机 400L	台班	15.70	基础：2.35　圈梁 3.85　柱 2.37……

三、单位工程施工图预算书编制步骤

1. 收集编制预算的基础文件和资料

编制预算的基础文件和资料主要包括：施工图设计文件、施工组织设计文件、设计概算文件、建筑安装工程消耗定额、建筑工程费用定额、工程承包合同文件、材料预算价格及设备预算价格表、人工和机械台班单价，以及造价工作手册等文件和资料。

2. 熟悉施工图设计文件

（1）首先熟悉图纸目录及总说明，了解工程性质、建筑面积、建筑单位名称、设计单位名称、图纸张数等，做到对工程情况有一个初步了解。

（2）按图纸目录检查各类图纸是否齐全；建筑、结构、设备图纸是否配套；施工图纸与说明书是否一致；各单位工程施工图纸之间有无矛盾。

（3）熟悉建筑总平面图，了解建筑物的地理位置、高程、朝向以及有关建筑情况。掌握工程结构形式、特点和全貌；了解工程地质和水文地质资料。

（4）熟悉建筑平面图，了解房屋的长度、宽度、轴线尺寸、开间大小、平面布局，并核对分尺寸之和是否等于总尺寸。然后再看立面图和剖面图，了解建筑做法、标高等。同时

要核对平、立、剖之间有无矛盾。如发现错误，就及时与设计部门联系，以取得设计变更通知单，作为编制预算的依据。

（5）根据索引查看详图，如做法不明，应及时提出问题、解决问题，以便于施工。

（6）熟悉建筑构件、配件、标准图集及设计变更。根据施工图中注明的图集名称、编号及编制单位，查找选用图集。阅读图集时要注意了解图集的总说明，了解编制该图集的设计依据、使用范围、选用标准构件、配件的条件、施工要求及注意事项。同时还要了解图集编号及表示方法。

3. 熟悉施工组织设计和施工现场情况

为了编制合格的建筑工程预算书，工程造价师或预算员必须熟悉施工组织设计文件，另外还要掌握施工现场的情况。如施工现场障碍物的拆除情况、场地平整情况、工程地质和水文状况、土方开挖和基础施工状况等，这些对工程预算的准确性影响很大，必须随时观察和掌握，并做好记录以备应用。

4. 划分工程项目与计算工程量

根据建筑工程预算定额和施工技术合理的划分工程项目，确定分部分项工程。在一般情况下，项目内容、排列顺序和计量单位应与消耗量定额一致，这样不仅能避免重复和漏项，也便于套用消耗量定额和价目表来计算分项工程单价。

5. 工料分析及工日、材料、机械台班汇总表

工料分析是单位工程预算书的重要组成部分，也是施工企业内部经济核算和加强经营管理的重要措施；工料分析是建筑安装企业施工管理工作中必不可少的一项技术经济指标。

分部工程的工料分析，首先根据单位工程中的分项工程，逐项从消耗量定额中查出定额用工量和定额材料用量等数据并将其分别乘以相应分项工程量，得出该分项工程各工种和各材料消耗量，然后将用人工、材料、机械台班数量按种类分别汇总。

6. 计算各项费用

计算人工费、材料费、机械费，计算单位工程总造价和各项经济指标。

7. 编制说明、填写封面

8. 复核、装订、审批

工程预算书经复查、审核无误后，一式多份，装订成册，报送建设单位、财政或审计部分，审核批准。

第二节　工程量计算

一、工程量的作用和计算依据

（一）工程量的作用

工程量是以规定的计量单位表示的工程数量。它是编制建设工程招投标文件和编制建筑安装工程预算、施工组织设计、施工作业计划、材料供应计划、建筑统计和经济核算的依据，也是编制基本建设计划和基本建设财务管理的重要依据。在编制单位工程预算过程中，计算工程量是既费力又费时间的工作，其计算快慢和准确程度，直接影响预算速度和质量。因此，必须认真、准确、迅速地进行工程量计算。

（二）工程量的计算依据

工程量是根据施工图纸所标注的分项工程尺寸和数量，以及构配件和设备名细表等数据，按照施工组织设计和工程量计算规则的要求，逐个分项进行计算，并经过汇总进行计算出来。具体依据有以下几个方面：

（1）施工图纸设计文件。

（2）项目管理实施规划（施工组织设计）文件。

（3）建设工程定额说明。

（4）建设工程工程量计算规则。

（5）建设工程消耗量定额。

（6）造价工程手册。

二、工程量计算的要求和步骤

（一）工程量计算的要求

（1）工程量计算应采取表格形式，定额编号要正确，项目名称要完整，单位要用国际单位制表示，如 m、t 等，还要在工程量计算表中列出计算公式，以便于计算和审查。

（2）工程量计算是根据设计图纸规定的各个分部分项工程的尺寸、数量，以及构件、设备明细表等，以物理计量单位或自然单位计算出来的各个具体工程和结构配件的数量。工程量的计量单位应与消耗量定额中各个项目的单位一致，一般应以每延长米、平方米、立方米、公斤、吨、个、组、套等为计量单位。即使有些计量单位一样，其含义也有所不同，如抹灰工程的计量单位大部分按平方米计算，但有的项目按水平投影面积，有的按垂直投影面积，还有的按展开面积计算，因此，对定额中的工程量计算规则应很好的理解。

（3）必须在熟悉和审查图纸的基础上进行，要严格按照定额规定和工程量计算规则，结合施工图所注位置与尺寸进行计算，不能人为地加大或缩小构件的尺寸，以免影响工程量计算的准确性。施工图设计文件上的标志尺寸，通常有两种：标高均以米为单位，其他尺寸均以毫米为单位。为了简单明了和便于检查核对，在列计算式时，应将图纸上标明的毫米数，换算成米数。各个数据应按宽、高（厚）、长、数量、系数的次序填写，尺寸一般要取图纸所注的尺寸（可读尺寸），计算式一定要注明轴线或部位。

（4）数字计算要精确。在计算过程中，小数点要保留三位。汇总时一般可以取小数点后两位，应本着单位大、价值较高的可多保留几位，单位小、价值低的可少保留几位的原则。如钢材、木材及使用贵重材料的项目，其结果可保留三位小数。位数的保留应按照有关要求去确定。

（5）要按一定的顺序计算。为了便于计算和审核工程量，防止重复和漏算，计算工程量时除了按定额项目的顺序进行计算外，对于每一个工程分项也要按一定的顺序进行计算。在计算过程中，如发现新项目，要随时补进去，以免遗忘。

（6）要结合图纸，尽量做到结构按分层计算，内装饰按分层分房间计算，外装饰分立面计算或按施工方案的要求分段计算；有些要按使用材料的不同分别进行计算。如钢筋混凝土框架工程量要一层层计算；外装饰可先计算出正立面，再计算背立面，其次计算侧立面等。这样做可以避免漏项，同时也为编制工料分析和施工时安排进度计划，人工、材料计划创造有利条件。

（7）计算底稿要整齐，数字清楚，数值准确，切忌草率凌乱，辨认不清。工程量计算表示预算的原始单据，计算书要考虑可修改和补充的余地，一般每一个分部工程计算完后，可留部分空白，不要各分部工程量计算之间挤得太紧。

（二）工程量计算的步骤

计算工程量的具体步骤与“统筹图”是一致的。大体上可分为熟悉图纸、基数计算、计算分项工程量、计算其他不能用基数计算的项目、整理与汇总等五个步骤。

在掌握了基础资料、熟悉了图纸之后，不要急于计算，应该先把在计算工程量中需要的数据统计并计算出来，其内容包括：

（1）计算出基数：所谓基数，是指在工程量计算中需要反复使用的基本数据。如在土建工程预算中主要项目的工程量计算，一般都与建筑物中心线长度有关，因此，它是计算和描述许多分项工程量的基数，在计算中要反复多次的使用，为了避免重复使用，一般都事先把它们计算出来，随用随取。

（2）编制统计表：所谓统计表，在土建工程中主要是指门窗洞口面积统计表和墙体构件体积统计表。另外，还应统计好各种预制混凝土构件的数量、体积以及所在的位置。

（3）编制预制构件加工委托计划：为了不影响正常的施工进度，一般需要把预制构件加工或订购计划提前编出来。这项工作多数由预算员来做，也有施工技术员来做的。需要注意的是：此项委托计划应把施工现场自己加工的、委托预制构件厂加工的或去厂家订购的分开编制，以满足施工实际需要。

以上三项内容是属于为工程量计算所准备的工作，做好了这些工作，则可进行下一项内容。

（4）计算工程量：计算工程量要按照一定的顺序计算，根据各项工程的相互关系，统筹安排，既能保证不重复、不漏算，还能加快预算速度。

（5）计算其他项目：不能用线面技术计算的其他项目工程量，如水槽、水池、炉灶、楼梯扶手和栏杆、花台、阳台、台阶等，这些零星项目应该分别计算，列入各项章节内，要特别注意清点，防止遗漏。

（6）工程量整理、汇总：最后按章节对工程量进行整理、汇总，核对无误，为套用定额或单价做准备。

三、工程量计算顺序

（一）单位工程量计算顺序

（1）按图纸顺序计算：根据图纸排列的先后顺序，由建施到结施；每个专业图纸由前到后，先算平面，后算立面，再算剖面；先算基本图，再算详图。用这种方法计算工程量的要求是，对消耗量定额的章节内容要很熟，否则容易出现项目间的混淆及漏项。

（2）按消耗量定额的分部分项顺序计算：按消耗量定额的章、节、子目次序，有前到后，逐项对照，定额项与图纸设计内容对上号时就计算。这种方法一是要先熟悉图纸，二是要熟练掌握定额。使用这种方法要注意，工程图纸是按使用要求设计的，其平立面造型、内外装修、结构形式以及内部设施千变万化，有些设计采用了新工艺、新材料，或有些零星项目，可能套不上定额项目，在计算时，应单列出来，待以后编补充定额或补充单位估价表，不要因定额缺项而漏掉。

（3）按施工顺序计算：按施工顺序计算工程量，就是先施工的先算，后施工的后算，即由平整场地、基础挖土算起，直到装饰工程等全部施工内容结束为止。如带形基础工程，一般由挖基槽土方、做垫层、砌基础和回填土等四个分项工程组成，各分项工程量计算顺序可采用：挖基槽土方——做垫层——砌基础——回填土。用这种方法计算工程量，要求编制人具有一定的施工经验，能掌握组织施工的全过程，并且要求对定额及图纸内容十分熟悉，否则容易漏项。

（4）按统筹图计算：工程量运用统筹法计算时，必须先行编制“工程量计算统筹图”和工程量计算手册。其目的是定额中的项目、单位、计算公式以及计算次序，通过统筹安排后反映在统筹图上，既能看到整个工程计算的全貌及其重点，又能看到每一个具体项目的计算方法和前后关系。编好工程量计算手册，且将多次应用的一些数据，按照标准图册和一定的计算公式，先行算出，纳入手册中。这样可以避免临时进行复杂的计算，以缩短计算过程，节省时间，并做到一次计算，多次应用。

工程量计算统筹图的优点是既能反映一个单位工程中工程量计算的全部概况和具体的计算方法，又做到了简化使用，有条不紊，前后呼应，规律性强，有利于具体计算工作，提高工作效率。这种方法能大量减少重复计算，加快计算进度，提高运算质量，缩短预算的编制时间。统筹图一般采用网络图的形式表示。

（5）按造价软件程序计算：计算机计算工程量的优点是快速、准确、简便、完整。现在的造价软件大多能计算工程量。工程量计算及钢筋算量软件在工程量计算方面给用户提供适用于造价人员习惯的上机环境，将五花八门的工程量计算草底按统一表格形式输出，从而实现由计算草底到各种预算表格的全过程电子表格化。钢筋算量模块加入了图形功能，并增加了平法（建筑结构施工图平面整体设计方法）和图法（结构施工图法）输入功能，造价人员在抽取钢筋时只需将平法施工图中的相关数据，依照图纸中的标注形式，直接输入到软件中，便可自动抽取钢筋长度及重量。

（6）管线工程一般按下列顺序进行：水暖和电器照明工程中的管道和线路系统总是有来龙去脉。因此，计算时，应由进户管线开始，沿着管线的走向，先主管线，后支管线，最后设备，依次进行计算。

（7）此外，计算工程量，还可以先计算平面的项目，后计算立面，先地下，后地上，先主体，后一般，先内墙后外墙。住宅也可按建筑设计对称规律及单元个数计算。因为单元组合住宅设计，一般是由一个到两个单元平面布置类型组合的，所以在这种情况下，只需计算一个或两个单元的工程量，最后乘以单元的个数，把各相同单元的工程量汇总，即得该栋住宅的工程量。这种算法，要注意山墙和公共墙部位工程量的调整，计算时可灵活处理。

应当指出，建施图之间，结施图之间，建施图与结施图之间都是相互关联、相互补充的。无论是采用哪种计算顺序，在计算一项工程量，查找图纸中的数据时，都要互相对照着看图，多数项目凭一张图纸是计算不了的。如计算墙砌体，就要利用建施的平面图、立面图、剖面图、墙身详图及结施图的结构平面布置和圈梁布置图等，要注意图纸的连贯性。

（二）分项工程量计算顺序

在同一分项工程内部各个组成部分之间，为了防止重复计算或漏算，也应该遵循一定的计算顺序。分项工程量计算通常采用以下四种不同的顺序：

（1）按照顺时针方向计算：它是从施工图左上角开始，按顺时针方向计算，当计算路线饶图一周后，再重新回到施工图纸左上角的计算方法。这种方法适用于外墙挖地槽、外墙墙基垫层、外墙砖石基础、外墙砖石墙、圈梁、过梁、楼地面、天棚、外墙粉饰、内墙粉饰等。

（2）按照横竖分割计算：横竖分割计算是采用先横后竖、先左后右、先上后下的计算顺序。在同一施工图纸上，先计算横向工程量，后计算竖向工程量。在横向采用：先左后右，从上到下；在竖向采用：先上后下，从左至右。这种方法适用于：内墙挖地槽、内墙墙基垫层、内墙砖石基础、内墙砖石墙、间壁墙、内墙面抹灰等。

（3）按照图纸注明编号、分类计算：这种方法主要用于图纸上进行分类编号的钢筋混凝土结构、金属结构、门窗、钢筋等构件工程量的计算。如钢筋混凝土工程中的桩、框架、柱、梁、板等构件，都可按图纸注明编号、分类计算。

（4）按照图纸轴线编号计算：为计算和审核方便，对于造型或结构复杂的工程，可以根据施工图纸轴线编号确定工程量计算顺序。因为轴线一般都是按国家制图标准编号的，可以先算横轴线上的项目，再算纵轴线上的项目。同一轴线按编号顺序计算。

四、工程量计算方法

（一）工程量计算技巧

（1）熟记消耗量定额说明和工程量计算规则：在建筑安装工程消耗量定额中，除了最前面总说明之外，各个分部、分项工程都有相应说明。在《建筑工程工程量清单计价规范》和《山东省建筑工程量计算规则》内还有专门的工程量计算规则，这些内容都应牢牢记住。在计算开始之前，先要熟悉有关分项工程规定内容，将所选定编号记下来，然后开始工程量计算工作。这样既可以保证准确性，也可以加快计算速度。

（2）准确而详细地填列工程内容：工程量计算表中各项内容填列准确和详细程度，对于整个单位工程预算编制的准确性和速度快慢影响很大。因此，在计算每项工程量的同时，要准确而详细地填列“工程量计算表”中的各项内容，尤其要准确填写各分项工程名称。对于钢筋混凝土工程，要填写现浇、预制、断面形式和尺寸等字样；对于砌筑工程，要填写砌体类型、厚度和砂浆强度等级等字样；对于装饰工程，要填写装饰类型、材料种类等字样。以此类推，目的是为选套定额和单位估价表项目提供方便，加快预算编制速度。

（3）结合设计说明看图纸：在计算工程量时，切不可忘记建施及结施图纸的设计总说明、每张图纸的说明以及选用标准图集的总说明和分项说明等。因为很多项目的做法及工程量来自于这里。另外，对于初学预算者来说，最好是在计算每项工程量的同时，随即采项，这样可以防止因不熟悉消耗量定额而造成的计算结果与定额规定或计算单位不符而发生的返工。还要找出设计与定额不相符的部分，在采项的同时将定额计价换算过来或写出换算要求，以防止漏换。

（4）统筹主体兼顾其他工程：主体结构工程量计算是全部工程量计算的核心。在计算主体工程时，要积极地为其他工程计算提供基本数据。这不但能加快预算编制速度，还会收到事半功倍的效果。例如：在计算现浇钢筋混凝土密肋型楼盖时，不仅要算出混凝土、钢筋和模板工程量，而且要同时算出梁的侧表面积，为天棚装饰工程量计算提供方便；在计算外墙砌筑体积时，除了计算外墙砌筑工程量外，还应按施工组织设计文件规定，同时计算出外墙装饰工程量和脚手架工程量等。

（二）工程量计算的一般方法

在建筑工程中，计算工程量的原则是“先分后合，先零后整”。分别计算工程量后，如果各部分均套同一定额，可以合并套用。如果工程量合并计算，而各部分必须分别套定额，就必须重新计算工程量，就会造成返工。在建筑工程中，各部分的建筑结构和建筑做法不完全相同，要求也不一样，必须分别计算工程量。

工程量计算的一般方法有分段法、分层法、分块法、补加补减法、平衡法或近似法。

（1）分段法：如果基础断面不同时，所有基础垫层和基础等都应分段计算。又如内外墙各有几种墙厚，或者各段采用的砂浆强度等级不同时，也应分段计算。高低跨单层工业厂房，由于山墙的高度不同，计算墙体也应分段计算。

（2）分层法：如果有多层建筑物的各楼层建筑面积不等，或者各层的墙厚及砂浆强度等级不同时，要分层计算。有时为了按层进行工料分析、编制施工预算、下达施工任务书、备工备料等，则均可采用上述类同的办法，分层、分段、分面计算工程量。

（3）分块法：如果楼地面、天棚、墙面抹灰等有多种构造和做法时，应分别计算。即先计算小块，然后在总的面积中减去这些小块的面积，得最大的一种面积，对复杂的工程，可用这种方法进行计算。

（4）补加补减法：如每层的墙体都相同，只是顶层多（或少）一个隔墙，可先按照每层都无（有）这一隔墙的情况计算，然后在顶层补加（补减）这一隔墙。

（5）平衡法或近似法：当工程量不大或因计算复杂难以正确计算时，可采用平衡抵销或近似计算的方法。如复杂地形土方工程就可以采用近似法计算。

五、运用统筹法原理计算工程量

（一）统筹法在计算工程量中的运用

统筹法是按照事物内部固有的规律性，逐步、系统、全面地加以解决问题的一种方法。利用统筹法原理计算工程量，使计算工作快、准、好地进行。即抓住工程量计算的主要矛盾加以解决问题的方法。

工程量计算中有许多共性的因素，如外墙条形基础垫层工程量按外墙中心线长度乘以垫层断面计算，而条形基础工程量按外墙中心线长度乘以设计断面计算；地面垫层按室内主墙间净面积乘以设计厚度以立方米计算，而楼地面找平层和整体面层均按主墙间净面积以平方米计算，如此等等。可见，有许多子项工程量的计算都会用到外墙中心线长度和主墙间净面积等，即“线”“面”可以作为许多工程量计算的基数，它们在整个工程量计算过程中要反复多次被使用，在工程量计算之前，就可以根据工程图纸尺寸将这些基数先计算好，在工程量计算时利用这些基数分别计算与它们各自有关子项的工程量。各种型钢、圆钢，只要计算出长度，就可以查表求出其质量；混凝土标准构件，只要列出其型号，就可以查标准图，知道其构件的重量、体积和各种材料的用量等，都可以列“册”表示。总之，利用“线、面、册”计算工程量，就是运用统筹法的原理，在编制预算中，以减少不必要的重复工作的一种简捷方法，亦称“四线”“二面”“一册”计算法。

所谓“四线”是指在建筑设计平面图中外墙中心线的总长度（代号 $L_{中}$）、外墙外边线的总长度（代号 $L_{外}$）、内墙净长线长度（代号 $L_{内}$）、内墙基槽或垫层净长度（代号 $L_{净}$）。

“二面”是指在建筑设计平面图中底层建筑面积（代号 $S_{底}$）和房心净面积（代号 $S_{房}$）。

“一册”是指各种计算工程量有关系数；标准钢筋混凝土构件、标准木门窗等个体工程量计算手册（造价手册）。它是根据各地区具体情况自行编制的，以补充“四线”“二面”的不足，扩大统筹范围。

（二）“统筹法”计算工程量的基本要求

统筹法计算工程量的基本要点是：统筹程序、合理安排；利用基数、连续计算；一次算出、多次应用；结合实际、灵活机动。

（1）统筹程序、合理安排：按以往的习惯，工程量大多数是按施工顺序或定额顺序进行计算，按统筹方法计算，已突破了这种习惯的计算方法。例如，按定额顺序应先计算墙体，后计算门窗。在计算墙体时要扣除门窗面积，在计算门窗面积时又要重新计算。计算顺序不应该受到定额顺序和施工顺序的约束，可以先计算门窗，后计算墙体，合理安排顺序，避免重复劳动，加快计算速度。

（2）利用基数、连续计算：就是根据图纸的尺寸，把“四条线”“二个面”的长度和面积先算好，作为基数，然后利用基数分别计算与他们各自有关的分项工程量。例如，同外墙中心线长度计算有关的分项工程有：外墙基础垫层、外墙基础、外墙现浇混凝土圈梁、外墙身砌筑等项目。

利用基数把与它有关的许多计算项目串起来，使前面的计算项目为后面的计算项目创造条件，后面的计算项目利用前面的计算项目的数量连续计算，彼此衔接，就能减少许多重复劳动，提高计算速度。

（3）一次算出、多次应用：就是把不能用“线”“面”基数进行连续计算的项目，如常用的定型混凝土构件和建筑构件项目的工程量，以及那些有规律性的项目的系数，预先组织力量，一次编好，汇编成工程量计算手册，供计算工程量时使用。如某一型号的混凝土板的块数知道了，就可以用块数乘以系数得出砂子、石子、水泥、钢筋的数量；又如定额需要换算的项目，一次换算出，以后就可以多次使用，因此这种方法方便易行。

（4）结合实际、灵活机动：由于建筑物的造型，各楼层的面积大小，以及它的墙厚、基础断面、砂浆强度等级、各部位的装饰标准等都可能不同，不一定都能用上“线、面、册”进行计算，在具体的计算中要结合图纸的情况，分段、分层等灵活计算。

工程量运用统筹法计算时，应先行编制“工程量计算统筹图”和工程量计算手册。其目的是将定额中的项目、单位、计算公式以及计算次序，通过统筹安排后反映在统筹图上，既能看到整个工程计算的全貌及其重点，又能看到每一个具体项目的计算方法和前后关系。编好工程量计算手册，且将多次应用的一些数据，按照标准图册和一定的计算公式，先行算出，纳入手册中。这样可以避免临时进行复杂的计算，以缩短计算过程，节省时间，并做到一次计算，多次应用。

第三节　工程结算书的编制

一、工程结算

工程结算亦称工程竣工结算，是指单位工程竣工后，施工单位根据施工实施过程中实际发生的变更情况，对原施工图预算工程造价或工程承包价进行调整、修正，重新确定工程造价的经济文件。

虽然承包商与业主签订了工程承包合同，按合同价支付工程价款，但是，施工过程中往往会发生地质条件的变化、设计变更、业主新的要求、施工情况发生了变化等。这些变化通过工程索赔已确认，那么，工程竣工后就要在原承包合同价的基础上进行调整，重新确定工程造价。这一过程就是编制工程结算的主要过程。

二、工程结算与竣工决算的联系和区别

（1）工程结算是由施工单位编制的，一般以单位工程为对象；竣工决算是由建设单位编制的，一般以一个建设项目或单项工程为对象。

（2）工程结算如实反映了单位工程竣工后的工程造价；竣工决算综合反映了竣工项目建设成果和财务情况。

（3）竣工决算由若干个工程结算和费用概算汇总而成。

三、工程结算内容

（1）封面

内容包括：工程名称、建设单位、建筑面积、结构类型、结算造价、编制日期等，并设有施工单位、审核单位以及编制人、审核人的签字盖章的位置。

（2）编制说明

内容包括：编制依据、结算范围、变更内容、双方协商处理的事项及其他必须说明的问题。

（3）工程结算直接费计算表

内容包括：定额编号、分项工程名称、单位、工程量、定额单价、合价、人工费、机械费等。

（4）工程结算费用计算表

内容包括：费用名称、费用计算基础、费率、计算式、金额等。

（5）附表

内容包括：工程量增减计算表、材料价差计算表、补充单价分析表等。

四、工程结算编制依据

编制工程结算除了应具备全套竣工图纸、预算定额、材料价格、人工单位、取费标准外，还应具备以下资料。

（1）工程施工合同；

（2）施工图预算书；

（3）设计变更通知单；

（4）施工技术核定单；

（5）隐蔽工程验收单；

（6）材料代用核定单；

（7）分包工程结算书；

（8）经业主、监理工程师同意确认的应列入工程结算的其他事项。

五、工程结算的编制程序和方法

单位工程竣工结算的编制，是在施工图预算的基础上，根据业主和监理工程师确认的设计变更资料、修改后的竣工图、其他有关工程索赔资料，先进行直接费的增减调整计算，再按取费标准计算各项费用，最后汇总为工程结算造价。其编制程序和方法概述为：

（1）收集、整理、熟悉有关原始资料；

（2）深入现场，对照观察竣工工程；

（3）认真检查复核有关原始资料；

（4）计算调整工程量；

（5）套定额单价，计算调整直接费；

（6）计算结算造价。

复习与测试

1. 工程预算书的编制依据有哪些？
2. 编制工程预算书要经过哪些步骤？
3. 采用“统筹法”计算工程量有哪些优点？

第二十一章　建筑工程预算书编制实例

第一节　砖混结构施工图预算书编制实例

一、建筑施工图及说明

（一）施工说明

（1）墙体采用75号机制黏土砖，墙厚均为240mm。

（2）基础采用M5.0水泥砂浆砌筑，墙体采用M5.0混合砂浆砌筑。

（3）垫层采用3∶7灰土，圈梁及现浇屋面板采用C20混凝土。

（4）外墙抹灰做法：1∶3水泥砂浆打底厚9mm，1∶2水泥砂浆抹光厚6mm。

外墙涂料做法：满刮腻子两遍，刷丙烯酸外墙涂料（一底二涂）；外墙装饰分格条（水泥粘贴）两道。

（5）内墙做法：1∶1∶6混浆打底厚9mm，1∶0.5∶3混浆抹面厚6mm，满刮腻子两遍，刮仿瓷涂料两遍。

（6）顶棚做法：采用水泥抹灰砂浆1∶3抹面，水泥抹灰砂浆1∶2打底，满刮腻子两遍，刮瓷两遍，墙角贴石膏线宽100mm。

（7）室内地面：3∶7灰土220mm厚，C20混凝土40mm厚，30厚1∶2.5水泥砂浆粘贴600mm×600mm普通地面砖（地面砖厚10mm）。

（8）散水：3∶7灰土夯实，C20混凝土60mm厚，边打边抹光。

（9）混凝土坡道：1∶1水泥砂浆抹光，C20混凝土垫层厚60mm，3∶7灰土夯实。

（10）圈梁遇门窗洞口另加1ϕ14钢筋，内外墙均设圈梁，梁的保护层为20mm，现浇板的保护层为15mm。

（11）屋面板配筋时，紧贴所有负筋下边加配⑩6ϕ6.5通长分布筋。

（12）内墙踢脚线为成品踢脚线（600mm×100mm），水泥砂浆粘贴。

（13）M1为铝合金平开门，带上亮，玻璃5mm厚，带普通锁。M2为无纱镶木板门，带上亮，不上锁，用马尾松制作，刷调合漆三遍。窗户为铝合金推拉窗，带上亮，玻璃5mm厚，门窗明细如表21-1所示。

表 21-1 门窗明细表

单位：mm

类别	名称	宽度（洞口）	高度（洞口）	数量	门扇（宽×高）	纱扇（宽×高×数量）
门	M1	1000	2700	1	950×2100	无
	M2	800	2700	1	700×2100	无
窗	C1	1200	1800	1		580×1380
	C2	1500	1800	2		720×1380
	C3	1800	1800	1		850×1380

（14）屋面做法：

SBS 改性沥青卷材（热熔法）一遍；

刷石油沥青一遍厚 2mm，冷底子油两遍；

1∶3 水泥砂浆找平层厚 20mm；

1∶10 现浇水泥珍珠岩找坡最薄处 20mm；

干铺憎水珍珠岩块厚 500mm×500mm×100mm；

现浇钢筋混凝土屋面板。

（二）施工组织设计

（1）土石方工程：

1）使用挖掘机挖沟槽（普通土），挖土弃于槽边 1m，待室内外回填用土完成后，若有余土，用人工装车，自卸汽车外运 2km，否则同距离内运。

2）沟槽边要人工夯填，室内地坪机械夯填。

3）人工平整场地。

（2）砌体脚手架采用钢管脚手架，内外墙脚手架均自室外地坪开始搭设。

（3）混凝土模板采用复合木模板，钢管支撑。

（4）本工程座落在县城以内。

二、建筑施工图预算书

预算书编写说明：

（1）山东省价（地区价）目表采用 2017 年 3 月省统一颁布的价目表。

（2）本工程采用增值税（一般计税）。工程排污费率为 0.27%，住房公积金费率为 0.21%，建设项目工伤保险费率为 0.24%。

（一）计算基数

（1）$L_{中}$ =（3.3m＋2.7m＋3.6m）×2＝19.20m

（2）$L_{外}$ =（6.24m＋3.84m）×2＝20.16m

或 $L_{外}$ ＝19.20m＋4×0.24m＝20.16m

（3）$L_{内}$ ＝3.60m－0.24m＝3.36m

（4）$S_{建(底)}$ ＝6.24m×3.84m＝23.96m^2

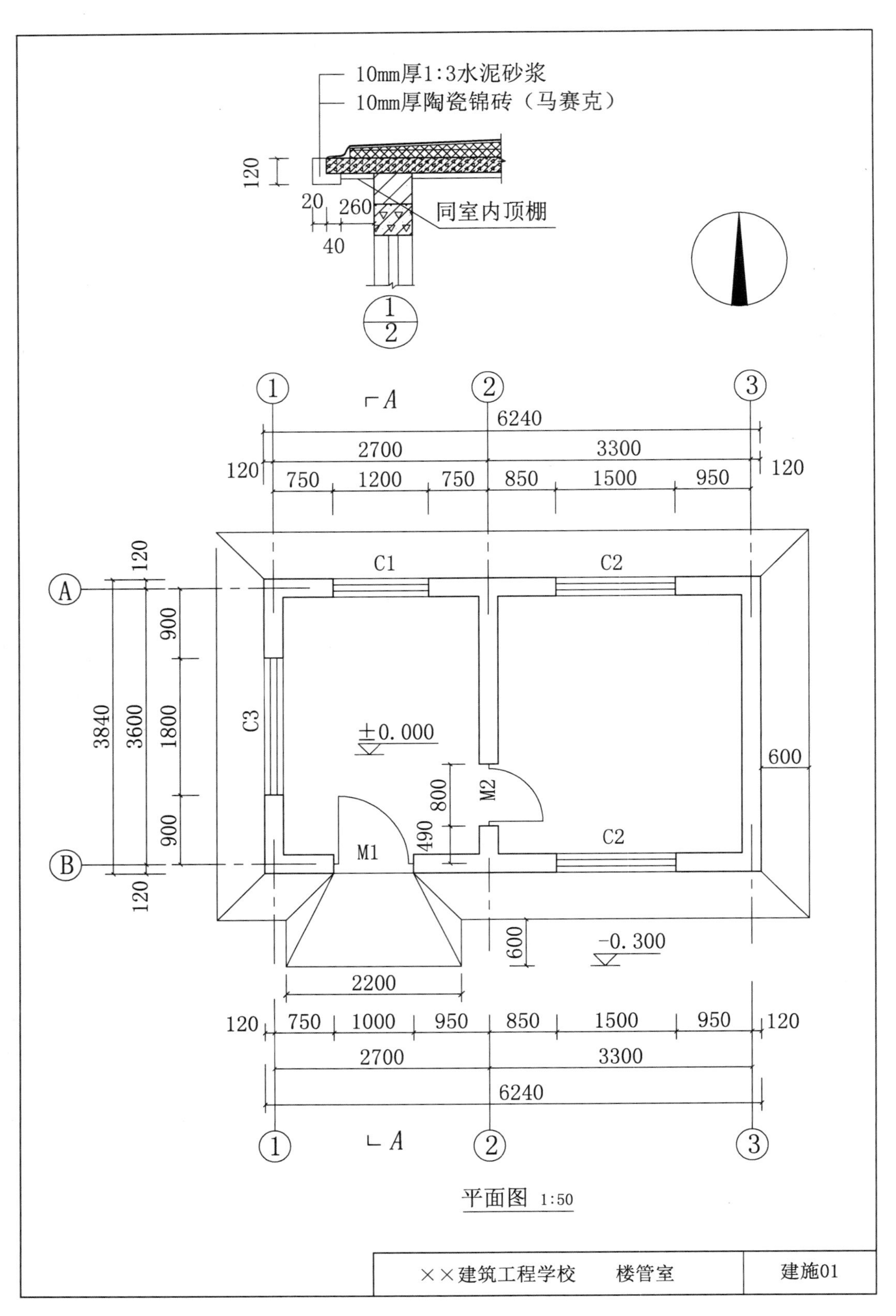
10mm厚1:3水泥砂浆
10mm厚陶瓷锦砖（马赛克）
120
20
260
40
同室内顶棚
1
2
1
2
3
A
6240
2700
3300
120
750
1200
750
850
1500
950
120
C1
C2
A
B
120
900
1800
900
120
3840
3600
C3
±0.000
600
800
M2
490
M1
C2
600
-0.300
2200
120
750
1000
950
850
1500
950
120
2700
3300
6240
1
2
3
A
平面图 1:50
××建筑工程学校
楼管室
建施01

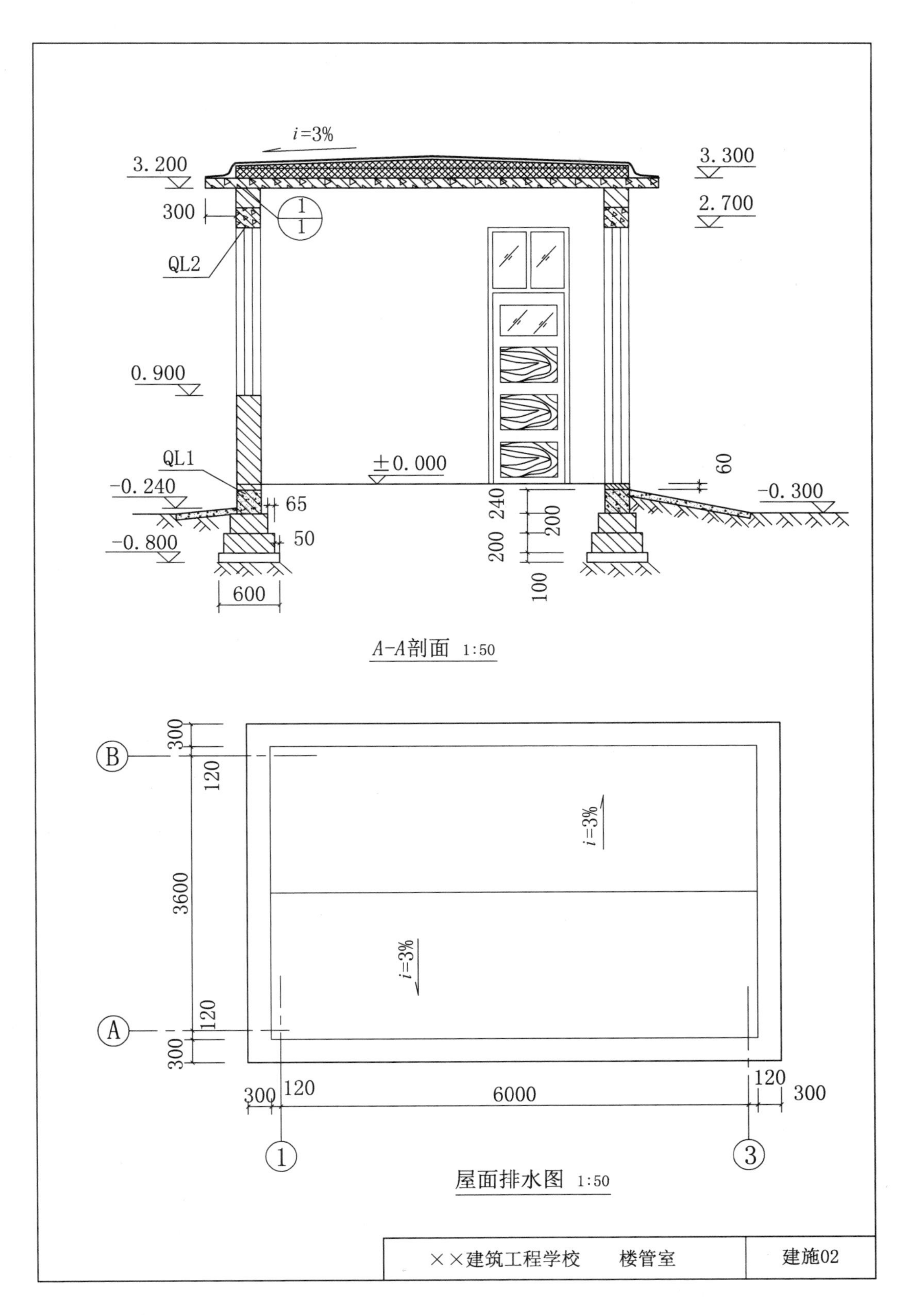
i=3%
3.200
3.300
300
2.700
1
1
QL2
0.900
QL1
±0.000
60
-0.240
-0.300
65
-0.800
50
240
200
200
200
100
600
A-A剖面 1:50
300
120
3600
120
300
i=3%
i=3%
300
120
6000
120
300
屋面排水图 1:50
××建筑工程学校 楼管室
建施02

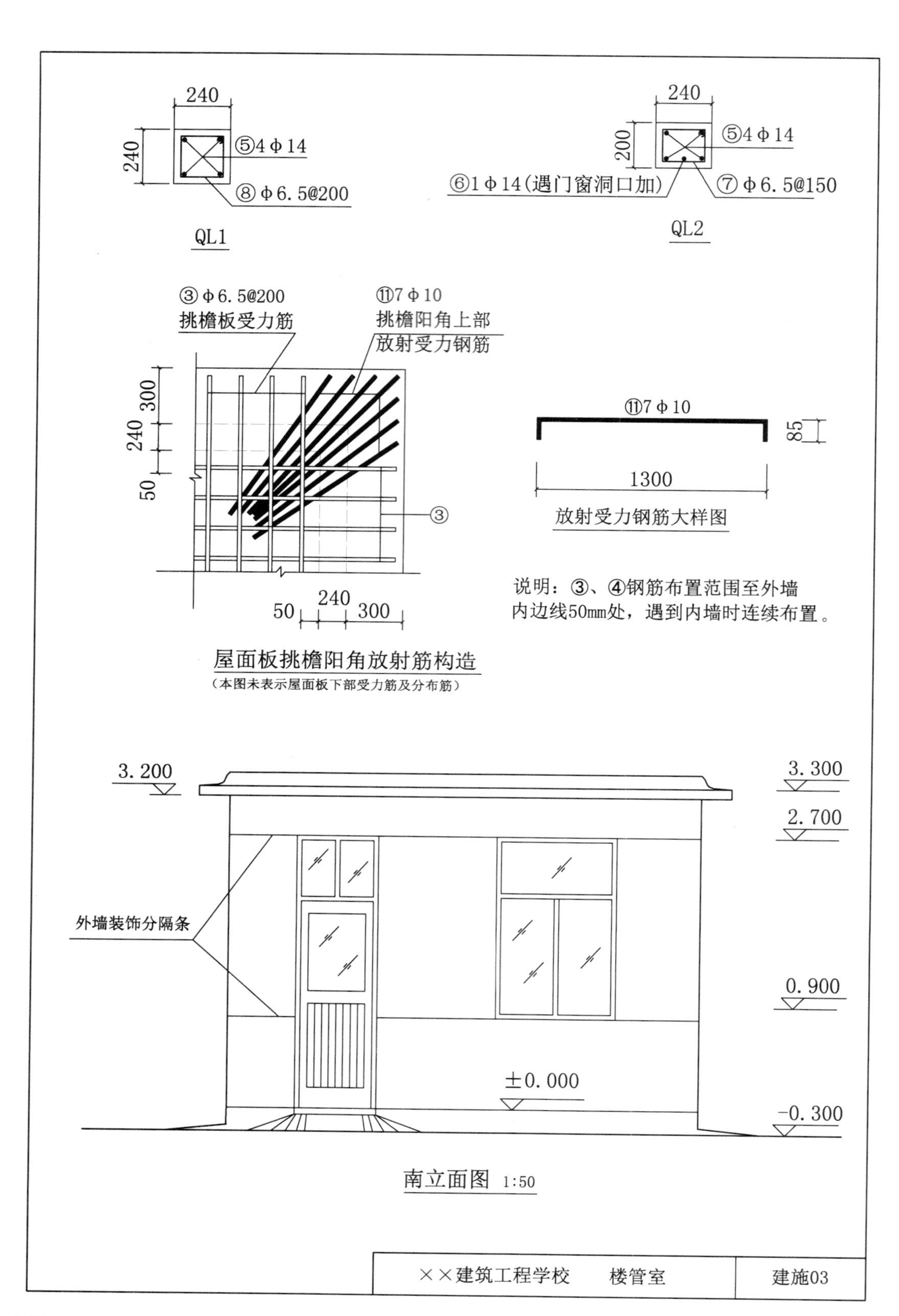
240
240
⑤4Φ14
⑧Φ6.5@200
QL1
240
200
⑤4Φ14
⑥1Φ14(遇门窗洞口加)
⑦Φ6.5@150
QL2
③Φ6.5@200
挑檐板受力筋
⑪7Φ10
挑檐阳角上部
放射受力钢筋
300
240
50
③
50
240
300
屋面板挑檐阳角放射筋构造
(本图未表示屋面板下部受力筋及分布筋)
⑪7Φ10
85
1300
放射受力钢筋大样图
说明：③、④钢筋布置范围至外墙
内边线50mm处，遇到内墙时连续布置。
3.200
3.300
2.700
外墙装饰分隔条
0.900
±0.000
-0.300
南立面图 1:50
××建筑工程学校
楼管室
建施03

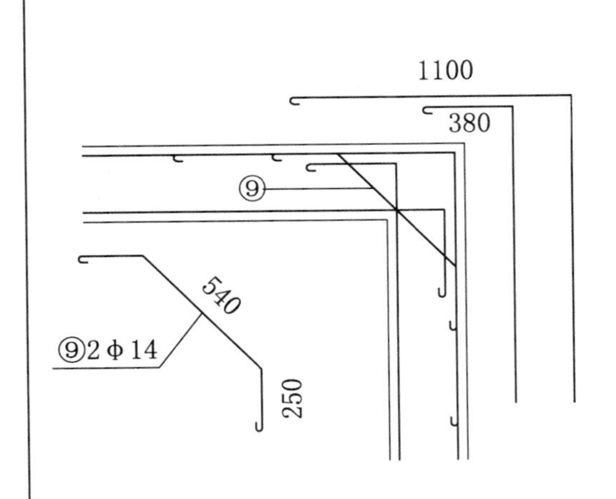

圈梁直角处纵筋布置

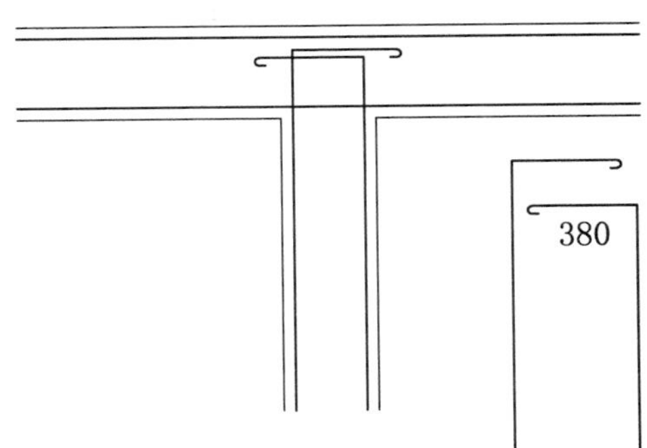

圈梁丁交处纵筋布置

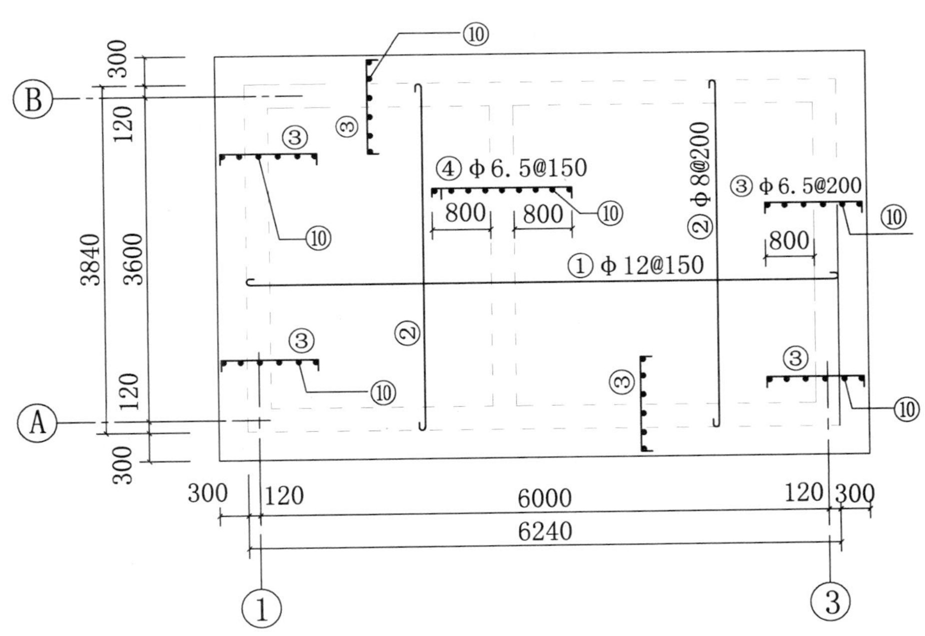

屋面配筋图 1:50

注：1. ③号负筋下部配⑩6Φ6.5分布筋；④号负筋下部配⑩9Φ6.5分布筋。
2. ⑩分布筋在屋面板（含挑檐）内通长设置。
3. ①、②钢筋长度伸至外墙外边线，配筋范围至外墙外边线50mm处，遇到内墙时连续布置。

××建筑工程学校　　楼管室	结施01

(5) $S_{房}$ = (2.7m − 0.24m + 3.3m − 0.24m) × (3.6m − 0.24m) = 18.55m²

或 $S_{房} = S_{建(底)} - (L_{中} + L_{内}) \times 0.24 = 23.96\text{m}^2 - (19.20\text{m} + 3.36\text{m}) \times 0.24\text{m} = 18.55\text{m}^2$

(6) $L_{净} = 3.6\text{m} - 0.60\text{m} = 3.00\text{m}$

(二) 工程量计算

建筑工程学校楼管室工程量计算表如表 21-2 所示。

表 21-2　工程量计算表

单位工程名称：建筑工程学校楼管室　　　　　　共 7 页第 1 页

序号	定额编号	分项工程名称	单位	工程量	计算式
					(一) 土石方工程
1	1-2-43	挖掘机挖沟槽	10m^3	0.899	开挖沟槽(普通土) (1) 挖土深度：0.8m − 0.3m = 0.5m < 1.2m (允许放坡深度)，不需放坡。 (2) 垫层 3∶7 灰土工作面为 0；砖基础工作面为 200mm，故以砖基础工作面为边界开挖基槽。 (3) 挖土工程量： $[19.2\text{m}(L_{中}) + 3.0\text{m}(L_{净})] \times (0.6\text{m} - 0.05\text{m} \times 2 + 0.20 \times 2) \times 0.5\text{m} = 9.99\text{m}^3$ (4) 其中机械(挖掘机)挖土： $9.99\text{m}^3 \times 0.90 = 8.99\text{m}^3$
2	1-2-8	人工挖沟槽	10m^3	1.25	人工挖土：$9.99\text{m}^3 \times 0.125 = 1.25\text{m}^3$
3	1-4-11	夯填土人工槽边	10m^3	0.473	条基垫层体积： $0.6\text{m} \times 0.1\text{m} \times [19.2\text{m}(L_{中}) + 3.0\text{m}(L_{净})] = 1.33\text{m}^3$ 室外地坪以下砖基础体积： $(0.6\text{m} - 0.05\text{m} \times 2 + 0.24\text{m} + 0.065\text{m} \times 2) \times 0.2\text{m} \times [19.2\text{m}(L_{中}) + 3.36\text{m}(L_{内})] = 3.93\text{m}^3$ 槽边回填：$9.99\text{m}^3 - (1.33\text{m}^3 + 3.93\text{m}^3) = 4.73\text{m}^3$
4	1-4-10	室外斜坡道	10m^3	0.016	室外斜坡道 3∶7 灰土夯填工程量(按三棱柱计算，并扣除散水部分)： $(1.2\text{m} - 0.06\text{m}) \times (0.3\text{m} - 0.06\text{m} \times 2) \div 2 \times (2.2\text{m} - 0.6\text{m}) = 0.16\text{m}^3$
5	1-2-25	人工装车	10m^3	0.198	取运土 (1) 室内回填用黏土 $18.55\text{m}^2(S_{房}) \times 0.22\text{m} \times 1.02 \times 1.15 = 4.79\text{m}^3$ (2) 基础垫层 3∶7 灰土中黏土含量 $1.33\text{m}^3 \times 1.02 \times 1.15 = 1.56\text{m}^3$ (3) 取运土：$9.99\text{m}^3 - (4.73\text{m}^3 + 0.16\text{m}^3) \times 1.15 - (4.79\text{m}^3 + 1.56\text{m}^3) = -1.98\text{m}^3$(取土内运) 说明：$10\text{m}^3$ 3∶7 灰土垫层定额含 10.2m^3 灰土；1m^3 3∶7 灰土用 1.15m^3 黏土

序号	定额编号	分项工程名称	单位	工程量	计算式
6	1-2-58	自卸汽车运输	$10m^3$	0.198	自卸汽车运土方1km以内工程量：$1.75m^3$
7	1-2-59	自卸汽车运输增运1km	$10m^3$	0.198	自卸汽车运土方每增运1km，工程量：$1.75m^3$
8	1-4-1	人工场地平整	$10m^2$	2.396	$6.24m\times3.84m=23.96m^2$
9	1-4-3	竣工清理	$10m^3$	7.907	$23.96m^2(S_{底})\times3.3m=79.07m^3$
10	1-4-4	基底钎探	$10m^3$	1.354	$[19.20m(L_{中})+3.36m(L_{内})]\times0.60m=13.54m^2$
（二）地基处理与边坡支护工程					
11	2-1-1	条形基础3∶7灰土垫层	$10m^3$	0.133	$0.6m\times0.1m\times[19.2m(L_{中})+3.0m(L_{净})]=1.33m^3$
12	2-1-1	室内地面3∶7灰土垫层	$10m^3$	0.408	$18.55m^2(S_{房})\times0.22m=4.08m^3$
（四）砌筑工程					
13	4-1-1	条形砖基础	$10m^3$	0.429	$S_{断}=(0.6m-0.05m\times2+0.24m+0.065m\times2)\times0.2m+0.24m\times0.06m=0.19m^2$ $V_{砖基}=0.19m^2\times[19.20m(L_{中})+3.36m(L_{内})]=4.29m^3$
14	4-1-7	混浆砌筑砖墙	$10m^3$	1.248	门窗面积：$1.0m\times2.7m+0.8m\times2.7m+1.2m\times1.8m+1.5m\times1.8m\times2+1.8m\times1.8m=15.66m^2$ 墙体高度：$3.2m-0.2m=3.0m$ 砖墙体积：$\{[19.20m(L_{中})+3.36m(L_{内})]\times3.0m-15.66m^2\}\times0.24m=12.48m^3$
（五）钢筋及混凝土工程					
15	5-1-21	C20现浇混凝土圈梁	$10m^3$	0.186	$0.24m\times0.24m\times[19.2m(L_{中})+3.36m(L_{内})]+0.24m\times0.20m\times[19.2m(L_{中})+3.36m(L_{内})]-0.52m^3=1.86m^3$
16	5-1-22	C20现浇混凝土过梁	$10m^3$	0.052	过梁长度：$1.0m+0.8m+1.2m+1.5m\times2+1.8m+0.25m\times2\times6=10.80m$ 过梁体积：$0.24m\times0.2m\times10.80m=0.52m^3$
17	5-1-33	C20现浇混凝土屋面板	$10m^3$	0.240	$6.24m\times3.84m\times0.1m=2.40m^3$
18	5-1-49	C20现浇混凝土挑檐	$10m^3$	0.064	$[20.16m(L_{外})+4\times0.3m)\times0.3m\times0.1m=0.64m^3$
19	5-3-2	现场搅拌混凝土	$10m^3$	0.483	$(1.86m^3+0.52m^3+2.40m^3)\times10.10\div10=4.83m^3$
20	5-3-3	现场搅拌混凝土	$10m^3$	0.065	$0.64m^3$ <现浇混凝土挑檐> $\times10.10\div10=0.65m^3$

序号	定额编号	分项工程名称	单位	工程量	计算式
21	5-4-1	现浇构件钢筋 HPB300 ≤φ10	t	0.146	(1)屋面板钢筋:③φ6.5@200 单根 L = 0.8m + 0.24m + 0.3m − 0.015m + (0.1m − 0.015m) ×2 = 1.50m ①、③轴根数 n = [(3.6m − 0.24m − 0.05m ×2) ÷0.2m/根 +1 根] ×2 = (17 根 +1 根) ×2 = 36 根 Ⓐ、Ⓑ轴根数 n = [(6.0m − 0.24m − 0.05m ×2) ÷0.2 m/根 +1 根] ×2 = (29 根 +1 根) ×2 = 60 根 工程量:1.50m ×(36 +60) ×0.260kg /m = 37kg (2)④φ6.5@150 单根 L = 0.8m ×2 +0.24m + (0.1m − 0.015m) ×2 = 2.01m 根数 n = (3.6m − 0.24m − 0.05m ×2) ÷0.15m/根 +1 根 = 23 根 工程量:2.01m ×23 ×0.260kg /m = 12kg (3)⑩φ6.5 分布筋: Ⓐ、Ⓑ轴线上的③负筋下的⑩分布筋 工程量:(6.24m +0.3m ×2 − 0.015m ×2 +2 ×6.25 ×0.0065m) ×(6 ×2) ×0.26kg /m = 22kg ①、③轴线上的③负筋下和②轴线上的④负筋下的⑩分布筋 工程量:(3.84m +0.3m ×2 − 0.015m ×2 +2 ×6.25 ×0.0065m) ×(6 ×2 +9) ×0.26kg /m = 25kg (4)φ6.5 钢筋工程量小计: 37kg +12kg + (22kg +25kg) = 96kg = 0.096t (5)屋面板钢筋:②φ8@200 单根 L = 3.84m +2 ×6.25 ×0.008m = 3.94m 根数 n = (6.24m − 0.05m ×2) ÷0.2m/根 +1 = 32 根 工程量:3.94m ×32 ×0.395kg /m = 50kg = 0.050t (6)≤φ10 钢筋工程量合计 0.096t +0.050t = 0.146t
22	5-4-2	现浇构件钢筋 HPB300 ≤φ18	t	0.488	(1)屋面板钢筋:①φ12@150 单根 L = 6.24m +2 ×6.25 ×0.012m = 6.39m 根数 n = (3.84m − 0.05m ×2) ÷0.15m/根 +1 = 26 根 工程量:6.39m ×26 ×0.888kg /m = 147kg/m = 0.147t (2)过梁.圈梁钢筋:⑤4φ14 ①、③轴线单根长 L = 3.84m − 0.02m ×2 + (0.38m + 1.1m) +2 ×6.25 ×0.014m = 5.46m ②轴线单根长度 L = 3.84m − 0.02m ×2 +0.38m ×2 +2 ×6.25 ×0.014m = 4.74m

单位工程名称:建筑工程学校楼管室 共7页第4页

序号	定额编号	分项工程名称	单位	工程量	计算式
22	5-4-2	现浇构件钢筋 HPB300 ≤ϕ18	t	0.488	Ⓐ、Ⓑ轴线单根长 $L = 6.24m - 0.02m \times 2 + (0.38m + 1.1m) + 2 \times 6.25 \times 0.014m = 7.86m$ ⑥1ϕ14 总长度 $L = (1.0m + 0.8m + 1.2m + 1.5m \times 2 + 1.8m) + 0.25m \times 2 \times 6 + 6.25 \times 2 \times 0.014m \times 6 = 11.85m$ ⑨ϕ14 附加筋 单根长度 $L = 0.54m + (0.25m + 6.25 \times 0.014m) \times 2 = 1.22m$ ⑤、⑥、⑨ϕ14 钢筋工程量合计 $(5.46m \times 4 \times 4 + 4.74m \times 4 \times 2 + 7.84m \times 4 \times 4 + 11.85m + 1.22m \times 16) \times 1.208\ kg/m = 341kg = 0.341t$ (3)≤ϕ18 钢筋工程量合计 $0.147t + 0.341t = 0.488t$
23	5-4-30	现浇构件箍筋≤ϕ10	t	0.061	过梁．圈梁箍筋:⑦ϕ6.5@150 单根 $L = (0.24m + 0.20m) \times 2 - 8 \times 0.02m + 6.9 \times 0.0065m \times 2 = 0.81m$ 说明:钢筋长度按非抗震来计算,弯钩增加值为6.9d,具体查阅图4-1。 根数 $n = (6.24m + 3.84m - 0.02m \times 4) \times 2 \div 0.15m/根 + [(3.6m - 0.24m) \div 0.15m/根 + 1根] = 134根 + 24根 = 158根$ ⑧ϕ6.5@200 单根 $L = (0.24m + 0.24m) \times 2 - 8 \times 0.02m + 6.9 \times 0.0065m \times 2 = 0.89m$ 根数 $n = (6.24m + 3.84m - 0.02m \times 4) \times 2 \div 0.2m/根 + [(3.6m - 0.24m) \div 0.2m/根 + 1根] = 100根 + 18根 = 118根$ ⑦、⑧ϕ6.5 箍筋工程量合计 $(0.81m \times 158 + 0.89m \times 118) \times 0.26\ kg/m = 61kg = 0.061t$
					(八)门窗工程
24	8-1-2	成品木门框安装	10m	0.7	$(0.8m + 2.7m) \times 2 = 7.00m$
25	8-1-3	普通成品木门扇安装	$10m^2$	0.147	$0.7m \times 2.1m = 1.47m^2$
26	8-2-2	铝合金平开门	$10m^2$	0.27	$1.0m \times 2.7m = 2.70m^2$
27	8-7-1	铝合金推拉窗	$10m^2$	1.080	$1.2m \times 1.8m + 1.5m \times 1.8m \times 2 + 1.8m \times 1.8m = 10.80m^2$
28	8-7-5	铝合金纱窗扇	$10m^2$	0.396	$(0.58m + 0.72m \times 2 + 0.85m) \times 1.38m = 3.96m^2$

序号	定额编号	分项工程名称	单位	工程量	计算式
(九)屋面及防水工程					
29	9-2-10	改性沥青卷材(热熔法)一遍	$10m^2$	3.037	$(6.24m+0.3m\times2)\times(3.84m+0.3m\times2)=30.37m^2$
30	9-2-36	改性石油沥青一遍	$10m^2$	3.037	$30.37m^2$
31	9-2-59	冷底子油第一遍	$10m^2$	3.037	$30.37m^2$
32	9-2-60	冷底子油第二遍	$10m^2$	3.037	$30.37m^2$
(十)保温、隔热、防腐工程					
33	10-1-2	憎水珍珠岩块	$10m^3$	0.240	$6.24m\times3.84m\times0.1m=2.40m^3$
34	10-1-11	现浇水泥珍珠岩	$10m^3$	0.162	$[0.02m+3\%\times(3.84m+0.3m\times2)\div4]\times(3.84m+0.3m\times2)\times(6.24m+0.3m\times2)=1.62m^3$
(十一)楼地面装饰工程					
35	11-1-2	屋面水泥砂浆找平层	$10m^2$	3.037	$(6.24m+0.3m\times2)\times(3.84m+0.3m\times2)=30.37m^2$
36	11-1-3	水泥砂浆每增减5mm	$10m^2$	3.710	$S_{房}\times2=18.55m^2\times2=37.10m^2$
37	11-1-4	C20细石混凝土找平层	$10m^2$	1.855	$S_{房}=18.55m^2$
38	11-3-30	全瓷地板砖面层	$10m^2$	1.886	$18.55m^2(S_{房})+0.24m\times0.8m+0.12m\times1.0m=18.86m^2$
39	11-3-45	踢脚板直线形水泥砂浆	$10m^2$	0.226	$[(3.60m-0.24m)\times4-0.8m\times2+(2.7m+3.3m-0.24m\times2)\times2-1.0m+0.12m\times6]\times0.10m=2.26m^2$
(十二)墙、柱面装饰与隔断幕墙工程					
40	12-1-3	外墙水泥砂浆	$10m^2$	5.706	$20.16m(L_{外})\times(3.2m+0.3m)-[2.7m^2$(M1面积)$+10.80m^2$(铝合金窗面积)$]=57.06m^2$
41	12-1-9	内墙抹混合砂浆	$10m^2$	6.052	$[(3.6m-0.24m)\times4+(3.3m+2.7m-0.24m\times2)\times2]\times3.2m-[2.7m^2$(M1面积)$+2.16m^2\times2$(M1面积)$+10.80m^2$(铝合金窗面积)$]=60.52m^2$
42	12-1-25	外墙分格嵌缝	10m	2.332	$20.16m(L_{外})\times2-(1.0m+1.8m+1.2m+1.5m\times2)\times2=26.32m$
43	12-2-18	陶瓷锦砖零星项目	$10m^2$	0.360	$[20.16m(L_{外})+8\times0.3m]\times0.12m+[20.16m(L_{外})+8\times(0.3m-0.02m)]\times0.04m=3.60m^2$

单位工程名称:建筑工程学校楼管室　　共7页第6页

序号	定额编号	分项工程名称	单位	工程量	计算式
(十三)天棚工程					
44	13-1-2	顶棚抹水泥砂浆	$10m^2$	2.406	$18.55m^2(S_{房})+[20.16m(L_{外})+4\times0.26m]\times0.26m=24.06m^2$
(十四)油漆、涂料及裱糊工程					
45	14-1-1	调和漆二遍刷底油一遍单层木门	$10m^2$	0.216	$0.8m\times2.7mm\times1.0$(油漆系数)$=2.16m^2$
46	14-1-21	调和漆每增一遍单层木门	$10m^2$	0.216	$2.16m^2$
47	14-3-21	内墙刮瓷	$10m^2$	6.052	$[(3.6m-0.24m)\times4+(3.3m+2.7m-0.24m\times2)\times2]\times3.2m-[2.7m^2$(M1面积)$+2.16m^2\times2$(M1面积)$+10.80m^2$(铝合金窗面积)$]=60.52m^2$
48	14-3-22	顶棚刮瓷	$10m^2$	2.406	$18.55m^2(S_{房})+[20.16m(L_{外})+4\times0.26m]\times0.26m=24.06m^2$
49	14-3-29	外墙丙烯酸涂料	$10m^2$	5.585	$20.16m(L_{外})\times(3.2m+0.24m)-[2.7m^2$(M1面积)$+10.80m^2$(铝合金窗面积)$]=55.85m^2$
50	14-4-5	外墙满刮腻子二遍	$10m^2$	5.706	$20.16m(L_{外})\times(3.2m+0.3m)-[2.7m^2$(M1面积)$+10.80m^2$(铝合金窗面积)$]=57.06m^2$
51	14-4-9	内墙面满刮腻子	$10m^2$	6.052	$60.52m^2$
52	14-4-11	顶棚满刮腻子	$10m^2$	2.406	$24.06m^2$
(十五)油漆、涂料及裱糊工程					
53	15-2-24	顶棚石膏线	10m	2.448	$(3.6m-0.24m)\times4+(3.3m+2.7m-0.24m\times2)\times2=24.48m$
(十六)构筑物及其他工程					
54	16-6-80	混凝土散水	$10m^2$	1.258	$[20.16m(L_{外})+0.6m\times4]\times0.6m-(2.2m-0.6m)\times0.6m=12.58m^2$
55	16-6-83	水泥砂浆(带礓礤)坡道	$10m^2$	0.228	$2.2m\times1.2m-0.6m\times0.6m=2.28m^2$
(十七)施工技术措施项目					
56	17-1-6	外钢管架单排≤6m	$10m^2$	7.258	$20.16m(L_{外})\times(3.3m+0.3m)=72.58m^2$
57	17-2-5	里钢管架单排≤3.6m	$10m^2$	1.176	$3.36m(L_{内})\times(3.2m+0.3m)=11.76m^2$

单位工程名称：建筑工程学校楼管室　　　　共7页第7页

序号	定额编号	分项工程名称	单位	工程量	计算式
					（十八）模板工程
58	18-1-61	圈梁复合木模板木支撑	$10m^2$	1.553	[19.20m($L_中$) + 3.36m($L_内$)] × 2 × 0.24m + [19.20m($L_中$) + 3.36m($L_内$)] × 0.2m × 2 − 10.80m × 0.2m × 2 = 15.53m^2
59	18-1-65	过梁复合木模板木支撑	$10m^2$	0.619	过梁底模长度：1.0m + 0.8m + 1.2m + 1.5m × 2 + 1.8m = 7.80m 过梁侧模长度：1.0m + 0.8m + 1.2m + 1.5m × 2 + 1.8m + 0.25m × 2 × 6 = 10.80m 过梁模板面积：7.80m × 0.24m + 10.80m × 0.2m × 2 = 6.19 m^2
60	18-1-100	平板复合木模板钢支撑	$10m^2$	1.855	$S_房$ = 18.55m^2
61	18-1-107	挑檐木模板木支撑	$10m^2$	0.641	[20.16m($L_外$) + 4 × 0.3m) × 0.3 = 6.41m^2

负责人×××　　　　审核　×××　　　　计算×××

（三）填写建筑工程预算表

据山东省2003年的《建筑工程消耗量定额》及2011年的《淄博市价目表》和《山东省价目表》计算得出建筑工程预算表，如表21-3所示。

表21-3　建筑工程预算表

工程编号：12-018 建筑

工程名称：楼管室　　　　建筑面积：23.96m^2

序号	定额号	项目名称	单位	数量	单价	合价	计费单价	计费基础
1	1-2-43	挖掘机挖槽坑土方　普通土	$10m^3$	0.899	28.33	25.47	5.70	5.12
2	1-2-8	人工挖沟槽坚土　槽深≤2m	$10m^3$	0.125	672.60	84.08	672.60	84.08
3	1-4-11	人工夯填槽坑	$10m^3$	0.473	191.61	90.63	190.95	90.32
4	1-4-10	人工夯填地坪	$10m^3$	0.016	146.01	2.34	145.35	2.33
5	1-2-25	人工装车土方	$10m^3$	0.198	135.85	26.90	135.85	26.90
6	1-2-58	自卸汽车运土方　运距≤1km	$10m^3$	0.198	56.69	11.22	2.85	0.56
7	1-2-59	自卸汽车运土方　每增运1km	$10m^3$	0.198	12.26	2.43		
8	1-4-1	人工平整场地	$10m^2$	2.396	39.90	95.60	39.90	95.60
9	1-4-3	平整场地及其他　竣工清理	$10m^3$	7.907	20.90	165.26	20.90	165.26
10	1-4-4	平整场地及其他　基底钎探	$10m^2$	1.354	60.97	82.55	39.90	54.02
11	2-1-1	3:7灰土垫层　机械振动	$10m^3$	0.133	1502.56（换1）	199.84	686.28（换2）	91.28

续表

序号	定额号	项目名称	单位	数量	单价	合价	计费单价	计费基础
12	2-1-1	3：7 灰土垫层　机械振动	$10m^3$	0.408	1469.24（换 3）	599.45	653.60	266.67
13	4-1-1	M5.0 水泥砂浆砖基础	$10m^3$	0.429	3493.09	1498.54	1042.15	447.08
14	4-1-7	M5.0 混合砂浆实心砖墙 厚 240mm	$10m^3$	1.248	3730.41	4655.55	1208.40	1508.08
15	5-1-21	C20 圈梁及压顶	$10m^3$	0.186	6087.42	1132.26	2432.00	452.35
16	5-1-22	C20 过梁	$10m^3$	0.052	7046.52	366.42	2872.80	149.39
17	5-1-33	C30 平板	$10m^3$	0.24	4601.59（换 4）	1104.38	644.10	154.58
18	5-1-49	C30 挑檐、天沟	$10m^3$	0.064	6366.52（换 5）	407.46	2255.30	144.34
19	5-3-2	现场搅拌机搅拌混凝土 柱、墙、梁、板	$10m^3$	0.483	363.21	175.43	176.70	85.35
20	5-3-3	现场搅拌机搅拌混凝土　其他	$10m^3$	0.065	452.23	29.39	176.70	11.49
21	5-4-1	现浇构件钢筋 HPB300≤φ10	t	0.146	4789.35	699.25	1499.10	218.87
2	5-4-2	现浇构件钢筋 HPB300≤φ18	t	0.488	4121.08	2011.09	856.90	418.17
23	5-4-30	现浇构件箍筋≤φ10	t	0.061	4694.37	286.36	2015.90	122.97
24	8-1-2	成品木门框安装	10m	0.7	139.16	97.41	44.65	31.26
25	8-1-3	普通成品门扇安装	$10m^2$	0.147	3983.95	585.64	137.75	20.25
26	8-2-2	铝合金平开门	$10m^2$	0.27	3099.58	836.89	285.00	76.95
27	8-7-1	铝合金推拉窗	$10m^2$	1.08	2777.82	3000.05	193.80	209.30
28	8-7-5	铝合金纱窗扇	$10m^2$	0.396	222.20	87.99	51.30	20.31
29	9-2-10	改性沥青卷材热熔法　一层平面	$10m^2$	3.037	499.71	1517.62	22.80	69.24
30	9-2-36	聚合物复合改性沥青 防水涂料　厚 2mm　立面	$10m^2$	3.037	401.44	1219.17	38.95	118.29
31	9-2-59	冷底子油　第一遍	$10m^2$	3.037	41.19	125.09	11.40	34.62
32	9-2-60	冷底子油　第二遍	$10m^2$	3.037	28.46	86.43	5.70	17.31
33	10-1-2	混凝土板上保温　憎水珍珠岩块	$10m^3$	0.24	5111.56	1226.77	1398.40	335.62
34	10-1-11	混凝土板上保温 现浇水泥珍珠岩	$10m^3$	0.162	2793.86	452.61	886.35	143.59
35	11-1-2	水泥砂浆　在填充材料上　20mm	$10m^2$	3.037	172.61	524.22	84.46	256.51
36	11-1-3	水泥砂浆　每增减 5mm	$10m^2$	3.71	49.28（换 6）	182.83	16.48（换 7）	61.14
37	11-1-4	细石混凝土　40mm	$10m^2$	1.815	217.86	395.42	74.16	134.60
38	11-3-30	楼地面　水泥砂浆 周长≤2400mm	$10m^2$	1.886	988.62	1864.54	284.28	536.15

续表

序号	定额号	项目名称	单位	数量	单价	合价	计费单价	计费基础
39	11-3-45	地板砖　踢脚板 直线形　水泥砂浆	$10m^2$	0. 226	1329. 88	300. 55	559. 29	126. 40
40	12-1-3	水泥砂浆（厚9＋6mm）砖墙	$10m^2$	5. 706	200. 22	1142. 46	141. 11	805. 17
41	12-1-9	混合砂浆（厚9＋6mm）砖墙	$10m^2$	6. 052	178. 21	1078. 53	126. 69	766. 73
42	12-1-25	水泥粘贴塑料条	10m	2. 332	70. 65	164. 76	59. 74	139. 31
43	12-2-18	陶瓷锦砖　水泥砂 浆粘贴　零星项目	$10m^2$	0. 36	1550. 52	558. 19	950. 69	342. 25
44	13-1-2	混凝土面天棚 水泥砂浆（厚度5＋3mm）	$10m^2$	2. 406	173. 60	417. 68	134. 93	324. 64
45	14-1-1	调和漆　刷底油一遍、 调和漆二遍　单层木门	$10m^2$	0. 216	290. 88	62. 83	216. 30	46. 72
46	14-1-21	调和漆　每增一遍　单层木门	$10m^2$	0. 216	93. 64	20. 23	60. 77	13. 13
47	14-3-21	仿瓷涂料二遍　内墙	$10m^2$	6. 052	42. 90	259. 63	27. 81	168. 31
48	14-3-22	仿瓷涂料二遍　天棚	$10m^2$	2. 406	44. 34	106. 68	28. 84	69. 39
49	14-3-29	外墙面丙烯酸外 墙涂料（一底二涂）　光面	$10m^2$	5. 585	147. 91	826. 08	55. 62	310. 64
50	14-4-5	满刮调制腻子 外墙抹灰面二遍	$10m^2$	5. 706	48. 38	276. 06	39. 14	223. 33
51	14-4-9	满刮成品腻子 内墙抹灰面二遍	$10m^2$	6. 052	182. 96	1107. 27	33. 99	205. 71
52	14-4-11	满刮成品腻子 天棚抹灰面二遍	$10m^2$	2. 406	187. 08	450. 11	38. 11	91. 69
53	15-2-24	石膏装饰线宽≤100mm	10m	2. 448	119. 79	293. 25	48. 41	118. 51
54	16-6-80	混凝土散水3：7灰土垫层	$10m^2$	1. 258	576. 39	725. 10	190. 95	240. 22
55	16-6-83	水泥砂浆（带礓碴）坡道 3：7灰土垫层　混凝土60厚	$10m^2$	0. 228	1083. 13	246. 95	402. 80	91. 84
56	17-1-6	单排外钢管脚手架≤6m	$10m^2$	7. 258	108. 76	789. 38	43. 70	317. 17
57	17-2-5	单排里钢管脚手架≤3. 6m	$10m^2$	1. 176	56. 74	66. 73	41. 80	49. 16
58	18-1-61	圈梁直形复合木模板木支撑	$10m^2$	1. 553	660. 05	1025. 06	222. 30	345. 23
59	18-1-65	过梁复合木模板木支撑	$10m^2$	0. 619	1012. 92	627. 00	341. 05	211. 11
60	18-1-100	平板复合木模板钢支撑	$10m^2$	1. 855	592. 46	1099. 01	228. 95	424. 70
61	18-1-107	天沟、挑檐木模板木支撑	$10m^2$	0. 641	712. 70	456. 84	422. 75	270. 98

单位名称：

编制日期：2017年12月18日

建筑工程预算表价格换算说明：

换1：1788. 06元/$10m^3$＋（653. 60＋12. 77）元/$10m^3$×0. 05－（10. 2×1. 15×27. 18）元/

$10m^3$ =1502.56 元/$10m^3$

换2：653.60 元/$10m^3$ ×1.05 =686.28 元/$10m^3$

换3：1788.06 元/$10m^3$ -(10.2×1.15×27.18)元/$10m^3$ =1469.24 元/$10m^3$

换4：4993.77 元/$10m^3$ -10.10×(359.22 -320.39)元/$10m^3$ =4601.59 元/$10m^3$

换5：6758.70 元/$10m^3$ -10.10×(359.22 -320.39)元/$10m^3$ =6366.52 元/$10m^3$

换6：24.64 元/$10m^2$ ×2 =49.28 元/$10m^2$

换7：8.24 元/$10m^2$ ×2 =16.48 元/$10m^2$

（四）工程费用统计

（1）建筑工程分部分项工程费用合计：23959.61 元。

（2）建筑工程省价人工费（计费基础 JD1）为 6003.60 元。

（3）建筑工程单价措施费合计：4064.02 元，其中人工费：1618.35 元。

（4）装饰工程分部分项工程费用合计：10031.32 元。

（5）装饰工程省价人工费（计费基础 JD1）为 4730.33 元。

（五）建筑工程费用计算

楼管室建筑工程费用计算程序表如表 21-4 所示。

表 21-4 建筑工程定额计价计算程序表（一般计税）

序号	费用名称	费率(%)	计算方法	费用金额(元)
一	分部分项工程费		Σ{[定额Σ(工日消耗量×人工单价)+Σ(材料消耗量×材料单价)+Σ(机械台班消耗量×台班单价)]×分部分项工程量}	23959.61
	计费基础 JD1		Σ(工程量×省人工费)	6003.6
二	措施项目费		2.1 +2.2	4558.63
	2.1 单价措施费		Σ{[定额Σ(工日消耗量×人工单价)+Σ(材料消耗量×材料单价)+Σ(机械台班消耗量×台班单价)]×单价措施项目工程量}	4064.02
	2.2 总价措施费		(1)+(2)+(3)+(4)	494.61
	(1)夜间施工费	2.55	计费基础 JD1×费率	153.09
	(2)二次搬运费	2.18	计费基础 JD1×费率	130.88
	(3)冬雨季施工增加费	2.91	计费基础 JD1×费率	174.70
	(4)已完工程及设备保护费	0.15	省价人材机之和×费率	35.94
	计费基础 JD2		Σ措施费中 2.1、2.2 中省价人工费	1736.61
三	企业管理费	25.60	(JD1 +JD2)×管理费费率	1981.49
四	利润	15.00	(JD1 +JD2)×利润率	1161.03

续表

序号	费用名称	费率(%)	计算方法	费用金额(元)
五	规费		4.1+4.2+4.3+4.4+4.5	1880.65
	4.1 安全文明施工费		(1)+(2)+(3)+(4)	1171.45
	(1)安全施工费	2.34	(一+二+三+四)×费率	740.86
	(2)环境保护费	0.12	(一+二+三+四)×费率	34.83
	(3)文明施工费	0.10	(一+二+三+四)×费率	170.97
	(4)临时设施费	1.59	(一+二+三+四)×费率	224.79
	4.2 社会保险费	1.52	(一+二+三+四)×费率	481.24
	4.3 住房公积金	0.21	(一+二+三+四)×费率	66.49
	4.4 工程排污费	0.27	(一+二+三+四)×费率	85.48
	4.5 建设项目工伤保险	0.24	(一+二+三+四)×费率	75.99
六	税金	11	(一+二+三+四+五)×税率	3689.56
七	工程费用合计		一+二+三+四+五+六	37230.98

(六)装饰工程费用计算

楼管室装饰工程费用计算程序表如表21-5所示。

表21-5 装饰工程定额计价计算程序表(一般计税)

序号	费用名称	费率(%)	计算方法	费用金额(元)
一	分部分项工程费		Σ{[定额Σ(工日消耗量×人工单价)+Σ(材料消耗量×材料单价)+Σ(机械台班消耗量×台班单价)]×分部分项工程量}	10031.32
	计费基础JD1		Σ(工程量×省人工费)	4730.33
二	措施项目费		2.1+2.2	536.32
	2.1 单价措施费		Σ{[定额Σ(工日消耗量×人工单价)+Σ(材料消耗量×材料单价)+Σ(机械台班消耗量×台班单价)]×单价措施项目工程量}	0.00
	2.2 总价措施费		(1)+(2)+(3)+(4)	536.32
	(1)夜间施工费	3.64	计费基础JD1×费率	172.18
	(2)二次搬运费	3.28	计费基础JD1×费率	155.15
	(3)冬雨季施工增加费	4.10	计费基础JD1×费率	193.94
	(4)已完工程及设备保护费	0.15	省价人材机之和×费率	15.05
	计费基础JD2		Σ措施费中2.1、2.2中省价人工费	131.82

续表

序号	费用名称	费率(%)	计算方法	费用金额(元)
三	企业管理费	32.20	(JD1+JD2)×管理费费率	1565.61
四	利润	17.30	(JD1+JD2)×利润率	841.15
五	规费		4.1+4.2+4.3+4.4+4.5	829.07
	4.1 安全文明施工费	4.15	(一+二+三+四)×费率	538.44
	4.2 社会保险费	1.52	(一+二+三+四)×费率	197.21
	4.3 住房公积金	0.21	(一+二+三+四)×费率	27.25
	4.4 工程排污费	0.27	(一+二+三+四)×费率	35.03
	4.5 建设项目工伤保险	0.24	(一+二+三+四)×费率	31.14
六	税金	11	(一+二+三+四+五)×税率	1518.38
七	工程费用合计		一+二+三+四+五+六	15321.85

（七）工程预算造价合计

楼管室预算造价合计：37230.98 元+15321.85 元=52552.83 元

第二节　框架结构施工图预算书编制实例

一、建筑施工图及设计说明

如图建施 01~04、结施 01~04 所示。

二、分部分项工程量计算

阅读传达室施工图计算分部分项工程量并确定定额项目。

1. 场地平整

工程量：$7.74\text{m}\times7.14\text{m}=55.26\text{m}^2$

机械平整场地　套 1-4-2

2. 独基垫层

DJ-1：$(1.27\text{m}+1.38\text{m}+0.10\text{m}\times2)\times(1.27\text{m}+1.53\text{m}+0.1\text{m}\times2)\times0.1\text{m}=0.86\text{m}^3$

DJ-2：$(0.62\text{m}+0.78\text{m}+0.1\text{m}\times2)\times(0.62\text{m}+0.78\text{m}+0.1\text{m}\times2)\times0.1\text{m}=0.26\text{m}^3$

DJ-3：$(0.97\text{m}+1.13\text{m}+0.1\text{m}\times2)\times(1.0\text{m}+0.1\text{m})\times2\times0.1\text{m}=0.51\text{m}^3$

小计：$0.86\text{m}^3\times4+0.26\text{m}^3\times2+0.51\text{m}^3\times2=4.98\text{m}^3$

C15 现浇无筋混凝土　套 2-1-28

3. 混凝土独立基础

DJ-1：上部混凝土拟柱体体积：$V=1/6\times h\times(S_{上}+S_{下}+4S_{中})$

建筑设计说明

一、工程概况

1)本工程为XX学校传达室，建筑面积55.26m²。

2)本工程座落于平缓场地，土壤为Ⅱ类普通土，合理使用年限为50年。

3)本工程抗震设防强烈度为7度，结构类型为框架结构体系。

二、建筑做法说明

1．墙体工程

1）墙体全部采用M5.0混浆砌筑。

2）厚度：除厕所、洗涮间墙体厚180mm外，其余全部240mm。

3）女儿墙厚240mm，采用机制红砖。

2．屋面做法

1)防水层：铺贴（冷粘法）SBS改性沥青油毡一层并且沿女儿墙四周上翻高度为250mm。

2)找平层：20mm厚1:3水泥砂浆找平。

3)找坡层：1:10水泥珍珠岩最薄处30mm厚。

4)保温层：干铺100厚憎水珍珠岩块（500mm×500mm×100mm）。

5)找平层：20mm厚1:3水泥砂浆找平。

6)基层：现浇混凝土屋面板。

3．散水做法

1)60mm厚C20细石混凝土面层，外找坡3%。

2)150mm厚地瓜石灌1:3水泥砂浆，宽出面层200mm。

3)素土夯实，向外找坡4%。

4．室外台阶做法

1）130mm厚C20混凝土台阶向外坡(2%)。

2)素土夯实。

5．外墙裙做法

1）高度从设计室外地坪至值班（休息）室窗台（含窗台），高度为1.05m。

2）贴150×75白色瓷砖（缝宽≤10mm），稀水泥浆擦缝。

3）2mm厚建筑胶水泥砂浆粘结层。

4）5mm厚1:2水泥砂浆找平。

5）15mm厚1:3水泥砂浆打底。

6．外墙面做法

1)喷刷桔黄色丙烯酸外墙涂料，满刮腻子两遍。

2)1:0.5:3水泥石灰抹灰砂浆抹面厚6mm。

3)1:1:6水泥石灰抹灰砂浆打底厚9mm。

4）高度从值班（休息）室窗台至女儿墙压顶顶部。

7．女儿墙内面做法

1)1:2.5水泥砂浆抹面厚6mm。

2)1:3水泥砂浆打底厚14mm。

8．值班室、休息室地面

1）铺10mm厚800×800防滑地砖，稀水泥浆擦缝。

2）6mm厚建筑胶水泥砂浆粘结层。

3）30mm厚1:3水泥浆找平。

4）40厚C20细石混凝土。

5）3:7灰土夯实。

9．洗刷间、厕所地面

1）1:2.5水泥砂浆抹面厚20mm。

2）20mm厚1:3水泥砂浆找平。

3）50厚C20细石混凝土。

4）3:7灰土夯实。

10．踢脚线做法

1）地板砖踢脚(和室内地砖同规格)高100mm。

2）10mm厚1:1水泥砂浆粘结层。

11．内墙面做法

1）刷乳胶漆二遍，满刮腻子两遍。

2）6mm厚1:1:6混合砂浆抹面。

3）14mm厚1:1:4混合砂浆打底。

12．雨水管为φ100白色PVC管，下端离室外地坪100mm。

门窗明细表

类别	名称	数量	宽度	高度	过梁	纱扇(宽×高)	材料
门	M1027	1	1000	2700	GL1	970×2120	铝合金平开门带纱扇
	M0927	1	900	2700	GL1	无	无纱带亮玻璃镶木板门
	M0921	1	900	2100	GL1	无	镶木板门
窗	C2118	1	2100	1800	GL2	1020×1250	塑料推拉窗带纱扇
	C1818	3	1800	1800	GL2	870×1250	
	C1212	1	1200	1200	GL1	580×1170	
	C0912	1	900	1200	GL1	440×1170	

学校传达室	建施 01

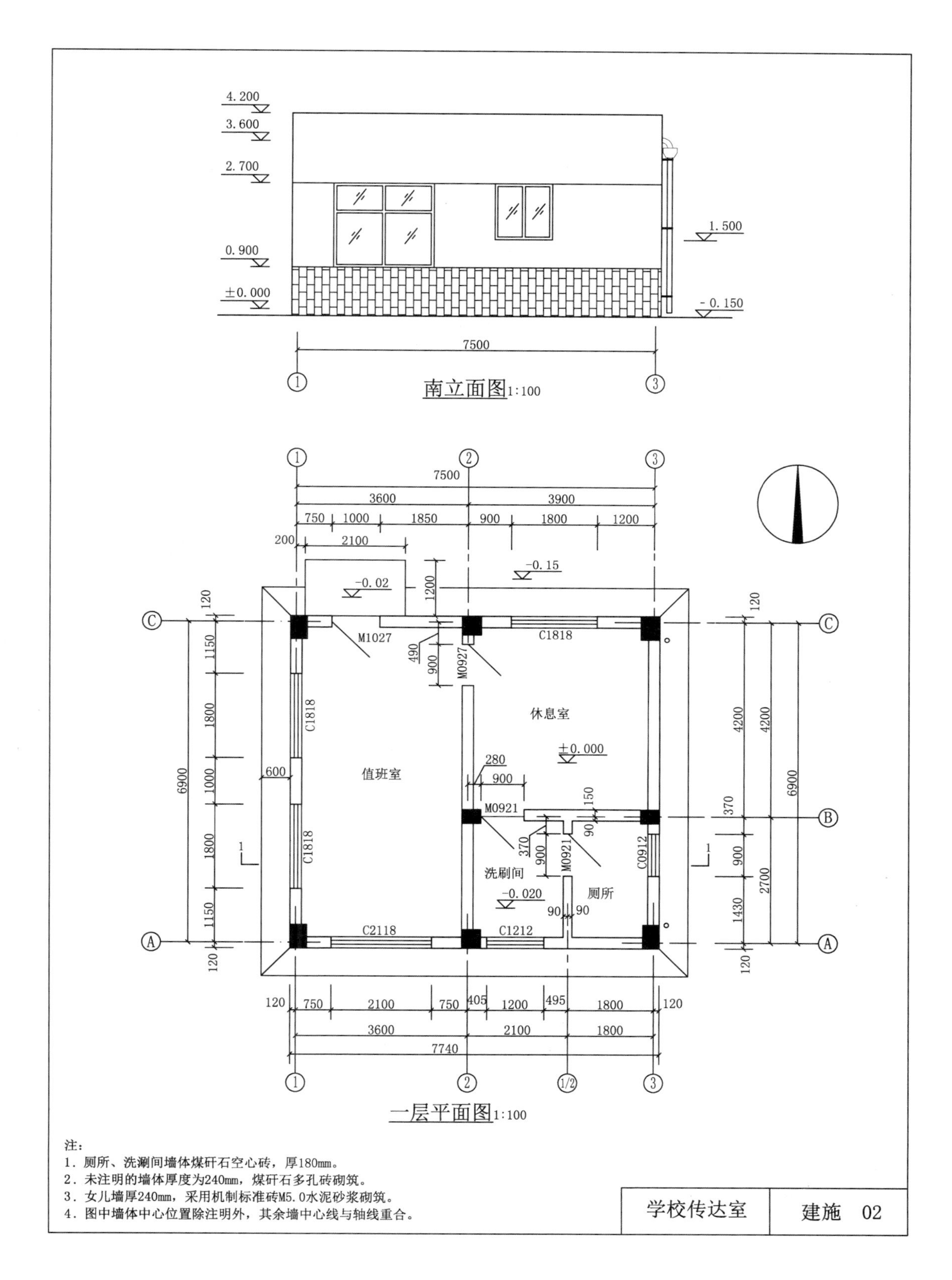
南立面图1:100
一层平面图1:100
值班室
休息室
洗刷间
厕所
注:
1. 厕所、洗涮间墙体煤矸石空心砖，厚180mm。
2. 未注明的墙体厚度为240mm，煤矸石多孔砖砌筑。
3. 女儿墙厚240mm，采用机制标准砖M5.0水泥砂浆砌筑。
4. 图中墙体中心位置除注明外，其余墙中心线与轴线重合。
学校传达室
建施 02

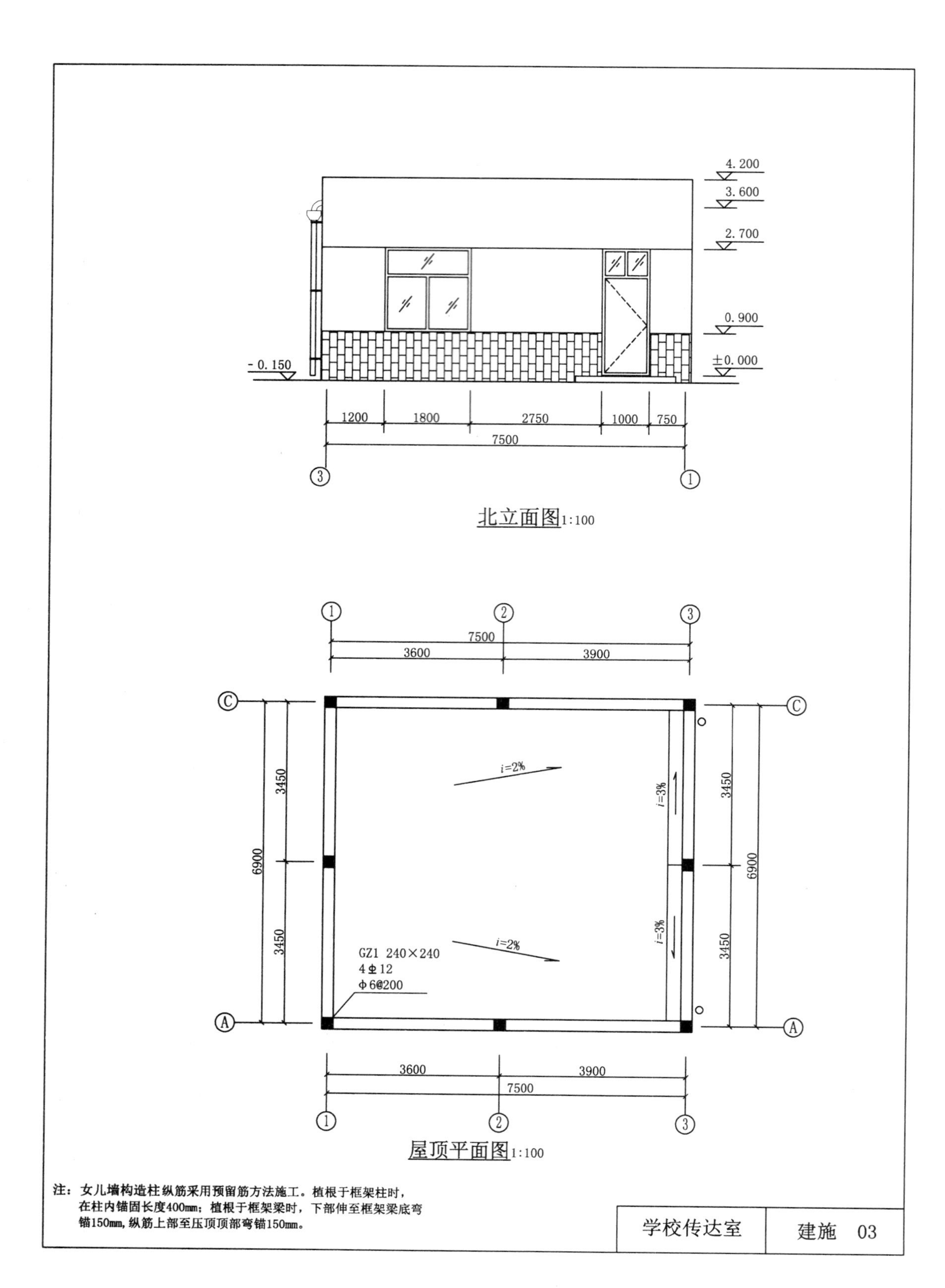
4.200
3.600
2.700
0.900
±0.000
-0.150
1200
1800
2750
1000
750
7500
3
1
北立面图1:100
1
2
3
7500
3600
3900
C
A
3450
6900
i=2%
i=3%
GZ1 240×240
4Φ12
φ6@200
3600
3900
7500
屋顶平面图1:100
注：女儿墙构造柱纵筋采用预留筋方法施工。植根于框架柱时，
在柱内锚固长度400mm；植根于框架梁时，下部伸至框架梁底弯
锚150mm，纵筋上部至压顶顶部弯锚150mm。
学校传达室
建施 03

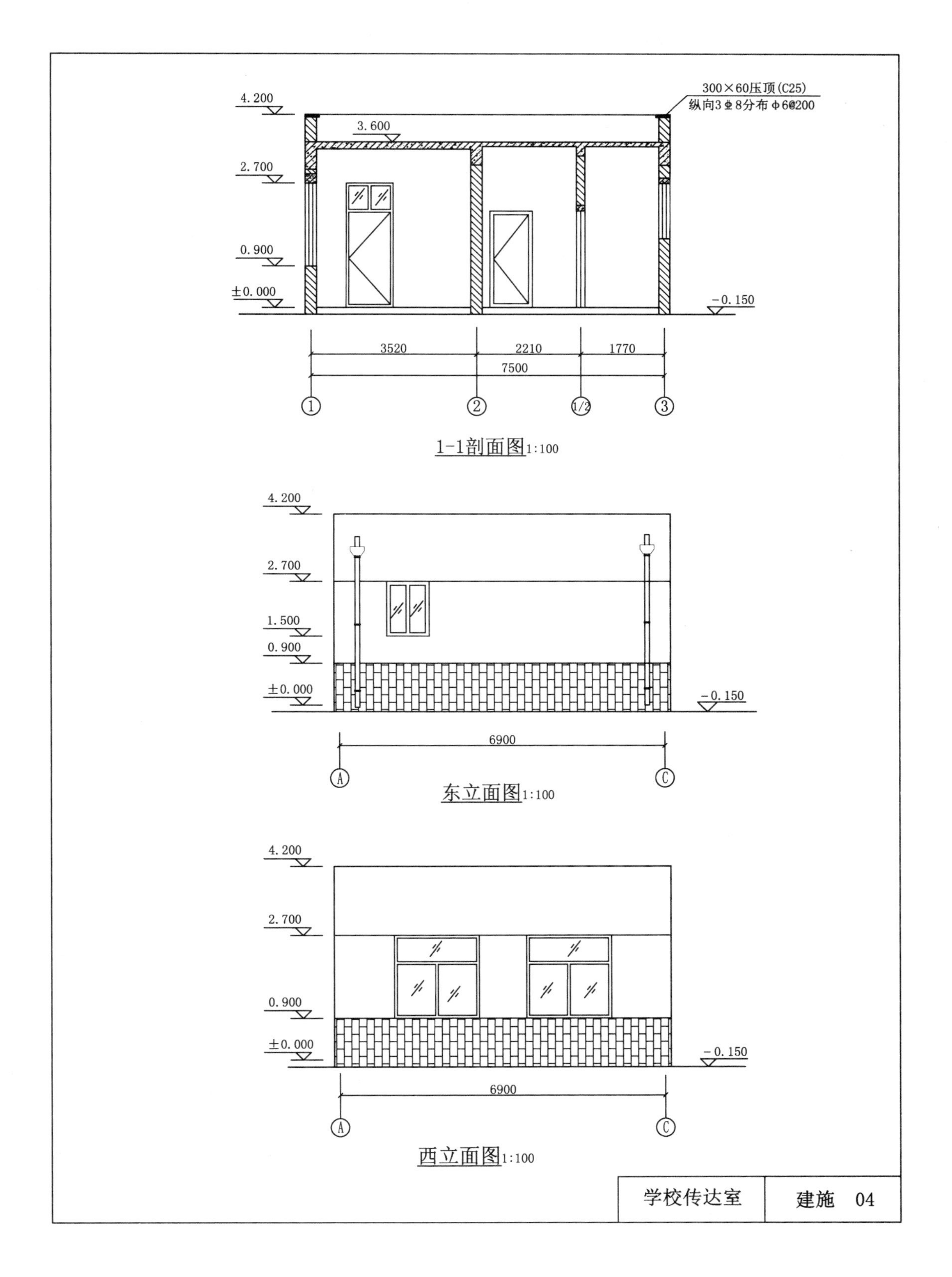
300×60压顶(C25)
纵向3⌀8分布⌀6@200
4.200
3.600
2.700
0.900
±0.000
-0.150
3520
2210
1770
7500
1
2
1/2
3
1-1剖面图1:100
4.200
2.700
1.500
0.900
±0.000
-0.150
6900
A
C
东立面图1:100
4.200
2.700
0.900
±0.000
-0.150
6900
A
C
西立面图1:100
学校传达室
建施 04

结构设计说明

1．本工程采用钢筋混凝土结构施工图平面整体表示方法绘制，图中未注明的构造要求应按国家建筑标准设计<<混凝土结构施工图平面整体表示方法制图规则和构造详图>>(16G101-1、16G101-2、16G101-3)执行。

2．本工程结构类型为框架结构，设防烈度为7度，抗震等级为四级抗震。

3．混凝土强度等级：

独立基础、基础梁、框架梁、现浇板、框架柱为C25；过梁、压顶等为C20；垫层为C15。

4．混凝土保护层厚度：

板：15mm；基础梁、框架梁、框架柱：20mm；基础：40mm。

5．钢筋接头形式：

钢筋直径≥16mm采用焊接连接，钢筋直径＜16mm采用绑扎连接。本工程钢筋定尺长度为9.0m。

6．未注明的分布筋均为φ6@200。

7．柱顶部受力钢筋自梁底向上锚固1.5l_{abE}。

8．砌块墙与框架柱连接处均设置连接筋，每隔500mm高度配2根φ6连接筋，并伸进墙内不少于1000mm。

9．钢筋抗拉压强度设计值：HPB300(φ)f_y=270N/mm；HRB335(Φ)f_y=300N/mm；HRB400(Φ)f_y=360N/mm。

10．WMB的马凳的材料比底板钢筋将低一个规格，长度按板厚的两倍加200mm计算，每平方米1个。

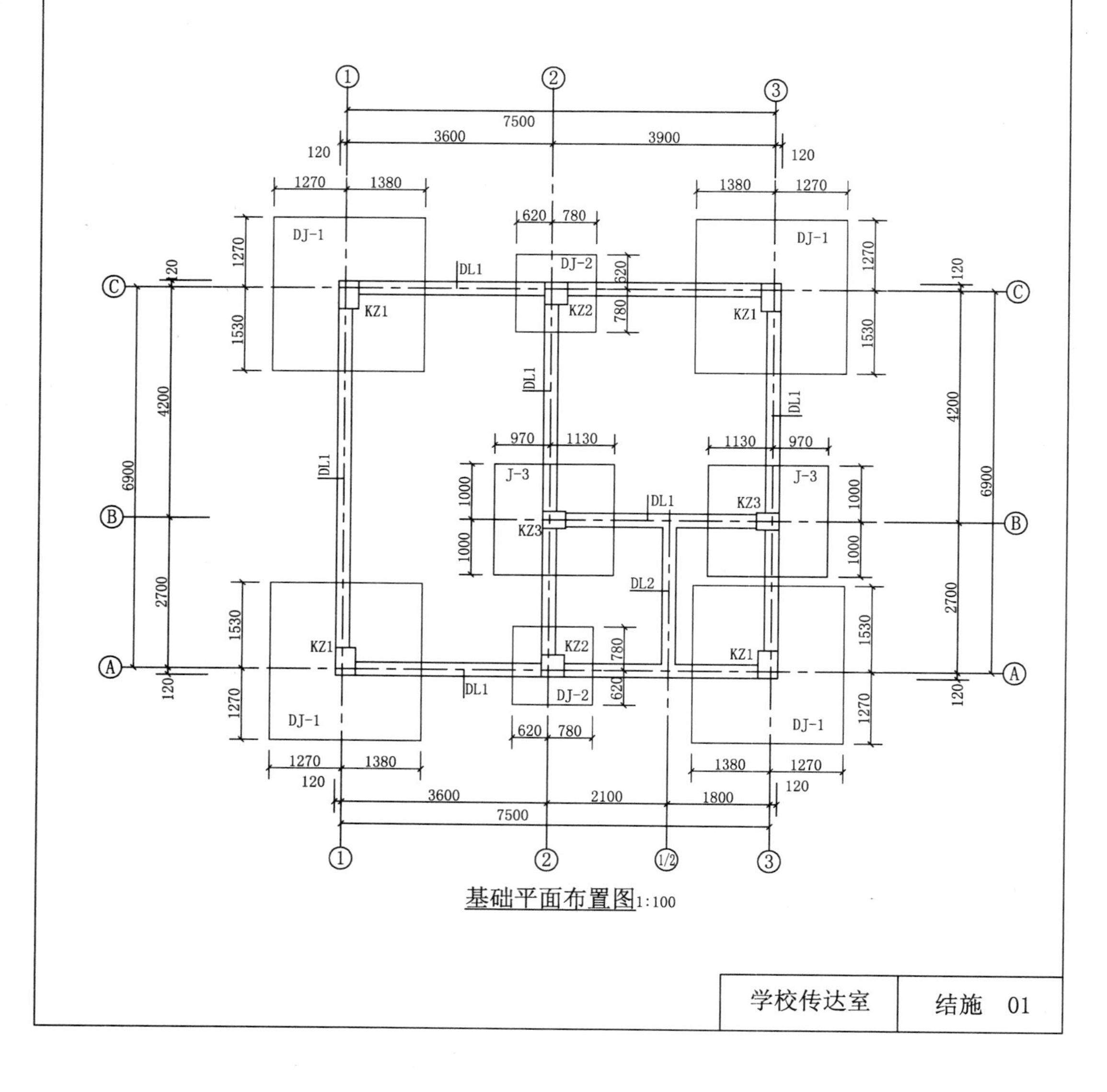

基础平面布置图1:100

学校传达室	结施 01

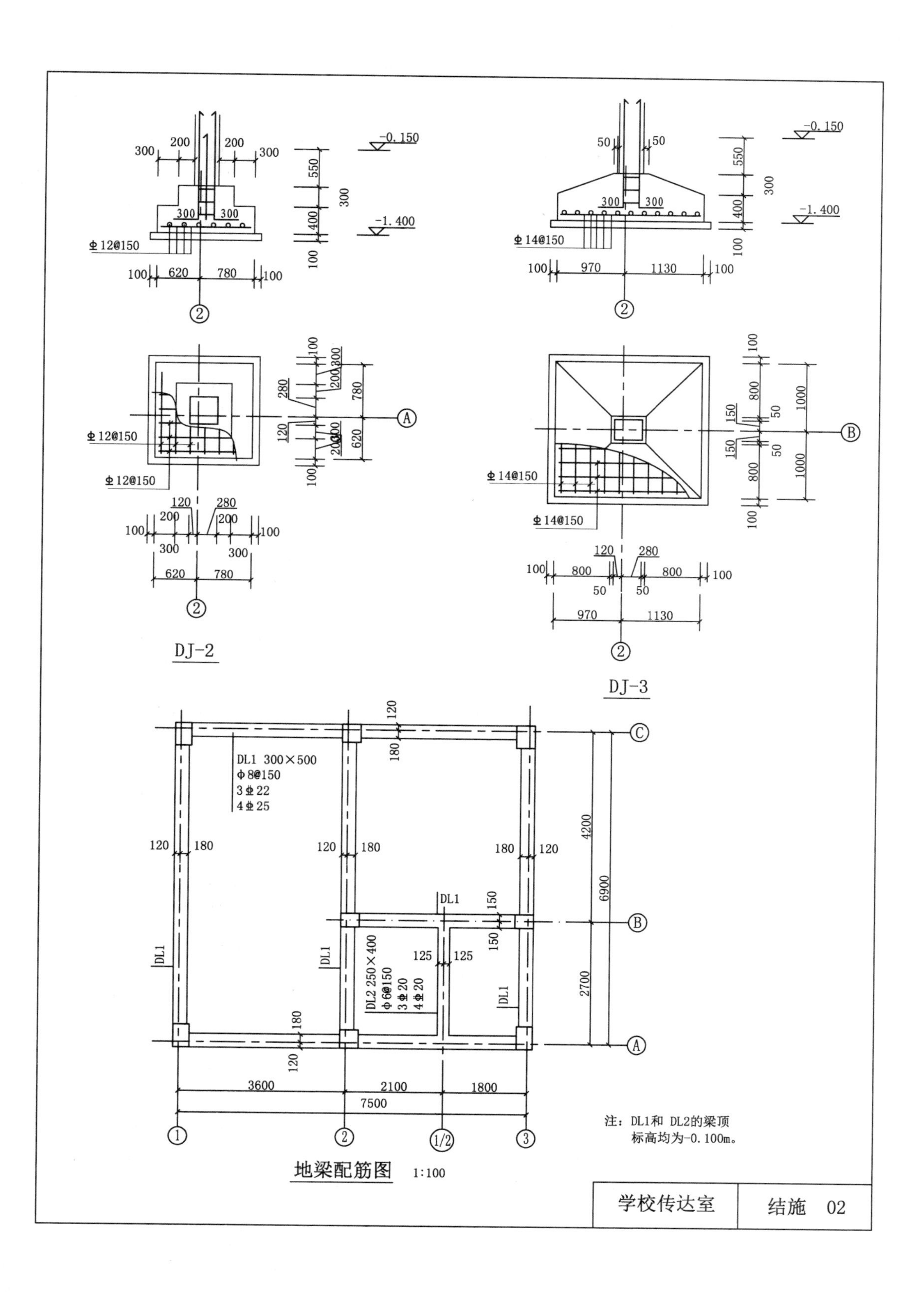
DJ-2
DJ-3
DL1 300×500
Φ8@150
3⌀22
4⌀25
DL2 250×400
Φ6@150
3⌀20
4⌀20
地梁配筋图 1:100
注：DL1和 DL2的梁顶
标高均为-0.100m。
学校传达室
结施 02

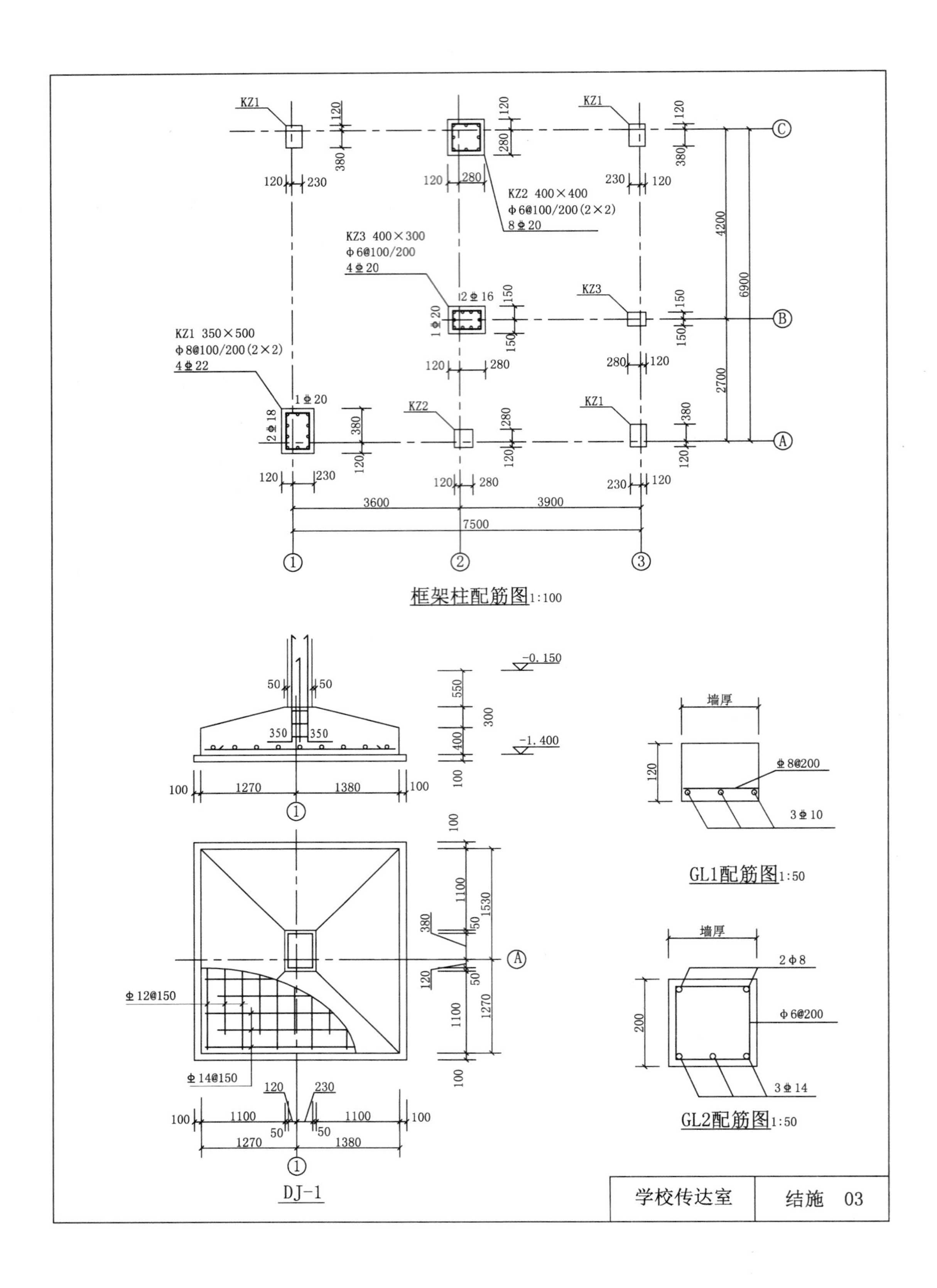
KZ1 350×500
φ8@100/200(2×2)
4⌀22
KZ2 400×400
φ6@100/200(2×2)
8⌀20
KZ3 400×300
φ6@100/200
4⌀20
框架柱配筋图1:100
DJ-1
墙厚
⌀8@200
3⌀10
GL1配筋图1:50
2φ8
φ6@200
3⌀14
GL2配筋图1:50
⌀12@150
⌀14@150
-0.150
-1.400
学校传达室
结施 03

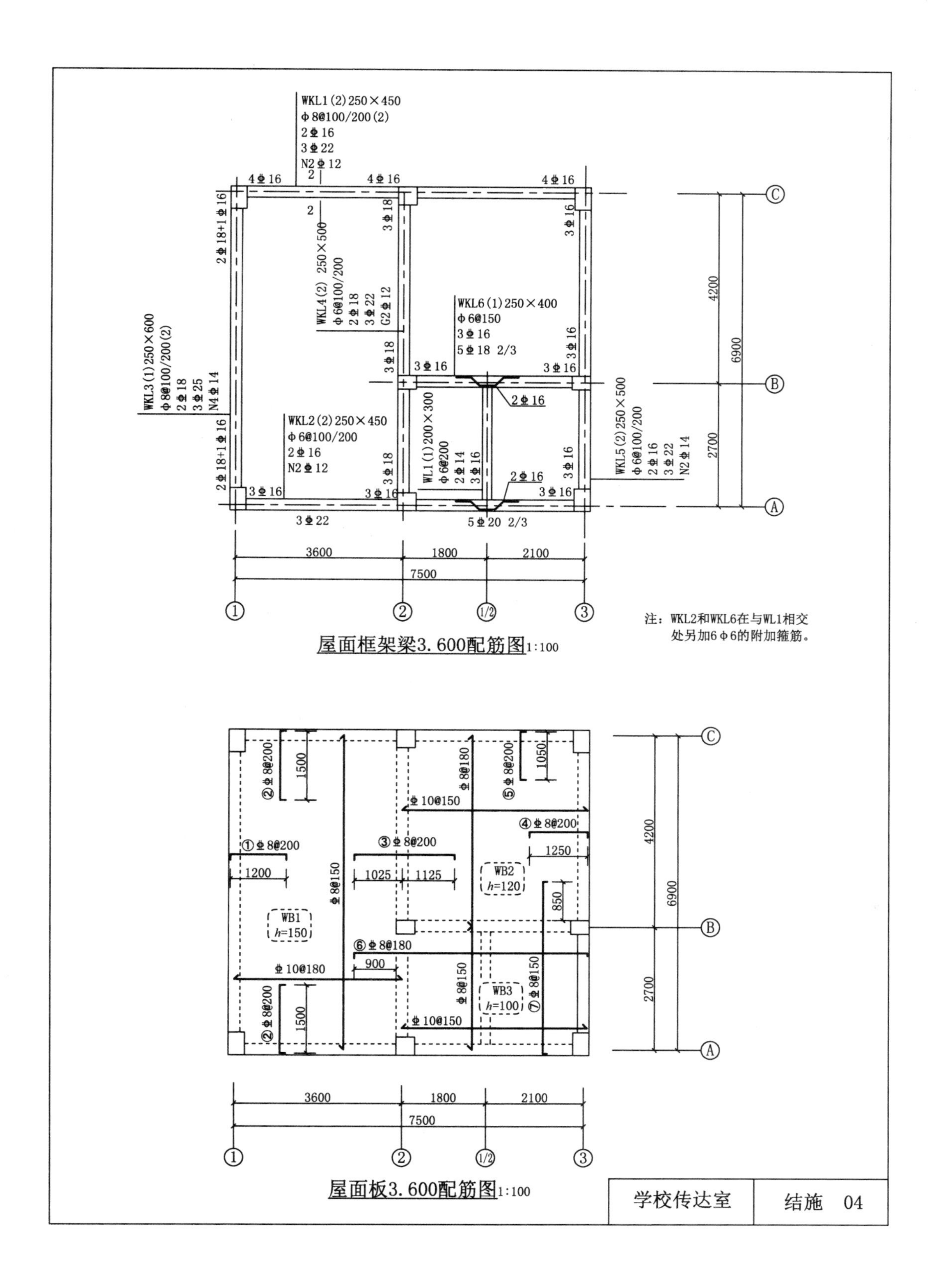

屋面框架梁3.600配筋图1:100

屋面板3.600配筋图1:100

学校传达室	结施 04

$S_{上}$ = (0.35m + 0.05m × 2) × (0.50m + 0.05m × 2) = 0.27m^2

$S_{下}$ = (1.27m + 1.38m) × (1.27m + 1.53m) = 7.42m^2

$S_{中}$ = (0.35m + 0.05m × 2 + 1.27m + 1.38m)/2 × (0.50m + 0.05m × 2 + 1.27m + 1.53m)/2 = 2.64m^2

$V_{拟柱体}$ = 1/6 × 0.30m × (0.27m^2 + 7.42m^2 + 4 × 2.64m^2) = 0.91m^3

$V_{下部长方体}$ = (1.27m + 1.38m) × (1.27m + 1.53m) × 0.40m = 2.97m^3

DJ-1 体积：(0.91m^3 + 2.97m^3) × 4 = 15.52m^3

DJ-2 体积：(0.62m + 0.78m) × (0.62m + 0.78m) × 0.40m × 2 + (0.20m × 2 + 0.12m + 0.28m) × (0.20m × 2 + 0.12m + 0.28m) × 0.30m × 2 = 1.95m^3

DJ-3：上部混凝土拟柱体体积

$S_{上}$ = (0.05m × 2 + 0.12m + 0.28m) × (0.05m + 0.15m) × 2 = 0.20m^2

$S_{下}$ = (0.97m + 1.13m) × (1.0m × 2) = 4.20m^2

$S_{中}$ = (0.4m + 0.05m × 2 + 0.97m + 1.13m)/2 × (0.30m + 0.05m × 2 + 1.0m × 2)/2 = 1.56m^2

$V_{拟柱体}$ = 1/6 × 0.30m × (0.20m^2 + 4.20m^2 + 4 × 1.56m^2) = 0.53m^3

$V_{下部长方体}$ = (0.97m + 1.13m) × (1.0m × 2) × 0.4m = 1.68m^3

DJ-3 体积：(0.53m^3 + 1.68m^3) × 2 = 4.42m^3

混凝土独立基础工程量合计

15.52m^3 + 1.95m^3 + 4.42m^3 = 21.89m^3

C30 独立基础混凝土　套 5-1-6

4. 地梁混凝土

DL1：①、②、③轴线净长度(6.90m − 0.38 × 2) + (6.90m − 0.38m − 0.28m − 0.30m) × 2 = 18.02m

Ⓐ、Ⓑ、Ⓒ轴线净长度(7.50m − 0.23m × 2 − 0.40m) × 2 + (3.90m − 0.28m × 2) = 16.62m

DL1 工程量：0.30m × 0.50m × (18.02m + 16.62m) = 5.20m^3

DL2 工程量：0.25m × 0.40m × (2.70m − 0.15m − 0.18m) = 0.24m^3

地梁工程量小计：5.20m^3 + 0.24m^3 = 5.44m^3

C25 基础梁　套 5-1-18

5. 独立基础挖土工程量

挖土深度：1.40m + 0.1m − 0.15m = 1.35m > 1.2m（普通土），放坡。

分析：查表 1-8 得：普通土放坡起点深度 1.20m，机械放坡系数 k 取 0.75。

查表 1-6 得，混凝土垫层的工作面为 150mm，混凝土基础的工作面为 400mm，(100mm + 150mm) = 250mm < 400mm。定额规定：基础开挖边线上不允许出现错台，故基础开挖边线为自混凝土基础外边线向外 400mm，放坡起点为垫层底部。

沿混凝土基础外边线向外 400mm 开挖放坡时，垫层底坪增加的开挖宽度：

$d = c_2 - t - c_1 - kh_1$ = 0.40m − 0.10m − 0.15m − 0.75 × 0.10m = 0.075m

d 含义如图 1-2 所示。

（1）DJ-1 挖土

$(1.27m + 1.38m + 0.10m \times 2 + 0.15m \times 2 + 0.075m \times 2 + 0.75 \times 1.35m) \times (1.27m + 1.53m + 0.10m \times 2 + 0.15m \times 2 + 0.075m \times 2 + 0.75 \times 1.35m) \times 1.35m + 1/3 \times 0.75^2 \times (1.35m)^3 = 26.44m^3$

（2）DJ-2 挖土

$(0.62m + 0.78m + 0.10m \times 2 + 0.15m \times 2 + 0.075m \times 2 + 0.75 \times 1.35m) \times (0.62m + 0.78m + 0.10m \times 2 + 0.15m \times 2 + 0.075m \times 2 + 0.75 \times 1.35m) \times 1.35m + 1/3 \times 0.75^2 \times (1.35m)^3 = 13.12m^3$

（3）DJ-3 挖土

$(0.97m + 1.13m + 0.10m \times 2 + 0.15m \times 2 + 0.075m \times 2 + 0.75 \times 1.35m) \times (1.0m \times 2 + 0.10m \times 2 + 0.15m \times 2 + 0.075m \times 2 + 0.75 \times 1.35m) \times 1.35m + 1/3 \times 0.75^2 \times (1.35m)^3 = 19.06m^3$

（4）垫层底面积

DJ-1 垫层底面积为$(1.27m + 1.38m + 0.1m \times 2) \times (1.27m + 1.53m + 0.1m \times 2) = 8.55m^2 > 8m^2$，套用一般挖掘机子目。

DJ-3 垫层底面积为$(0.97m + 1.13m + 0.1m \times 2) \times (1.0m \times 2 + 0.1m \times 2) = 5.06m^2 > 8m^2$，所以 DJ-3、DJ-2 套用小型挖掘机子目。

（5）独基挖土工程量合计

DJ-1：$26.44m^3 \times 4 = 105.76m^3$

DJ-3、DJ-2：$13.12m^3 \times 2 + 19.06m^3 \times 2 = 64.36m^3$

基础采用机械开挖，人工清理修整边坡基底。

DJ-1 机械挖土量：$105.76m^3 \times 0.85 = 89.90m^3$

挖掘机挖槽坑土方　普通土　套 1-2-43

DJ-3、DJ-2 机械挖土量：$64.36m^3 \times 0.85 = 54.71m^3$

小型挖掘机挖沟槽地坑土方　普通土　套 1-2-47

人工清理修整挖土量：$(105.76m^3 + 64.36m^3) \times 0.188 = 31.98m^3$

人工挖地坑土方坑深≤2m　坚土　套 1-2-13

6. 施工组织规定

基础采用挖掘机大开挖，开挖范围从最外侧基础（DJ-1）工作面外侧大开挖，土质为坚土，试计算大开挖工程量，并确定定额项目。

挖土深度：$1.40m + 0.1m - 0.15m = 1.35m < 1.7m$（坚土），不放坡。

分析：查表 1-6 得，混凝土垫层的工作面为 150mm，混凝土的工作面为 400mm，$(100mm + 150mm) = 250mm < 400mm$。定额规定：基础开挖边线上不允许出现错台，故基础开挖边线为自混凝土基础外边线向外 400mm，垂直开挖。

总挖土工程量：$(7.5m + 1.27m \times 2 + 0.4m \times 2) \times (6.9m + 1.27m \times 2 + 0.4m \times 2) \times 1.35m = 149.85m^3$

其中机械挖土工程量：$149.85m^3 \times 0.95 = 142.36m^3$

挖掘机挖一般土方　坚土　套 1-2-40

其中人工挖坚土工程量：$149.85m^3 \times 0.063 = 9.44m^3$

人工挖一般土方基深≤2m，坚土　套 1-2-3。

7. 框架柱混凝土

高度：0. 55m +0. 15m +3. 60m =4. 30m

工程量：0. 35m ×0. 50m ×4. 30m ×4 +0. 40m ×0. 40m ×4. 30m ×2 +0. 40m ×0. 30m ×4. 30m ×2 =5. 42m^3

C30 矩形柱　套 5-1-14

8. 构造柱混凝土

构造柱主体部分：0. 24m ×0. 24m ×（4. 20m −3. 6m）×8 =0. 28m^3

马牙搓部分：0. 24m ×0. 06m ×（4. 2m −3. 6m −0. 06m）×8 =0. 06m^3

工程量小计：0. 28m^3 +0. 06m^3 =0. 34m^3

C20 现浇混凝土构造柱　套 5-1-17

9. 计算现浇混凝土屋面工程量

（1）框架梁

WKL1：0. 25m ×（0. 45m −0. 15m）×（3. 60m −0. 23m −0. 12m）+0. 25m ×（0. 45m −0. 12m）×（3. 90m −0. 23m −0. 28m）=0. 52m^3

WKL2：0. 25m ×（0. 45m −0. 15m）×（3. 60m −0. 23m −0. 12m）+0. 25m ×（0. 45m −0. 10m）×（3. 90m −0. 28m −0. 23m）=0. 54m^3

WKL3：0. 25m ×（0. 60m −0. 15m）×（6. 90m −0. 38m ×2）=0. 69m^3

WKL4：0. 25m ×[0. 50m −（0. 15m +0. 10m）/2]×（2. 70m −0. 28m −0. 15m）+0. 25m ×[0. 50m −（0. 15m +0. 12m）/2]×（4. 20m −0. 15m −0. 28m）=0. 56m^3

WKL5：0. 25m ×（0. 50m −0. 10m）×（2. 70m −0. 38m −0. 15m）+0. 25m ×（0. 50m −0. 12m）×（4. 20m −0. 15m −0. 38m）=0. 57m^3

WKL6：0. 25m ×[0. 40m −（0. 12m +0. 10m）/2]×（3. 90m −0. 28m ×2）=0. 24m^3

框架梁工程量合计：0. 52m^3 +0. 54m^3 +0. 69m^3 +0. 56m^3 +0. 57m^3 +0. 24m^3 =3. 12m^3

C20 框架梁、连续梁　套 5-1-19

（2）平板

WB1：（3. 60m +0. 25m/2）×（6. 90m +0. 24m）×0. 15m =3. 99m^3

WB2：（3. 90m +0. 12m ×2 −0. 25m/2）×（4. 2m +0. 12m −0. 15m +0. 25m/2）×0. 12m =2. 07m^3

平板工程量合计：3. 99m^3 +2. 07m^3 =6. 06m^3

C30 平板　套 5-1-33

（3）有梁板

WL1：0. 20m ×（0. 30 −0. 10m）×（2. 70m +0. 12m −0. 25m +0. 15m −0. 25m）=0. 10m^3

WB3：（1. 8m +2. 10m +0. 12m ×2 −0. 25m/2）×（2. 70m +0. 12m +0. 15m −0. 25m/2）×0. 10m =1. 14m^3

有梁板工程量合计：0. 10m^3 +1. 14m^3 =1. 24m^3

C30 有梁板　套 5-1-31

10. 现浇混凝土台阶

工程量：2. 1m ×1. 2m ×（0. 15m −0. 02m）=0. 33m^3

C30 台阶　套 5-1-52

11. 基底钎探

DJ-1 垫层面积：$(1.27m+1.38m+0.10m\times2)\times(1.27m+1.53m+0.1m\times2)=8.55m^2$

DJ-2 垫层面积：$(0.62m+0.78m+0.1m\times2)\times(0.62m+0.78m+0.10m\times2)=2.56m^2$

DJ-3 垫层面积：$(0.97m+1.13m+0.1m\times2)\times(1.0m\times2+0.10m\times2)=5.06m^2$

钎探工程量：$8.55m^2\times4+2.56m^2\times2+5.06m^2\times2=49.44m^2$

基底钎探　套 1-4-4

12. 竣工清理

工程量：$7.74m\times7.14m\times3.60m=198.95m^3$

竣工清理　套 1-4-3

13. 混凝土过梁

（1）GL1

M1027：$(1.0m+0.25m\times2)\times0.24m\times0.12m=0.04m^3$

M0927：$(0.90m+0.25m+0.49m-0.28m)\times0.24m\times0.12m=0.04m^3$

ⒷM0921：$(0.90m+0.25m)\times0.24m\times0.12m=0.03m^3$

1/2轴 M0921：$(0.90m+0.25m\times2)\times0.18m\times0.12m=0.03m^3$

C1212：$(1.20m+0.25m+0.405m-0.28m)\times0.24m\times0.12m=0.05m^3$

C0912：$(0.90m+0.25m+0.37m-0.15m)\times0.24m\times0.12m=0.04m^3$

（2）GL2

C2118：$(2.10m+0.25\times2)\times0.24m\times0.20m=0.12m^3$

C1818：$(1.80m+0.25m\times2)\times0.24m\times0.20m=0.11m^3$

（3）过梁工程量和合计

$0.04m^3\times3+0.03m^3\times2+0.05m^3+0.12m^3+0.11m^3\times3=0.68m^3$

过梁　套 5-1-22

14. 计算门窗工程量

（1）铝合金平开门

M1027：$1.0m\times2.7m=2.7m^2$

（2）玻璃镶板门

M0927：$0.90m\times2.7m=2.43m^2$

（3）镶木板门

M0921：$0.90m\times2.10m=1.89m^2$

（4）塑料推拉窗

C2118：$2.10m\times1.80m=3.78m^2$

C1818：$1.80m\times1.80m=3.24m^2$

C1212：$1.20m\times1.20m=1.44m^2$

C0921：$0.90m\times1.20m=1.08m^2$

塑料推拉窗工程量合计：$3.78m^2+3.24m^2\times3+1.44m^2+1.08m^2=16.02m^2$

15. 计算墙体工程量并确定定额项目

（1）女儿墙

工程量：[(7.50m + 6.90m) × 2 − (0.24m + 0.06m) × 8] × (4.2m − 3.6m − 0.06m) × 0.24m = 3.42m^3

M5.0 混合砂浆实心砖墙墙厚 240mm　套 4-1-7

（2）240 墙体工程量

①轴线墙体

[(6.90m − 0.38m × 2) × (3.6m − 0.60m) − 3.24m^2 <C1818 面积> × 2] × 0.24m − 0.11m^3 <C1818 过梁体积> × 2 = 2.65m^3

②轴线墙体

[(6.90m − 0.28m × 2 − 0.30m) × (3.6m − 0.50m) − 2.43m^2 <M0927 面积>] × 0.24m − 0.04m^3 <M0927 过梁体积> = 3.87m^3

③轴线墙体

[(6.90m − 0.38m × 2 − 0.30m) × (3.6m − 0.50m) − 1.08m^2 <C0912 面积>] × 0.24m − 0.03m^3 <C0912 过梁体积> = 4.06m^3

Ⓐ轴线墙体

[(7.50m − 0.23m × 2 − 0.40m) × (3.6m − 0.45m) − 3.78m^2 <C2118 面积> − 1.44m^2 <C1212 面积>] × 0.24m − 0.12m^3 <C2118 过梁体积> − 0.05m^3 <C1212GL 体积> = 3.60m^3

Ⓑ轴线墙体

[(2.10m + 1.8m − 0.28m × 2) × (3.6m − 0.40m) − 1.89m^2 (M0921 面积)] × 0.24m − 0.03m^3 <M0921 过梁体积> = 10.20m^3

Ⓒ轴线墙体

[(7.50m − 0.23m × 2 − 0.40m) × (3.6m − 0.45m) − 2.7m^2 <M1027 面积> − 3.24m^2 <C1818 面积>] × 0.24m − 0.04m^3 <M1027 过梁体积> − 0.11m^3 <C1818 过梁体积> = 3.44m^3

240 墙体工程量小计：

2.65m^3 + 3.87m^3 + 4.06m^3 + 3.60m^3 + 10.20m^3 + 3.44m^3 = 27.82m^3

M5.0 混合砂浆石多孔砖墙墙厚 240mm　套 4-1-13

（3）180 墙体

[(2.70m − 0.09m − 0.12m) × (3.60m − 0.30m) − 1.89m^2 <M0921 面积>] × 0.18m − 0.03m^3 <M0921 过梁体积> = 1.11m^3

M5.0 混合砂浆空心砖墙墙厚 180mm　套 4-1-17

16. 屋面工程

屋面的水平面积：(7.50m − 0.24m) × (6.90m − 0.24m) = 48.35m^2

（1）防水层

工程量：48.35m^2 + [(7.50m + 6.9m) × 2 − 4 × 0.24m] × 0.25m = 55.31m^2

改性沥青卷材冷粘法一层平面　套 9-2-14

（2）找平层（找坡上）

工程量：48.35m^2

水泥砂浆在填充材料上 20mm　套 11-1-2

（3）找坡层

工程量：$48.35m^2 \times [(7.5m - 0.24m) \div 2 \times 2\% + 0.03m] = 4.96m^3$

现浇水泥珍珠岩　套 10-1-11

（4）保温层

工程量：$48.35m^2 \times 0.10m = 4.84m^3$

憎水珍珠岩块　套 10-1-2

（5）找平层（基层上）

工程量：$48.35m^2$

水泥砂浆在混凝土或硬基层上 20mm　套 11-1-1

17. 散水

工程量：$[(7.74m + 7.14m) \times 2 + 4 \times 0.60m - 2.10m] \times 0.60m = 18.04m^2$

细石混凝土散水　套 16-6-81

复习与测试

1. 简述工程案例楼管室的预算书编制步骤。
2. 计算传达室的外墙墙裙（门窗框厚度取 90mm）工程量并确定定额项目。
3. 计算传达室的外墙抹灰工程量并确定定额项目。

附录A　部分参考答案

绪　　论

3. 计算如图0-29所示单层建筑物的建筑面积。

解：$S_{建} = (3.0m \times 3 + 0.24m) \times (5.4m + 0.24m) = 52.11m^2$

4. 计算如图0-30所示火车站单排柱站台的建筑面积。

解：$30.0m \times 6.0m \times 1/2 = 90m^2$

第一章　土石方工程

6. 某基础工程如图1-21所示，采用挖掘机挖沟槽，普通土，将土弃于槽边，挖掘机坑上挖土。试计算挖土工程量及费用。

解：查表1-6得：砖基础的工作面为150mm，查表1-8得普通土放坡起点深度1.20m。

（1）挖土深度$H = 0.96m - 0.15m + 0.20m = 1.01m < 1.2m$，不放坡

（2）砖基工作面由图可知为0.25m > 0.20m，满足砖基工作面的要求。

（3）基数

$$L_{中} = (3.60m \times 4 + 6.0m) \times 2 = 40.80m$$

$$L_{净} = (6.0m - 1.20m) \times 3 = 14.40m$$

（4）挖土工程量

$$1.2m \times 1.01m \times (40.80m + 14.40m) = 66.90m^3$$

查表1-1得：沟槽土方机械挖土修整系数为0.90，人工清理修整系数0.125，执行子目1-2-8。

（5）其中机械挖土工程量

$$66.90m^3 \times 0.90 = 60.21m^3$$

本工程垫层底宽为1.20m，套用小型挖掘机子目。

小型挖掘机挖沟槽地坑土方普通土　套1-2-47　定额单价 = 25.46元/$10m^3$

费用：$60.21m^3 \div 10 \times 25.46$元/$10m^3$ = 153.29元

（6）其中人工挖沟槽工程量

$$66.90m^3 \times 0.125 = 8.36m^3$$

人工挖沟槽土方槽深≤2m　坚土　套1-2-8　定额单价 = 672.60元/$10m^3$

费用：$8.36m^3 \div 10 \times 672.60$元/$10m^3$ = 562.29元

第二章　地基处理与边坡支护工程

3. 某建筑物平面图及基础详图如图2-10所示，地面铺设150mm厚的素混凝土（C15）

垫层。

(1) 计算地面垫层的工程量及费用。

(2) 计算基础垫层的工程量及费用。

解: (1) 房心垫层

工程量: $(3.0\text{m}\times3-0.24\text{m})\times(4.5\text{m}-0.24\text{m})\times0.15\text{m}=5.60\text{m}^3$

C15 混凝土垫层无筋　套 2-1-28　单价 $=3850.59$ 元/10m^3

费用: $5.60\text{m}^3\div10\times3850.59$ 元/$10\text{m}^3=2156.33$ 元

(2) 条基垫层

$$L_{中}=(3.0\text{m}\times3+4.5\text{m})\times2=27.00\text{m}$$

工程量: $(27.00\text{m}+0.24\text{m}\times4)\times0.985\text{m}\times0.30\text{m}=8.26\text{m}^3$

3∶7 灰土垫层 (条基) 机械振动　套 2-1-1　单价 (换)

1788.06 元/10m^3 + (653.60 元/10m^3 + 12.77 元/10m^3) × 0.05 = 1821.38 元/10m^3

费用: $8.26\text{m}^3\div10\times1821.38$ 元/$10\text{m}^3=1504.46$ 元

第四章　砌筑工程

4. 某工程如图 4-15 所示，毛石基础与普通砖分界线为 −0.20m，门窗过梁断面为 240 × 180mm，采用 M5.0 混合砂浆砌筑，无圈梁，计算砖墙工程量及费用。

解: (1) 计算基数

$$L_{中}=(4.5\times3+5.4)\times2=37.80\text{m}$$
$$L_{内}=5.4-0.24=5.16\text{m}$$

(2) 门窗面积

$$1.0\text{m}\times2.7\text{m}\times3+1.5\text{m}\times1.8\text{m}\times4=18.90\ \text{m}^2$$

(3) 过梁体积

$$0.24\text{m}\times0.18\text{m}\times[(1.0\text{m}+0.25\text{m}\times2)\times3+(1.5\text{m}+0.25\text{m}\times2)\times4]=0.54\ \text{m}^3$$

(4) 墙体高度

$$3.50\text{m}-0.10\text{m}=3.40\text{m}$$

分析: 虽然毛石基础与普通砖分界线为 −0.20m，但是定额明文规定，基础与墙体的分界线以设计室内地坪为界，以上为墙体，以下为基础。

(5) 砖墙工程量

$$[(37.80\text{m}+5.16\text{m}+0.12\text{m}\times2)\times3.40\text{m}-18.90\text{m}^2]\times0.24\text{m}-0.54\text{m}^3=30.18\text{m}^3$$

M5.0 混合砂浆 240 砖墙　套 4-1-7　单价 3730.41 元/10m^3

费用: $30.18\text{m}^3\div10\times3730.41$ 元/$10\text{m}^3=11258.38$ 元

第五章　钢筋及混凝土工程

6. 已知某工程为框架结构，共 11 层，设计为一类环境，一级抗震，混凝土强度等级为 C30，其中二层 KL1 (共 5 根) 的配筋如图 5-29 所示，计算 KL1 的钢筋工程量及费用。

解: (1) 上部通长筋 2⌀22

端部锚固判断: 据已知条件，查表 5-3 得: $l_{aE}=30d\ 30\times0.022\text{m}=0.66\text{m}$

支座允许的直锚长度 0.40m − 0.02m = 0.38m，0.66m > 0.38m，故采取弯锚。

支座锚固长度：0.40m − 0.020m + 15 × 0.022m = 0.71m

单根总长：（6.0m − 0.4m）+ 0.71m × 2 = 7.02m

（2）下部通长筋 4 ⌀25

单根总长：（6.0m − 0.4m）+（0.40m − 0.020m + 15 × 0.025m）× 2 = 7.11m

（3）箍筋 ϕ10@100/150

单长：（0.25m + 0.6m）× 2 − 8 × 0.020m + 11.9 × 0.010m × 2 = 1.78m

箍筋数量：

加密区范围：2.0 × 0.6m = 1.20m > 0.5m，取 1.20m

加密区数量：[（1.2m − 0.05m）÷ 0.1m/根 + 1 根] × 2 = [12 根 + 1 根] × 2 = 26 根

非加密区数量：（6.0m − 0.4m − 1.2m × 2）÷ 0.2m/根 − 1 根 = 15 根

（4）左支座筋 2 ⌀22

单根总长：（0.40m − 0.020m + 15 × 0.022m）+ 1/3 ×（6.0m − 0.40m）= 2.58m

（5）右支座筋上排 2 ⌀22

单根总长：（0.40m − 0.020m + 15 × 0.022m）+ 1/3 ×（6.0m − 0.40m）= 2.58m

（6）右支座筋下排 2 ⌀22

单根总长：（0.40m − 0.020m + 15 × 0.022m）+ 1/4 ×（6.0m − 0.40m）= 2.11m

（7）钢筋工程量汇总

箍筋（ϕ10@100/150）工程量：

1.78m ×（26 + 15）× 0.617kg/m × 5 = 225kg = 0.225t

现浇构件箍筋 ≤ ϕ10　套 5-4-30　单价 = 4694.37 元/t

费用：0.225t × 4694.37 元/t = 1056.23 元

⌀22 和 ⌀25 工程量：

（7.02m + 2.58m + 2.58m + 2.11m] × 2 × 2.984kg/m × 5 + 7.11m × 4 × 3.850kg/m × 5 = 974kg = 0.974t

现浇构件钢筋 HRB335（HRB400）≤ ϕ25　套 5-4-7　单价 = 4271.61 元/t

费用：0.974t × 4271.61 元/t = 4160.55 元

第六章　金属结构工程

2. 某单层工业厂房下柱柱间钢支撑尺寸如图 6-4 所示，共 18 组，∠75 × 7 热轧等边角钢线密度为 7.976kg/m，厚度为 10mm 热轧钢板的面密度为 78.5kg/m^2，计算柱间支撑的工程量及费用。

解：斜撑：[（$\sqrt{4.80^2 + 3.120^2}$）m − 0.04m × 2] × 7.976kg/m × 2 × 18 = 1621kg

连接板：0.37m × 0.42m × 78.5kg/m^2 × 4 × 18 = 878kg

工程量：1621kg + 878kg = 2499kg = 2.499t

柱间钢支撑　套 6-1-17　单价 = 6038.41 元/t

费用：2.499t × 6038.41 元/t = 15089.99 元

柱间钢支撑安装　套 6-5-14　单价 = 838.01 元/t

费用：2.499t×838.01 元/t =2094.19 元

第八章 门窗工程

3. 某工程门窗表如表 8-1 所示。门为成品铝合金平开门，窗户为塑钢窗带纱扇，计算该工程门窗工程量及费用。

解：（1）铝合金门

工程量：$1.2m \times 2.7m \times 2 + 1.2m \times 2.25m \times 6 = 22.68m^2$

铝合金平开门　套 8-2-2　单价 = 3099.58 元/$10m^2$

费用：$22.68m^2 \div 10 \times 3099.58$ 元/$10m^2$ = 7029.85 元

（2）塑钢窗

工程量：$1.2m \times 1.8m \times 8 + 1.5m \times 1.8m \times 10 + 1.8m \times 1.8m \times 12 = 83.16m^2$

塑钢推拉窗　套 8-7-6　单价 = 1940.22 元/$10m^2$

费用：$83.16m^2 \div 10 \times 1940.22$ 元/$10m^2$ = 16134.87 元

（3）塑钢纱窗

工程量：$0.58m \times 1.38m \times 8 + 0.72m \times 1.38m \times 10 + 0.85m \times 1.38m \times 12 = 30.42m^2$

塑钢纱窗扇　套 8-7-10　单价 = 649.60 元/$10m^2$

费用：$30.42m^2 \div 10 \times 649.60$ 元/$10m^2$ = 1976.08 元

第九章 屋面及防水工程

3. 某工程为四坡屋面，如图 9-7 所示，屋面上铺设英红瓦，试计算瓦屋面工程量及费用。

解：（1）屋面工程量

据屋面坡度 1∶2.5 查表 9-1 得，延尺系数 C 为 1.0770，隅延尺系数为 1.4697

$$53.60m \times 13.80m \times 1.0770 = 796.64m^2$$

英红瓦屋面　套 9-1-10　单价 = 1302.62 元/$10m^2$

费用：$796.64m^2 \div 10 \times 1302.62$ 元/$10m^2$ = 103771.92 元

（2）正斜脊工程量

$$53.60m - 13.80m + 13.80m \times 1.4697 \times 2 = 80.36m$$

英红瓦正斜脊　套 9-1-11　单价 = 440.20 元/10m

费用：$80.36m \div 10 \times 440.20$ 元/10m = 3537.45 元

第十一章 楼地面装饰工程

3. 某高层建筑物的超市和车库位于地下一层，如图 11-5 所示。墙体采用加气混凝土砌块，厚度均为 200mm 居墙中。所有的框架柱均为 600mm×600mm。在混凝土地面上刷环氧底漆一道，刮石英粉腻子一遍，环氧面漆一道，试计算环氧地坪涂料工程量及费用。

分析：计算规则规定，计算楼地面找平层和整体面层时，不扣除间壁墙及 $\leq 0.3m^2$ 的柱、垛、附墙烟囱及孔洞所占面积。也就是超过 $0.3m^2$ 时，应扣除其面积。

解：（1）框架柱所占房间面积

$0.60m \times 0.20m = 0.12m^2 < 0.3m^2$，不扣除；$0.60m \times 0.40m = 0.24m^2 < 0.3m^2$，不扣除；$0.60m \times 0.60m = 0.36m^2 > 0.3m^2$，扣除所占面积。

（2）超市面积

$$(4.50m + 5.10m - 0.20m) \times (6.9m - 0.20m) - 0.36m^2 = 62.62m^2$$

（3）车库面积

$$(4.8m - 0.20m) \times (6.9m - 0.20m) = 30.82m^2$$

（4）地面工程量小计

$$62.62m^2 + 30.82m^2 = 93.44m^2$$

环氧地坪涂料底涂一道　套 11-2-8　单价 $= 67.26$ 元/$10m^2$

费用：$93.44m^2 \div 10 \times 67.26$ 元/$10m^2 = 628.48$ 元

环氧地坪涂料中涂腻子一遍　套 11-2-9　单价 $= 62.00$ 元/$10m^2$

费用：$93.44m^2 \div 10 \times 62.00$ 元/$10m^2 = 579.33$ 元

环氧地坪涂料面涂一道　套 11-2-11　单价 $= 81.09$ 元/$10m^2$

费用：$93.44m^2 \div 10 \times 81.09$ 元/$10m^2 = 757.70$ 元

第十八章　模板工程

3. 某实验楼共有花篮梁 36 根，如图 18-6 所示，采用竹胶板模板木支撑，计算花篮梁模板工程量及费用。

解：（1）花篮梁模板

底模工程量：$0.25m \times (6.3m + 0.25m \times 2) = 1.70m^2$

侧模工程量：$[0.32m + (\sqrt{0.08^2 + 0.12^2})m + 0.07m + 0.13m] \times 2 \times (6.3m + 0.25m \times 2) = 9.03m^2$

（2）梁垫模板

工程量：$0.86m \times 0.24m \times 4 = 0.83m^2$

（3）模板工程量合计

$$(1.70m^2 + 9.03m^2 + 0.83m^2) \times 36 = 416.16m^2$$

（3）模板的费用

异形梁复合木模板木支撑　套 18-1-59　单价 $= 1073.68$ 元/$10m^2$

费用：$416.16m^2 \div 10 \times 1073.68$ 元/$10m^2 = 44682.27$ 元

第二十一章　建筑工程预算书编制实例

2. 计算传达室的外墙墙裙（门窗框厚度取 90mm）工程量并确定定额项目。

M1027 侧面积：$0.90m \times (0.24m - 0.09m) = 0.14m^2$

外墙窗台面积：$(1.80m \times 3 + 2.10m) \times (0.24m - 0.09m) \div 2 = 0.56m^2$

室外台阶占墙面积：$0.13m \times 2.10m = 0.27m^2$

墙裙工程量：$(7.14m + 7.74m) \times 2 \times 1.05m - 1.0m \times 0.9m + 0.14m^2 + 0.56m^2 - 0.27m^2 = 30.78m^2$

水泥砂浆粘贴瓷 150×75 瓷质外墙砖灰缝宽度≤10mm　套 12-2-34

3. 计算传达室的外墙抹灰工程量并确定定额项目。

抹灰高度：4. 2m - 0. 9m = 3. 30m

抹灰长度：（7. 14m + 7. 74m）×2 = 29. 76m

门窗面积：1. 0m ×（2. 70m - 0. 9m）+ 1. 8m × 1. 8m × 3 + 2. 10m × 1. 8m + 1. 2m × 1. 2m + 0. 9m × 1. 2m = 17. 82m^2

外墙抹灰工程量 3. 30m × 29. 76m - 17. 82m^2 = 80. 39m^2

混合砂浆（厚 9 + 6mm）砖墙　套 12-1-9

附录B 《山东省建筑工程消耗量定额（SD 01-31-2016）》（摘录）

第一章 土石方工程

工作内容：1. 挖土，装土，运土，卸土。

2. 清理机下余土，维护行驶道路。

计量单位：$10m^3$

定额编号			1-1-14	1-1-15	1-1-16
项目名称			挖掘机挖装土方自卸汽车运土方		
			运距≤1km		每增运 1km
			普通土	坚土	
名称		单位	消耗量		
人工	综合工日	工日	0.12	0.12	—
材料	水	m^3	0.1200	0.1200	—
机械	履带式单斗挖掘机（液压）$1.25m^3$	台班	0.0190	0.0220	—
	履带式推土机 75kW	台班	0.0170	0.0200	—
	自卸汽车 15t	台班	0.0520	0.0520	0.0130
	洒水车 4000L	台班	0.0060	0.0060	—

工作内容：5m 内就地取土，分层填土，洒水，打夯（碾压）平整。 计量单位：$10m^3$

定额编号			1-1-17	1-1-18
项目名称			机械夯填土	机械回填碾压（两遍）
名称		单位	消耗量	
人工	综合工日	工日	0.69	0.74
材料	水	m^3	—	0.1550
机械	电动夯实机 250N·m	台班	0.6570	—
	钢轮内燃压路机 12t	台班	—	0.0160
	履带式推土机 75kW	台班	—	0.0020
	洒水车 4000L	台班	—	0.0080

工作内容：挖土，弃土于5m以内或装土，清底修边。　　计量单位：$10m^3$

定额编号			1-2-1	1-2-2	1-2-3	1-2-4
项目名称			人工挖一般土方（基深）			
			普通土		坚土	
			≤2m	>2m	≤2m	≤4m
名称		单位	消耗量			
人工	综合工日	工日	2.47	3.56	4.73	6.25

工作内容：挖土，弃土于槽边或装土，清底修边。　　计量单位：$10m^3$

定额编号			1-2-6	1-2-7	1-2-8	1-2-9
项目名称			人工挖沟槽土方（基深）			
			普通土		坚土	
			≤2m	>2m	≤2m	≤4m
名称		单位	消耗量			
人工	综合工日	工日	3.52	3.91	7.08	8.04

工作内容：1. 弃土于坑边或装土。

2. 人工装车，装车清理车下余土。　　计量单位：$10m^3$

定额编号			1-2-11	1-2-12	1-2-13	1-2-14	1-2-25
项目名称			人工挖地坑土方（坑深）				人工装车
			普通土		坚土		土方
			≤2m	>2m	≤2m	≤4m	
名称		单位	消耗量				
人工	综合工日	工日	3.73	4.12	7.52	8.48	1.43

工作内容：挖土，弃土于5m以内（装土）；清理机下余土。　　计量单位：$10m^3$

定额编号			1-2-39	1-2-40	1-2-41	1-2-42
项目名称			挖掘机挖一般土方		挖掘机挖装一般土方	
			普通土	坚土	普通土	坚土
名称		单位	消耗量			
人工	综合工日	工日	0.06	0.06	0.09	0.09
机械	履带式单斗挖掘机（液压）$1m^3$	台班	0.0180	0.0210	0.0230	0.0270
	履带式推土机75kW	台班	0.0020	0.0020	0.0210	0.0240

工作内容：挖土，弃土于槽边（装土）；清理机下余土。 计量单位：$10m^3$

定额编号			1-2-43	1-2-44	1-2-47	1-2-48
项目名称			挖掘机挖槽坑土方		小型挖掘机挖槽坑土方	
			普通土	坚土	普通土	坚土
名称		单位	消耗量			
人工	综合工日	工日	0.06	0.06	0.06	0.06
机械	履带式单斗挖掘机（液压）$1m^3$	台班	0.0200	0.0230	—	—
	履带式推土机 75kW	台班	0.0020	0.0020	0.0040	0.0050
	轮胎式单斗挖掘机（液压）$0.4m^3$	台班	—	—	0.0380	0.0470

工作内容：1. 装土，清理机下余土。

2. 运土，弃土；维护行驶道路。 计量单位：$10m^3$

定额编号			1-2-52	1-2-53	1-2-58	1-2-59
项目名称			装载机装车	挖掘机装车	自卸汽车运土方	
			土方		运距≤1km	每增运 1km
名称		单位	消耗量			
人工	综合工日	工日	0.09	0.09	0.03	—
材料	水	m^3	—	—	0.1200	—
机械	轮胎式装载机 $1.5m^3$	台班	0.0220	—	—	—
	履带式推土机 75kW	台班	—	0.0140	—	—
	履带式单斗挖掘机（液压）$1m^3$	台班	—	0.0150	—	—
	自卸汽车 15t	台班	—	—	0.0580	0.0140
	洒水车 4000L	台班	—	—	0.0060	—

工作内容：1. 就地挖、填、平整。

2. 垃圾清理、场内运输和场内集中堆放。

3. 钎孔布置，打钎，拔钎，灌砂堵眼。 计量单位：分示

定额编号			1-4-1	1-4-2	1-4-3	1-4-4
项目名称			平整场地		竣工清理	基底钎探
			人工	机械	$10m^3$	$10m^2$
			$10m^2$			
名称		单位	消耗量			
人工	综合工日	工日	0.42	0.01	0.22	0.42
材料	钢钎 $\phi22 \sim \phi25$	kg	—	—	—	0.8170
	中砂	m^3	—	—	—	0.0250
	水	m^3	—	—	—	0.0050
	烧结煤矸石普通砖 240×115×53	千块	—	—	—	0.0030
机械	履带式推土机 75kW	台班	—	0.0150	—	—
	轻便钎探器	台班	—	—	—	0.0800

工作内容：1m内就地取土，分层填土，洒水，打夯，平整。　　　　计量单位：$10m^2$

定额编号			1-4-10	1-4-11	1-4-12	1-4-13
项目名称			夯填土			
			人工		机械	
			地坪	槽坑	地坪	槽坑
名称		单位	消耗量			
人工	综合工日	工日	1.53	2.01	0.77	1.00
材料	水	m^3	0.1550	0.1550	—	—
机械	电动夯实机250N·m	台班	—	—	0.7300	0.9550

工作内容：1m内就地取土，分层填土，洒水，碾压，平整。　　　　计量单位：分示

定额编号			1-4-14	1-4-15	1-4-16
项目名称			机械碾压		
			原土（一遍）	填土（两遍）	每增加一遍
			$10m^2$	$10m^3$	
名称		单位	消耗量		
人工	综合工日	工日	0.01	0.81	—
材料	水	m^3	—	0.1550	—
机械	钢轮内燃压路机12t	台班	0.0020	0.0200	0.0100
	履带式推土机75kW	台班	—	0.0020	—
	洒水车4000L	台班	—	0.0080	—

第二章　地基处理与边坡支护工程

工作内容：1. 拌和、铺设、找平、夯实。
2. 铺设、找平、夯实、调制、灌浆。
3. 铺设、捣固、找平、养护　　　　计量单位：$10m^3$

定额编号			2-1-1	2-1-17	2-1-23	2-1-28
项目名称			3∶7灰土垫层 机械振动	碎砖灌浆	地瓜石灌浆	无筋混凝土垫层
名称		单位	消耗量			
人工	综合工日	工日	6.88	9.06	9.36	8.30
材料	3∶7灰土	m^3	10.2000	—	—	—
	地瓜石	m^3	—	—	11.7402	—
	碎砖	m^3	—	13.2600	—	—
	水泥抹灰砂浆1∶3	m^3	—	2.1525	2.9807	—
	C15现浇混凝土碎石<40	m^3	—	—	—	10.1000
	水	m^3	—	2.5000	1.0000	3.7500
机械	电动夯实机250N·m	台班	0.4600	0.2700	0.2890	—
	灰浆搅拌机200L	台班	—	0.3660	0.5010	—
	混凝土振捣器 平板式	台班	—	—	—	0.8260

工作内容：1. 推土机推砂石、填砂石、碾压。

2. 挡土板制作、运输、安装及拆卸。

3. 钻孔机具安拆、钻孔、安装防护套管。

4. 搅拌灰浆、灌浆、浇捣端头锚固件保护混凝土。

计量单位：分示

定额编号			2-1-33	2-2-3	2-2-16	2-2-20
项目名称			推土机填砂石	木挡土板	土层锚杆机械钻孔	土层锚杆锚孔注浆
			机械碾压	密板木撑	孔径≤100mm	
名称		单位	消耗量			
人工	综合工日	工日	0.07	2.04	1.38	0.33
材料	天然砂石	m^3	13.0000	—	—	—
	水	m^3	1.1000	—	—	—
	锯成材	m^3	—	0.0460	—	—
	圆木	m^3	—	0.0230	—	—
	C25 现浇混凝土碎石 <16	m^3	—	—	—	0.0100
	耐压胶管 ϕ50	m^3	—	—	—	0.1500
	扒钉	kg	—	2.6780	—	—
	铁丝 10#	kg	—	0.6500	—	—
	水泥抹灰砂浆 1∶1	m^3	—	—	—	0.2010
机械	钢轮内燃机压路机 8t	台班	0.0170	—	—	—
	洒水车 4000L	台班	0.0360	—	—	—
	履带式推土机 105kW	台班	0.0120	—	—	—
	工程地质液压钻机	台班	—	—	0.3500	—
	液压注浆泵 HYB50/50-1 型	台班	—	—	—	0.0700
	灰浆搅拌机 200L	台班	—		—	0.0700

工作内容：1. 基层清理，喷射混凝土，收回弹料，找平面层。

2. 井点装配成型，地面试管铺总管，装水泵，水箱，冲水沉管，连接试抽，拆管，清洗整理，堆放。

3. 抽水、值班、井管堵漏。

计量单位：$10m^3$

定额编号			2-2-23	2-2-25	2-3-12	2-3-13
项目名称			喷射混凝土护坡		轻型井点（深7m）降水	
			初喷厚50mm	每增减10mm	井管安装、拆除	设备使用
			土层		10根	每套每天
名称		单位	消耗量			
人工	综合工日	工日	1.41	0.26	14.95	2.87
材料	C25 现浇混凝土碎石 <16	m^3	0.5100	0.1010	—	—
	水	m^3	1.1260	0.2250	53.3600	—
	耐压胶管 ϕ50	m^3	0.1860	0.0370	—	—
	白麻绳	m	—	—	8.2600	—

续表

定额编号			2-2-23	2-2-25	2-3-12	2-3-13
项目名称			喷射混凝土护坡		轻型井点（深 7m）降水	
			初喷厚 50mm	每增减	井管安装、拆除	设备使用
			土层	10mm	10 根	每套每天
名称		单位	消耗量			
材料	黄砂（过筛中砂）	m^3	—	—	1. 100	—
	轻型井点井管 D7	根	—	—	0. 0300	0. 1800
	轻型井点总管 D108	m	—	—	0. 0100	0. 0600
机械	电动空气压缩机 $10m^3/min$	台班	0. 0520	0. 0100	—	—
	混凝土湿喷机 $5m^3/h$	台班	0. 0560	0. 0110	—	—
	电动多级离心清水泵 直径 150 <180m	台班	—	—	0. 5700	—
	履带式起重机 5t	台班	—	—	1. 0500	—
	污水泵 100mm	台班	—	—	0. 5700	—
	单级射流泵	台班	—	—	—	6. 0000

工作内容：1. 托架、顶进设备、井管等就位，井点顶进，排管连接，设备及总管拆除，清洗整理，堆放。
2. 抽水、值班、井管堵漏。 计量单位：分示

定额编号			2-3-24	2-3-25
项目名称			水平井点（深 25m）降水	
			井管安装、拆除	设备使用
			10 根	每套每天
名称		单位	消耗量	
人工	综合工日	工日	412. 70	5. 72
材料	电焊条 E4303 $\phi3.2$	kg	11. 0000	—
	黄砂（过筛中砂）	m^3	13. 7140	—
	氧气	m^3	13. 9600	—
	乙炔气	m^3	6. 0300	—
	水	m^3	750. 0000	—
	镀锌焊接钢管 DN25	kg	120. 0000	3. 6000
	水平井点总管 D150	m	2. 4000	0. 1200
	水平井点井管 D6	根	0. 2000	0. 0200
	水平井点托架	只	0. 0400	0. 0100
机械	电动多级离心清水泵 $\phi150$ <180m	台班	24. 7500	—
	高压油泵 80MPa	台班	22. 0000	—
	汽车式起重机 8t	台班	42. 6300	—
	直流弧焊机 32kV · A	台班	9. 3100	—
	电动单级离心清水泵 150mm	台班	—	3. 0000
	真空泵 $204m^3/h$	台班	—	3. 0000

第三章　桩基础工程

工作内容：准备打桩机具，探桩位，行走打桩机，吊装定位，安卸桩垫、桩帽，校正，打桩（压桩）。

计量单位：分示

定额编号			3-1-2	3-1-5	3-1-10
项目名称			打预制钢筋混凝土方桩（桩长≤25m）	压预制钢筋混凝土方桩（桩长≤12m）	大预应力钢筋混凝土土管桩（桩径≤500mm）
			$10m^3$		10m
名称		单位	消耗量		
人工	综合工日	工日	6.62	5.36	0.83
材料	预制钢筋混凝土方桩	m^3	(10.1000)	(10.1000)	—
	预应力钢筋混凝土管桩	m	—	—	(10.1000)
	白棕绳	kg	0.9000	0.9000	0.1300
	草纸	kg	2.5000	—	0.3618
	垫木	m^3	0.0300	0.0300	0.0050
	金属周转材料	kg	2.4200	2.2700	0.4000
机械	履带式柴油打桩机 5t	台班	0.6300	—	0.1090
	履带式起重机 15t	台班	0.3800	0.3000	0.0650
	静力压桩机 900kN	台班	—	0.5100	—

工作内容：1. 定位、切割、桩头运至 50m 内堆放。

2. 桩头混凝土凿除，钢筋截断。

3. 桩头钢筋梳理整形。

计量单位：分示

定额编号			3-1-42	3-1-44	3-1-46
项目名称			打预制钢筋混凝土截桩	凿桩头	桩头钢筋整理
			方桩	预制钢筋混凝土桩	10 根
			10 根	$10m^3$	
名称		单位	消耗量		
人工	综合工日	工日	4.47	27.19	0.79
材料	石料切割锯片	片	10.0000	—	—
机械	岩石切割机 3kW	台班	2.1200	—	—
	电动空气压缩机 1 m^3/min	台班	—	5.0050	—
	手持式风动凿岩机	台班	—	5.0050	—

工作内容：1. 护筒埋设及拆除，安拆泥浆系统，造浆，准备钻具，钻机就位，钻孔、出渣、提钻、压浆、清孔等。

2. 准备机具，移动桩机，钻孔，测量，校正，清理钻孔泥土，就地弃土 5m 以内。

计量单位：$10m^3$

定额编号			3-2-1	3-2-2	3-2-3	3-2-25
项目名称			回旋钻机钻孔（桩径 mm）			螺旋钻机钻孔
			≤800	≤1200	≤1500	桩长＞12m
名称		单位	消耗量			
人工	综合工日	工日	14. 78	8. 08	6. 41	15. 40
材料	黏土	m^3	0. 6680	0. 4170	0. 2900	—
	水	m^3	27. 6000	26. 5600	22. 1000	—
	垫木	m^3	0. 0850	0. 0430	0. 0400	—
	电焊条	kg	1. 1200	0. 9800	0. 8400	1. 0080
	金属周转材料	kg	2. 8800	1. 7500	1. 0000	3. 5370
机械	回旋钻机 1000mm	台班	1. 9370	—	—	1. 6300
	回旋钻机 1500mm	台班	—	1. 0590	0. 8400	—
	泥浆泵 100mm	台班	1. 9370	1. 0590	0. 8400	—
	交流弧焊机 32kV · A	台班	0. 1600	0. 1400	0. 1200	0. 1680

工作内容：混凝土灌注；安、拆导管及漏斗。

计量单位：$10m^3$

定额编号			3-2-26	3-2-28	3-2-29	3-2-30
项目名称			回旋钻孔	冲击成孔	沉管成孔	螺旋钻孔
名称		单位	消耗量			
人工	综合工日	工日	5. 93	6. 45	3. 44	3. 41
材料	C30 水下混凝土碎石＜31. 5	m^3	12. 1200	12. 6250	11. 6150	—
	C30 现浇混凝土碎石＜31. 5	m^3	—	—	—	12. 1200
	金属周转材料	kg	3. 8000	3. 8000	3. 8000	3. 8000

第四章　砌筑工程

工作内容：1. 清理基槽坑，调、运、铺砂浆，运、砌砖等。

2. 调、运、铺砂浆，运、砌砖，安放木砖、垫块等。

3. 调、运、铺砂浆，运、砌砖，立门窗框，安放木砖、垫块等。

计量单位：$10m^3$

定额编号			4-1-1	4-1-2	4-1-7	4-1-13	4-1-17
项目名称			砖基础	方形砖柱	实心砖墙（墙厚 240）	多孔砖墙（墙厚 240mm）	空心砖墙（墙厚 180mm）
名称		单位	消耗量				
人工	综合工日	工日	10. 97	19. 58	12. 72	11. 52	11. 66
材料	烧结煤矸石普通砖 240×115×53	千块	5. 3032	5. 5692	5. 3833	—	0. 8493
	烧结煤矸石多孔砖 240×115×90	千块	—	—	—	3. 4166	—

续表

定额编号			4-1-1	4-1-2	4-1-7	4-1-13	4-1-17
项目名称			砖基础	方形砖柱	实心砖墙（墙厚240）	多孔砖墙（墙厚240mm）	空心砖墙（墙厚180mm）
名称		单位	消耗量				
材料	烧结煤矸石空心砖 240×180×115	千块	—	—	—	—	1.5782
	水泥砂浆 M5.0	m^3	2.3985	—	—	—	—
	混合砂浆 M5.0	m^3	—	2.1423	2.3165	1.8920	1.2051
	水	m^3	1.0606	1.1138	1.0767	1.1958	1.2430
机械	灰土搅拌机 200L	台班	0.3000	0.2680	0.2900	0.2370	0.1510

工作内容：调、运、铺砂浆，运、砌砖，立门窗框、垫块等。　　　　计量单位：$10m^3$

定额编号			4-2-1	4-2-2
项目名称			加气混凝土砌块墙	轻骨料混凝土小型砌墙
名称		单位	消耗量	
人工	综合工日	工日	15.43	14.90
材料	蒸压粉煤灰加气混凝土砌块 600×200×240	m^3	9.4640	—
	陶粒混凝土小型砌块 390×190×190	m^3	—	8.9770
	烧结煤矸石普通砖 240×115×53	m^3	0.4340	0.4340
	混合砂浆 M5.0	m^3	1.0190	1.3570
	水	m^3	1.4850	1.4117
机械	灰土搅拌机 200L	台班	0.1270	0.1696

工作内容：1. 调、运铺砂浆，运、砌石等。

2. 调、运、铺砂浆，运、砌石，墙角洞口处石料加工等。　　　　计量单位：$10m^3$

定额编号			4-3-1	4-3-2	4-3-4
项目名称			毛石基础	毛石墙	毛石挡土墙
名称		单位	消耗量		
人工	综合工日	工日	9.06	13.42	9.49
材料	毛石	m^3	11.220	11.220	11.220
	水泥砂浆 M5.0	m^3	3.9862	—	—
	混合砂浆 M5.0	m^3	—	3.9960	3.9870
	石料切割锯片	片	1.7200	1.7200	1.7200
	水	m^3	0.7850	0.8640	0.8640
机械	灰土搅拌机 200L	台班	0.4983	0.4996	0.4984
	石料切割机	台班	8.2400	8.2400	8.2400

工作内容：1. 清理基层、运料、水刷墙板粘结面、调铺砂浆或专用胶黏剂，拼装墙板、粘网络布条，填灌板下细石混凝土及填充层等墙板安装操作

2. 构件变形整理，吊装，就位，焊接及螺栓固定。　　计量单位：$10m^2$

定额编号			4-4-11	4-4-17
项目名称			硅镁多孔板墙（板厚100mm）	彩钢压型板墙 双层
名称		单位	消耗量	
人工	综合工日	工日	1.46	1.58
材料	C20 细石混凝土	m^3	0.0152	—
	铁件	kg	0.5926	—
	108 胶	kg	5.7800	—
	网格玻璃纤维布条 50 宽	m	29.4188	—
	网格玻璃纤维布条 200 宽	m	12.2324	—
	电	kW·h	0.4512	—
	普通硅酸盐水泥 42.5MPa	t	0.0434	—
	硅镁多孔板 $b=600$，$a=100$	m^2	10.5000	—
	双层彩钢压型板（岩棉板）	m^2	—	11.650
	电焊条 EA303ϕ3.2	kg	—	0.3350
	螺栓铁件	kg	—	0.9710
机械	交流弧焊机 32kV·A	台班	0.0100	0.0880
	汽车式起重机 8t	台班	—	0.1600
	台式钻床 25mm	台班	—	0.1000

第五章　钢筋及混凝土工程

工作内容：1. 混凝土浇注、振捣、养护等。

2. 毛石场内运输、铺设等。　　计量单位：$10m^3$

定额编号			5-1-3	5-1-4	5-1-5	5-1-6
项目名称			带形基础		独立基础	
			毛石混凝土	混凝土	毛石混凝土	混凝土
名称		单位	消耗量			
人工	综合工日	工日	7.11	6.73	7.31	6.25
材料	C30 现浇混凝土碎石 <40	m^3	8.5850	10.1000	8.5850	10.0000
	塑料薄膜	m^2	12.0120	12.6315	15.9285	16.3905
	阻燃毛毡	m^2	2.3900	2.5200	3.1700	3.2600
	水	m^3	0.8600	0.8800	0.9478	0.9826
	毛石	m^3	2.7540	—	2.7524	—
机械	混凝土振捣器 插入式	台班	0.4906	0.5771	0.4906	0.5771

工作内容：混凝土浇注、振捣、养护等。　　计量单位：$10m^3$

定额编号			5-1-14	5-1-15	5-1-16	5-1-17
项目名称			矩形柱	圆形柱	异形柱	构造柱
名称		单位	消耗量			
人工	综合工日	工日	17.22	19.02	19.23	29.79
材料	C30 现浇混凝土碎石 <31.5	m^3	9.8691	9.8691	9.8691	—
	C20 现浇混凝土碎石 <31.5	m^3	—	—	—	9.8691
	水泥抹灰砂浆 1∶2	m^3	0.2343	0.2343	0.2343	0.2343
	塑料薄膜	m^3	5.0000	4.3000	4.2000	5.1500
	阻燃毛毡	m^2	1.0000	0.8600	0.8400	1.0300
	水	m^3	0.7913	0.5700	0.7130	0.6000
机械	灰浆搅拌机 200L	台班	0.0400	0.0400	0.0400	0.0400
	混凝土振捣器 插入式	台班	0.6767	0.6767	0.6767	1.2400

工作内容：混凝土浇注、振捣、养护等。　　计量单位：$10m^3$

定额编号			5-1-18	5-1-19	5-1-20	5-1-21	5-1-22
项目名称			基础梁	框架梁连续梁	单梁、斜亮、异形梁、拱形梁	圈梁及压顶	过梁
名称		单位	消耗量				
人工	综合工日	工日	8.81	9.32	9.20	25.60	30.24
材料	C30 现浇混凝土碎石 <31.5	m^3	10.1000	10.1000	10.1000	—	—
	C20 现浇混凝土碎石 <20	m^3	—	—	—	10.100	10.100
	塑料薄膜	m^2	31.3530	29.7500	36.7080	42.7455	94.2585
	阻燃毛毡	m^2	6.0300	5.9500	9.9800	8.2600	18.5700
	水	m^3	1.7100	1.7500	0.9913	1.4522	4.3217
机械	混凝土振捣器 插入式	台班	0.6700	0.6700	0.6700	0.6700	0.6700

工作内容：混凝土浇注、振捣、养护等。　　计量单位：$10m^3$

定额编号			5-1-31	5-1-32	5-1-33	5-1-49	5-1-52
项目名称			有梁板	无梁板	平板	挑檐、天沟	台阶
名称		单位	消耗量				
人工	综合工日	工日	5.90	5.47	6.78	23.74	15.01
材料	C30 现浇混凝土碎石 <20	m^3	10.1000	10.1000	10.1000	10.1000	10.1000
	塑料薄膜	m^2	49.9590	52.7520	71.4105	85.5645	84.2100
	阻燃毛毡	m^2	10.9900	10.5100	14.2200	17.0400	16.7700
	水	m^3	2.9739	3.0174	4.1044	5.2435	4.6522
机械	混凝土振捣器 插入式	台班	0.3500	0.3500	0.3500	2.0000	2.0000
	混凝土振捣器 平板式	台班	0.3500	0.3500	0.3500	—	—

工作内容：1. 混凝土浇注、振捣、养护，构件归堆。

2. 筛洗 碎石、砂、石，水泥后台上料，混凝土搅拌。　　　　计量单位：$10m^3$

定额编号			5-2-1	5-3-1	5-3-2	5-3-3
项目名称			预制混凝土	现场搅拌机搅拌混凝土		
			矩形柱	基础	柱、墙、梁、板	其他
名称		单位	消耗量			
人工	综合工日	工日	6.80	1.86	1.86	1.86
材料	C30 现浇混凝土碎石 <20	m^3	10.2210	—	—	—
	塑料薄膜	m^3	38.7320	—	—	—
	水	m^3	1.8320	8.1800	8.1800	8.1800
机械	混凝土振捣器 插入式	台班	0.6780	—	—	—
	机动翻斗车 1t	台班	0.6380	—	—	—
	涡浆式混凝土搅拌机 350L	台班	—	0.3900	0.6300	1.0000

工作内容：钢筋制作、绑扎、安装。　　　　计量单位：t

定额编号			5-4-1	5-4-2	5-4-3	5-4-4
项目名称			现浇构件钢筋 IIPB300			
			≤ϕ10	≤ϕ18	≤ϕ25	>ϕ25
名称		单位	消耗量			
人工	综合工日	工日	15.78	9.02	6.27	5.07
材料	钢筋 HPB300≤ϕ10	t	1.0200	—	—	—
	钢筋 HPB300≤ϕ18	t	—	1.0400	—	—
	钢筋 HPB300≤ϕ25	t	—	—	1.0400	—
	钢筋 IIB300>ϕ25	t	—	—	—	1.0400
	镀锌低碳钢丝 22#	kg	10.0367	2.6780	2.3957	0.7370
	电焊条 E4303　ϕ3.2	kg	—	7.8000	8.9143	12.0000
	水	m^3	—	0.1430	0.0930	0.1214
机械	电动单筒慢速卷扬机 50kN	台班	0.2730	0.1670	0.1160	—
	对焊机 75kV·N	台班	—	0.0810	0.0580	0.0670
	钢筋切断机 40mm	台班	0.3253	0.0770	0.0870	0.1080
	钢筋弯曲机 40mm	台班	0.2770	0.1860	0.1520	0.1490
	交流弧焊机 32kV·A	台班	—	0.3580	0.3330	0.3520

工作内容：钢筋制作、绑扎、安装。　　　　计量单位：t

定额编号			5-4-5	5-4-6	5-4-7	5-4-8
项目名称			现浇构件钢筋 HRB335（HRB400）			
			≤ϕ10	≤ϕ18	≤ϕ25	>ϕ25
名称		单位	消耗量			
人工	综合工日	工日	12.69	9.73	6.26	4.86
材料	钢筋 HRB335≤ϕ10	t	1.0200	—	—	—
	钢筋 HRB335≤ϕ18	t	—	1.0400	—	—
	钢筋 HRB335≤ϕ25	t	—	—	1.0400	—
	钢筋 HRB335>ϕ25	t	—	—	—	1.0400
	镀锌低碳钢丝 22#	kg	10.0367	3.1650	—	—
	电焊条 E4303ϕ3.2	kg	—	7.800	—	—
	水	m^3	—	—	0.0930	0.1214
机械	电动单筒慢速卷扬机 50kN	台班	0.3003	0.2226	0.1408	—
	对焊机 75kN·A	台班	—	0.1276	—	—
	钢筋切断机 40mm	台班	0.3575	0.1016	0.0968	0.0964
	钢筋弯曲机 40mm	台班	0.2770	0.1860	0.1520	0.1323
	交流弧焊机 32kV·A	台班	—	0.4642	—	—

工作内容：钢筋制作、绑扎、安装。　　　　计量单位：t

定额编号			5-4-29	5-4-30	5-4-31
项目名称			现浇构件箍筋		
			≤ϕ5	≤ϕ10	>ϕ10
名称		单位	消耗量		
人工	综合工日	工日	39.50	21.22	11.64
材料	箍筋≤ϕ5	t	1.0200	—	—
	箍筋≤ϕ10	t	—	1.0200	—
	箍筋>ϕ10	t	—	—	1.0400
	镀锌低碳钢丝 22#	kg	15.6700	10.0370	4.6200
机械	电动单筒慢速卷扬机 50kN	台班	0.2910	0.2730	0.2320
	钢筋切断机 40mm	台班	0.1500	0.1350	0.0740
	钢筋弯曲机 40mm	台班	—	0.8600	0.5380

第六章　金属结构工程

工作内容：放样、划线、截料、平直、钻孔、拼装、焊接、成品矫正、除锈、刷防锈漆一遍及成品编号堆放。

计量单位：t

定额编号			6-1-5	6-1-17	6-1-22
项目名称			轻钢屋架	柱间钢支撑	钢挡风架
名称		单位	消耗量		
人工	综合工日	工日	19.73	15.13	12.36
材料	角钢 ∟（70～80）×（4～10）	t	0.8050	0.0570	0.3340
	角钢 ∟（100～140）×（80～90）×（6～14）	t	0.0610	0.7730	—
	槽钢 5#～16#	t	—	—	0.7200
	中厚钢板 δ8～10	t	0.1940	0.2300	0.0060
	垫木	m^3	0.0100	0.0100	0.0100
	电焊条 E4303ϕ3.2	kg	62.7300	24.9900	24.9900
	环氧富锌（底漆）	kg	5.4400	5.4400	5.4400
	螺栓	kg	1.7400	1.7400	1.7400
	木脚手板	m^3	0.0300	0.0300	0.0300
	汽油	kg	3.0000	3.0000	3.0000
	氧气	m^3	6.2900	6.2900	6.2900
	乙炔气	m^3	2.7300	2.7300	2.7300
	钢丸	kg	15.0000	15.0000	15.0000
机械	电动空气压缩机 10 m^3/min	台班	0.0800	0.0800	0.0800
	电焊条恒温箱	台班	0.8900	0.8900	0.8900
	电焊条烘干箱 600×500×750	台班	0.8900	0.8900	0.8900
	钢板校平机 30×2600	台班	0.0200	0.0200	0.0200
	轨道平车 10t	台班	0.2800	0.2800	0.2800
	剪板机 40×3100	台班	0.0200	0.0200	0.0200
	交流弧焊机 42kV·A	台班	4.5500	2.5200	1.4400
	门式起重机 10t	台班	0.4500	0.4500	0.4500
	门式起重机 20t	台班	0.1700	0.1700	0.1700
	刨边机 1200mm	台班	0.0300	0.0300	—
	型钢剪断机 500mm	台班	0.1100	0.1100	0.1100
	型钢矫正机 60×800	台班	0.1100	0.1100	0.1100
	摇臂钻床 500mm	台班	0.1400	0.1400	0.1400
	抛丸除锈机 500mm	台班	0.2000	0.2000	0.2000
	汽车式起重机 25t	台班	0.1000	0.1000	0.1000

工作内容：砌筑平台基础、铺设、固定平台钢板，完成拼装后拆除平台。　　计量单位：t

定额编号			6-4-1	6-5-3	6-5-11	6-5-14
项目名称			钢屋架、托架、天窗架（平台摊销）	轻钢屋架安装	钢挡风架安装	柱间钢支撑安装
			≤1.5t			
名称		单位	消耗量			
人工	综合工日	工日	3.47	8.35	1.72	4.03
材料	轻钢屋架	t	—	(1.0000)	—	—
	垫木	m^3	—	0.0070	0.0010	0.0010
	垫铁	kg	—	6.3500	2.4300	—
	镀锌低碳钢丝 8#	kg	—	2.2300	0.2800	0.1900
	二等板方材	m^3	—	0.0010	—	0.0010
	方撑木	m^3	—	0.0030	—	—
	麻袋	条	—	0.2600	—	—
	氧气	m^3	—	0.5000	—	—
	乙炔气	m^3	—	0.2100	—	—
	圆木	m^3	—	0.0020	0.0020	0.0040
	钢托架	t	—	—	(1.0000)	—
	柱间钢支撑	t	—	—	—	(1.0000)
	混合砂浆 M10.0	m^3	0.1800	—	—	—
	普通钢板 $\delta 10$	kg	5.0500	—	—	—
	电焊条 E4303 $\phi 3.2$	kg	0.1400	2.4600	0.9500	17.3900
	烧结煤矸石普通砖 240×115×53	千块	0.0800	—	—	—
	水	m^3	0.0800	—	—	—
机械	交流弧焊机 42kV·A	台班	0.0400	—	—	—
	轮胎式起重机 8t	台班	0.1100	—	—	—
	载重汽车 4t	台班	0.1100	—	—	—
	交流弧焊机 32kV·A	台班	—	2.3000	0.4300	0.6400
	轮胎式起重机 20t	台班	—	0.4600	0.0800	0.2800

第七章　木结构工程

工作内容：1. 屋架制作，拼装，安装，装配钢铁件，锚定，梁端刷防酸腐油

2. 制作安装檩木、檩木托（或垫木），伸入墙内部分及垫木刷防腐油。

计量单位：10m³

定额编号			7-1-1	7-1-2	7-3-2
项目名称			圆木人字屋架制作安装（跨度 m）		圆木檩木
			≤10	>10	
名称		单位	消耗量		
人工	综合工日	工日	64.02	54.83	22.82
材料	垫木	m³	—	—	1.0500
	圆木	m³	12.0100	11.6400	10.5000
	锯成材	m³	0.1800	0.0900	—
	钢拉杆	kg	169.900	223.3000	—
	螺栓	kg	241.3000	158.3000	—
	螺母	kg	39.8000	28.9000	—
	钢垫板夹板	kg	1348.6000	942.9000	—
	铸铁垫板	kg	33.7000	42.9000	—
	扒钉	kg	53.2000	48.0000	—
	预制混凝土块	m³	1.5000	0.9000	—
	石油沥青油毡 350#	m³	4.9000	2.9000	—
	调和漆	kg	16.9000	13.0000	—
	防锈漆	kg	8.3000	6.4000	—
	油漆溶剂油	kg	1.3000	1.0000	—
	防腐油	kg	4.3000	2.7000	28.5000
	园钉	kg	—	—	33.8000

第八章　门窗工程

工作内容：1. 现场搬运，刷防腐油，制作、安装门框

2. 现场搬运，安装成品门（纱）扇，装配小五金

计量单位：分示

定额编号			8-1-1	8-1-2	8-1-3	8-1-5
项目名称			单独木门框制作安装	成品木门框安装	普通成品门扇安装	纱门扇安装
			10m		10m² 扇面积	
名称		单位	消耗量			
人工	综合工日	工日	1.01	0.47	1.45	0.73
材料	成品木门框	m³	—	10.2000	—	—
	普通成品木门	m³	—	—	10.0000	—

续表

定额编号			8-1-1	8-1-2	8-1-3	8-1-5
项目名称			单独木门框制作安装	成品木门框安装	普通成品门扇安装	纱门扇安装
			10m		$10m^2$扇面积	
名称		单位	消耗量			
材料	木质防火门	m^2	—	—	—	—
	纱门扇	m^2	—	—	—	10.0000
	门窗材	m^3	0.0755	0.0106	—	—
	水泥抹灰砂浆 1∶3	m^3	0.0110	0.0110	—	—
	防腐油	kg	0.6710	0.6710	—	—
	园钉	kg	0.1040	0.1040	—	0.1645
机械	木工单面压刨床 600mm	台班	0.0600	—	—	—
	木工圆锯机 500mm	台班	0.0110	—	—	—

工作内容：1. 现场搬运、安装成品框扇、校正、安装配件、周边塞口、清理等。

2. 现场搬运，安装门扇、固定铁脚、装配五金、铁件。　　计量单位：$10m^2$

定额编号			8-2-1	8-2-2	8-4-3
项目名称			铝合金		钢木大门
			推拉门	平开门	平开
名称		单位	消耗量		
人工	综合工日	工日	2.04	3.00	2.42
材料	铝合金推拉门	m^2	9.4800	—	—
	铝合金平开门	m^2	—	9.6200	—
	玻璃胶 310g	支	5.9480	5.9480	—
	地脚	个	72.400	72.4000	—
	膨胀螺栓 M8	套	72.400	72.4000	—
	发泡剂 750mL	支	2.1000	1.3120	—
	密封油膏	kg	5.2510	5.2510	—
	平开钢木大门	m^2	—	—	10.0000
	门窗材	m^3	—	—	0.0046
	油灰（桶装）	kg	—	—	1.4980
	圆钉	kg	—	—	0.0050
	螺栓	kg	—	—	0.1530
	门铁件	kg	—	—	0.8610
	橡胶板 δ3	kg	—	—	0.4060

工作内容：现场搬运、安装窗扇及小五金。　　计量单位：$10m^2$

<table>
<tr><td colspan="3">定额编号</td><td>8-6-1</td><td>8-6-2</td><td>8-6-3</td><td>8-6-4</td></tr>
<tr><td colspan="3" rowspan="2">项目名称</td><td>成品窗扇</td><td>木橱窗</td><td>纱窗扇</td><td>百叶扇</td></tr>
<tr><td>$10m^2$扇面积</td><td>$10m^2$框外围面积</td><td colspan="2">$10m^2$扇面积</td></tr>
<tr><td colspan="2">名称</td><td>单位</td><td colspan="4">消耗量</td></tr>
<tr><td>人工</td><td>综合工日</td><td>工日</td><td>3.33</td><td>1.15</td><td>1.96</td><td>1.98</td></tr>
<tr><td rowspan="8">材料</td><td>成品窗扇</td><td>m^2</td><td>10.0000</td><td>—</td><td>—</td><td>—</td></tr>
<tr><td>木橱窗</td><td>m^2</td><td>—</td><td>10.0000</td><td>—</td><td>—</td></tr>
<tr><td>纱窗扇</td><td>m^2</td><td>—</td><td>—</td><td>10.0000</td><td>—</td></tr>
<tr><td>百叶扇</td><td>m^2</td><td>—</td><td>—</td><td>—</td><td>10.0000</td></tr>
<tr><td>油灰（桶装）</td><td>kg</td><td>7.4650</td><td>—</td><td>—</td><td>—</td></tr>
<tr><td>圆钉</td><td>kg</td><td>0.0450</td><td>—</td><td>0.1678</td><td>0.4290</td></tr>
<tr><td>清油</td><td>kg</td><td>0.1520</td><td>—</td><td>—</td><td>—</td></tr>
<tr><td>门窗材</td><td>m^3</td><td>—</td><td>0.0060</td><td>—</td><td>0.0604</td></tr>
</table>

工作内容：现场搬运、安装成品框扇、校正、安装配件、周边塞口、清理等。　　计量单位：分示

<table>
<tr><td colspan="3">定额编号</td><td>8-7-1</td><td>8-7-5</td><td>8-7-6</td><td>8-7-10</td></tr>
<tr><td colspan="3" rowspan="3">项目名称</td><td colspan="2">铝合金</td><td colspan="2">塑钢</td></tr>
<tr><td>推拉窗</td><td>纱窗扇</td><td>推拉窗</td><td>纱窗扇</td></tr>
<tr><td>$10m^2$</td><td>$10m^2$扇面积</td><td>$10m^2$</td><td>$10m^2$扇面积</td></tr>
<tr><td colspan="2">名称</td><td>单位</td><td colspan="4">消耗量</td></tr>
<tr><td>人工</td><td>综合工日</td><td>工日</td><td>2.04</td><td>0.54</td><td>2.25</td><td>0.54</td></tr>
<tr><td rowspan="10">材料</td><td>铝合金推拉窗</td><td>m^2</td><td>9.4640</td><td>—</td><td>—</td><td>—</td></tr>
<tr><td>塑钢推拉窗</td><td>m^2</td><td>—</td><td>—</td><td>9.4640</td><td>—</td></tr>
<tr><td>塑钢纱窗扇</td><td>m^2</td><td>—</td><td>—</td><td>—</td><td>10.0000</td></tr>
<tr><td>玻璃胶 310g</td><td>支</td><td>5.0200</td><td>—</td><td>5.5220</td><td>—</td></tr>
<tr><td>地脚</td><td>个</td><td>49.8000</td><td>—</td><td>45.6900</td><td>—</td></tr>
<tr><td>膨胀螺栓 M8</td><td>套</td><td>49.8000</td><td>—</td><td>45.6900</td><td>—</td></tr>
<tr><td>螺钉</td><td>100个</td><td>—</td><td>—</td><td>9.4270</td><td>—</td></tr>
<tr><td>发泡剂 750mL</td><td>支</td><td>2.1000</td><td>—</td><td>2.1000</td><td>—</td></tr>
<tr><td>密封油膏</td><td>kg</td><td>5.2510</td><td>—</td><td>3.66700</td><td>—</td></tr>
<tr><td>铝合金纱窗扇</td><td>m^2</td><td>—</td><td>10.000</td><td>—</td><td>—</td></tr>
</table>

工作内容：打眼剔洞、框扇安装校正，焊接，周边塞缝、清理等。　　　　计量单位：$10m^2$

定额编号			8-7-16	8-7-17
项目名称			防盗格栅窗	
			圆钢	不锈钢
名称		单位	消耗量	
人工	综合工日	工日	1. 88	1. 73
材料	圆钢防盗格栅窗	m^2	10. 0000	—
	不锈钢防盗格栅窗	m^2	—	10. 0000
	膨胀螺栓 M6	套	31. 5068	8. 1190
	铁件	kg	6. 8020	—
	电焊条 E4303ϕ3. 2	kg	0. 9690	—
机械	交流弧焊机 21kV · A	台班	0. 0410	—

第九章　屋面及防水工程

工作内容：1. 铺瓦，调制砂浆、安脊瓦、檐口梢头坐灰。

2. 檩条上铺钉苇箔，铺泥挂瓦，调制砂浆、安脊瓦、檐口梢头坐灰。计量单位：$10m^2$

定额编号			9-1-1	9-1-2	9-1-3
项目名称			普通黏土瓦		
			屋面板上或椽子挂瓦条上铺设	钢、混凝土檩条上铺钉苇箔三层铺泥挂瓦	混凝土板上浆贴
名称		单位	消耗量		
人工	综合工日	工日	0. 57	1. 81	1. 69
材料	水泥抹灰砂浆 1 : 2. 5	m^3	0. 0115	—	—
	水泥抹灰砂浆 1 : 3	m^3	—	—	0. 2165
	水泥石灰抹灰砂浆 1 : 0. 2 : 2	m^3	—	0. 0115	—
	板条 1000 × 30 × 8	100 根	—	0. 2120	—
	麦秸	kg	—	5. 8980	—
	苇箔	m^2	—	32. 1000	—
	黏土	m^3	—	0. 3120	—
	黏土平瓦 387 × 218	千块	0. 1805	0. 1805	0. 1805
	黏土脊瓦 455 × 195	块	2. 8188	2. 8188	2. 8188
	装修圆钉	kg	—	0. 4800	—
	水	m^3	—	0. 1974	—
机械	灰浆搅拌机 200L	台班	—	—	0. 0310

工作内容：1. 调制砂浆，铺瓦，修界瓦边，安脊瓦、檐口桥头坐灰，固定，清扫瓦面
2. 截料，制作安装铁件，吊装安装屋面板，安装防水堵头、屋脊板。

计量单位：分示

定额编号			9-1-10	9-1-11	9-1-24
项目名称			英红瓦屋面	英红瓦正斜脊	单层彩钢板
			10m^2	10m	檩条或基层混凝土（钢）板面上
名称		单位	消耗量		
人工	综合工日	工日	2.34	2.25	0.61
材料	水泥抹灰砂浆 1：2	m^3	0.4613	0.0923	—
	彩钢压型板（成品）0.5mm 厚	m^2	—	—	12.8203
	彩钢脊瓦	m	—	—	0.4730
	电焊条 E4303 ϕ3.2	kg	—	—	0.4030
	二等板放材	m^3	—	—	0.0059
	固定螺栓（屋面板专用）	100 套	—	—	0.4200
	铝拉铆钉	100 个	—	—	0.7000
	圆钉	kg	—	—	0.0070
	铁件	kg	—	—	0.9710
	英红主瓦 420×332	块	106.8050	—	—
	英红脊瓦	块	—	29.7250	—
	水	m^3	0.3200	0.2000	—
机械	灰浆搅拌机 200L	台班	0.0400	0.2000	—
	交流弧焊机 32kV·A	台班	—	—	0.1100
	汽车式起重机 8t	台班	—	—	0.1600

工作内容：清理基层，刷基底处理剂，收头钉压条等全部操作过程。　计量单位：10m^2

定额编号			9-2-10	9-2-11	9-2-12	9-2-13
项目名称			改性沥青卷材冷粘法			
			一层		每增一层	
			平面	立面	平面	立面
名称		单位	消耗量			
人工	综合工日	工日	0.24	0.42	0.21	0.36
材料	SBS 防水卷材	m^2	11.5635	11.5635	11.5635	11.5635
	改性沥青缝嵌油膏	kg	0.5977	0.5977	0.5165	0.5165
	液化石油气	kg	2.6992	2.6992	3.0128	3.0128
	SBS 弹性沥青防水胶	kg	2.8920	2.8920	—	—

工作内容：清理基层，刷基底处理剂，收头钉压条等全部操作过程。 计量单位：$10m^2$

定额编号			9-2-14	9-2-15	9-2-16	9-2-17
项目名称			改性沥青卷材冷粘法			
			一层		每增一层	
			平面	立面	平面	立面
名称		单位	消耗量			
人工	综合工日	工日	0.22	0.39	0.19	0.33
材料	SBS 防水卷材	m^2	11.5635	11.5635	11.5635	11.5635
	改性沥青镶嵌油膏	kg	0.5977	0.5977	0.5165	0.5165
	聚丁胶粘合剂	kg	5.3743	5.3743	5.9987	5.9987
	SBS 弹性沥青防水胶	kg	2.8920	2.8920	—	—

工作内容：1. 清理基层，刷基底处理剂，收头钉压条等全部操作过程。
2. 基层清理，铺设防水层，收口、压条等全部操作。 计量单位：$10m^2$

定额编号			9-2-18	9-2-19	9-2-20	9-2-21
项目名称			高聚物改性沥青自粘卷材自粘法			
			一层		每增一层	
			平面	立面	平面	立面
名称		单位	消耗量			
人工	综合工日	工日	0.20	0.35	0.17	0.30
材料	高聚物改性沥青自粘卷材	m^2	11.5635	11.5635	11.5635	11.5635
	冷底子油 30：70	kg	4.8000	4.8000	—	—

工作内容：1. 防水涂料，清理基层、调配及涂刷涂料。
2. 配制涂刷冷底子油。 计量单位：$10m^2$

定额编号			9-2-35	9-2-37	9-2-59	9-2-60
项目名称			聚合物复合改性沥青防水涂料（平面）		冷底子油	
			厚 2mm	每增减 0.5mm	第一遍	第二遍
名称		单位	消耗量			
人工	综合工日	工日	0.25	0.06	0.12	0.06
材料	聚合物复合改性沥青防水涂料	kg	23.1000	5.2500	—	—
	冷底子油 30：70	kg	—	—	4.8480	3.6360
	木柴	kg	—	—	1.5750	1.9950

工作内容：1. 清理基层、调制砂浆、铺混凝土或者砂浆，压实、抹光。
2. 清理基层、调配砂浆，抹水泥砂浆。

计量单位：10m²

定额编号			9-2-65	9-2-66	9-2-69	9-2-70
项目名称			细石混凝土		防水纱浆掺防水粉	
			厚 40mm	每增减 10mm	厚 20mm	每增减 10mm
名称		单位	消耗量			
人工	综合工日	工日	0.95	0.14	0.83	0.14
材料	C20 细石混凝土	m³	0.4040	0.1010	—	—
	素水泥浆	m³	—	—	0.0100	—
	锯成材	m³	0.0069	0.0010	—	—
	水	m³	0.9640	0.0200	—	—
	防水粉	kg	—	—	6.6300	3.3150
	水泥抹灰砂浆 1∶2	m³	—	—	0.2050	0.1025
机械	灰浆搅拌机 200L	台班	—	—	0.0350	0.0130
	混凝土振捣器 平板式	台班	0.0240	0.0040	—	—

工作内容：1. 清理基层、调制砂浆、抹水泥砂浆。
2. 清理基层、做分格缝，灌缝膏。

计量单位：10m²

			9-2-71	9-2-72	9-2-77	9-2-78
项目名称			防水砂浆掺防水剂		分格缝	
					细石混凝土面	水泥砂浆面层
			厚 20mm	每增减 10mm	厚 40mm	厚 25mm
名称		单位	消耗量			
人工	综合工日	工日	0.83	0.14	0.51	0.43
材料	水泥抹灰砂浆 1∶3	m³	0.2050	0.1025	—	—
	素水泥浆	m³	0.0100	—	—	—
	建筑油膏	kg	—	—	6.7320	3.3660
	防水剂	kg	13.2600	6.6300	—	—
机械	灰浆搅拌机 200L	台班	0.0350	0.0130	—	—

工作内容：1. 埋设管卡，成品水管安装
2. 排水零件制作、安装。

计量单位：分示

定额编号			9-3-10	9-3-13	9-3-14
项目名称			塑料管排水		
			水落管 $\phi\leq110$mm	落水斗	弯头落水口
名称		单位	消耗量		
人工	综合工日	工日	0.39	0.48	0.48
材料	塑料水落管（成品）$\phi\leq110$mm	m	10.5000	—	—
	塑料管卡子	个	6.1200	—	—

续表

定额编号			9-3-10	9-3-13	9-3-14
项目名称			塑料管排水		
			水落管 φ≤110mm	落水斗	弯头落水口
名称		单位	消耗量		
材料	伸缩节 φ≤110mm	个	2.7000	—	—
	塑料弯头 45°φ≤110mm（成品）	个	1.0000	—	—
	铁件	kg	3.1700	5.7600	—
	塑料弯头落水口（成品）	个	—	—	10.1000
	锯成材	m^3	—	—	0.0360
	石油沥青玛蹄脂	m^3	—	—	0.0700
	塑料落水斗（成品）	个	—	10.2000	—
	塑料管卡子 110	个	—	10.0000	—

第十章　保温、隔热、防腐工程

工作内容：1. 清理基层，铺砌，平整。

2. 清理基层，调制砂浆或混凝土，摊铺浇捣，找平，养护。

3. 清理基层，板材切割，弹线、铺砌、平整等。　　计量单位：分示

定额编号			10-1-2	10-1-3	10-1-11	10-1-16
项目名称			憎水珍珠岩块	加气混凝土块	现浇水泥珍珠岩	干铺聚苯保温板
名称		单位	消耗量			
人工	综合工日	工日	14.72	3.69	9.33	0.31
材料	憎水珍珠岩块	m^3	10.2000		—	—
	SG－791 胶砂浆	m^3	3.8581	—	—	—
	加气混凝土 585×120×240	m^3	—	10.500	—	—
	水泥珍珠岩 1∶10	m^3	—	—	10.2000	—
	水	m	—	—	7.0000	—
	聚苯乙烯泡沫板 δ100	m^3	—	—	—	10.2000
机械	灰浆搅拌机 200L	台班	0.4800	—	—	—

工作内容：1. 基层清理，调运砂浆，砌支承砖，铺砌块料、填缝。

2. 清理基层，刷界面砂浆，调运保温层材料，分层抹平、压实等。　　计量单位：分示

定额编号			10-1-30	10-1-55	10-1-56
项目名称			架空隔热层	胶粉聚苯颗粒保温	
			预制混凝土板	厚度 30mm	厚度每增减 5mm
名称		单位	消耗量		
人工	综合工日	工日	1.02	1.96	0.29
材料	水泥抹灰砂浆 1∶2	m^3	0.0117	—	—

续表

定额编号			10-1-30	10-1-55	10-1-56
项目名称			架空隔热层	胶粉聚苯颗粒保温	
			预制混凝土板	厚度 30mm	厚度每增减 5mm
名称		单位	消耗量		
材料	混合砂浆 m5.0	m^3	0.0250	—	—
	烧结煤矸石普通砖 240×115×53	千块	0.0687	—	—
	水	m^3	0.1800	0.1800	0.0300
	钢筋混凝土预制板	m^3	0.2990	—	—
	普通硅酸盐水泥 42.5MPa	kg	—	6.0000	—
	黄砂（过筛中砂）	m^3	—	0.0050	—
	乳液界面剂	kg	—	4.0000	
	聚苯乙烯颗粒	kg	—	4.7260	0.7880
	浇料粉	kg	—	52.9200	8.8200
机械	灰浆搅拌机 200L	台班	0.0050	0.0380	0.0060

工作内容：1. 清扫基层，调运胶泥、砂浆或混凝土，涂刷，摊铺，压实。

2. 清扫基层，调运砂浆，摊铺，压实。

计量单位：$10m^2$

定额编号			10-2-1	10-2-2	10-2-10	10-2-11
项目名称			耐酸沥青砂浆		钢屑砂浆	
			厚度 30mm	厚度每增减 5mm	厚度 20mm	零星抹灰
名称		单位	消耗量			
人工	综合工日	工日	1.64	0.25	1.97	1.61
材料	耐酸沥青砂浆 1.3：2.6：7.4	m^3	0.3075	0.0500	—	—
	耐酸沥青胶泥 1：1：0.05	m^3	0.0200	—	—	—
	冷底子油	kg	4.800	—	—	—
	木柴	kg	180.5000	30.0894	—	
	素水泥浆	m^3	—	—	0.0100	0.0100
	铁屑砂浆 1：0.3：1.5	m^3	—	—	0.2050	0.2121
	水	m^3	—	—	0.8400	0.8400

工作内容：清理基层，调运胶泥，涂刷，铺砌，养护。

计量单位：$10m^2$

定额编号			10-2-26	10-2-27
项目名称			耐酸沥青胶泥平面铺砌	
			沥青浸渍砖	
			厚度 115mm	厚度 53mm
名称		单位	消耗量	
人工	综合工日	工日	20.58	15.84
材料	耐酸沥青胶泥 1：1：0.5	m^3	0.2030	0.1140

续表

定额编号			10-2-26	10-2-27
项目名称			耐酸沥青胶泥平面铺砌	
			沥青浸渍砖	
			厚度 115mm	厚度 53mm
名称		单位	消耗量	
材料	烧结煤矸石普通砖 240×115×53	千块	0.7389	0.3571
	石油沥青 10#	kg	297.9000	144.0000
	木柴	kg	323.4000	164.5000
机械	轴流通风机 7.5kW	台班	0.2000	0.2000

第十一章　楼地面装饰工程

工作内容：调运砂浆，抹平，压实。　　计量单位：$10m^2$

定额编号			11-1-1	11-1-2	11-1-3	11-1-4	11-1-5
项目名称			水泥砂浆			细石混凝土	
			在混凝土或硬基层上	在填充材料	每增减 5mm	40mm	每增减 5mm
			20mm				
名称		单位	消耗量				
人工	综合工日	工日	0.76	0.82	0.08	0.72	0.08
材料	水泥抹灰砂浆 1：3	m^3	0.2050	0.2563	0.0513	—	—
	素水泥浆	m^3	0.0101	0.0101	—	0.0101	—
	C20 细石混凝土	m^3	—	—	—	0.4040	0.0505
	水	m^3	0.0600	0.0600	—	0.0600	—
机械	灰浆搅拌机 200L	台班	0.0256	0.0320	0.0064	—	—
	混凝土振捣器 平板式	台班	—	—	—	0.0240	0.0040

工作内容：清理基层，刷素水泥浆一道，调运砂浆，抹面，压光，养护。　　计量单位：分示

定额编号			11-2-1	11-2-2	11-2-5	11-2-6
项目名称			水泥砂浆		水泥砂浆踢脚线	
			楼地面 20mm	楼梯 20mm	12mm	18mm
			$10m^2$		10m	
名称		单位	消耗量			
人工	综合工日	工日	0.99	3.98	0.45	0.46
材料	水泥抹灰砂浆 1：2	m^3	0.2050	0.2727	0.0092	0.0092
	素水泥浆	m^3	0.0101	0.0134	—	—
	草袋	m^3	—	2.9260	—	—

续表

定额编号			11-2-1	11-2-2	11-2-5	11-2-6
项目名称			水泥砂浆		水泥砂浆踢脚线	
			楼地面20mm	楼梯20mm	12mm	18mm
			$10m^2$		10m	
名称		单位	消耗量			
材料	塑料薄膜	M^2	11.5500	—	—	—
	水	m^3	0.0600	0.5050	0.0570	0.0570
	水泥抹灰砂浆 1∶3	m^3	—	—	0.0092	0.0185
机械	灰浆搅拌机200L	台班	0.0256	0.0341	0.0023	0.0035

工作内容：1. 清理基层、分层配料。
2. 涂刷底漆，批刮腻子、重点填补地面坑洞缺陷，滚涂面漆。
3. 分层清理。　　　　计量单位：$10m^2$

定额编号			11-2-8	11-2-9	11-2-10	11-2-11
项目名称			环氧地坪涂料			
			底涂一道	中涂腻子一遍	中涂腻子增一遍	面涂一道
名称		单位	消耗量			
人工	综合工日	工日	0.37	0.36	0.33	0.30
材料	无溶剂型环氧底漆	kg	1.5375	—	—	—
	无溶剂型环氧中涂漆	kg	—	1.5375	1.0250	—
	环氧面漆	kg	—	—	—	3.0750
	环氧底漆固化剂	kg	0.3844	0.3075	0.2050	
	环氧面漆固化剂	kg	—	—	—	0.7688
	石英粉	kg	—	2.2950	1.5300	—
	电	kW·h	0.0312	0.0312	0.0312	0.0312
机械	轴流通风机7.5kW	台班	0.2000	0.1000	0.1000	0.2000

工作内容：1. 贴石材块料点缀、擦缝、清理净面等。
2. 清理基层、调运砂浆、刷素水泥一道、贴石材拼花、擦缝、清理净面、成品保护等。
3. 地面放线定位、块料加工成异形，铺贴块料。　　　　计量单位：分示

定额编号			11-3-7	11-3-8	11-3-9
项目名称			楼地面		
			点缀	拼图案（成品）干硬性水泥砂浆	图案周边异形块料铺贴另加工料
			10个	$10m^2$	
名称		单位	消耗量		
人工	综合工日	工日	0.56	3.30	3.21
材料	石材点缀（点缀）	个	10.1500	—	—
	花岗岩板（图案）	m^2	—	10.1500	—

续表

定额编号			11-3-7	11-3-8	11-3-9
项目名称			楼地面		
			点缀	拼图案（成品）干硬性水泥砂浆	图案周边异形块料铺贴另加工料
			10个	$10m^2$	
名称		单位	消耗量		
材料	素水泥浆	m^3	—	0.0101	—
	干硬性水泥砂浆 1：3	m^3	—	0.3075	—
	白水泥	kg	—	1.0300	—
	锯末	m^3	—	0.0600	—
	麻袋布	m^2	—	2.2000	—
	棉砂	kg	—	0.1100	—
	水	m^3	—	0.2600	—
	石料切割锯片	片	0.0392	—	0.1568
机械	石料切割机	台班	0.1880	—	2.3920

工作内容：1. 清理基层、调运砂浆、刷素水泥浆一道。
2. 锯板磨边、贴石材块料、擦缝、清理净面、成品保护等。
3. 现场切割、加工楼梯块料。

计量单位：分示

定额编号			11-3-14	11-3-26
项目名称			串边、过门石干硬性水泥砂浆	石材楼梯现场加工
			$10m^2$	10m
名称		单位	消耗量	
人工	综合工日	工日	3.21	0.68
材料	石材块料	个	10.1500	—
	干硬性水泥砂浆 1：3	m^2	0.3075	—
	素水泥浆	m^3	0.0101	—
	白水泥	kg	4.1200	—
	锯末	m^3	0.0600	—
	麻袋布	m^2	2.2000	—
	棉砂	kg	0.1100	—
	水	m^3	0.2600	—
	石料切割锯片	片	0.0404	0.1400
机械	石料切割机	台班	0.1803	0.6720

工作内容：清理基层、调运砂浆、刷素水泥浆一道、选砖、切砖、磨砖、贴砖、擦缝、清理净面等。

计量单位：10m²

定额编号			11-3-30	11-3-37	11-3-38
项目名称			楼地面水泥砂浆（周长 mm）	楼地面干硬性水泥砂浆（周长 mm）	
			≤2400	≤3200	≤4000
名称		单位	消耗量		
材料	水泥抹灰砂浆 1∶2.5	m³	0.2050	—	—
	素水泥浆	m³	0.0101	0.0101	0.0101
	白水泥	kg	1.0300	1.0300	1.0300
	锯末	m³	0.0600	0.0600	0.0600
	棉砂	kg	0.1000	0.1000	0.1000
	水	m³	0.2600	0.2600	0.2600
	石料切割锯片	片	0.0320	0.0320	0.0320
	地板砖 600×600	m²	10.2500	—	—
	地板砖 800×800	m²	—	10.3000	—
	地板砖 1000×1000	m²	—	—	11.0000
	水泥抹灰砂浆 1∶3	m³	—	0.2050	0.2050
机械	石料切割机	台班	0.1510	0.1510	0.1510
	灰浆搅拌机 200L	台班	0.0256	—	—

工作内容：1. 清理基层、调运砂浆、刷素水泥一道、切砖、磨砖、贴地砖踢脚、擦缝、清理净面等。
2. 清理基层、调运砂浆及胶黏剂、切砖、磨砖、贴地砖踢脚、擦缝、清理净面等。
3. 调运砂浆，抹平，压实。

计量单位：10m²

定额编号			11-3-45	11-3-46	11-3-73
项目名称			踢脚板		干硬性水泥砂浆
			直线形		每增减 5mm
			水泥砂浆	胶黏剂	
名称		单位	消耗量		
人工	综合工日	工日	5.43	6.14	0.08
材料	地板砖 600×600	m²	10.2000	10.1500	—
	水泥抹灰砂浆 1∶1	m³	0.0410	—	—
	水泥抹灰砂浆 1∶2	m³	0.0615	0.0615	—
	水泥抹灰砂浆 1∶3	m³	0.0923	0.0923	—
	干粉型胶黏剂	kg	—	40.0000	—
	素水泥浆	m³	0.0101	—	—
	白水泥	kg	1.4000	1.4000	—
	棉纱	kg	0.1500	0.1500	—

续表

定额编号		11-3-45	11-3-46	11-3-73
项目名称		踢脚板		干硬性水泥砂浆
		直线形		每增减5mm
		水泥砂浆	胶黏剂	
名称	单位	消耗量		
材料 石料切割锯片	片	0.0360	0.0360	—
材料 108胶	kg	60.0000	—	—
材料 水	m^3	0.3000	0.3000	—
材料 干硬性水泥砂浆1:3	m^3	—	—	0.0513
机械 灰浆搅拌机200L	台班	0.0243	0.0192	0.0064
机械 石料切割机	台班	0.1510	0.1510	—

第十二章　墙、柱面装饰与隔断、幕墙工程

工作内容：清理、修补、湿润基层表面、堵墙眼，调运砂浆、清扫落地灰；分层抹灰找平、刷浆、洒水湿润、罩面压光。

计量单位：$10m^2$

定额编号			12-1-1	12-1-3	12-1-9	12-1-10
项目名称			麻刀灰（厚7+7+3mm）	水泥砂浆（厚9+6mm）	混合砂浆（厚9+6mm）	
			墙面	砖墙	砖墙	混凝土墙（砌块墙）
名称		单位	消耗量			
人工	综合工日	工日	1.17	1.37	1.23	1.23
材料	麻刀石灰浆	m^3	0.0331	—	—	—
	水泥石灰膏砂浆1:1:6	m^3	0.0812	—	—	—
	水泥石灰膏砂浆2:1:8	m^3	0.0812	—	—	—
	水泥抹灰砂浆1:2	m^3	0.0025	0.0696	—	—
	水泥抹灰砂浆1:3	m^3	—	0.1044	—	—
	水泥石灰抹灰砂浆1:1:6	m^3	—	—	0.1044	0.1044
	水泥石灰抹灰砂浆1:0.5:3	m^3	—	—	0.0696	0.0696
	水	m^3	0.0650	0.0620	0.0620	0.0620
机械	灰浆搅拌机200L	台班	0.0250	0.0220	0.0220	0.0220

工作内容：1. 剔缝、洗刷、调运砂浆、勾缝、修补等。
2. 清理基层、划线分格、选料、下料、固定嵌条。 计量单位：分示

定额编号			12-1-17	12-1-18	12-1-25
项目名称			混合砂浆	砖墙	塑料条
			抹灰层每增减 1mm	勾缝	水泥粘贴
			$10m^2$		10m
名称		单位	消耗量		
人工	综合工日	工日	0.04	0.79	0.58
材料	水泥石灰抹灰砂浆 1：1：6	m^3	0.0116	—	—
	水泥抹灰砂浆 1：1	m^3	—	0.0089	—
	成品塑料条	m	—	—	10.2000
	水	m^3	—	0.0410	—
机械	灰浆搅拌机 200L	台班	0.0020	0.0010	—

工作内容：1. 清理修补石材块料基层表面、刷浆、放线打孔、膨胀螺栓预埋，运料湿水、钻孔、调运砂浆、镶帖面层、穿丝固定、养护。
2. 清理水泥砂浆修补基层表面、打底抹灰、砂浆找平，运料、抹结合层砂浆（胶黏剂）贴块料、擦缝、清理表面。 计量单位：$10m^2$

定额编号			12-2-2	12-2-18	12-2-40
项目名称			挂贴石材块料（灌缝砂浆 50mm 厚）	水泥砂浆粘贴	水泥砂浆粘贴 194×194（灰缝宽度 mm）
			柱面	零星项目	≤10
名称		单位	消耗量		
人工	综合工日	工日	6.95	9.23	5.28
材料	水泥抹灰砂浆 1：2：5	m^3	0.5950	—	—
	素水泥浆	m^3	0.0101	0.0112	0.0101
	白水泥	kg	1.9000	2.8000	—
	石材块料	m^2	10.1500	—	—
	膨胀螺栓 M10	套	122.4000	—	—
	铜丝 ϕ1.6～ϕ5mm	kg	1.1615	—	—
	棉纱	kg	0.1000	0.1000	0.1000
	石料切割锯片	片	0.2690	—	0.0750
	塑料薄膜	m^2	2.8050	—	—
	合金钢钻头	个	0.9800	—	—
	水泥抹灰砂浆 1：1	m^3	—	0.0495	0.0200
	水泥抹灰砂浆 1：2	m^3	—	—	0.0558
	水泥抹灰砂浆 1：3	m^3	—	0.1114	0.1673
	陶瓷锦砖（马赛克）	m^2	—	11.3220	—
	瓷质外墙砖 194×94	m^2	—	—	8.7450

续表

定额编号			12-2-2	12-2-18	12-2-40
项目名称			挂贴石材块料（灌缝砂浆 50mm 厚）	水泥砂浆粘贴	水泥砂浆粘贴 194×194（灰缝宽度 mm）
			柱面	零星项目	≤10
名称		单位	消耗量		
材料	108 胶	kg	—	2.0090	—
	水	m^3	0.1160	0.0620	0.0700
	电	kW·h	1.1760	—	—
机械	灰浆搅拌机 200L	台班	0.0760	0.0220	0.0300
	石料切割机	台班	0.5600	—	0.1160

第十三章　天棚工程

工作内容：清理修补基层表层，堵眼、调运砂浆，清扫落地灰；抹灰找平，罩面及压光及小圆角抹。

计量单位：$10m^2$

定额编号			13-1-1	13-1-2	13-1-3
项目名称			混凝土面天棚		
			麻刀灰（厚度 6+3mm）	水泥砂浆（厚度 5+3mm）	混合砂浆（厚度 5+3mm）
名称		单位	消耗量		
人工	综合工日	工日	1.06	1.31	1.31
材料	麻刀石灰浆	m^3	0.0323	—	—
	水泥石膏砂浆 1∶3∶9	m^3	0.0899	—	—
	水泥抹灰砂浆 1∶2	m^3	—	0.0564	—
	水泥抹灰砂浆 1∶3	m^3	—	0.0558	—
	水泥石灰抹灰砂浆 1∶0.5∶3	m^3	—	—	0.0564
	水泥石灰抹灰砂浆 1∶1∶4	m^3	—	—	0.0558
	素水泥浆	m^3	0.0101	—	—
	水	m^3	0.0570	0.0540	0.0540
机械	灰浆搅拌机 200L	台班	0.0170	0.0140	0.0140

工作内容：清理基层、定位、弹线、电锤打孔，安膨胀螺栓，选料、下料，定位杆安装，龙骨安装并预留孔洞，临时加固，封边龙骨设置、整体调整，校正。 计量单位：$10m^2$

定额编号			13-2-9	13-2-10	13-2-11	13-2-12
项目名称			装配式U型轻钢天棚龙骨（网格尺寸450×450）			
			平面		跌级	
			不上人型	上人型	不上人型	上人型
名称		单位	消耗量			
人工	综合工日	工日	1.93	1.95	2.66	2.67
材料	吊筋	kg	3.4951	8.3809	4.8058	10.4197
	六角螺栓	kg	0.1890	0.1970	0.1800	0.1920
	角钢（综合）	kg	4.0000	—	4.0000	—
	铁件（综合）	kg	—	17.0000	0.0700	17.0470
	低合金钢焊条 E43 系列	kg	1.5367	1.5367	1.7924	1.7924
	轻钢龙骨不上人型（平面）450×450	m^2	10.5000	10.5000	—	—
	轻钢龙骨不上人型（跌级）450×450	m^2	—	—	10.5000	10.5000
	射钉	个	15.3000	—	15.5000	—
	锯成材	m^3	—	0.0006	0.0066	0.0072
	扁钢（综合）	kg	—	—	0.1540	0.1540
	方钢管 25×25×2.5	m	—	—	0.6120	0.6120
	钢板（综合）	kg	—	—	0.0470	—
机械	交流弧焊机 32kV·A	台班	0.3162	0.3162	0.3688	0.3688

工作内容：1. 钉铺基层板，钉帽防锈处理。
2. 安装天棚面层。 计量单位：分示

定额编号			13-3-7	13-3-8	13-3-33
项目名称			钉铺细木工板基层		硅钙板
			轻钢龙骨	木龙骨	U型轻钢龙骨上
名称		单位	消耗量		
人工	综合工日	工日	0.89	0.89	1.37
材料	细木工板 1220×2440×18	m^2	10.5000	10.5000	—
	自攻螺丝镀锌（4~6）×（10~16）	m^2	3.4500	—	3.4500
	白乳胶	kg	—	0.3300	—
	气动排钉 F30	100个	—	8.4000	—
	硅钙板 600×600	m^3	—	—	10.5000
机械	电动空气压缩机 $0.6m^3/min$	台班	—	0.1750	—

第十四章　油漆、涂料及裱糊工程

工作内容：1. 清扫、磨砂纸、点漆片、刮腻子、刷底油一遍、调和漆二遍等。
2. 刷调和漆一遍。

计量单位：$10m^3$

定额编号			14-1-1	14-1-2	14-1-21	14-1-22
项目名称			调和漆			
			刷底油一遍，调和漆二遍		每增一遍	
			单层木门	单层木窗	$10m^2$	
名称		单位	消耗量			
人工	综合工日	工日	2.10	2.10	0.59	0.59
材料	白布	m^2	0.0250	0.0250	—	—
	催干剂	kg	0.1030	0.0860	0.0430	0.0360
	工业酒精 99.5%	kg	0.0430	0.0360	—	—
	漆片	kg	0.0070	0.0060	—	—
	清油	kg	0.1750	0.1460	—	—
	砂纸	张	4.2000	3.5000	0.6000	0.5000
	石膏粉	kg	0.5040	0.4200	—	—
	熟桐油	kg	0.4250	0.3540	—	—
	无光调和漆	kg	4.6742	3.8952	2.4847	2.0706
	油漆溶剂油	kg	1.1140	0.9280	0.1250	0.1040

工作内容：1. 清理基层、磨砂纸、刮仿瓷涂料等。
2. 清理基层、刷涂料等。

计量单位：$10m^2$

定额编号			14-3-21	14-3-22	14-3-29	14-3-30
项目名称			仿瓷涂料二遍		外墙面丙烯酸外墙涂料（一底二涂）	
			内墙	天棚	光面	毛面
名称		单位	消耗量			
人工	综合工日	工日	0.27	0.28	0.54	0.55
材料	仿瓷涂料	kg	8.0000	8.2400	—	—
	丙烯乳胶漆	kg	—	—	4.2000	5.8000
	丙烯酸清漆	kg	—	—	1.2000	1.1500
	砂纸	张	3.0000	3.0000	—	—

工作内容：清理、磨砂纸、刷涂料等。　　计量单位：$10m^2$

定额编号			14-4-5	14-4-9	14-4-11
项目名称			满刮调制腻子		
			外墙抹灰面	内墙抹灰面	天棚抹灰面
			二遍		
名称		单位	消耗量		
人工	综合工日	工日	0.38	0.33	0.37
材料	108 胶	kg	1.8000	—	—
	砂纸	张	6.0000	6.0000	6.0000
	白水泥	kg	5.0000	—	—
	成品腻子	kg	—	11.4000	11.4000

第十五章　其他装饰工程

工作内容：1. 选料、下料、刷胶、固定成品木线、修整。
2. 定位弹线、安装成品、线条、清理净面。
3. 放样、下料、铆接、打磨抛光。　　计量单位：10m

定额编号			15-2-24	15-2-25	15-3-4
项目名称			石膏阴阳角线（宽度 mm）		不锈钢管栏杆（带扶手）成品安装
			≤100	≤150	直形
名称		单位	消耗量		
人工	综合工日	工日	0.47	0.55	2.61
材料	石膏阴阳角线 150	m	—	10.6000	—
	气动排钉 F10	100 个	0.8000	0.8000	—
	快粘粉	kg	6.1200	9.1800	—
	石膏阴阳角线 100	m	10.6000	—	—
	水	m^3	0.0040	0.0057	—
	不锈钢管栏杆（带扶手）成品安装直形	m	—	—	10.0000
	不锈钢焊丝	kg	—	—	1.2500
	钍钨棒	kg	—	—	0.0070
	氩气	m^3	—	—	3.5000
	环氧树脂	kg	—	—	1.5000
	不锈钢法兰 $\phi59$	支	—	—	57.7100
机械	电动空气压缩机 $0.6m^3/min$	台班	0.0080	0.0080	—
	氩弧焊机 500A	台班	—	—	1.1100
	抛光机	台班	—	—	0.1500

第十六章　构筑物及其他工程

工作内容：1. 运砂浆、砍砖、砌筑、原浆勾缝、支模出檐、安爬梯、烟囱帽抹灰等。
2. 混凝土浇捣随打随抹，留设伸缩缝并嵌缝等。　　计量单位：分示

定额编号			16-1-6	16-5-1	16-5-4
项目名称			砖烟囱 （筒身高度≤40m）	混凝土整体路面 （厚180mm）	沥青混凝土路面 （厚100mm）
			$10m^3$	$10m^2$	
名称		单位	消耗量		
人工	综合工日	工日	21.14	0.55	22.60
材料	烧结煤矸石普通砖 240×115×53	千块	5.9144	—	—
	混合砂浆 M5.0	m^3	2.6240	—	—
	水	m^3	1.2300	0.4000	—
	C25 现浇混凝土碎石<40	m^3	—	0.8080	—
	沥青砂浆 1：2：7	m^3	—	0.0033	—
	模板材	m^3	—	0.0022	—
	塑料薄膜	m^3	—	11.5500	—
	中粒式沥青混凝土	m^3	—	—	6.0600
	细粒式沥青混凝土	m^3	—	—	4.0400
	木柴	kg	—	—	82.9500
	石油沥青 10#	kg	—	—	184.8000
机械	灰浆搅拌机 200L	台班	0.3280	—	—
	混凝土振捣器 平板式	台班	—	0.0640	—
	钢轮振动压路机 15t	台班	—	—	0.0290
	沥青混凝土摊铺机 8t	台班	—	—	0.0070

工作内容：制作、安装、拆除模板，制作绑扎钢筋；混凝土浇捣、养护、抹灰；构件运输、安装，搭拆脚手架等操作过程。　　计量单位：座

定额编号			16-6-1	16-6-2	16-6-25
项目名称			钢筋混凝土化粪池 1 号		砖砌化粪池 2 号
			无地下水	有地下水	无地下水
名称		单位	消耗量		
人工	综合工日	工日	35.09	37.62	42.24
材料	C15 现浇混凝土碎石<40	m^3	0.6343	0.6343	—
	C30 现浇混凝土碎石<40	m^3	5.0298	5.0298	—
	模板材	m^3	0.0401	0.0401	0.0442
	粗砂	m^3	—	0.1804	—
	混凝土垫块	m^3	0.0031	0.0031	—
	电焊条 E4030　φ3.2	kg	0.2350	0.2350	4.0014

续表

定额编号			16-6-1	16-6-2	16-6-25
项目名称			钢筋混凝土化粪池1号		砖砌化粪池2号
			无地下水	有地下水	无地下水
名称		单位	消耗量		
材料	油漆溶剂油	kg	0.0512	0.0512	0.1030
	石油沥青10#	kg	—	72.1829	—
	防水剂	kg	29.3682	56.1004	107.2336
	冷底子油	kg	—	9.7736	—
	圆钉	kg	2.2280	2.2280	7.4546
	镀锌低碳钢丝8#	kg	6.0122	6.0122	19.0875
	木柴	kg	—	29.4235	—
	复合木模板	m^2	2.6794	2.6794	7.5182
	水泥抹灰砂浆1∶2	m^3	0.4475	0.8547	1.6347
	塑料薄膜	m^2	12.9504	12.9504	18.5258
	红丹防锈漆	kg	0.4468	0.4468	0.8991
	隔离剂	kg	0.4740	0.4740	2.2430
	水	m^3	1.2010	1.2010	2.3064
	木脚手板	m^3	0.0008	0.0008	0.0013
	底座	个	0.0682	0.0682	0.1361
	碎石	m^3	—	0.6918	—
	素水砂浆	m^3	0.0221	0.0221	—
	零星卡具	kg	0.4608	0.4608	0.5982
	直角扣件	个	0.7331	0.7331	1.4756
	对接扣件	个	0.0802	0.0802	0.1618
	回转扣件	个	0.0357	0.0357	0.0721
	草板纸80#	张	0.6720	0.6720	4.8225
	嵌缝料	kg	0.1380	0.1380	0.1095
	镀锌低碳钢丝22#	kg	9.8238	9.8238	1.5703
	木脚手板 $\Delta=5cm$	m^3	0.0306	0.0306	0.0619
	钢管 $\phi48.3\times3.6$	m	1.3244	1.3244	2.6653
	锯成材	m^3	0.0638	0.0638	0.1794
	钢筋 HPB300≤ϕ10	t	0.9886	0.9886	0.0165
	钢筋 HPB335≤ϕ18	t	0.0313	0.0313	0.5335
	阻燃毛毡	m^2	1.5972	1.5972	1.9411
	C30现浇混凝土碎石<20	m^3	0.5848	0.5848	—
	烧结煤矸石普通砖340×115×53	千块	—	—	4.9489

续表

定额编号			16-6-1	16-6-2	16-6-25
项目名称			钢筋混凝土化粪池 1 号		砖砌化粪池 2 号
			无地下水	有地下水	无地下水
名称		单位	消耗量		
材料	混凝土垫块	m^3	—	—	0.0040
	水泥砂浆 m5.0	m^3	—	—	2.2714
	C25 预制混凝土碎石 <20	m^3	—	—	2.6188
	C15 预制混凝土碎石 <40	m^3	—	—	1.0302
	C25 现浇混凝土碎石 <20	m^3	—	—	1.9190
	素水泥浆	m^3	—	—	0.0809
机械	电动夯实机 250N · m	台班	—	0.0170	—
	载重汽车 6t	台班	0.0837	0.0837	0.1617
	电动单筒慢速卷扬机 50kN	台班	0.3368	0.3368	0.1111
	灰浆搅拌机 200L	台班	0.0775	0.1481	0.5666
	混凝土振捣器 插入式	台班	1.0354	1.0354	0.1713
	混凝土振捣器 平板式	台班	0.0519	0.0519	0.2514
	钢筋切割机 40mm	台班	0.3895	0.3895	0.0507
	钢筋弯曲机 40mm	台班	0.3402	0.3402	0.1233
	木工圆锯机 500mm	台班	0.0355	0.0355	0.0844
	木工双面压刨床 600mm	台班	0.0036	0.0036	0.0126
	对焊机 75kV · A	台班	0.0037	0.0037	0.0520
	交流弧焊机 32kV · A	台班	0.0156	0.0156	0.2296
	机动翻斗车 1t	台班	0.0216	0.0216	0.0153
	木工单面压刨床 600mm	台班	—	—	0.0010

工作内容：铺设垫层，砌砖，抹灰，安装盖板。　　　　计量单位：座

定额编号			16-6-71	16-6-72
项目名称			圆形给水阀门井 DN≤65	
			ϕ1000	
			无地下水 1.1m 深	无地下水每增加 0.1m
名称		单位	消耗量	
人工	综合工日	工日	5.70	0.31
材料	烧结煤矸石普通砖 240×115×53	千块	1.2304	0.0849
	粗砂	m^3	0.0172	—
	铸铁盖板（带座）	套	1.0100	—
	混合砂浆 M7.5	m^3	0.0284	—

续表

定额编号			16-6-71	16-6-72
项目名称			圆形给水阀门井 DN≤65	
			ϕ1000	
			无地下水 1.1m 深	无地下水每增加 0.1m
名称		单位	消耗量	
材料	C30 现浇混凝土碎石 <20	m^3	0.4088	—
	塑料薄膜	m^2	3.2586	—
	水	m^3	0.4429	0.0176
	碎石	kg	0.0661	—
	煤焦油沥青漆 L01－17	kg	0.4920	
	铸铁脚踏	个	2.0000	0.2857
机械	电动夯实机 250N·m	台班	0.0016	—
	灰浆搅拌机	台班	0.0725	0.0048
	混凝土振捣器 插入式	台班	0.0231	—
	机动翻斗车 1t	台班	0.0255	—

工作内容：清理基层、夯实、铺设垫层；调制砂浆，混凝土浇捣、养护；灌缝、抹面。

计量单位：$10m^2$

定额编号			16-6-80	16-6-81	16-6-83
项目名称			混凝土散水	细石混凝土散水	水泥砂浆（带礓渣）坡道
			3∶7 灰土垫层		混凝土 60 厚
名称		单位	消耗量		
人工	综合工日	工日	2.01	2.44	4.24
材料	石料切割锯片	片	—	—	0.6060
	锯末	m^3	—	—	0.0513
	C20 现浇混凝土碎石 <40	m^3	0.6060	—	0.2050
	水泥	kg	—	32.4105	3.0600
	黄砂（过筛中砂）	m^3	—	0.0105	23.1000
	C20 细石混凝土	m^3	—	0.4040	0.3450
	3∶7 灰土	m^3	1.5300	1.5300	3.0600
	塑料薄膜	m^2	—	11.5500	—
	水	m^3	0.2250	0.0600	—
	白水泥	kg	—	—	—
	耐酸沥青胶泥 1∶2∶0.05	m^3	0.0073	0.0048	—
	木柴	kg	2.8690	2.8690	—

续表

定额编号			16-6-80	16-6-81	16-6-83
项目名称			混凝土散水	细石混凝土散水	水泥砂浆（带礓渣）坡道
			3:7 灰土垫层		混凝土 60 厚
名称		单位	消耗量		
材料	水泥抹灰砂浆 1:1	m^3	—	—	0.0513
	水泥抹灰砂浆 1:2	m^3	—	—	0.2050
机械	电动夯实机 250N·m	台班	0.1410	0.1410	0.2100
	灰浆搅拌机 200L	台班	—	0.0026	0.0320
	混凝土振捣器 平板式	台班	0.0496	0.0330	0.0496

工作内容：基底夯实、铺设基层、砌筑、嵌缝。　　　　计量单位：10m

定额编号			16-6-92	16-6-93
项目名称			铺预制混凝土路沿	铺料石路沿
名称		单位	消耗量	
人工	综合工日	工日	0.90	0.23
材料	石灰抹灰砂浆 1:3	m^3	0.0205	0.0123
	水泥抹灰砂浆 1:3	m^3	0.0031	0.0092
	3:7 灰土	m^3	1.0812	0.2326
	水	m^3	0.0060	0.0036
	素水泥浆	m^3	0.0010	0.0006
	预制混凝土沿石 495×300×100	块	20.2000	—
	料石路沿石 495×150×60	块	—	20.2000
机械	电动夯实机 250N·m	台班	0.0488	0.0105
	灰浆搅拌机 200L	台班	0.0026	0.0015

第十七章　脚手架工程

工作内容：平土、挖坑、安底座、材料场内运输、塔拆脚手架、上料平台、挡脚板、护身栏杆、上下翻板子和拆除后的材料堆放、整理外运等。　　　　计量单位：$10m^2$

定额编号			17-1-6	17-1-9
项目名称			外脚手架钢管架	
			单排	双排
			≤6m	≤15m
名称		单位	消耗量	
人工	综合工日	工日	0.46	0.82
材料	钢管 ϕ48.3×3.6	m	0.6477	1.8825
	对接扣件	个	0.0395	0.1882

续表

定额编号			17-1-6	17-1-9
项目名称			外脚手架钢管架	
			单排	双排
			≤6m	≤15m
名称		单位	消耗量	
材料	直角扣件	个	0.3588	1.4501
	回转扣件	个	0.0177	0.1612
	木脚手板 $\Delta=5$cm	m^3	0.0152	0.0202
	底座	个	0.0322	0.0603
	红丹防锈漆	kg	0.2184	0.6579
	油漆溶剂油	kg	0.0250	0.0748
	铁件	kg	—	1.3187
	镀锌低碳钢丝 8#	kg	1.7666	1.0802
	圆钉	kg	0.1714	0.1051
机械	载重汽车 6t	台班	0.0340	0.0390

工作内容：平土、挖坑、安底座、材料场内运输、塔拆脚手架、上料平台、挡脚板、护身栏杆、上下翻板子和拆除后的材料堆放、整理外运等。 计量单位：$10m^2$

定额编号			17-1-10	17-1-12
项目名称			外脚手架钢架管	
			双排	
			≤24m	≤50m
名称		单位	消耗量	
人工	综合工日	工日	1.07	1.33
材料	钢管 $\phi48.3\times3.6$	m	2.2517	3.6380
	对接扣件	个	0.2470	0.4462
	直角扣件	个	1.6042	2.3059
	回转扣件	个	0.2683	0.4815
	木脚手板 $\Delta=5$cm	m^3	0.0202	0.0263
	底座	个	0.0385	0.0333
	红丹防锈漆	kg	0.7870	1.2715
	油漆溶剂油	kg	0.0894	0.1445
	铁件	kg	1.3189	0.7706
	镀锌低碳钢丝 8#	kg	0.9392	0.7303
	圆钉	kg	0.0903	0.0734
机械	载重汽车 6t	台班	0.0380	0.0350

工作内容：安底座、材料场内外运输、搭拆脚手架、上料平台、挡脚架、护身栏杆、上下翻板子和拆除后的材料堆放、整理外运等，平台下料、制作、固定、钢缆绳加固等。

计量单位：$10m^2$

定额编号			17-1-15	17-1-16	17-1-17
项目名称			型钢平台外挑双排钢管脚手架		
			≤60m	≤80m	≤100m
名称		单位	消耗量		
人工	综合工日	工日	1.76	2.12	2.60
材料	工字钢 18#	kg	6.6041	8.4385	9.9061
	铁件	kg	9.6068	9.6068	9.6068
	钢丝绳 φ17.5	kg	0.8073	1.0316	1.2110
	花篮螺栓 COM14×150	套	0.1753	0.2240	0.2629
	钢丝绳夹 18M16	个	1.0832	1.3840	1.6247
	电焊条 E4303 φ3.2	kg	0.7409	0.7409	0.6949
	钢管 φ48.3×3.6	m	5.5752	7.1063	8.3296
	对接扣件	个	0.6393	0.8029	0.9325
	直角扣件	个	4.1573	5.3059	6.2242
	回转扣件	个	0.5577	0.7126	0.8365
	木脚手板	m^3	0.0511	0.0647	0.0753
	底座	个	0.0060	0.0058	0.0110
	镀锌低碳钢丝 8#	kg	0.9252	0.9183	0.9141
	圆钉	kg	0.0929	0.0929	0.0929
	红丹防锈漆	kg	2.3158	2.9529	3.4621
	油漆溶剂油	kg	0.2632	0.3356	0.3935
机械	交流弧焊机 32kN·A	台班	0.0150	0.0150	0.0150
	载重汽车 6t	台班	0.0430	0.0420	0.0420

工作内容：平土、挖坑、安底座、选料、材料场内外运输、搭拆架子、脚手板、拆除后材料堆放、外运等。

计量单位：$10m^2$

定额编号			17-2-5	17-3-3	17-3-4
项目名称			里脚手架钢管架	满堂脚手架钢管架	
			单排	基本层	增加层 1.2m
			≤3.6m		
名称		单位	消耗量		
人工	综合工日	工日	0.44	0.93	0.19
材料	钢管 φ48.3×3.6	m	0.0268	0.2600	0.0870
	对接扣件	个	0.0009	0.0437	0.0146
	直角扣件	个	0.0141	0.1518	0.0510
	木脚手板	m^3	0.0012	—	—

续表

定额编号			17-2-5	17-3-3	17-3-4
项目名称			里脚手架钢管架	满堂脚手架钢管架	
			单排	基本层	增加层 1.2m
			≤3.6m		
名称		单位	消耗量		
材料	底座	个	0.0047	—	—
	红丹防锈漆	kg	0.0094	0.0870	0.0290
	油漆溶剂油	kg	0.0011	0.0100	0.0030
	镀锌低碳钢丝 8#	kg	0.4530	2.9340	—
	圆钉	kg	0.0658	0.2850	—
	木脚手板 Δ=5cm	m^3	—	0.0152	—
	回转扣件	个	—	0.0478	0.0156
机械	载重汽车 6t	台班	0.0220	0.0740	0.0100

工作内容：支撑、挂网、翻网绳、阴阳角挂绳、拆除等。　　计量单位：$10m^2$

定额编号			17-6-1	17-6-6
项目名称			安全网　立挂式	建筑物垂直封闭
				密目网
名称		单位	消耗量	
人工	综合工日	工日	0.02	0.20
材料	安全网	m^2	3.2080	—
	镀锌低碳钢丝 8#	kg	0.9690	1.0998
	密目网	m^2	—	11.9175

第十八章　模板工程

工作内容：模板制作、安装、拆除、整理堆放及场内运输，清理模板粘接物及模内杂物、刷隔离剂等。

计量单位：$10m^2$

定额编号			18-1-1	18-1-15	18-1-36
项目名称			混凝土基础垫层木模板	独立基础	矩形柱
				钢筋混凝土	复合木模板
				复合木模板	钢支撑
名称		单位	消耗量		
人工	综合工日	工日	1.05	2.74	2.20
材料	水泥抹灰砂浆 1:2	m^3	0.0012	0.0012	—
	镀锌低碳钢丝 22#	kg	0.0180	0.0180	—

续表

定额编号			18-1-1	18-1-15	18-1-36
项目名称			混凝土基础垫层木模板	独立基础	矩形柱
				钢筋混凝土	复合木模板
				复合木模板	钢支撑
名称		单位	消耗量		
材料	模板材	m^3	0.1445	—	—
	隔离剂	kg	1.0000	1.0000	1.0000
	圆钉	kg	1.9730	2.0849	0.4593
	草板纸 80#	张	—	3.0000	3.0000
	镀锌低碳钢丝 8#	kg	—	5.1990	—
	复合木模板	m^2	—	11.9616	2.8998
	零星卡具	kg	—	—	0.6730
	锯成材	m^3	—	0.2840	0.0788
	支撑钢管及扣件	kg	—	—	4.5940
机械	木工圆锯机 500mm	台班	0.0160	0.0940	0.0220
	木工双面压刨机 600mm	台班	—	0.0160	0.0040

工作内容：复合木模板制作、模板安装、拆除、整理堆放及场内运输，清理模板粘接物及模内杂物、刷隔离剂等。

计量单位：$10m^2$

定额编号			18-1-41	18-1-59	18-1-61
项目名称			构造柱	异形梁	圈梁 直形
			复合木模板		
			木支撑		
名称		单位	消耗量		
人工	综合工日	工日	2.96	3.50	2.34
材料	草板纸 80#	张	3.0000	—	3.0000
	镀锌低碳钢丝 8#	kg	27.0000	—	6.4540
	复合木模板	m^2	3.3618	3.0681	3.0681
	支撑钢管及扣件	kg	—	—	0.4593
	锯成材	m^3	0.1514	0.1741	0.0763
	圆钉	kg	0.3470	6.4998	3.7448
	隔离剂	kg	1.0000	1.0000	1.0000
	水泥抹灰砂浆 1：2	m^3		0.0003	0.0003
	镀锌低碳钢丝 22#	kg	—	0.0180	0.0180
机械	木工圆锯机 500mm	台班	0.0310	0.0610	0.0330
	木工双面压刨机 600mm	台班	0.0050	0.0060	0.0060

工作内容：复合木模板制作、模板安装、拆除、整理堆放及场内运输，清理模板粘接物及模内杂物、刷隔离剂等。

计量单位：10 m²

定额编号			18-1-65	18-1-92	18-1-100
项目名称			过梁	有梁板	平板
			复合木模板		
			木支撑	钢支撑	
名称		单位	消耗量		
人工	综合工日	工日	3.59	2.18	2.41
材料	草板纸 80#	张	3.0000	3.0000	3.0000
	组合钢模板	kg	—	—	—
	镀锌低碳钢丝 8#	kg	1.2040	2.2140	6.4540
	复合木模板	m^2	3.0681	2.8316	2.8316
	支撑钢管及扣件	kg	—	5.8040	4.8010
	锯成材	m^3	0.1489	0.0645	0.0683
	圆钉	kg	6.3158	0.4824	0.4914
	隔离剂	kg	1.0000	1.0000	1.0000
	水泥抹灰砂浆 1：2	m^3	0.0012	0.0007	0.0003
	镀锌低碳钢丝 22#	kg	0.0180	0.0180	0.0180
	梁卡具模板用	kg	—	0.5890	—
机械	木工圆锯机 500mm	台班	0.0770	0.0360	0.0360
	木工双面压刨机 600mm	台班	0.0060	0.0050	0.0050

工作内容：木模板制作、安装、拆除、整理堆放及场内运输，清理模板粘接物及模内杂物、刷隔离剂等。

计量单位：10 m²

定额编号			18-1-106	18-1-107	18-1-108	18-1-110
项目名称			栏板	天沟、挑檐	雨蓬、悬挑板、阳台板（直形）	楼梯直形
			木模板支撑			
名称		单位	消耗量			
人工	综合工日	工日	3.72	4.45	6.66	9.55
材料	锯成材	m^3	0.1776	0.0387	0.2110	0.1680
	圆钉	kg	2.5930	4.2040	11.6000	10.6800
	隔离剂	kg	1.0000	1.0000	1.5500	2.0400
	模板材	m^3	0.1169	0.0841	0.1020	0.1780
	嵌缝料	kg	1.0000	1.0000	1.5500	2.0400
机械	木工圆锯机 500mm	台班	0.0930	0.2060	0.3500	0.5000

第十九章　施工运输工程

工作内容：地下室（含基础）单位工程所需的全部垂直运输。　　计量单位：$10m^2$

定额编号			19-1-10	19-1-14	19-1-23
项目名称			±0.00以下无地下室（底层建筑面积 m^2）	檐高≤20m砖混结构（标准建筑面积 m^2）	檐高>20m现浇混凝土结构（檐高m）
			≤1000	≤500	≤40
名称		单位	消耗量		
人工	综合工日	工日	0.84	0.65	0.62
机械	自升式塔式起重机600kN·m	台班	0.8437	0.6492	—
	电动单筒快速卷扬机20kN	台班	0.3339	1.0819	—
	自升式塔式起重机1000kN·m	台班	—	—	0.3117
	双笼施工电梯2×1t 100m	台班	—	—	0.5195
	电动多级离心清水泵 ϕ100 <120m	台班	—	—	0.1370
	对讲机（一对）	台班	—	—	0.3117

附录 C 《山东省建筑工程价目表（2017）》（摘录）

定额编号	项目名称	定额单位	增值税（简易计税）				增值税（一般计税）			
			单价（含税）	人工费	材料费（含税）	机械费（含税）	单价（除税）	人工费	材料费（除税）	机械费（除税）
1-1-14	挖掘机挖装土方自卸汽车运土方　运距≤1km　普通土	$10m^3$	106.73	11.40	0.53	94.80	96.86	11.40	0.51	84.95
1-1-15	挖掘机挖装土方自卸汽车运土方　运距≤1km　坚土	$10m^3$	113.52	11.40	0.53	101.59	102.93	11.40	0.51	91.02
1-1-16	挖掘机挖装土方自卸汽车运土方　每增运1km	$10m^3$	12.68	—	—	12.68	11.38	—	—	11.38
1-1-17	机械夯填土	$10m^3$	85.81	65.55		20.26	83.79	65.55	—	18.24
1-1-18	机械回填碾压（两遍）	$10m^3$	84.80	70.30	0.68	13.82	83.47	70.30	0.66	12.51
1-2-1	人工挖一般土方　基深≤2m　普通土	$10m^3$	234.65	234.65	—	—	234.65	234.65	—	—
1-2-2	人工挖一般土方　基深>2m　普通土	$10m^3$	338.20	338.20	—	—	338.20	338.20	—	—
1-2-3	人工挖一般土方　基深≤2m　坚土	$10m^3$	449.35	449.35	—	—	449.35	449.35	—	—
1-2-4	人工挖一般土方　基深≤4m　坚土	$10m^3$	593.75	593.75	—	—	593.75	593.75	—	—
1-2-6	人工挖沟槽土方　槽深≤2m　普通土	$10m^3$	334.40	334.40	—	—	334.40	334.40	—	—
1-2-7	人工挖沟槽土方　槽深>2m　普通土	$10m^3$	371.45	371.45	—	—	371.45	371.45	—	—
1-2-8	人工挖沟槽土方　槽深≤2m　坚土	$10m^3$	672.60	672.60	—	—	672.60	672.60	—	—
1-2-9	人工挖沟槽土方　槽深≤4m　坚土	$10m^3$	763.80	763.80	—	—	763.80	763.80	—	—
1-2-11	人工挖地坑土方　坑深≤2m　普通土	$10m^3$	354.35	354.35			354.35	354.35		
1-2-12	人工挖地坑土方　坑深>2m　普通土	$10m^3$	391.40	391.40			391.40	391.40		
1-2-13	人工挖地坑土方　槽深≤2m　坚土	$10m^3$	714.40	714.40			714.40	714.40		

续表

定额编号	项目名称	定额单位	增值税（简易计税）				增值税（一般计税）			
			单价（含税）	人工费	材料费（含税）	机械费（含税）	单价（除税）	人工费	材料费（除税）	机械费（除税）
1-2-25	人工装车　土方	$10m^3$	135.85	135.85			135.85	135.85		
1-2-39	挖掘机挖一般土方　普通土	$10m^3$	28.75	5.70	—	23.05	26.23	5.70	—	20.53
1-2-40	挖掘机挖一般土方　坚土	$10m^3$	32.30	5.70	—	26.60	29.38	5.70	—	23.68
1-2-41	挖掘机挖装一般土方　普通土	$10m^3$	54.05	8.55	—	45.50	49.37	8.55	—	40.82
1-2-42	挖掘机挖装一般土方　坚土	$10m^3$	61.40	8.55	—	52.85	55.96	8.55	—	47.41
1-2-43	挖掘机挖槽坑土方　普通土	$10m^3$	31.12	5.70	—	25.42	28.33	5.70	—	22.63
1-2-44	挖掘机挖槽坑土方　坚土	$10m^3$	34.67	5.70	—	28.97	31.49	5.70	—	25.79
1-2-47	小型挖掘机挖槽坑土方　普通土	$10m^3$	27.49	5.70	—	21.79	25.46	5.70	—	19.76
1-2-48	小型挖掘机挖槽坑土方　坚土	$10m^3$	32.70	5.70	—	27.00	30.18	5.70	—	24.48
1-2-52	装载机装车　土方	$10m^3$	23.66	8.55	—	15.11	22.02	8.55	—	13.47
1-2-53	挖掘机装车　土方	$10m^3$	38.49	8.55	—	29.94	35.41	8.55	—	26.86
1-2-58	自卸汽车运土方　运距≤1km	$10m^3$	62.78	2.85	0.53	59.40	56.69	2.85	0.51	53.33
1-2-59	自卸汽车运土方　每增运1km	$10m^3$	13.65	—	—	13.65	12.26	—	—	12.26
1-4-1	平整场地　人工	$10m^3$	39.90	39.90	—	—	39.90	39.90	—	—
1-4-2	平整场地　机械	$10m^3$	14.00	0.95	—	13.05	12.82	0.95	—	11.87
1-4-3	竣工清理	$10m^3$	20.90	20.90	—	—	20.90	20.90	—	—
1-4-4	基底钎探	$10m^3$	61.74	39.90	7.34	14.50	60.97	39.90	6.70	14.37
1-4-10	夯填土　人工　地坪	$10m^3$	146.03	145.35	0.68	—	146.01	145.35	0.66	—
1-4-11	夯填土　人工　槽坑	$10m^3$	191.63	190.95	0.68	—	191.61	190.95	0.66	—
1-4-12	夯填土　机械　地坪	$10m^3$	95.66	73.15	—	22.51	93.42	73.15	—	20.27
1-4-13	夯填土　机械　槽坑	$10m^3$	124.45	95.00	—	29.45	121.52	95.00	—	26.52

续表

定额编号	项目名称	定额单位	增值税（简易计税）				增值税（一般计税）			
			单价（含税）	人工费	材料费（含税）	机械费（含税）	单价（除税）	人工费	材料费（除税）	机械费（除税）
1-4-14	机械碾压　原土（一遍）	$10m^3$	1.99	0.95	—	1.04	1.89	0.95	—	0.94
1-4-15	机械碾压　填土（两遍）	$10m^3$	93.53	76.95	0.68	15.90	91.99	76.95	0.66	14.38
1-4-16	机械碾压　每增加一遍	$10m^3$	5.19	—	—	5.19	4.70	—	—	4.70
2-1-1	3：7 灰土垫层　机械振动	$10m^3$	1823.14	653.60	1155.35	14.19	1788.06	653.60	1121.69	12.77
2-1-17	碎砖灌浆	$10m^3$	2115.28	860.70	1187.92	66.66	2032.75	860.70	1106.83	65.22
2-1-23	地瓜石灌浆	$10m^3$	2673.86	889.20	1695.90	88.76	2558.35	889.20	1582.11	87.04
2-1-28	C15 混凝土垫层　无筋	$10m^3$	3943.07	788.50	3147.50	7.07	3850.59	788.50	3055.81	6.28
2-1-33	推土机填砂石　机械碾压	$10m^3$	1087.38	6.65	1044.84	35.89	1053.43	6.65	1014.41	32.37
2-1-53	夯击能≤2000kN · m　低锤满拍	$10m^2$	162.35	55.10	—	107.25	150.55	55.10	—	95.45
2-1-56	夯击能≤3000kN · m≤4 夯点　4 击	$10m^2$	71.64	22.80	—	48.84	66.07	22.80	—	43.27
2-1-57	夯击能≤3000kN · m≤4 夯点　每增减 1 击	$10m^2$	12.15	2.85	—	9.30	11.09	2.85	—	8.24
2-1-61	夯击能≤4000kN · m≤4 夯点　4 击	$10m^2$	135.28	33.25	—	102.03	123.43	33.25	—	90.18
2-1-62	夯击能≤4000kN · m≤4 夯点　每增减 1 击	$10m^2$	26.15	4.75	—	21.40	23.67	4.75	—	18.92
2-2-3	木挡土板　密板木撑	$10m^2$	437.87	193.80	244.07	—	403.64	193.80	209.84	—
2-2-16	土层锚杆机械钻孔　孔径≤100mm	10m	343.08	131.10	—	211.98	329.81	131.10	—	198.71
2-2-20	土层锚杆锚孔注浆　孔径≤100mm	10m	158.39	31.35	95.52	31.52	146.28	31.35	84.21	30.72
2-2-23	喷射混凝土护坡　初喷厚 50mm　土层	$10m^2$	364.56	133.95	187.59	43.02	355.09	133.95	181.65	39.49
2-2-25	喷射混凝土护坡　每增减 10mm	$10m^2$	70.21	24.70	37.16	8.35	68.36	24.70	35.99	7.67
2-3-12	轻型井点（深 7m）降水　井管安装、拆除	10 根	2581.99	1420.25	403.74	758.00	2496.23	1420.25	387.59	688.39
2-3-13	轻型井点（深 7m）降水　设备使用	每套每天	787.57	272.65	74.52	440.40	725.02	272.65	63.69	388.68
2-3-24	水平井点（深 25m）降水　井管安装、拆除	10 根	89897.13	39206.50	5983.10	44707.53	85072.18	39206.50	5691.91	40173.77

续表

定额编号	项目名称	定额单位	增值税（简易计税）				增值税（一般计税）			
			单价（含税）	人工费	材料费（含税）	机械费（含税）	单价（除税）	人工费	材料费（除税）	机械费（除税）
2-3-25	水平井点（深25m）降水　设备使用	每套每天	993. 29	543. 40	32. 68	417. 21	937. 68	543. 40	27. 95	366. 33
3-1-2	打预制钢筋混凝土方桩　桩长≤25m	$10m^3$	2283. 67	628. 90	109. 75	1545. 02	2078. 98	628. 90	93. 79	1356. 29
3-1-5	压预制钢筋混凝土方桩　桩长≤12m	$10m^3$	1464. 38	509. 20	104. 62	850. 56	1364. 10	509. 20	89. 41	765. 49
3-1-10	打预制钢筋混凝土管桩　桩径≤500mm	10m	363. 47	78. 85	17. 86	266. 76	328. 28	78. 85	15. 27	234. 16
3-1-42	预制钢筋混凝土桩截桩　方桩	10 根	1490. 57	424. 65	950. 00	115. 92	1338. 98	424. 65	812. 00	102. 33
3-1-44	凿桩头　预制钢筋混凝土桩	$10m^3$	2947. 56	2583. 05	—	364. 51	2914. 23	2583. 05	—	331. 18
3-1-46	桩头钢筋整理	10 根	75. 05	75. 05	—	—	75. 05	75. 05	—	—
3-2-1	回旋钻机钻孔　桩径≤800mm	$10m^3$	3572. 14	1404. 10	391. 81	1776. 23	3372. 39	1404. 10	351. 10	1617. 19
3-2-2	回旋钻机钻孔　桩径≤1200mm	$10m^3$	2034. 20	767. 60	259. 78	1006. 82	1919. 35	767. 60	236. 91	914. 84
3-2-3	回旋钻机钻孔　桩径≤1500mm	$10m^3$	1633. 24	608. 95	224. 74	799. 55	1539. 70	608. 95	204. 28	726. 47
3-2-26	回旋钻孔	$10m^3$	5788. 25	563. 35	5224. 90	—	5634. 57	563. 35	5071. 22	—
3-2-25	螺旋钻机钻孔　桩长＞12m	10^3	2577. 22	1463. 00	19. 44	1094. 78	2494. 97	1463. 00	16. 60	1015. 37
3-2-28	冲击成孔	$10m^3$	6054. 80	612. 75	5442. 05	—	5894. 80	612. 75	5282. 05	—
3-2-29	沉管成孔	$10m^3$	5334. 55	326. 80	5007. 75	—	5187. 19	326. 80	4860. 39	—
3-2-30	螺旋钻孔	$10m^3$	4821. 65	323. 95	4497. 70	—	4689. 06	323. 95	4365. 11	—
4-1-1	M5. 0 水泥砂浆砖基础	$10m^3$	3587. 58	1042. 15	2497. 62	47. 81	3493. 09	1042. 15	2403. 63	47. 31
4-1-2	M5. 0 混合砂浆方形砖柱	$10m^3$	4505. 17	1860. 10	2602. 36	42. 71	4410. 86	1860. 10	2508. 49	42. 27
4-1-7	M5. 0 混合砂浆实心砖墙　墙厚 240mm	$10m^3$	3825. 30	1208. 40	2570. 68	46. 22	3730. 41	1208. 40	2476. 27	45. 74
4-1-13	M5. 0 混合砂浆多孔砖墙　墙厚 240mm	$10m^3$	3202. 34	1094. 40	2070. 17	37. 77	3125. 71	1094. 40	1993. 93	37. 38
4-1-17	M5. 0 混合砂浆空心砖墙　墙厚 180mm	$10m^3$	2993. 19	1107. 70	1861. 43	24. 06	2928. 56	1107. 70	1797. 05	23. 81
4-2-1	M5. 0 混合砂浆加气混凝土砌块墙	$10m^3$	4200. 33	1465. 85	2714. 24	20. 24	4112. 49	1465. 85	2626. 61	20. 03

续表

定额编号	项目名称	定额单位	增值税（简易计税）				增值税（一般计税）			
			单价（含税）	人工费	材料费（含税）	机械费（含税）	单价（除税）	人工费	材料费（除税）	机械费（除税）
4-2-2	M5.0 混合砂浆轻骨料混凝土小型砌块墙	$10m^3$	4379.92	1415.50	2937.39	27.03	3990.68	1415.50	2548.43	26.75
4-3-1	M5.0 水泥砂浆毛石基础	$10m^3$	3020.59	860.70	1634.03	525.86	2865.39	860.70	1532.15	472.54
4-3-2	M5.0 混合砂浆毛石墙	$10m^3$	3538.86	1274.90	1737.90	526.06	3382.35	1274.90	1634.60	472.75
4-3-4	M5.0 混合砂浆毛料石挡土墙	$10m^3$	3163.30	901.55	1735.88	525.87	3006.82	901.55	1632.71	472.56
4-4-11	硅镁多孔板墙（厚度 100mm）	$10m^2$	1436.84	138.70	1297.09	1.05	1248.77	138.70	1109.15	0.92
4-4-17	彩钢压型板墙　双层	$10m^3$	2148.59	150.10	1872.65	125.84	1865.17	150.10	1600.53	114.54
5-1-3	C30 带形基础　毛石混凝土	$10m^3$	4162.64	675.45	3482.81	4.38	4044.75	675.45	3365.43	3.87
5-1-4	C30 带形基础　混凝土	$10m^3$	4530.11	639.35	3885.61	5.15	4399.54	639.35	3755.64	4.55
5-1-5	C30 独立基础　毛石混凝土	$10m^3$	4226.74	694.45	3527.91	4.38	4102.35	694.45	3404.03	3.87
5-1-6	C30 独立基础　混凝土	$10m^3$	4527.56	593.75	3928.66	5.15	4390.81	593.75	3792.51	4.55
5-1-14	C30 矩形柱	$10m^3$	5451.28	1635.90	3802.97	12.41	5326.18	1635.90	3678.64	11.64
5-1-15	C30 圆形柱	$10m^3$	5613.27	1806.90	3793.96	12.41	5489.36	1806.90	3670.82	11.64
5-1-16	C30 现浇混凝土　异形柱	$10m^3$	5632.64	1826.85	3793.44	12.35	5508.89	1826.85	3670.45	11.59
5-1-17	C20 现浇混凝土　构造柱	$10m^3$	6256.58	2830.05	3409.09	17.44	6142.21	2830.05	3296.08	16.08
5-1-18	C30 基础梁	$10m^3$	4936.08	836.95	4093.15	5.98	4775.76	836.95	3933.53	5.28
5-1-19	C30 框架梁、连续梁	$10m^3$	4977.67	885.40	4086.29	5.98	4818.36	885.40	3927.68	5.28
5-1-20	C30 单梁、斜梁、异形梁、拱形梁	$10m^3$	5167.51	874.00	4287.53	5.98	4978.60	874.00	4099.32	5.28
5-1-21	C20 圈梁及压顶	$10m^3$	6254.51	2432.00	3816.53	5.98	6087.42	2432.00	3650.14	5.28
5-1-22	过梁	$10m^3$	7299.76	2872.80	4420.98	5.98	7046.52	2872.80	4168.44	5.28
5-1-31	C30 有梁板	$10m^3$	4937.51	560.50	4370.89	6.12	4737.56	560.50	4171.64	5.42
5-1-32	C30 无梁板	$10m^3$	4879.84	519.65	4354.07	6.12	4682.36	519.65	4157.29	5.42

续表

定额编号	项目名称	定额单位	增值税（简易计税）				增值税（一般计税）			
			单价（含税）	人工费	材料费（含税）	机械费（含税）	单价（除税）	人工费	材料费（除税）	机械费（除税）
5-1-33	C30 平板	$10m^3$	5222.28	644.10	4572.06	6.12	4993.77	644.10	4344.25	5.42
5-1-49	C30 挑檐、天沟	$10m^3$	7012.22	2255.30	4739.08	17.84	6758.70	2255.30	4487.64	15.76
5-1-52	C30 台阶	$10m^3$	6164.76	1425.95	4720.97	17.84	5913.56	1425.95	4471.85	15.76
5-2-1	C30 预制混凝土　矩形柱	$10m^3$	46 40.10	646.00	3868.46	125.64	4511.99	646.00	3746.80	119.19
5-3-1	现场搅拌机搅拌混凝土　基础	$10m^3$	312.10	176.70	35.99	99.41	305.46	176.70	34.93	93.83
5-3-2	现场搅拌机搅拌混凝土　柱、墙、梁、板	$10m^3$	373.28	176.70	35.99	160.59	363.21	176.70	34.93	151.58
5-3-3	现场搅拌机搅拌混凝土　其他	$10m^3$	467.59	176.70	35.99	254.90	452.23	176.70	34.93	240.60
5-4-1	现浇构件钢筋 HPB300≤ϕ10	t	5341.31	1499.10	3770.26	71.95	4789.35	1499.10	3222.47	67.78
5-4-2	现浇构件钢筋 HPB300≤ϕ18	t	4670.53	856.90	3726.65	86.98	4121.08	856.90	3185.23	78.95
5-4-3	现浇构件钢筋 HPB300≤ϕ25	t	4619.57	595.65	3952.09	71.83	4038.42	595.65	3377.89	64.88
5-4-4	现浇构件钢筋 HPB300＞ϕ25	t	4501.11	481.65	3963.75	55.71	3918.47	481.65	3387.85	48.97
5-4-5	现浇构件钢筋 HRB335（HRB400）≤ϕ10	t	5349.93	1205.55	4066.06	78.32	4754.64	1205.55	3475.29	73.80
5-4-6	现浇构件钢筋 HRB335（HRB400）≤ϕ18	t	5248.90	924.35	4209.19	115.36	4626.60	924.35	3597.59	104.66
5-4-7	现浇构件钢筋 HRB335（HRB400）≤ϕ25	t	4892.98	594.70	4264.41	33.87	4271.61	594.70	3644.84	32.07
5-4-8	现浇构件钢筋 HRB335（HRB400）＞ϕ25	t	4734.88	461.70	4264.53	8.65	4114.45	461.70	3644.96	7.79
5-4-29	现浇构件箍筋≤ϕ5	t	7350.60	3752.50	3539.81	58.29	6833.69	3752.50	3025.52	55.67
5-4-30	现浇构件箍筋≤ϕ10	t	5141.63	2015.90	3046.06	79.67	4694.37	2015.90	2603.50	74.97
5-4-31	现浇构件箍筋＞ϕ10	t	4268.65	1105.80	3102.83	60.02	3814.56	1105.80	2652.00	56.76
6-1-5	轻钢屋架	t	7822.43	1874.35	4545.15	1402.93	7007.66	1874.35	3886.65	1246.66
6-1-17	柱间钢支撑	t	6767.87	1437.35	4226.55	1103.97	6038.41	1437.35	3614.43	986.63

续表

定额编号	项目名称	定额单位	增值税（简易计税）				增值税（一般计税）			
			单价（含税）	人工费	材料费（含税）	机械费（含税）	单价（除税）	人工费	材料费（除税）	机械费（除税）
6-1-22	钢挡风架	t	6237. 15	1174. 20	4135. 11	927. 84	5543. 42	1174. 20	3536. 28	832. 94
6-4-1	钢屋架、托架、天窗架（平台推销）≤1. 5t	t	554. 31	329. 65	94. 67	129. 99	535. 36	329. 65	87. 51	118. 20
6-5-3	轻钢屋架安装	t	1604. 94	793. 25	108. 39	703. 30	1509. 86	793. 25	92. 91	623. 70
6-5-11	钢挡风架安装	t	317. 85	163. 40	28. 99	125. 46	299. 51	163. 40	24. 89	111. 22
6-5-14	柱间钢支撑安装	t	901. 00	382. 85	169. 81	348. 34	838. 01	382. 85	145. 31	309. 85
7-1-1	圆木人字屋架制作安装　跨度≤10m	$10m^3$	37864. 13	6081. 90	31782. 23	—	33878. 92	6081. 90	27797. 02	—
7-1-2	圆木人字屋架制作安装　跨度＞10m	$10m^3$	33484. 13	5208. 85	28275. 28	—	29990. 03	5208. 85	24781. 18	—
7-3-2	圆木檩条	$10m^3$竣工木料	23681. 94	2167. 90	21514. 04	—	21111. 89	2167. 90	18943. 99	—
8-1-1	单独木门框制作安装	10m	270. 14	95. 95	171. 51	2. 68	245. 06	95. 95	146. 78	2. 33
8-1-2	成品木门框安装	10m	154. 98	44. 65	110. 33	—	139. 16	44. 65	94. 51	—
8-1-3	普通成品门扇安装	$10m^2$扇面积	4637. 75	137. 75	4500. 00	—	3983. 95	137. 75	3826. 20	—
8-1-5	纱门扇安装	$10m^2$扇面积	220. 34	69. 35	150. 99	—	198. 39	69. 35	129. 04	—
8-2-1	铝合金　推拉门	$10m^2$	3270. 47	193. 80	3076. 67	—	2823. 57	193. 80	2629. 77	—
8-2-2	铝合金　平开门	$10m^2$	3577. 94	285. 00	3292. 94	—	3099. 58	285. 00	2814. 58	—
8-4-3	钢木大门　平开	$10m^2$	2453. 16	229. 90	2223. 26	—	2130. 08	229. 90	1900. 18	—
8-6-1	成品窗扇	$10m^2$扇面积	929. 64	316. 35	613. 29	—	840. 54	316. 35	524. 19	—

续表

定额编号	项目名称	定额单位	增值税（简易计税）				增值税（一般计税）			
			单价（含税）	人工费	材料费（含税）	机械费（含税）	单价（除税）	人工费	材料费（除税）	机械费（除税）
8-6-2	木橱窗	$10m^2$框外围面积	622.45	109.25	513.20	—	547.93	109.25	438.68	—
8-6-3	纱窗扇	$10m^2$扇面积	487.21	186.20	301.01	—	443.46	186.20	257.26	—
8-6-4	百叶窗	$10m^2$扇面积	1623.55	188.10	1435.45	—	1414.97	188.10	1226.87	—
8-7-1	铝合金　推拉窗	$10m^2$	3216.99	193.80	3023.19	—	2777.82	193.80	2584.02	—
8-7-5	铝合金　纱窗扇	$10m^2$扇面积	251.30	51.30	200.00	—	222.20	51.30	170.90	—
8-7-6	塑钢　推拉窗	$10m^2$	2233.61	213.75	2019.86	—	1940.22	213.75	1726.47	—
8-7-10	塑钢　纱窗扇	$10m^2$扇面积	751.30	51.30	700.00	—	649.60	51.30	598.30	—
8-7-16	防盗格栅窗　圆钢	$10m^2$	879.86	178.60	698.35	2.91	778.08	178.60	596.91	2.57
8-7-17	防盗格栅窗　不锈钢	$10m^2$	2265.97	164.35	2101.62	—	1960.63	164.35	1796.28	—
9-1-1	普通黏土瓦　屋面板上或椽子挂瓦条上铺设	$10m^2$	170.35	54.15	116.20	—	153.66	54.15	99.51	—
9-1-2	普通黏土瓦　钢、混凝土檩条上铺钉苇箔三层铺泥挂瓦	$10m^2$	354.45	171.95	182.50	—	329.18	171.95	157.23	—
9-1-3	普通黏土瓦　混凝土板上浆贴	$10m^2$	349.15	160.55	183.66	4.94	326.07	160.55	160.63	4.89
9-1-10	英红瓦屋面	$10m^2$	1476.34	222.30	1247.67	6.37	1302.62	222.30	1074.01	6.31
9-1-11	英红瓦正斜脊	$10m^2$	476.41	213.75	259.47	3.19	440.20	213.75	223.30	3.15
9-1-24	单层彩钢板檩条或基层混凝土（钢）板面上	$10m^2$	1145.55	57.95	960.11	127.49	994.50	57.95	820.55	116.00
9-2-10	改性沥青卷材热熔法一层　平面	$10m^2$	580.36	22.80	557.56	—	499.71	22.80	476.91	—

续表

定额编号	项目名称	定额单位	增值税（简易计税）				增值税（一般计税）			
			单价（含税）	人工费	材料费（含税）	机械费（含税）	单价（除税）	人工费	材料费（除税）	机械费（除税）
9-2-11	改性沥青卷材热熔法一层　立面	$10m^2$	597.46	39.90	557.56	—	516.81	39.90	476.91	—
9-2-12	改性沥青卷材热熔法　每增一层　平面	$10m^2$	477.05	19.95	457.10	—	411.06	19.95	391.11	—
9-2-13	改性沥青卷材热熔法　每增一层　立面	$10m^2$	491.30	34.20	457.10	—	425.31	34.20	391.11	—
9-2-14	改性沥青卷材冷粘法　一层　平面	$10m^2$	619.20	20.90	598.30	—	532.27	20.90	511.37	—
9-2-15	改性沥青卷材冷粘法　一层　立面	$10m^2$	635.35	37.05	598.30	—	548.42	37.05	511.37	—
9-2-16	改性沥青卷材冷粘法　每增一层　平面	$10m^2$	520.62	18.05	502.57	—	447.61	18.05	429.56	—
9-2-17	改性沥青卷材冷粘法　每增一层　立面	$10m^2$	533.92	31.35	502.57	—	460.91	31.35	429.56	—
9-2-18	高聚物改性沥青自粘卷材自粘法　一层　平面	$10m^2$	492.01	19.00	473.01	—	423.29	19.00	404.29	—
9-2-19	高聚物改性沥青自粘卷材自粘法　一层　立面	$10m^2$	506.26	33.25	473.01	—	437.54	33.25	404.29	—
9-2-20	高聚物改性沥青自粘卷材自粘法　每增一层　平面	$10m^2$	455.56	16.15	439.41	—	391.73	16.15	375.58	—
9-2-21	高聚物改性沥青自粘卷材自粘法　每增一层　立面	$10m^2$	467.91	28.50	439.41	—	404.08	28.50	375.58	—
9-2-35	聚合物复合改性沥青防水涂料　厚2mm　平面	$10m^2$	416.45	23.75	392.70	—	359.39	23.75	335.64	—
9-2-37	聚合物复合改性沥青防水涂料　每增减0.5mm　立面	$10m^2$	94.95	5.70	89.25	—	81.98	5.70	76.28	—
9-2-59	冷底子油　第一遍	$10m^2$	46.28	11.40	34.88	—	41.19	11.40	29.79	—
9-2-60	冷底子油　第二遍	$10m^2$	32.35	5.70	26.65	—	28.46	5.70	22.76	—
9-2-65	细石混凝土　厚40mm	$10m^2$	264.58	90.25	174.12	0.21	256.17	90.25	165.74	0.18
9-2-66	细石混凝土　每增减10mm	$10m^2$	52.89	13.30	39.56	0.03	51.26	13.30	37.93	0.03
9-2-69	防水砂浆掺防水粉　厚20mm	$10m^2$	181.82	78.85	97.39	5.58	170.76	78.85	86.39	5.52
9-2-70	防水砂浆掺防水粉　每增减10mm	$10m^2$	60.60	13.30	45.23	2.07	55.59	13.30	40.24	2.05
9-2-71	防水砂浆掺防水粉　厚20mm	$10m^2$	195.74	78.85	111.31	5.58	182.63	78.85	98.26	5.52
9-2-72	防水砂浆掺防水粉　每增减10mm	$10m^2$	67.56	13.30	52.19	2.07	61.52	13.30	46.17	2.05

续表

定额编号	项目名称	定额单位	增值税（简易计税）				增值税（一般计税）			
			单价（含税）	人工费	材料费（含税）	机械费（含税）	单价（除税）	人工费	材料费（除税）	机械费（除税）
9-2-77	分隔缝　细石混凝土面　厚40mm	$10m^2$	72.01	48.45	23.56	—	68.58	48.45	20.13	—
9-2-78	分隔缝　水泥砂浆面层　厚25mm	10m	52.63	40.85	11.78	—	50.91	40.85	10.06	—
9-3-10	塑料管排水　水落管 $\phi \leq 110mm$	10m	230.21	37.05	193.16	—	202.18	37.05	165.13	—
9-3-13	塑料管排水　落水斗	10个	262.02	45.60	216.42	—	230.56	45.60	184.96	—
9-3-14	塑料管排水　弯头落水口	10个	449.18	45.60	403.58	—	403.12	45.60	357.52	—
10-1-2	憎水珍珠岩块	$10m^3$	5730.70	1398.40	4255.80	76.50	5111.56	1398.40	3637.46	75.70
10-1-3	加气混凝土块	$10m^3$	3133.05	350.55	2782.50	—	2728.80	350.55	2378.25	—
10-1-11	现浇水泥珍珠岩	$10m^3$	3111.58	886.35	2225.23	—	2793.86	886.35	1907.51	—
10-1-16	干铺聚苯保温板	$10m^2$	274.25	29.45	244.80	—	238.65	29.45	209.20	—
10-1-30	架空隔热层　预制混凝土板	$10m^2$	314.13	96.90	216.43	0.80	286.42	96.90	188.73	0.79
10-1-55	胶粉聚苯颗粒保温　厚度30mm	$10m^2$	338.51	186.20	146.25	6.06	317.24	186.20	125.05	5.99
10-1-56	胶粉聚苯颗粒保温　厚度每增减5mm	$10m^2$	50.94	27.55	22.43	0.96	47.67	27.55	19.17	0.95
10-2-1	耐酸沥青砂浆　厚度30mm	$10m^2$	859.64	155.80	703.84	—	784.52	155.80	628.72	—
10-2-2	耐酸沥青砂浆　厚度每增减5mm	$10m^2$	123.45	23.75	99.70	—	113.26	23.75	89.51	—
10-2-10	钢屑砂浆　厚度20mm	$10m^2$	477.95	187.15	290.80	—	437.77	187.15	250.62	—
10-2-11	钢屑砂浆　零星抹灰	$10m^2$	453.45	152.95	300.50	—	411.92	152.95	258.97	—
10-2-26	耐酸沥青胶泥平面铺砌　沥青浸渍砖　厚度115mm	$10m^2$	4000.27	1955.10	2035.25	9.92	3744.08	1955.10	1780.22	8.76
10-2-27	耐酸沥青胶泥平面铺砌　沥青浸渍砖　厚度53mm	$10m^2$	2550.88	1504.80	1036.16	9.92	2419.39	1504.80	905.83	8.76
11-1-1	水泥砂浆　在混凝土或硬基层上　20mm	$10m^2$	157.50	78.28	75.14	4.08	150.04	78.28	67.72	4.04
11-1-2	水泥砂浆　在填充材料上　20mm	$10m^2$	181.69	84.46	92.13	5.10	172.61	84.46	83.10	5.05
11-1-3	水泥砂浆　每增减5mm	$10m^2$	26.25	8.24	16.99	1.02	24.64	8.24	15.39	1.01

续表

定额编号	项目名称	定额单位	增值税（简易计税）				增值税（一般计税）			
			单价（含税）	人工费	材料费（含税）	机械费（含税）	单价（除税）	人工费	材料费（除税）	机械费（除税）
11-1-4	细石混凝土　40mm	$10m^2$	223.03	74.16	148.66	0.21	217.86	74.16	143.52	0.18
11-1-5	细石混凝土　每增减 5mm	$10m^2$	25.95	8.24	17.68	0.03	25.43	8.24	17.16	0.03
11-2-1	水泥砂浆　楼地面 20mm	$10m^2$	215.95	101.97	109.90	4.08	203.20	101.97	97.19	4.04
11-2-2	水泥砂浆　楼梯 20mm	$10m^2$	547.70	409.94	132.33	5.43	532.90	409.94	117.58	5.38
11-2-5	水泥砂浆踢脚线　12mm	$10m^2$	53.57	46.35	6.85	0.37	52.89	46.35	6.18	0.36
11-2-6	水泥砂浆踢脚线　18mm	$10m^2$	57.87	47.38	9.93	0.56	56.90	47.38	8.97	0.55
11-2-8	环氧地坪涂料　底涂一道	$10m^2$	71.89	38.11	23.86	9.92	67.26	38.11	20.39	8.76
11-2-9	环氧地坪涂料　中涂腻子一遍	$10m^2$	65.96	37.08	23.92	4.96	62.00	37.08	20.54	4.38
11-2-10	环氧地坪涂料　中涂腻子增一遍	$10m^2$	54.90	33.99	15.95	4.96	52.07	33.99	13.70	4.38
11-2-11	环氧地坪涂料　面涂一道	$10m^2$	89.28	30.90	48.46	9.92	81.09	30.90	41.43	8.76
11-3-7	楼地面　点缀	10 个	173.09	57.68	105.22	10.19	168.41	57.68	101.74	8.99
11-3-8	楼地面　拼图案（成品）干硬性水泥砂浆	$10m^2$	3503.99	339.90	3164.09	—	3049.55	339.90	2709.65	—
11-3-9	楼地面　图案周边异形块料铺贴另加工料	$10m^2$	475.13	330.63	14.90	129.60	457.72	330.63	12.773	114.36
11-3-14	串边、过门石　干硬性水泥砂浆	$10m^2$	2393.93	330.63	2053.53	9.77	2323.78	330.63	1984.53	8.62
11-3-26	石材楼梯现场加工	$10m^2$	119.75	70.04	13.30	36.41	113.54	70.04	11.37	32.13
11-3-30	楼地面水泥砂浆　周长≤2400mm	$10m^2$	1103.23	284.28	806.69	12.26	988.62	284.28	693.08	11.26
11-3-37	楼地面干硬性水泥砂浆　周长≤3200mm	$10m^2$	1610.86	285.31	1317.37	8.18	1422.02	285.31	1129.49	7.22
11-3-38	楼地面干硬性水泥砂浆　周长≤4000mm	$10m^2$	1983.25	298.70	1676.37	8.18	1742.27	298.70	1436.35	7.22
11-3-45	踢脚板　直线形　水泥砂浆	$10m^2$	1456.61	559.29	885.27	12.05	1329.88	559.29	756.54	11.05
11-3-46	踢脚板　直线形　胶黏剂	$10m^2$	2213.15	632.42	1569.49	11.24	1986.74	632.42	1344.07	10.25
11-3-73	干硬性水泥砂浆　每增减 5mm	$10m^2$	26.20	8.24	16.94	1.02	24.59	8.24	15.34	1.01

续表

定额编号	项目名称	定额单位	增值税（简易计税）				增值税（一般计税）			
			单价（含税）	人工费	材料费（含税）	机械费（含税）	单价（除税）	人工费	材料费（除税）	机械费（除税）
12-1-1	麻刀灰（厚7+7+3mm）　墙面	10m²	185.06	120.51	60.57	3.98	180.81	120.51	56.36	3.94
12-1-3	水泥砂浆（厚9+6mm）　砖墙	10m²	206.35	141.11	31.73	3.51	200.22	141.11	55.64	3.47
12-1-9	混合砂浆（厚9+6mm）　砖墙	10m²	182.26	126.69	52.06	3.51	178.21	126.69	48.05	3.47
12-1-10	混合砂浆（厚9+6mm）　混凝土墙（砌块墙）	10m²	182.26	126.69	52.06	3.51	178.21	126.69	48.05	3.47
12-1-17	混合砂浆　抹灰层每增减1mm	10m²	7.61	4.12	3.17	0.32	7.40	4.12	2.96	0.32
12-1-18	砖墙　勾缝	10m²	85.64	81.37	4.11	0.16	85.16	81.37	3.63	0.16
12-1-25	塑料条　水泥粘贴	10m²	72.49	59.74	12.75	—	70.65	59.74	10.91	—
12-2-2	挂贴石材块料（灌缝砂浆50mm厚）　柱面	10m²	3036.82	715.85	2278.52	42.45	2936.51	715.85	2181.90	38.76
12-2-18	水泥砂浆粘贴　零星项目	10m²	1649.07	950.69	694.87	3.51	1550.52	950.69	596.36	3.47
12-2-40	水泥砂浆粘贴　194×94　灰缝宽度≤10mm	10m²	1093.02	543.84	538.11	11.07	1018.03	543.84	463.91	10.28
13-1-1	混凝土面天棚　马刀灰（厚度6+3mm）	10m²	154.72	109.18	42.83	2.71	151.84	109.18	39.98	2.68
13-1-2	混凝土面天棚　水泥砂浆（厚度5+3mm）	10m²	177.66	134.93	40.50	2.23	173.60	134.93	36.46	2.21
13-1-3	混凝土面天棚　混合砂浆（厚度5+3mm）	10m²	173.33	134.93	36.17	2.23	170.32	134.93	33.18	2.21
13-2-9	不上人型装配式U型轻钢天棚龙骨（网格尺寸450×450）平面	10m²	450.02	198.79	218.04	33.19	414.27	198.79	186.44	29.04
13-2-10	上人型装配式U型轻钢天棚龙骨（网格尺寸450×450）平面	10m²	537.20	200.85	303.16	33.19	489.04	200.85	259.15	29.04
13-2-11	不上人型装配式U型轻钢天棚龙骨（网格尺寸450×450）跌级	10m²	2307.94	273.98	1995.25	38.71	2013.27	273.98	1705.42	33.87
13-2-12	上人型装配式U型轻钢天棚龙骨（网格尺寸450×450）跌级	10m²	2395.86	275.01	2082.14	38.71	2088.53	275.01	1779.65	33.87

续表

定额编号	项目名称	定额单位	增值税（简易计税）				增值税（一般计税）			
			单价（含税）	人工费	材料费（含税）	机械费（含税）	单价（除税）	人工费	材料费（除税）	机械费（除税）
13-3-7	钉铺细木工板基层　轻钢龙骨	$10m^2$	572.80	91.67	481.13		502.88	91.67	411.21	—
13-3-8	钉铺细木工板基层　木龙骨	$10m^2$	639.31	91.67	540.10	7.54	560.21	91.67	461.63	6.91
13-3-33	硅钙板　U 型轻钢龙骨上	$10m^2$	338.74	141.11	197.63	—	309.98	141.11	168.87	—
14-1-1	调和漆　刷底油一遍、调和漆二遍　单层木门	$10m^2$	303.51	216.30	87.21	—	290.88	216.30	74.58	—
14-1-2	调和漆　刷底油一遍、调和漆二遍　单层木窗	$10m^2$	289.01	216.30	72.71	—	278.48	216.30	62.18	—
14-1-21	调和漆　每增一遍　单层木门	$10m^2$	99.23	60.77	38.46	—	93.64	60.77	32.87	—
14-1-22	调和漆　每增一遍　单层木窗	$10m^2$	92.82	60.77	32.05	—	88.16	60.77	27.39	—
14-3-21	仿瓷涂料二遍　内墙	$10m^2$	45.46	27.81	17.65	—	42.90	27.81	15.09	—
14-3-22	仿瓷涂料二遍　天棚	$10m^2$	46.97	28.84	18.13	—	44.34	28.84	15.50	—
14-3-29	外墙面丙烯酸外墙涂料（一底二涂）　光面	$10m^2$	163.62	55.62	108.00	—	147.91	55.62	92.29	—
14-3-30	外墙面丙烯酸外墙涂料（一底二涂）　毛面	$10m^2$	195.65	56.65	139.00	—	175.43	56.65	118.78	—
14-4-5	满刮调制腻子　外墙抹灰面　二遍	$10m^2$	49.97	39.14	10.83	—	48.38	39.14	9.24	—
14-4-9	满刮成品腻子　内墙抹灰层　二遍	$10m^2$	208.29	33.99	174.30	—	182.96	33.99	148.97	—
14-4-11	满刮成品腻子　天棚抹灰面　每增一遍	$10m^2$	212.41	38.11	174.30	—	187.08	38.11	148.97	—
15-2-2	木装饰线条（成品）平面　宽度≤50mm	10m	107.69	28.84	76.87	1.98	96.38	28.84	65.72	1.82
15-2-24	石膏装饰线、灯盘及角花（成品）　石膏阴阳脚线　宽度≤100mm	10m	131.88	48.41	83.13	0.34	119.79	48.81	71.06	0.32
15-3-4	不锈钢管栏杆（带扶手）成品安装　直形	10m	5677.27	268.83	5280.63	127.81	4897.50	268.83	4514.80	113.87
16-1-6	砖烟囱　筒身高度≤40m	$10m^3$	4902.80	2008.30	2842.23	52.27	4797.35	2008.30	2737.32	51.73
16-5-1	混凝土整体路面　80mm 厚	$10m^2$	369.14	52.25	316.34	0.55	356.29	52.25	303.55	0.49
16-5-4	沥青混凝土路面　100mm 厚	$10m^2$	7191.45	2147.00	5004.33	40.12	6967.33	2147.00	4784.78	35.55

续表

定额编号	项目名称	定额单位	增值税（简易计税）				增值税（一般计税）			
			单价（含税）	人工费	材料费（含税）	机械费（含税）	单价（除税）	人工费	材料费（除税）	机械费（除税）
16-6-1	钢筋混凝土化粪池 1 号　无地下水	座	10479.37	3333.55	6990.60	155.22	9724.77	3333.55	6246.53	144.69
16-6-2	钢筋混凝土化粪池 1 号　有地下水	座	11293.20	3573.90	7552.30	167.00	10471.83	3573.90	6741.63	156.30
16-6-25	砖砌化粪池 2 号　无地下水	座	12974.80	4012.80	8732.51	229.49	12190.60	4012.80	7962.33	215.47
16-6-71	圆形给水阀门井　DN≤65ϕ1000　无地下水 1.1m 深	座	1515.63	541.50	957.54	16.59	1457.44	541.50	899.73	16.21
16-6-72	圆形给水阀门井　DN≤65ϕ1000　无地下水　每增加 0.1m	座	71.51	29.45	41.30	0.76	69.81	29.45	39.60	0.76
16-6-80	混凝土散水 3：7 灰土垫层	$10m^2$	590.34	190.95	394.62	4.77	576.39	190.95	381.15	4.29
16-6-81	细石混凝土散水 3：7 灰土垫层	$10m^2$	602.81	231.80	365.96	5.05	586.06	231.80	349.68	4.58
16-6-83	水泥砂浆（带礓渣）坡道 3：7 灰土垫层混凝土 60 厚	$10m^2$	1118.62	402.80	703.82	12.00	1083.13	402.80	669.07	11.26
16-6-92	铺预制混凝土路沿	$10m^2$	620.10	85.50	532.68	1.92	557.27	85.50	470.00	1.77
16-6-93	铺料石路沿	$10m^2$	761.91	21.85	739.50	0.56	657.87	21.85	635.99	0.53
17-1-6	钢管架　单排≤6m	$10m^2$	118.93	43.70	59.98	15.25	108.76	43.70	51.26	13.80
17-1-9	钢管架　双排≤15m	$10m^2$	198.99	77.90	103.59	17.50	182.26	77.90	88.53	15.83
17-1-10	钢管架　双排≤24m	$10m^2$	230.33	101.65	111.63	17.05	212.48	101.65	95.41	15.42
17-1-12	钢管架　双排≤50m	$10m^2$	295.53	126.35	153.48	15.70	271.72	126.35	131.17	14.20
17-1-15	型钢平台外挑双排钢管脚手架≤60m	$10m^2$	536.98	167.20	348.92	20.86	484.25	167.20	298.22	18.83
17-1-16	型钢平台外挑双排钢管脚手架≤80m	$10m^2$	648.83	201.40	427.01	20.42	584.78	201.40	364.96	18.42
17-1-17	型钢平台外挑双排钢管脚手架≤100m	$10m^2$	755.95	247.00	488.53	20.42	682.96	247.00	417.54	18.42
17-2-5	钢管架　单排≤3.6m	$10m^2$	58.70	41.80	7.03	9.87	56.74	41.80	6.01	8.93
17-3-3	钢管架　基本层	$10m^2$	182.63	88.35	61.08	33.20	170.58	88.35	52.20	30.03
17-3-4	钢管架　增加层 1.2m	$10m^2$	24.77	18.05	2.23	4.49	24.02	18.05	1.91	4.06
17-6-1	立挂式	$10m^2$	51.52	1.90	49.62	—	44.30	1.90	42.40	—

续表

定额编号	项目名称	定额单位	增值税（简易计税）				增值税（一般计税）			
			单价（含税）	人工费	材料费（含税）	机械费（含税）	单价（除税）	人工费	材料费（除税）	机械费（除税）
17-6-6	建筑物垂直封闭　密目网	$10m^2$	123.33	19.00	104.33	—	108.19	19.00	89.19	—
18-1-1	混凝土基础垫层　木模板	$10m^2$	359.34	99.75	259.09	0.50	321.66	99.75	221.47	0.44
18-1-15	独立基础　钢筋混凝土复合木模板　木支撑	$10m^2$	1914.55	260.30	1650.36	3.89	1674.29	260.30	1410.56	3.43
18-1-36	矩形柱　复合木模板　钢支撑	$10m^2$	682.19	209.00	472.26	0.93	613.45	209.00	403.63	0.82
18-1-41	构造柱　复合木模板　木支撑	$10m^2$	1260.30	281.20	977.83	1.27	1117.98	281.20	835.66	1.12
18-1-59	异形梁　复合木模板　木支撑	$10m^2$	1199.58	332.50	864.82	2.26	1073.68	332.50	739.18	2.00
18-1-61	圈梁　直形　复合木模板　木支撑	$10m^2$	734.45	222.30	510.76	1.39	660.05	222.30	436.52	1.23
18-1-65	过梁　复合木模板　木支撑	$10m^2$	1127.03	341.05	783.23	2.75	1012.92	341.05	669.44	2.43
18-1-92	有梁板　复合木模板　钢支撑	$10m^2$	643.94	207.10	435.42	1.42	580.49	207.10	372.14	1.25
18-1-100	平板　复合木模板　钢支撑	$10m^2$	654.23	228.95	423.86	1.42	592.46	228.95	362.26	1.25
18-1-106	栏板　木模板　木支撑	$10m^2$	1307.76	353.40	951.48	2.88	1169.20	353.40	813.24	2.56
18-1-107	天沟、挑檐　木模板　木支撑	$10m^2$	761.74	422.75	332.61	6.38	712.70	422.75	284.29	5.66
18-1-108	雨蓬、悬挑梁、阳台板　直形　木模板　木支撑	$10m^2$	1764.92	632.70	1121.38	10.84	1600.78	632.70	958.46	9.62
18-1-110	楼梯　直形　木模板支撑	$10m^2$	1992.22	907.25	1069.49	15.48	1835.11	907.25	914.11	13.75
19-1-10	±0.00 以下混凝土地下室（含基础）　地下室底层建筑面积≤$1000m^2$	$10m^2$	621.45	79.80	—	541.65	574.20	79.80	—	494.40
19-1-14	檐高≤20m　砖混结构　标准层建筑面积≤$500m^2$	$10m^2$	638.17	61.75	—	576.42	594.04	61.75	—	532.29
19-1-23	20m＜檐高≤40m　现浇混凝土结构垂直运输	$10m^2$	577.75	58.90	—	518.85	530.08	58.90	—	471.18

附录D 《山东省人工、材料、机械台班价格表（2017）》（摘录）

序号	编码	名称	单位	单价（含税）	参考增值税率	单价（除税）
1441	03110143	石料切割锯片	片	95.00	17.00%	81.20
1921	04090047	黏土	m^3	28.00	3.00%	27.18
2177	07000011	地板砖 1000×1000	m^2	145.00	17.00%	123.93
5418	80010001	混合砂浆 M5.0	m^3	224.60	—	209.63
5423	800010011	水泥砂浆 M5.0	m^3	199.18	—	184.53
5458	80050009	水泥抹灰砂浆 1：2	m^3	386.32	—	345.67
5459	800050011	水泥抹灰砂浆 1：2.5	m^3	368.42	—	331.76
5460	80050013	水泥抹灰砂浆 1：3	m^3	331.16	—	299.92
5511	80210003	C15 现浇混凝土碎石 <40	m^3	310.00	3.00%	300.97
5513	80210007	C20 现浇混凝土碎石 <20	m^3	330.00	3.00%	320.39
5514	8021009	C20 现浇混凝土碎石 <31.5	m^3	330.00	3.00%	320.39
5515	80210011	C20 现浇混凝土碎石 <40	m^3	330.00	3.00%	320.39
5517	80210015	C25 现浇混凝土碎石 <20	m^3	350.00	3.00%	339.81
5518	80210017	C25 现浇混凝土碎石 <31.5	m^3	350.00	3.00%	339.81
5519	80210019	C25 现浇混凝土碎石 <40	m^3	350.00	3.00%	339.81
5520	80210021	C30 现浇混凝土碎石 <20	m^3	370.00	3.00%	359.22
5521	80210023	C30 现浇混凝土碎石 <31.5	m^3	370.00	3.00%	359.22
5522	80210025	C30 现浇混凝土碎石 <40	m^3	370.00	3.00%	359.22
6035	990774610	石料切割机	台班	54.18	—	47.81

附录 E　灰土配合比表

定额编号			53	54
项　目			2∶8 灰土	3∶7 灰土
名称		单位	数量	
材料	石灰	t	0. 1620	0. 2430
	黏土	m^3	1. 3100	1. 1500
	水	m^3	0. 2000	0. 2000